高等职业教育示范专业系列教材

电气控制及PLC应用技术

（三菱）

主　编　彭小平
副主编　周欢喜　罗　文
参　编　凌双明
主　审　王文杰

机 械 工 业 出 版 社

本书以职业能力培养为核心，以工作过程为导向，涵括了电气控制技术及PLC控制技术。全书由7个学习情境(包括17个典型的实训项目)组成。电气控制部分介绍了常用低压电器的认识、测试及安装，常用低压电气控制系统的设计、安装和调试。PLC部分介绍了PLC的认识和初步应用、PLC控制系统基本指令的编程和应用、PLC控制系统顺序控制法的编程和应用、PLC控制系统功能指令的编程和应用、PLC控制系统的通信及模拟量的控制。

本书编写中注重学生的工程应用及综合素质的培养，同时力求实例丰富、知识系统全面、可读性实践性强。

本书可作为高职高专院校自动化、电气技术、机电一体化及相近专业的教材，也可供相关工程技术人员参考。

为方便教学，本书提供免费的电子课件及习题参考答案等，凡选用本书作为教材的学校，均可来电索取。咨询电话：010-88379375；E-mail：cmpgaozhi@ sina. com。

图书在版编目(CIP)数据

电气控制及PLC应用技术：三菱/彭小平主编. —北京：机械工业出版社，2011. 8(2023. 7重印)

高等职业教育示范专业系列教材

ISBN 978-7-111-34429-2

Ⅰ. ①电… Ⅱ. ①彭… Ⅲ. ①电气控制—高等职业教育—教材②可编程序控制器—高等职业教育—教材 Ⅳ. ①TM571. 2 ②TM571. 6

中国版本图书馆CIP数据核字(2011)第092575号

机械工业出版社（北京市百万庄大街22号　邮政编码100037）

策划编辑：于　宁　责任编辑：于　宁　王宗锋　苑文环

版式设计：霍永明　责任校对：樊钟英

封面设计：鞠　杨　责任印制：刘　媛

涿州市般润文化传播有限公司印刷

2023年7月第1版第6次印刷

184mm×260mm · 19. 25印张 · 473千字

标准书号：ISBN 978-7-111-34429-2

定价：49. 80元

电话服务　　　　　　　　网络服务

客服电话：010-88361066　机 工 官 网：www. cmpbook. com

010-88379833　机 工 官 博：weibo. com/cmp1952

010-68326294　金 书 网：www. golden-book. com

封底无防伪标均为盗版　机工教育服务网：www. cmpedu. com

前　言

本书借鉴了高职高专院校职业教育课程改革的经验，注重学生的职业能力和综合素质的培养。本书以工作过程为导向，所有项目均选取生产实践中的典型工作任务，力求使理论与工程实践相结合。本书涵括了电气控制技术及 PLC 控制技术，由 7 个学习情境(包括 17 个典型实训项目)组成。电气控制部分介绍了常用低压电器的认识、测试及安装，常用低压电气控制系统的设计、安装和调试。PLC 部分介绍了 PLC 的认识 和初步应用、PLC 控制系统基本指令的编程和应用、PLC 控制系统顺序控制法的编程和应用、PLC 控制系统功能指令的编程及应用、PLC 控制系统的通信及模拟量的控制。本书在内容编排上循序渐进、由浅入深，同时注重知识的系统性和全面性，在内容阐述上力求简明扼要、图文并茂、通俗易懂。本书是教育部高等职业教育示范专业规划教材，凸现了“基于生产过程”和“教、学、做”一体化等教学特色，又注重对学生素质和技能的培养。

本书由长沙航空职业技术学院彭小平任主编，周欢喜、罗文任副主编。本书学习情境 1 由凌双明编写，学习情境 2 及附录 B 由周欢喜编写，学习情境 3、4、5、6 由彭小平编写，学习情境 7 及附录 A 由罗文编写，全书由彭小平统稿。本书由王文杰副教授担任主审，他对本书的编写提供了大力支持，并提出了许多宝贵意见，在此表示衷心的感谢！同时感谢浙江天煌科技有限公司等企业的素材资料的提供和支持。

鉴于编者水平有限，书中难免有不足、疏漏之处，恳请广大师生和读者批评指正。

编　者

目　　录

1 学习情境

常用低压电器的认识、测试及安装

【知识目标】

1. 了解常用低压电器的分类、型号意义及技术参数。
2. 熟悉常用低压电器的功能、结构及工作原理。
3. 熟记常用低压电器的文字符号和图形符号。

【能力目标】

1. 能正确拆装和检测常用低压电器。
2. 能够根据设备要求选择低压电器的类型和规格参数。

1.1 知识链接

1.1.1 低压电器的分类与作用

凡是对电能的生产、输送、分配和使用起控制、调节、检测、转换及保护作用的电工器械均可称为电器。用于交流1200V以下、直流1500V以下电路，起通断、控制、保护与调节等作用的电器称为低压电器，如接触器及继电器等。低压电器广泛应用于输配电系统和电力拖动系统中，在实际生产中起着非常重要的作用。

1. 低压电器的分类

(1) 按操作方式分

1）手动电器：由人操作发出动作指令的电器，如刀开关及按钮等。

2）自动电器：不需人工直接操作，按照电的或非电的信号自动完成接通、分断电路任务的电器，如接触器、继电器及电磁阀等。

（2）按用途分

1）控制电器：用于各种控制电路和控制系统的电器，要求寿命长，体积小，重量轻且动作迅速、准确、可靠。常用的控制电器有接触器、继电器、起动器、主令电器及电磁铁等。

2）配电电器：用于电能的输送和分配的电器，主要用于低压配电系统中。要求在系统发生故障时能准确动作、可靠工作，在规定条件下具有相应的动稳定性与热稳定性，使电器不会损坏。常用的配电电器有刀开关、转换开关、熔断器及断路器等。

（3）按工作原理分

1）电磁式电器：依据电磁感应原理来工作的电器，如交直流接触器及各种电磁式继电器等。

2）非电量控制电器：靠外力或某种非电物理量的变化而动作的电器，如刀开关、速度继电器、压力继电器及温度继电器等。

2. 低压电器的作用

低压电器能够依据操作信号或外界现场信号，自动或手动地改变电路的状态、参数，实现对电路或被控对象的控制、保护、测量、调节、指示及转换等。低压电器的作用有：

1）控制作用：如电梯的上下移动、快慢速自动切换与自动停层等。

2）保护作用：根据设备的特点，对设备、环境以及人身实行自动保护，如电动机的过热保护、电网的短路保护及漏电保护等。

3）测量作用：利用仪表及与之相适应的电器，对设备、电网的相关参数或其他非电参数进行测量，如测量电流、电压、功率、转速、温度及湿度等。

4）调节作用：低压电器可对一些电量和非电量进行调整，以满足用户的要求，如柴油机节气门的调整、房间温湿度的调节及照度的自动调节等。

5）指示作用：利用低压电器的控制、保护等功能，检测出设备运行状况与电路工作情况，如绝缘监测及保护吊牌指示等。

6）转换作用：在用电设备之间转换或对低压电器、控制电路分时投入运行，以实现功能切换作用，如励磁装置手动与自动的转换，供电系统中的市电与自备电的切换等。

当然，低压电器的作用远不止这些，随着科学技术的发展，具有新功能的新的电器会不断出现。常用低压电器的主要种类和用途见表 1-1。

表 1-1　常用低压电器的主要种类及用途

序号	类　别	主要品种	用　途
1	断路器	塑料外壳式断路器	主要用于电路的过载保护、短路保护、欠电压保护、漏电压保护，也可用于不频繁接通和断开的电路
		框架式断路器	
		限流式断路器	
		漏电保护式断路器	
		直流快速断路器	
2	刀开关	开关板用刀开关	主要用于电路的电气隔离，有时也能分断负载
		负荷开关	
		熔断器式刀开关	

（续）

序号	类　别	主 要 品 种	用　途
3	转换开关	组合开关	主要用于电源切换，也可用于负载通断或电路的切换
		换向开关	
4	主令电器	按钮	主要用于发布控制指令
		限位开关	
		微动开关	
		接近开关	
		万能转换开关	
5	接触器	交流接触器	主要用于远距离频繁控制负载，切断带负载电路
		直流接触器	
6	起动器	磁力起动器	主要用于电动机的起动
		Y-△起动器	
		自耦变压器减压起动器	
7	控制器	凸轮控制器	主要用于控制电路的切换
		平面控制器	
8	继电器	电流继电器	主要用于控制电路中，将被监控量转换成控制电路所需电量或开关信号
		电压继电器	
		时间继电器	
		中间继电器	
		温度继电器	
		热继电器	
9	熔断器	有填料熔断器	主要用于电路短路保护，也用于电路的过载保护
		无填料熔断器	
		半封闭插入式熔断器	
		快速熔断器	
		自复熔断器	
10	电磁铁	制动电磁铁	主要用于起重、牵引、制动等
		起重电磁铁	
		牵引电磁铁	

3. 低压电器的基本结构

下面以电磁式低压电器为例介绍低压电器的基本结构。

电磁式低压电器大都有两个主要组成部分，即电磁机构（感测部分）和触点系统（执行部分），有些低压电器还有灭弧装置。

（1）电磁机构　电磁机构的主要作用是将电磁能转换成机械能，带动触点动作，从而完成接通或分断电路的功能。

常用的电磁机构如图1-1所示，由衔铁、铁心和吸引线圈三个基本部分组成。

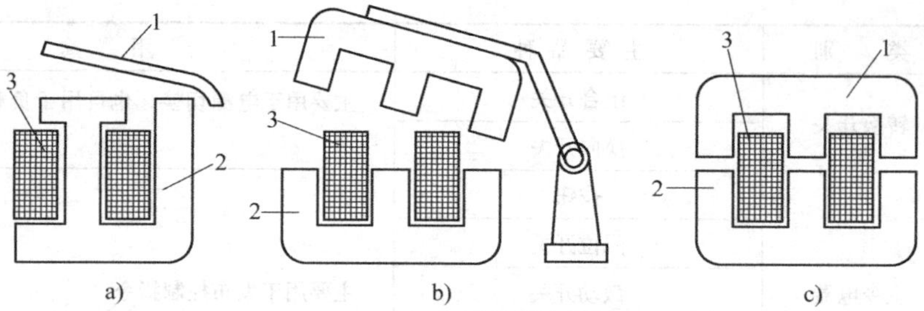

图 1-1　常用的电磁机构

1—衔铁　2—铁心　3—吸引线圈

按吸引线圈所通电流性质的不同，电磁式低压电器分为直流与交流两大类，它们都是利用电磁铁的原理制成的。

直流电磁铁由于通入的是直流电，其铁心不发热，只有线圈发热，因此线圈与铁心接触以利散热，线圈做成无骨架、高而薄的瘦高形，以改善线圈自身散热能力。铁心和衔铁由软钢和工程纯铁制成。

交流电磁铁由于通入的是交流电，铁心中存在磁滞损耗和涡流损耗，线圈和铁心都发热，所以交流电磁铁的吸引线圈有骨架，使铁心与线圈隔离并将线圈制成短而厚的矮胖形，以利于铁心和线圈的散热。铁心用硅钢片叠压而成，以减小涡流损耗。

当线圈中通以直流电时，气隙磁感应强度不变，直流电磁铁的电磁吸力为恒值。当线圈中通以交流电时，磁感应强度为交变量，交流电磁铁的电磁吸力 F 在 0（最小值）~ F_m（最大值）之间变化，在一个周期内，当电磁吸力的瞬时值大于反作用力时，衔铁吸合；当电磁吸力的瞬时值小于反作用力时，衔铁释放。所以电源电压每变化一个周期，电磁铁吸合两次、释放两次，使电磁机构产生剧烈的振动和噪声，因而不能正常工作。为了消除交流电磁铁产生的振动和噪声，在铁心的端面开一小槽，在槽内嵌入铜制短路环，如图 1-2 所示。短路环是利用磁通分相的作用，使合成后的吸力在任何时刻都大于反作用力，从而消除振动和噪声。

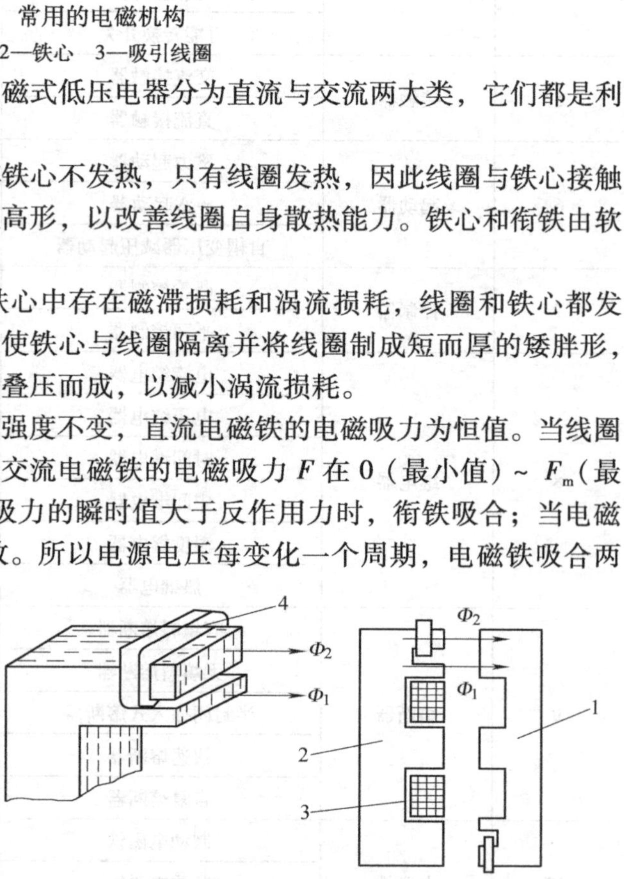

图 1-2　交流电磁铁的短路环

1—衔铁　2—铁心　3—线圈　4—短路环

（2）触点系统　触点是电器的执行部分，起接通和分断电路的作用。触点按其接触形式分为点接触、线接触和面接触 3 种，如图 1-3 所示。点接触型允许通过的电流较小，常用于继电器电路或辅助触点。线接触型和面接触型允许通过的电流较大，常用于大电流的场合，如刀开关、接触器的主触点等。

（3）灭弧装置　在大气中分断电路时，电场的存在会使触点的表面的大量电子溢出从而产生电弧。电弧一经产生，就会产生大量热能。电弧的存在既烧容易蚀触点的金属表面，降低电器的使用寿命，又延长了电路的分断时间，所以必须迅速使电弧熄灭。

常用的灭弧方法如下：

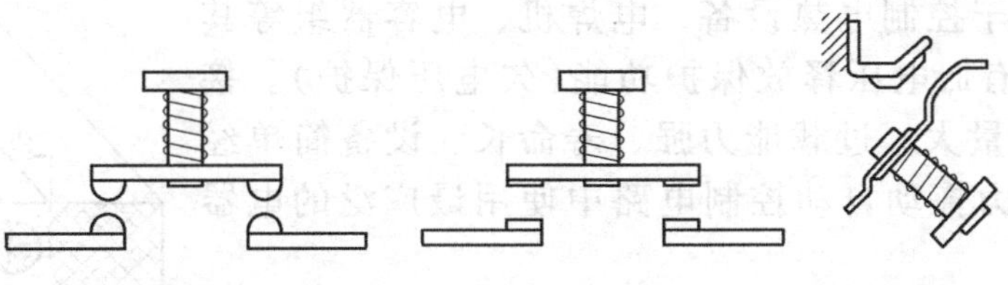

图 1-3　常见的触点结构

1）机械灭弧：通过机械将电弧迅速拉长，多用于开关电路，如图 1-4 所示。

2）磁吹灭弧：在一个与触点串联的磁吹线圈产生的磁力作用下，电弧被拉长且被吹入由固体介质构成的灭弧罩内，电弧被冷却熄灭，如图 1-5 所示。

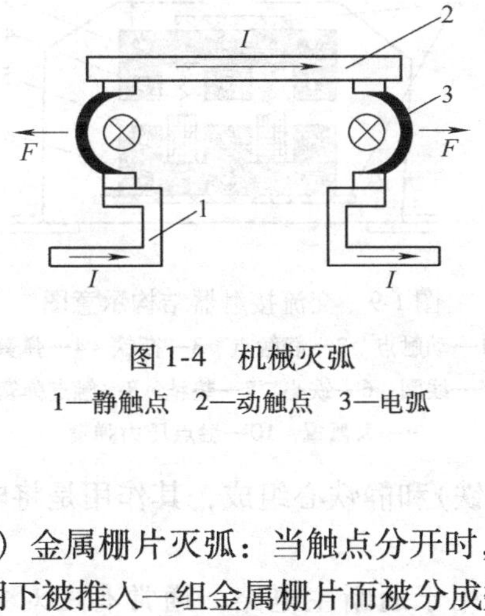

图 1-4　机械灭弧

1—静触点　2—动触点　3—电弧

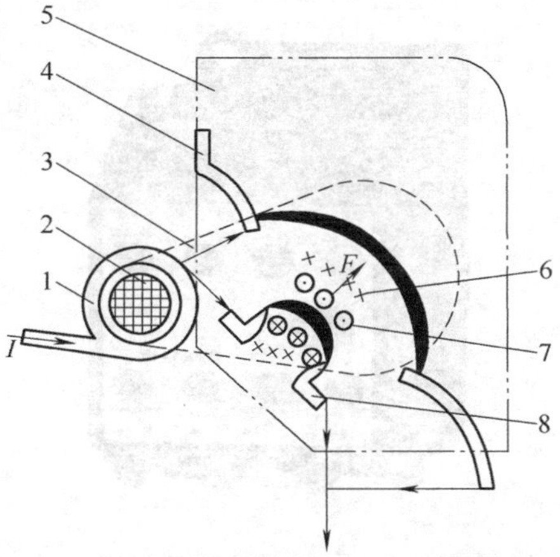

图 1-5　磁吹灭弧原理

1—磁吹线圈　2—铁心　3—引弧角

4—导磁夹板　5—灭弧罩　6—磁吹线圈磁场

7—电弧电流磁场　8—动触点

3）金属栅片灭弧：当触点分开时，产生的电弧在电场力的作用下被推入一组金属栅片而被分成数段，彼此绝缘的金属片相当于电极，因而将总电弧压降分成几段，各栅片间的电压低于燃弧电压，对交流电弧来说，在电弧过零时使电弧无法维持而熄灭，如图 1-6 所示，交流电器常用金属栅片灭弧。

4）窄缝灭弧：由耐弧陶土、石棉等材料制成的灭弧罩内每相有一个或多个纵缝，缝的上部较窄以便压缩电弧，当触点断开时，电弧被外磁场或电动力吹入缝内，热量传送给罩壁迅速冷却而熄灭电弧。如图 1-7 所示，该方式主要用于交流接触器中。

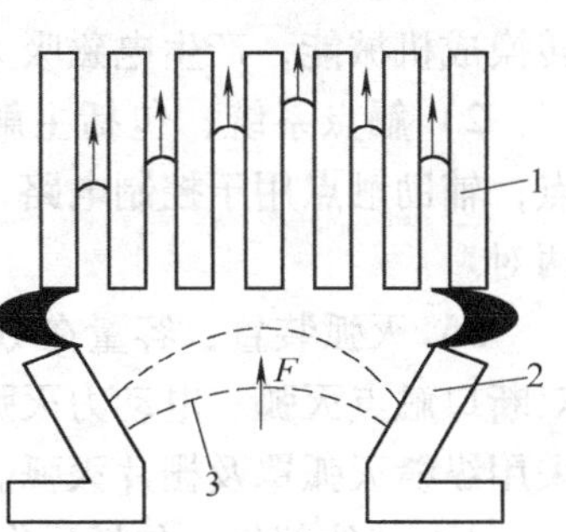

图 1-6　金属栅片灭弧

1—灭弧栅片　2—触点　3—电弧

1.1.2　接触器

接触器是一种用来自动接通或断开大电流电路的电器，它可以频繁地接通或分断交直流电路，并可实现远距离控制。其主要控制对象是电动机，也可用于控制电热设备、电焊机、电容器组等其他负载。它还具有低电压释放保护功能（欠电压保护）。接触器具有控制容量大、过载能力强、寿命长、设备简单经济等特点，是电力拖动自动控制电路中使用最广泛的电器元件之一。

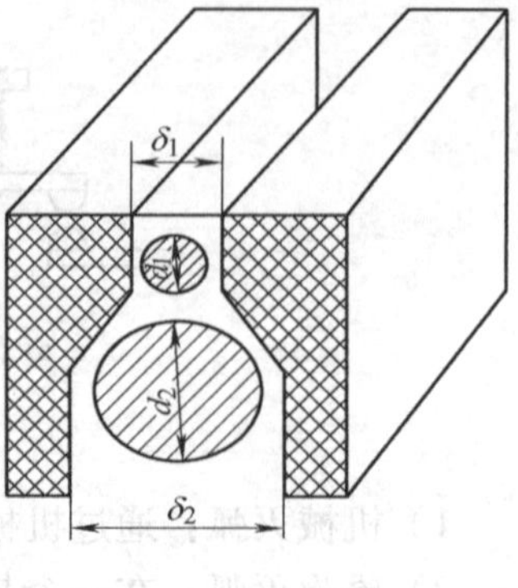

图 1-7　窄缝灭弧

按照所控制电路的电流种类不同，接触器可分为交流接触器和直流接触器两大类。

1. 交流接触器

（1）交流接触器的结构　图 1-8 所示为 CJX1 型交流接触器的实物，图 1-9 为交流接触器结构示意图。交流接触器由以下四部分组成：

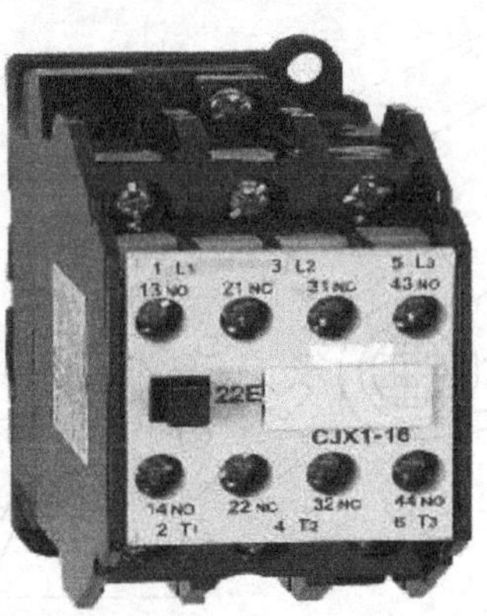

图 1-8　CJX1 型交流接触器

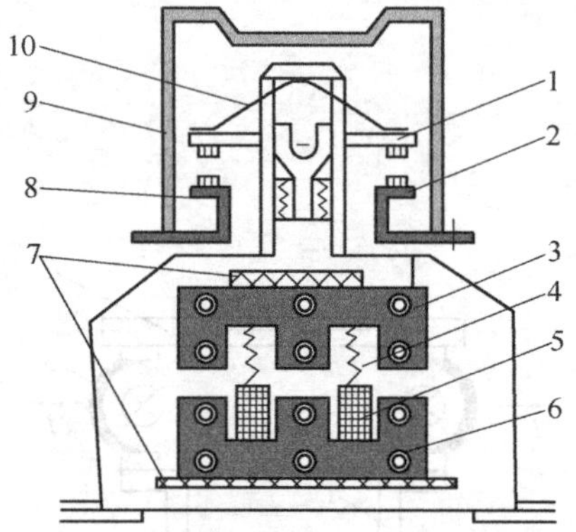

图 1-9　交流接触器结构示意图

1—动触点　2—静触点　3—衔铁　4—弹簧
5—线圈　6—铁心　7—垫毡　8—触点弹簧
9—灭弧罩　10—触点压力弹簧

1）电磁机构：电磁机构由吸引线圈、动铁心（衔铁）和静铁心组成，其作用是将电磁能转换成机械能，产生电磁吸力带动触点动作。

2）触点系统：包括主触点和辅助触点，主触点用于通断主电路，通常有三对常开触点；辅助触点用于控制电路，起电气联锁作用，故又称联锁触点，一般有常开、常闭触点各两对。

3）灭弧装置：容量在 10A 以上的接触器都有灭弧装置，对于小容量的接触器，常采用双断口触点灭弧、电动力灭弧、相间弧板隔弧及陶土灭弧罩灭弧。对于大容量的接触器，常采用纵缝灭弧罩及栅片灭弧。

4）其他部件：包括反作用弹簧、缓冲弹簧、触点压力弹簧、传动机构及外壳等。

（2）交流接触器的工作原理和符号　如图 1-10 所示，交流接触器的工作原理如下：线圈通电后，在铁心中产生磁通及电磁吸力。此电磁吸力克服弹簧反作用力使衔铁吸合，带动触点机构动作，常闭触点打开，常开触点闭合，联锁或接通线路。当线圈失电或线圈两端电压显著降低时，电磁吸力小于弹簧反作用力，使得衔铁释放，触点机构复位，断开线路或解除联锁。接触器的图形符号如图 1-11 所示，文字符号为 KM。

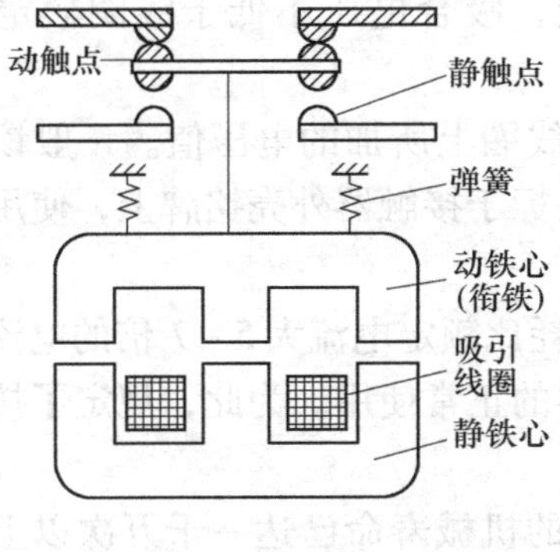

图1-10　交流接触器工作原理图

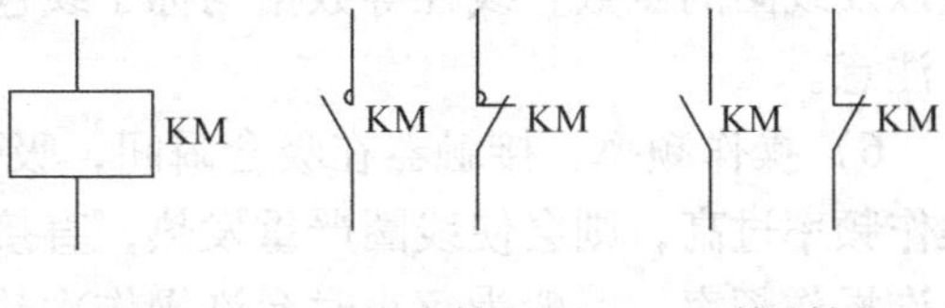

图1-11　接触器的图形符号

（3）交流接触器的分类及选用　交流接触器的种类很多，其分类方法也不尽相同。按照一般的分类方法，大致有以下几种。

1）按主触点极数分：可分为单极、双极、三极、四极和五极接触器。单极接触器主要用于单相负载，如照明负载、焊机等，在电动机能耗制动中也可采用；双极接触器用于绕线转子异步电动机的转子回路中，起动时用于短接起动绕组；三极接触器用于三相负载，如在电动机的控制及其他场合，使用最为广泛；四极接触器主要用于三相四线制的照明线路，也可用来控制双回路电动机负载；五极交流接触器用来组成自耦补偿起动器或控制双笼型电动机，以变换绕组接法。

2）按灭弧介质分：可分为空气式接触器、真空式接触器等。依靠空气绝缘的接触器用于一般负载，而采用真空绝缘的接触器常用在煤矿、石油、化工企业及电压为660V和1140V等一些特殊的场合。

3）按有无触点分：可分为有触点接触器和无触点接触器。常见的接触器多为有触点接触器，而无触点接触器属于电子技术应用的产物，一般采用晶闸管作为回路的通断器件。由于晶闸管导通时所需的触发电压很小，而且回路通断时无火花产生，因而可用于高操作频率的设备和易燃、易爆、无噪声的场合。

（4）交流接触器的基本参数

1）额定电压：指主触点额定工作电压，应等于负载的额定电压。一只接触器常规定几个额定电压，同时列出相应的额定电流或控制功率，通常，最大工作电压即为额定电压。常用的额定电压值有220V、380V及660V等。

2）额定电流：接触器触点在额定工作条件下的电流值。380V三相电动机控制电路中，当电流单位为A、功率单位为kW时，额定工作电流的数值可近似等于控制功率的数值的两倍。常用额定电流的等级有5A、10A、20A、40A、60A、100A、150A、250A、400A及600A。

3）通断能力：可分为最大接通电流和最大分断电流。最大接通电流是指触点闭合时不会造成触点熔焊时的最大电流值；最大分断电流是指触点断开时能可靠灭弧的最大电流。接触器的通断能力一般是其额定电流的5～10倍。当然，这一数值与通断电路的电压等级有关，电压越高，通断能力越小。

4）动作值：可分为吸合电压和释放电压。吸合电压是指接触器吸合前，缓慢增加吸合线圈两端的电压，接触器可以吸合时的最小电压。释放电压是指接触器吸合后，缓慢降低吸合线圈的电压，接触器释放时的最大电压。一般规定，吸合电压不低于线圈额定电压的85%，释放电压不高于线圈额定电压的70%。

5）吸引线圈额定电压：接触器正常工作时，吸引线圈上所加的电压值。一般该电压数值以及线圈的匝数、线径等数据均标于线包上，而不是标于接触器外壳铭牌上，使用时应加以注意。

6）操作频率：接触器在吸合瞬间，吸引线圈需消耗比额定电流大5~7倍的电流，如果操作频率过高，则会使线圈严重发热，直接影响接触器的正常使用。为此，规定了接触器的允许操作频率，一般为每小时允许操作次数的最大值。

7）寿命：包括电气寿命和机械寿命。目前接触器的机械寿命已达一千万次以上，电气寿命约是机械寿命的5%~20%。

2. 直流接触器

直流接触器的结构和工作原理基本上与交流接触器相同。在结构上也是由电磁机构、触点系统和灭弧装置等部分组成。由于直流电弧比交流电弧难以熄灭，直流接触器常采用磁吹式灭弧装置灭弧。直流接触器结构上有立体布置和平面布置两种结构，电磁系统多采用绕棱角转动的拍合式结构，主触点采用双断点桥式结构或单断点转动式结构。常用的直流接触器的型号有 CZ18、CZ21、CZ22、CZ0 等系列，CZ0 型实物图如图 1-12 所示。

图 1-12　CZ0 型直流接触器

3. 型号说明

图 1-13 和图 1-14 分别为交流接触器和直流接触器的型号说明。

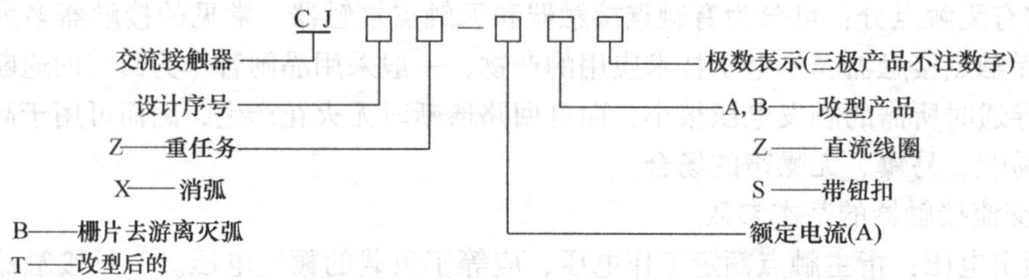

图 1-13　交流接触器的型号说明

如：CJ20Z—40/3 为交流接触器，设计序号为20，重任务型，额定电流为40A，主触点为3极。CJ12T—250/3 为改型后的交流接触器，设计序号为12，额定电流为250A，有3个主触点。

我国生产的交流接触器常用的有 CJ12、CJX1、CJ20 等系列及其派生系列产品。上述系列产品一般具有三对常开主触点，常开、常闭辅助触点各两对。直流接触器常用的有 CZ0 系列，分单极和双极两大类，常开、常闭辅助触点各不超过两对。

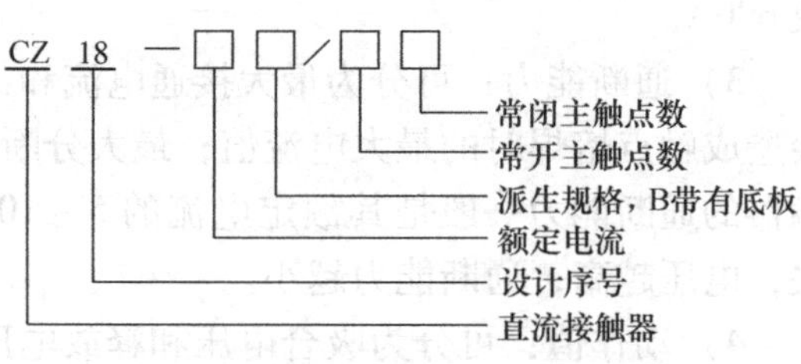

图 1-14　直流接触器的型号说明

除以上常用系列外，我国近年来还引进了一些生产线，生产了一些满足 IEC 标准的交流接触器，下面作以简单介绍。

CJ12B—S 系列锁扣接触器用于交流 50Hz、电压 380V 及以下、电流 600A 及以下的配电电路中，供远距离接通和分断电路用，并适用于不频繁地起动和停止交流电动机，具有正常工作时吸引线圈不通电、无噪声等特点。其锁扣机构位于电磁系统的下方，锁扣机构靠吸引线圈通电产生的电磁力实现吸合，由于锁扣机构具有“锁扣”功能，即使吸引线圈断电锁扣机构也可保持在锁住位置。由于线圈不通电，不仅无电力损耗，而且消除了噪声。

由德国引进的西门子公司的 3TB 系列、BBC 公司的 B 系列交流接触器等，主要用于远距离接通和分断电路，并适用于频繁地起动场合及控制交流电动机。3TB 系列产品具有结构紧凑、机械寿命和电气寿命长、安装方便、可靠性高等特点。其额定电压范围为 220 ~ 660V，额定电流范围为 9 ~ 630A。

4. 接触器的选用

接触器的选用，应根据负载的类型和工作参数来合理选用。具体分为以下步骤：

（1）选择接触器的类型　交流接触器按负载种类一般分为一类、二类、三类和四类，分别记为 AC1 、AC2 、AC3 和 AC4 。一类交流接触器对应的控制对象是无感或微感负载，如白炽灯、电阻炉等；二类交流接触器用于绕线转子异步电动机的起动和停止；三类交流接触器的典型用途是控制笼型异步电动机的运转和运行中分断；四类交流接触器用于笼型异步电动机的起动、反接制动、反转和点动。

（2）选择接触器的额定参数　根据被控对象和工作参数，如电压、电流、功率、频率及工作制等，确定接触器的额定参数。

1）接触器的线圈电压，一般应选低一些，这样对接触器的绝缘要求可以降低，使用时也较安全。但为了方便和减少设备，常按实际电网电压选取。

2）所用电动机的操作频率不高的电器，如压缩机、水泵、风机、空调、冲床等，接触器额定电流大于负载额定电流即可。接触器类型可选用 CJ20 系列等。

3）对于重任务型电动机，如机床主电动机、升降设备、绞盘及破碎机等，其平均操作频率超过 100 次/min，经常运行于起动、点动、正反向制动、反接制动等状态，可选用 CJ12 系列的接触器。为了保证电气寿命，可使接触器降容使用。选用时，接触器额定电流应大于电动机额定电流。

4）对于特重任务型电动机，如印刷机及镗床等，其操作频率很高，可达 10 ~ 200 次/min，经常运行于起动、反接制动、反向转动等状态，接触器大致可按电气寿命及起动电流选用，接触器选 CJ12 系列等。

5）交流电路中的电容器投入电网或从电网中切除时，所使用接触器的选择应考虑电容器的合闸冲击电流。一般地，接触器的额定电流可按电容器的额定电流的 1.5 倍选取，型号选 CJ20 系列等。

6）用接触器对变压器进行控制时，应考虑浪涌电流的大小。如交流电弧焊机、电阻焊机等，一般可按变压器额定电流的 2 倍选取接触器，型号选 CJ20 系列等。

7）对于电热设备，如电阻炉、电热器等，负载的冷态电阻较小，因此起动电流相应要大一些。选用接触器时可不用考虑起动电流，直接按负载额定电流选取，可选用 CJ20 系列等。

8）由于气体放电灯起动电流大、起动时间长，对于照明设备的控制，可按额定电流 1.1 ~ 1.4 倍选取接触器，可选 CJ20 系列等。

9）接触器额定电流是指接触器在长期工作下的最大允许电流，持续时间小于等于 8h，接触器安装于敞开的控制板上，如果冷却条件较差，选用接触器时，接触器的额定电流按负载额定电流的 110%～120% 选取。对于长时间工作的电动机，由于其氧化膜没有机会得到清除，使接触器电阻增大，导致触点发热超过允许温升。实际选用时，可将接触器的额定电流减小 30% 使用。

1.1.3 继电器

继电器是根据某种输入信号的变化，接通或分断控制电路，实现自动控制和保护电力装置的自动电器。

继电器的种类很多，按输入信号的性质不同，分为电压继电器、电流继电器、时间继电器、温度继电器、速度继电器及压力继电器等；按工作原理不同，可分为电磁式继电器、感应式继电器、电动式继电器、热继电器和电子式继电器等；按输出形式不同，可分为有触点式和无触点式两类；按用途不同，可分为控制用继电器与保护用继电器等。

1. 电磁式继电器

（1）电磁式继电器的结构与工作原理　电磁式继电器是应用得最早、最多的一种继电器，其结构及工作原理与接触器大体相同。由电磁系统、触点系统和释放弹簧等组成，电磁式继电器原理如图 1-15 所示。由于继电器用于控制电路，流过触点的电流比较小（一般 5A 以下），故不需要灭弧装置。常用的电磁式继电器有电压继电器、中间继电器和电流继电器等。其中，中间继电器的实物与电路符号如图 1-16 所示。

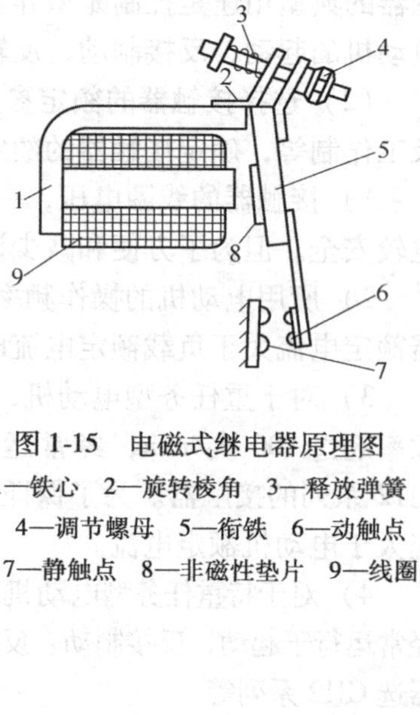

图 1-15　电磁式继电器原理图

1—铁心　2—旋转棱角　3—释放弹簧　4—调节螺母　5—衔铁　6—动触点　7—静触点　8—非磁性垫片　9—线圈

（2）电磁式继电器的特性　继电器的主要特性是输入-输出特性，又称继电特性，继电特性曲线如图 1-17 所示。当继电器输入量 X 由 0 增至 X_2 以前，继电器输出量 Y 为零；当输入量 X 增加到 X_2 时，继电器吸合，输出量为 Y_1；若 X 继续增大，Y 保持不变；当 X 减小到 X_1 时，继电器释放，输出量由 Y_1 变为零，若 X 继续减小，Y 值均为零。

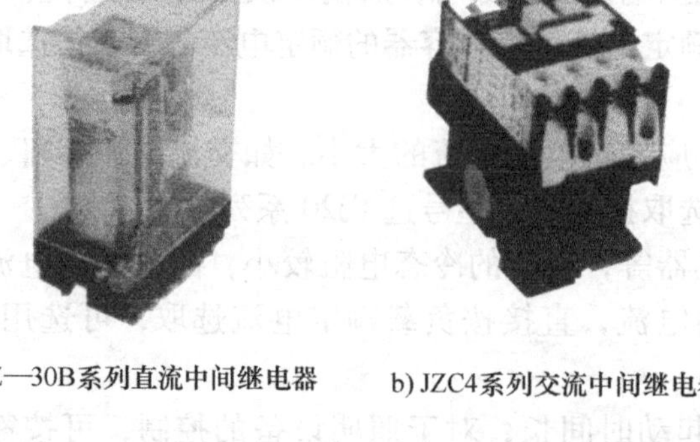

a) DZ—30B系列直流中间继电器　b) JZC4系列交流中间继电器

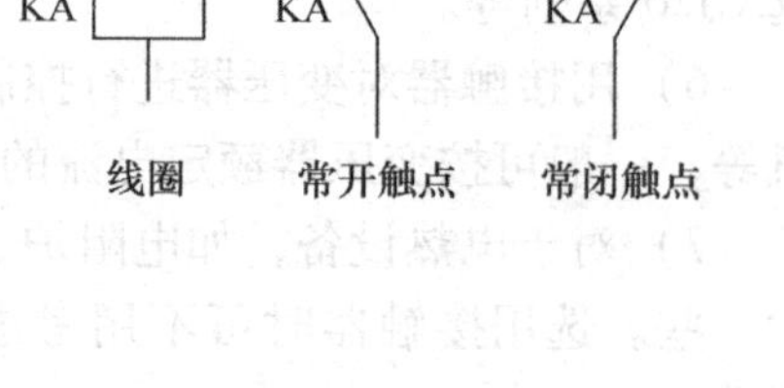

c) 电路符号

图 1-16　中间继电器实物与电路符号

图 1-17 中，X_2称为继电器吸合值，欲使继电器吸合，输入量必须等于或大于 X_2；X_1称为继电器释放值，欲使继电器释放，输入量必须等于或小于 X_1。

$K_f = X_1/X_2$称为继电器的返回系数，它是继电器重要参数之一。K_f值是可以调节的。如一般继电器要求低的返回系数，K_f 值应在 0.1 ~ 0.4 之间，这样当继电器吸合后，输入量波动较大时不致引起误动作；欠电压继电器则要求高的返回系数，K_f 值在 0.6 以上，设某继电器 $K_f = 0.66$，吸合电压为额定电压的 90%，则电压低于额定电压的 50% 时，继电器释放，起到欠电压保护作用。

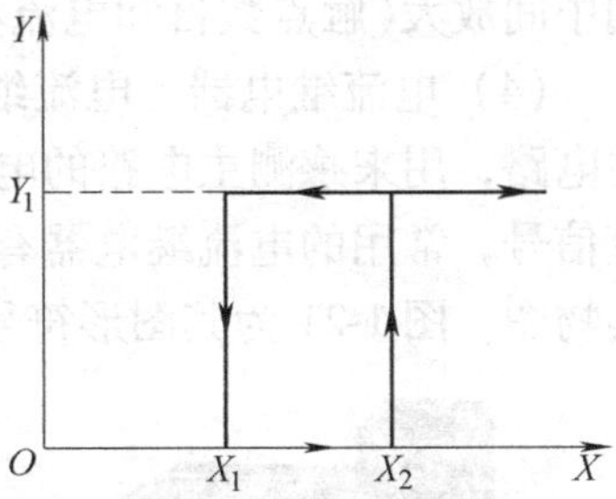

图 1-17　继电特性曲线

另一个重要参数是吸合时间和释放时间。吸合时间是指从线圈接受电信号到衔铁完全吸合所需的时间；释放时间是指从线圈失电到衔铁完全释放所需的时间。一般继电器的吸合时间与释放时间为 0.05 ~ 0.15s，快速继电器为 0.005 ~ 0.05s，它的大小影响继电器的操作频率。

（3）电压继电器　电压继电器用于电力拖动系统的电压保护和控制，其线圈并联接入主电路，感测主电路的线路电压；触点接于控制电路，为执行元件。图 1-18 为电压继电器实物图，图 1-19 为其图形符号和文字符号。

图 1-18　电压继电器实物图

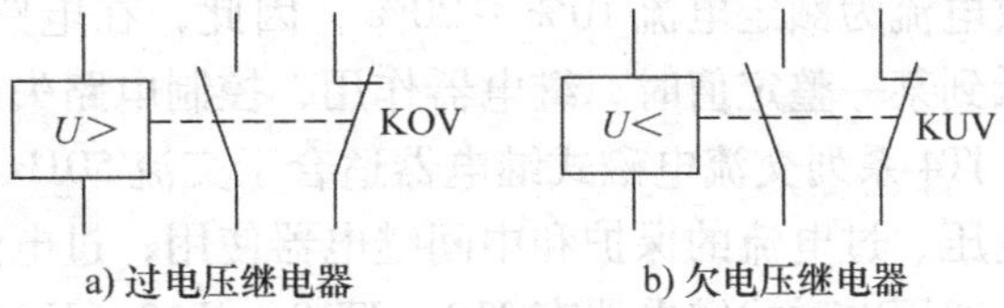

图 1-19　电压继电器的图形符号和文字符号

按吸合电压相对其额定电压的大小，电压继电器可分为过电压继电器和欠电压继电器。

过电压继电器（KOV）用于电路的过电压保护，其吸合整定值为被保护电路额定电压的 1.05 ~ 1.2 倍。当被保护的电路电压正常时，衔铁不动作；当被保护电路的电压高于额定值，达到过电压继电器的整定值时，衔铁吸合，触点机构动作，控制电路失电，控制接触器及时分断被保护电路。

欠电压继电器（KUV）用于电路的欠电压保护，其释放整定值为电路额定电压的 0.1 ~ 0.6 倍。当被保护电路电压正常时，衔铁可靠吸合；当被保护电路电压降至欠电压继电器的释放整定值时，衔铁释放，触点机构复位，控制接触器及时分断被保护电路。

零电压继电器是当电路电压降低到额定电压的 5% ~ 25% 时作用，对电路实现零电压保护。零电压继电器用于电路的失电压保护。

中间继电器实质上是一种电压继电器。它的特点是触点数目较多，电流容量可增大，起到中间放大(触点数目和电流容量)的作用。

(4) 电流继电器　电流继电器用于电力拖动系统的电流保护和控制，其线圈串联接入主电路，用来感测主电路的电流；触点接于控制电路，为执行元件。电流继电器反映的是电流信号，常用的电流继电器有欠电流继电器和过电流继电器两种。图 1- 20 为电流继电器的实物图，图 1-21 为其图形符号和文字符号。

图 1-20　电流继电器的实物图

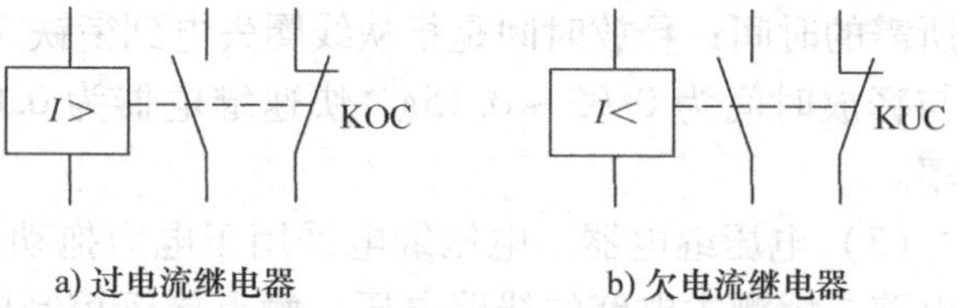

图 1-21　电流继电器的图形符号和文字符号

过电流继电器(KOC)在电路正常工作时不动作，整定范围通常为额定电流的 1.1 ~4 倍，当被保护电路的电流高于额定值，达到过电流继电器的整定值时，衔铁吸合，触点机构动作，控制电路失电，从而控制接触器及时分断电路，对电路起过电流保护作用。

欠电流继电器(KUC)用于电路的欠电流保护，吸合电流为线圈额定电流的 30% ~65%，释放电流为额定电流 10% ~20%，因此，在电路正常工作时，衔铁是吸合的，只有当电流降低到某一整定值时，继电器作用，控制电路失电，从而控制接触器及时分断电路。

JT4 系列交流电磁式继电器适合于交流 50Hz、380V 及以下的自动控制电路中作零电压、过电压、过电流的保护和中间继电器使用，过电流继电器也适用于 60Hz 交流电路。

通用电磁式继电器有 JT9、JT10、JL12、JL14、JZ7 等系列，其中 JL14 系列为交直流电流继电器，JZ7 系列为交流中间继电器。

(5) 中间继电器

1) 功能：中间继电器是用来增加控制电路中的信号数量或将信号放大的继电器，将一个输入信号变成一个或多个输出信号。输入信号为线圈是否通电，输出信号是触点的动作，将信号同时传给 N 个控制元件或电路。

2) 结构、符号。

中间继电器的结构与接触器基本相同，由线圈、静铁心、动铁心、触点系统(触点较多,没有主、辅触点之分,且通过的电流大小相同,多数为 5A)、反作用力弹簧等组成，如图 1-22所示。

2. 时间继电器

时间继电器是电路中控制动作时间的继电器，它是一种利用电磁原理或机械动作原理实现触点延时接通或断开的自动控制电器，其种类很多，常用的有电磁式、空气阻尼式及电子式等。

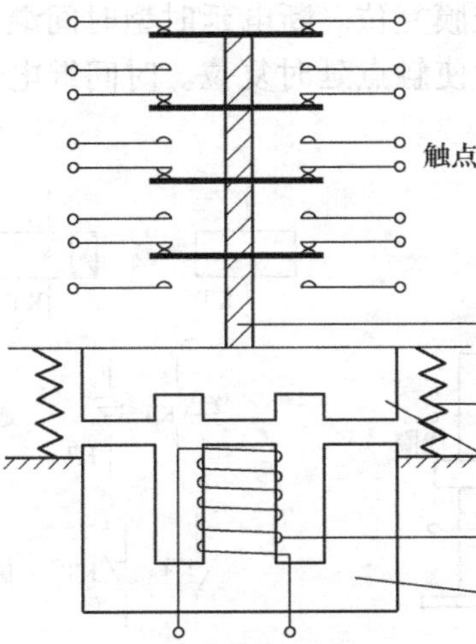

a) 中间继电器示意图

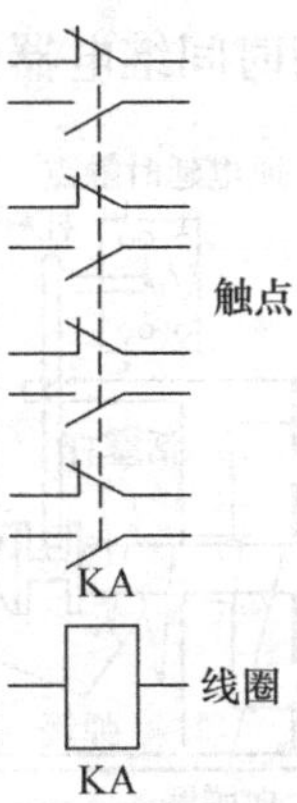

b) 中间继电器图形符号

图 1-22　中间继电器的结构及符号

(1) 直流电磁式时间继电器　在直流电磁式电压继电器的铁心上增加一个阻尼铜套，即可构成时间继电器，其结构示意图如图 1-23 所示。它是利用电磁阻尼原理产生延时的，由电磁感应定律可知，在继电器线圈通断电过程中铜套内将感应电动势，并流过感应电流，此电流产生的磁通总是与原磁通变化相反。

当继电器通电时，由于衔铁处于释放位置，气隙大、磁阻大、磁通小，阻尼铜套作用相对也小，因此衔铁吸合时延时不显著(一般忽略不计)。

当继电器断电时，磁通变化量大，阻尼铜套作用也大，使衔铁延时释放而起到延时作用。因此，这种继电器仅用于断电延时。

这种时间继电器延时较短，JT3 系列最长不超过 5s，而且准确度较低，一般只适用于要求不高的场合。

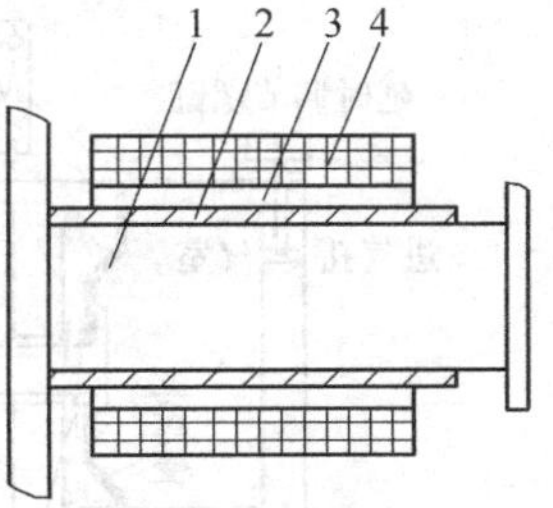

图 1-23　直流电磁式时间继电器示意图

1—铁心　2—阻尼铜套　3—绝缘层　4—线圈

(2) 空气阻尼式时间继电器　空气阻尼式时间继电器是利用空气阻尼原理获得延时的。它由电磁系统、延时机构和触点三部分组成，电磁机构为直动式双 E 形结构，触点系统是借用 LX5 型微动开关，延时机构采用气囊式阻尼器。

空气阻尼式时间继电器既具有由空气室中的气动机构带动的延时触点，也具有由电磁机构直接带动的瞬动触点，可以做成通电延时型，也可做成断电延时型。电磁机构可以是直流的，也可以是交流的。此继电器结构简单、价格低廉，但是准确度低、延时误差大(±20%)，因此在要求延时精度高的场合不宜采用。

时间继电器有通电延时和断电延时两种类型，空气阻尼式时间继电器示意图及图形符号如图 1-24 所示。通电延时型时间继电器的动作原理是：线圈通电时使触点延时动作，线圈断电时使触点瞬时复位。具体过程如下：当电路通电后，电磁线圈的静铁心产生磁场力，使衔铁克服推板的弹簧的反作用弹力而吸合，与衔铁相连的传动杆向右运动，吸合活塞杆，克服活塞杆的弹簧的反作用力，使气室内橡胶膜和活塞缓慢向右运动，通过弹簧片使瞬动触点动作，同时通过杠杆使延时触点延时动作，延时时间由气室进气口的节流程度决定，其节流程度可用调节螺钉完成，断电时弱弹簧使橡胶膜复位。断电延时型时间继电器的动作原理是：线圈通电时使触点瞬时动作，线圈断电时使触点延时复位。时间继电器的文字符号用 KT 表示。图 1-25 为时间继电器的型号说明。

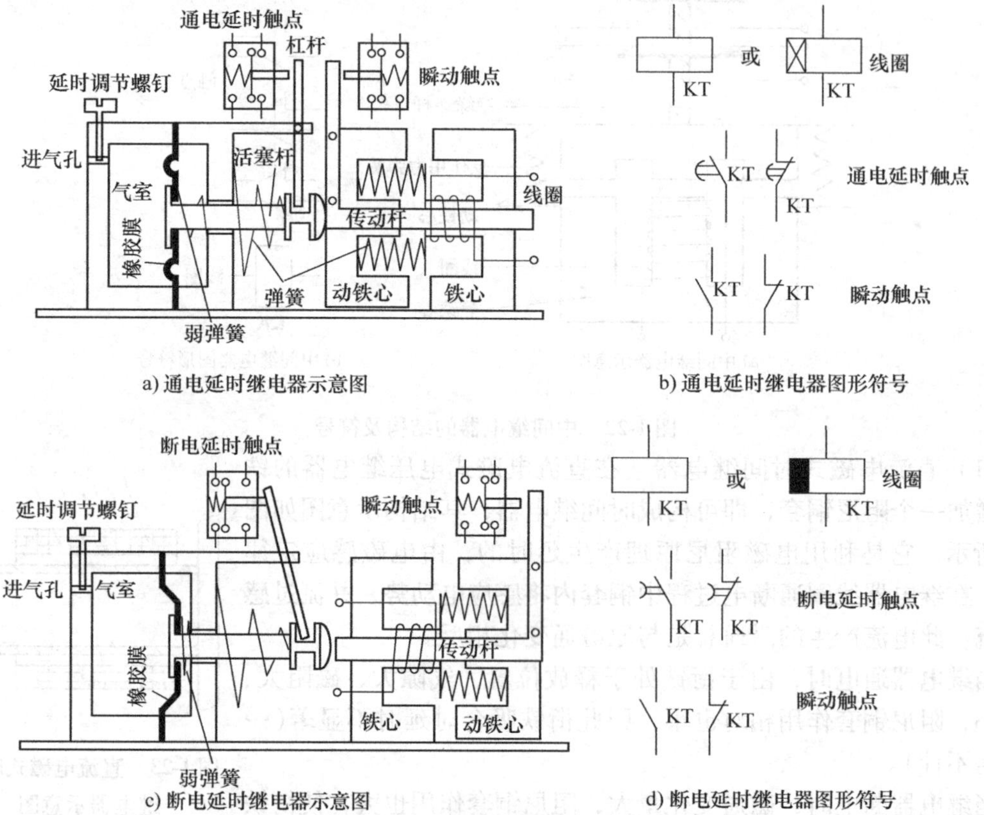

a) 通电延时继电器示意图　b) 通电延时继电器图形符号

c) 断电延时继电器示意图　d) 断电延时继电器图形符号

图 1-24　空气阻尼式时间继电器示意图及图形符号

（3）电子式时间继电器　电子式时间继电器在时间继电器中已成为主流产品，电子式时间继电器是采用晶体管或集成电路和电子元器件等构成，目前已有采用单片机控制的时间继电器。电子式时间继电器具有延时范围广、精度高、体积小、耐冲击、耐振动、调节方便及寿命长等优点，所以发展迅速，应用广泛。电子式时间继电器的种类很多，最基本的有通电延时型和断电延时型两种，它们大多是利用电容器充放电原理来达到延时目的的。JS14 系列电子式时间继电器具有延时长、电路简单、延时调节方便、性能稳定、延时误差小及触点容量较大等优点，其实物如图 1-26 所示。

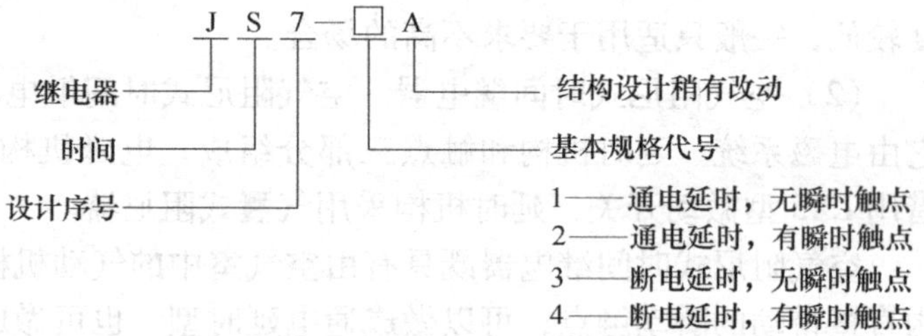

图 1-25　时间继电器的型号说明

电子式时间继电器的输出形式有两种：有触点式和无触点式，前者是用晶体管驱动小型电磁式继电器输出，后者是采用晶体管或晶闸管输出。

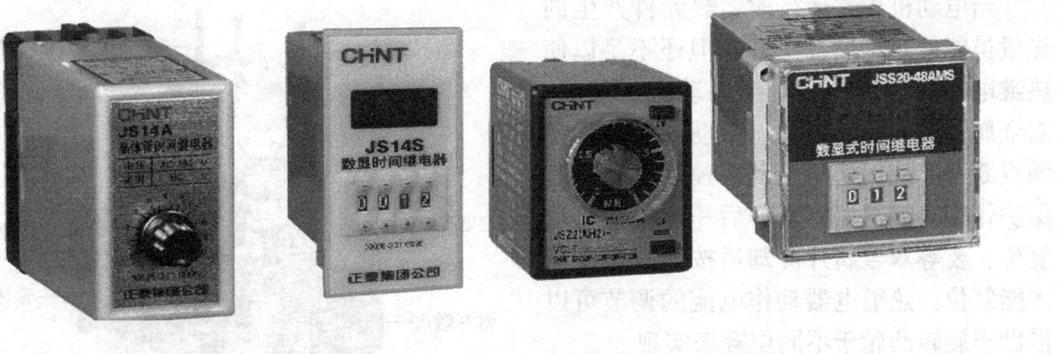

图 1-26　电子式时间继电器

（4）时间继电器的选用　选用时间继电器时应注意：其线圈（或电源）的电流种类和电压等级应与控制电路相同；按控制要求选择延时方式和触点形式；校核触点数量和容量，若不够时，可用中间继电器进行扩展。

时间继电器产品有 JS14A 系列、JS20 系列电子式时间继电器、JS14P 系列数字式电子继电器等，具有体积小、延时精度高、寿命长、工作稳定可靠、安装方便、触点输出容量大和产品规格齐全等优点，广泛用于电力拖动、顺序控制及各种生产过程的自动控制中。

3. 其他非电磁类继电器

非电磁类继电器的感测元件接受非电量信号，如温度、转速、位移及机械力等。常用的非电磁类继电器有热继电器、速度继电器、干簧继电器及固态继电器等。

（1）热继电器　热继电器（FR）主要用于电力拖动系统中电动机负载的过载保护。

电动机在实际运行中，常会遇到过载情况，但只要过载不严重、时间短，绕组不超过允许的温升，这种过载是允许的。但如果过载情况严重、时间长，则会加速电动机绝缘的老化，缩短电动机的使用寿命，甚至烧毁电动机，因此必须对电动机进行过载保护。

1）热继电器结构与工作原理：热继电器主要由热元件、双金属片和触点组成，如图 1-27所示，热元件由发热电阻丝做成；双金属片由两种热膨胀系数不同的金属辗压而成，当双金属片受热时，会出现弯曲变形。使用时，把热元件串接于电动机的主电路中，而常闭触点串接于电动机的控制电路中。热继电器的图形及文字符号如图 1-28 所示。其外形、结构如图 1-29 所示。

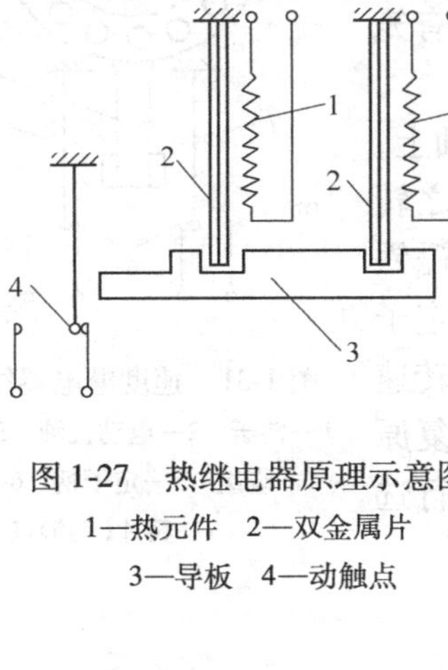

图 1-27　热继电器原理示意图

1—热元件　2—双金属片

3—导板　4—动触点

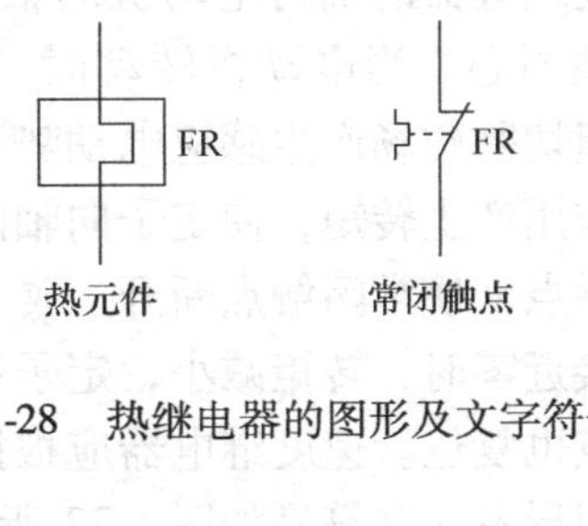

图 1-28　热继电器的图形及文字符号

当电动机正常运行时，热元件产生的热量虽能使双金属片弯曲，但还不足以使热继电器的触点动作。当电动机过载时，双金属片弯曲位移增大，推动导板使常闭触点断开，从而切断电动机控制电路以起保护作用。热继电器动作后一般不能自动复位，要等双金属片冷却后按下复位按钮才能复位。热继电器动作电流的调节可以借助于旋转凸轮于不同位置来实现。

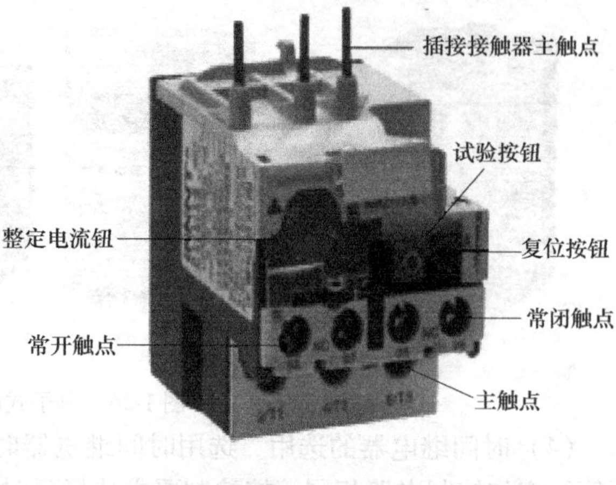

图 1-29　JR 系列热继电器的外形、结构

2）热继电器的型号及选用。热继电器的选择应根据电动机的工作环境、起动情况及负载性质等因素来考虑：一方面，要充分发挥电动机的过载能力；另一方面，对电动机在短时过载与起动瞬间不受影响。

热继电器结构形式的选择。星形联结的电动机可以选择两相或三相结构的热继电器，三角形联结的电动机应当选择带断相保护装置的三相结构热继电器。

热继电器的动作电流整定值一般为电动机额定电流的 1.05 ~1.1 倍。

热继电器选好后，还需根据电动机的额定电流来调整它的整定值。

热继电器型号说明如图 1-30 所示。

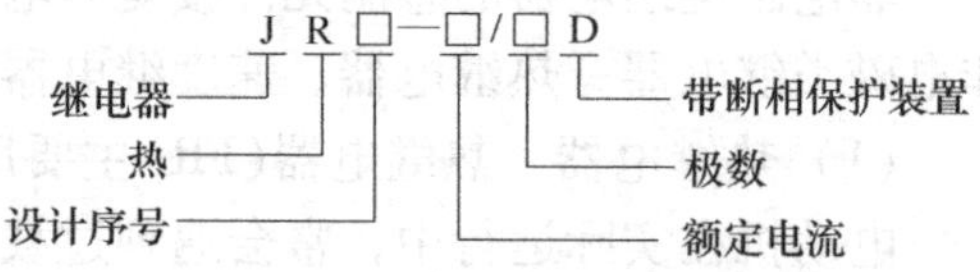

图 1-30　热继电器型号说明

热继电器的选择主要根据电动机定子绕组的联结方式来确定热继电器的型号，在三相异步电动机电路中，对星形联结的电动机可选两相或三相结构的热继电器；定子绕组为三角形联结的电动机必须采用带断相保护的热继电器。

（2）速度继电器　速度继电器又称为反接制动继电器，它主要用于笼型异步电动机的反接制动控制。感应式速度继电器的结构如图 1-31 所示，它是靠电磁感应原理实现触点动作的。

从结构上看，与交流电动机类似，速度继电器主要由定子、转子和触点三部分组成。定子的结构与笼型异步电动机定子相似，是一个笼型空心圆环，由硅钢片冲压而成，并装有笼型绕组；转子是一个圆柱形永久磁铁。

速度继电器的轴与电动机的轴相连接，转子固定在轴上，定子与轴同心。当电动机转动时，速度继电器的转子随之转动，绕组切割磁场产生感应电动势和电流，此电流和永久磁铁的磁场作用产生转矩，使定子向轴的转动方向偏摆，通过定子柄拨动触点，使常闭触点断开、常开触点闭合。当电动机转速下降到接近零时，转矩减小，定子柄在弹簧力的作用下恢复原位，触点也复位。速度继电器应根据电动机的额定转速进行选择。其图形及文字符号如图 1-32 所示。

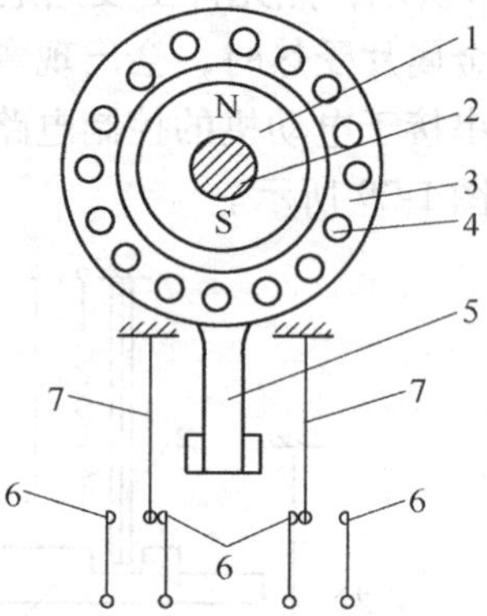

图 1-31　速度继电器结构图
1—转子　2—电动机轴　3—定子
4—绕组　5—定子柄　6—静触点
7—簧片（动触点）

常用的速度继电器有 JY1 和 JFZ0 系列，图 1-33 为 JY—1 型速度继电器。

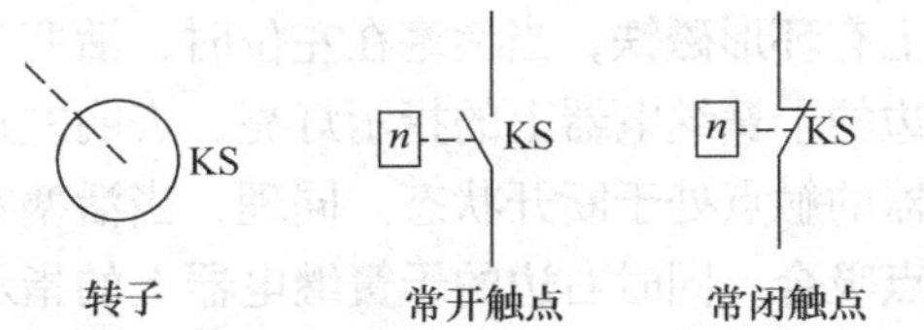

图 1-32　速度继电器的图形、文字符号

图 1-33　JY—1 型速度继电器

JY1 系列速度继电器能在 3 000r/min 的转速下可靠工作。JFZ0 系列速度继电器触点动作速度不受定子柄偏转快慢的影响，触点改用微动开关。JFZ0 系列 JFZ0—1 型速度继电器适用于 300 ~ 1 000r/min，JFZ0—2 型适用于 1 000 ~ 3 000r/min。速度继电器有两对常开、常闭触点，分别对应于被控电动机的正反转运行。一般情况下，速度继电器的触点，在转速达 120r/min 时能动作，转速为 100r/min 左右时能恢复正常位置。

（3）干簧继电器　干簧继电器是一种具有密封触点的电磁式继电器。干簧继电器可以反映电压、电流、功率以及电流极性等信号，在检测、自动控制、计算机控制技术等领域中应用广泛。干簧继电器主要由干式舌簧片与励磁线圈组成。干式舌簧片（触点）是密封的，由铁-镍合金做成，干式舌簧片的接触部分通常镀有贵重金属（如金、铑、钯等），接触性良好，具有良好的导电性能。触点密封在充有氮气等惰性气体的玻璃管中，因而有效地防止了尘埃的污染，减少了对触点的腐蚀，提高了工作可靠性。干簧继电器结构如图 1-34 所示。

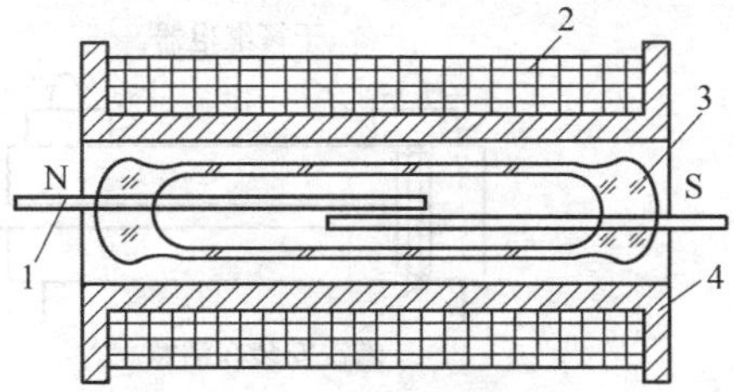

图 1-34　干簧继电器结构图

1—干式舌簧片　2—线圈　3—玻璃管　4—骨架

当线圈通电后，玻璃管中两干式舌簧片的自由端分别被磁化成 N 极和 S 极，并相互吸引，因而接通被控电路。线圈断电后，干式舌簧片在本身的弹力作用下分开，将电路切断。图 1-35 为由线圈控制的干簧继电器的工作原理图。

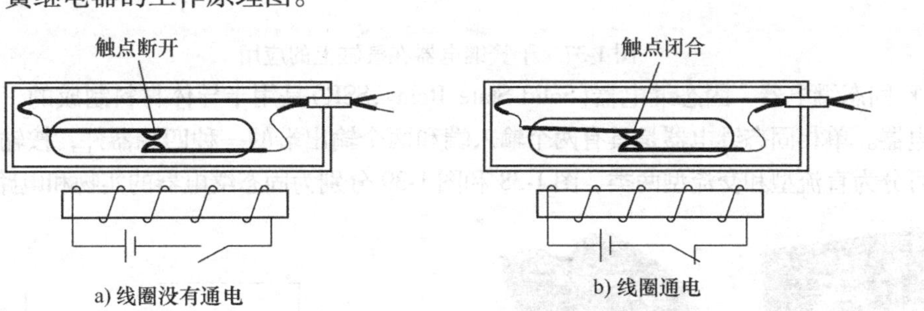

a) 线圈没有通电　　b) 线圈通电

图 1-35　干簧继电器工作原理图（一）

干簧继电器结构简单、体积小、吸合功率小、灵敏度高，一般吸合与释放时间均在 0.5 ~ 2ms 以内；触点密封，不受尘埃、潮气及有害气体污染，动片质量小、动程小，触点

电气寿命长，一般可达 10^7 次左右。

干簧继电器还可以用永磁体来驱动，反映非电信号，用作限位及行程控制以及非电量检测等。主要部件为干簧继电器的干簧水位信号器，适用于工业与民用建筑中的水箱、水塔及水池等开口容器的水位控制和水位报警。图 1-36 为永久磁铁控制的干簧继电器的工作原理图，图 1-37 为干簧继电器在气缸上的应用，在气缸的活塞上有环形磁铁，当活塞在左位时，活塞上的磁铁使气缸左边的干簧继电器的触点吸合，同时左边的干簧继电器上的指示灯亮，表明左边的干簧继电器的触点处于闭合状态，右边的干簧继电器的触点处于断开状态。同理，当活塞在右边时，活塞上的磁铁使气缸右边的干簧继电器的触点吸合，同时右边的干簧继电器上的指示灯亮，表明右边的干簧继电器的触点处于闭合状态，左边的干簧继电器的触点处于断开状态。

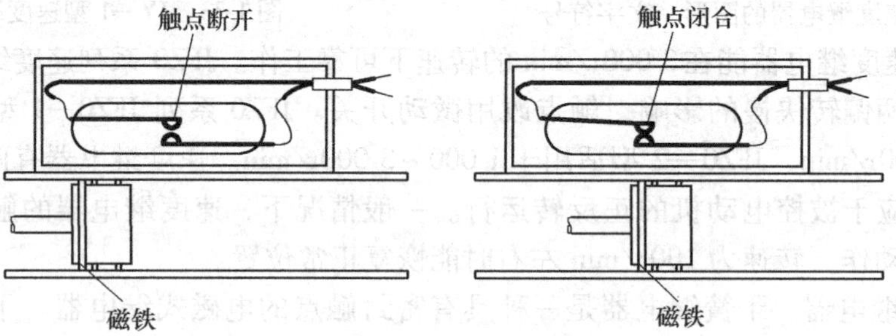

图 1-36　干簧继电器工作原理图(二)

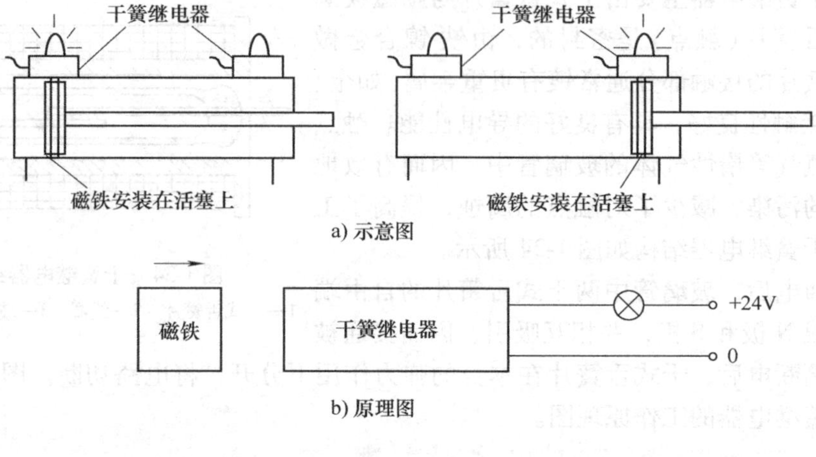

图 1-37　干簧继电器在气缸上的应用

(4) 固态继电器　固态继电器(Solid State Relay,SSR)是用半导体材料制成的，故又称为半导体继电器。单相固态继电器是具有两个输入端和两个输出端的一种四端器件，按输出端负载电源类型可分为直流型和交流型两类。图 1-38 和图 1-39 分别为固态继电器的实物和电路符号。

图 1-38　固态继电器实物

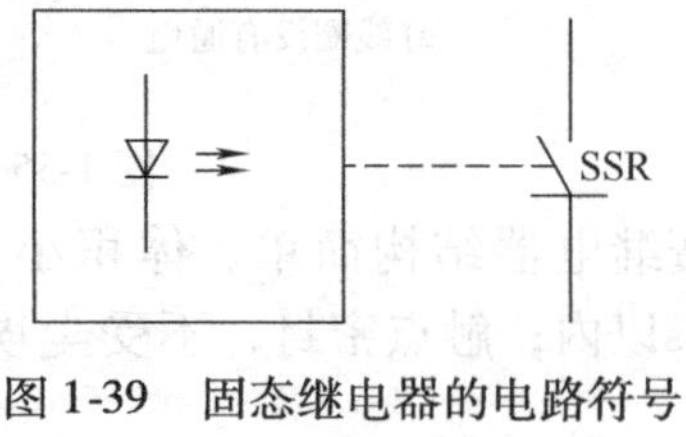

图 1-39　固态继电器的电路符号

1.1.4　刀开关与低压断路器

开关是最普通、使用最早的电器，其作用是分合电路、通断电流，常用的有刀开关、隔离开关、负荷开关、转换开关(组合开关)、低压断路器等。下面重点介绍刀开关和低压断路器。

1. 刀开关

刀开关是手动电器中结构最简单的一种，主要用作电源隔离开关，也可用来非频繁地接通和分断容量较小的低压配电电路。刀开关有有载运行操作、无载运行操作、选择性运行操作之分；又有正面操作、侧面操作、背面操作几种；还有不带灭弧装置和带灭弧装置之分。刀口接触有面接触和线接触两种。开关常采用弹簧片以保证接触良好。

(1) 刀开关结构原理和图形符号　常用的刀开关的外形如图 1-40 所示，HK2 系列瓷底开启式负荷开关如图 1-41 所示，刀开关的图形和文字符号如图 1-42 所示。

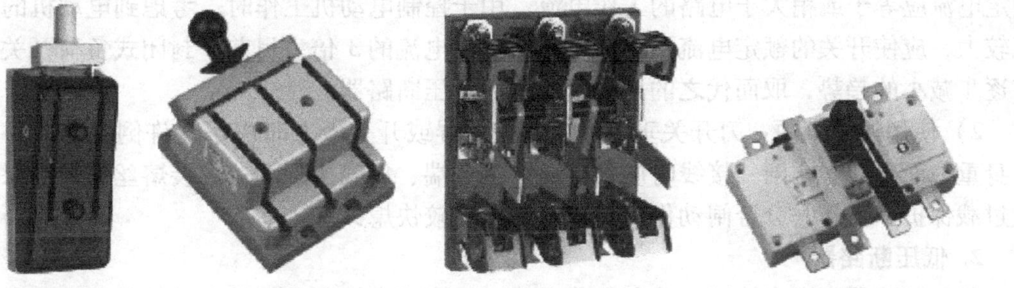

a) 瓷底刀开关　b) 开启式刀开关　c) 双投刀开关　d) 隔离开关

图 1-40　常用刀开关外形

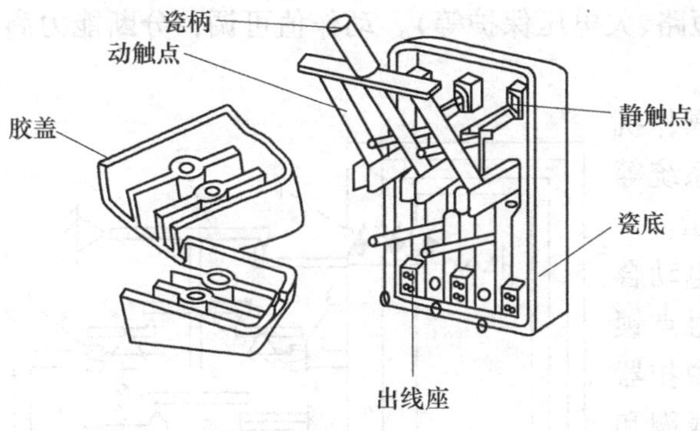

图 1-41　HK2 系列瓷底开启式负荷开关

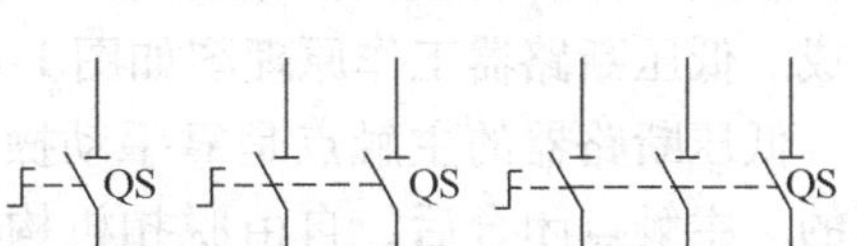

a) 单极　b) 双极　c) 三极

图 1-42　刀开关的图形和文字符号

(2) 刀开关的接法和主要类型　接线时应将电源线接在刀开关的上端，负载接在下端，这样拉闸后刀片与电源隔离，可防止意外事故发生。刀开关的主要类型有：大电流刀开关、负荷开关、熔断器式刀开关。常用的产品有：HD11 ~ HD14 和 HS11 ~ HS13 系列刀开关。

(3) 刀开关的选用和注意事项

1) 刀开关选择时应考虑以下两个方面：

① 刀开关结构形式的选择。应根据刀开关的作用来选择，如是否带灭弧装置，若用于

分断负载电流，则应选择带灭弧装置的刀开关；根据装置的安装形式来选择，如是正面、背面或侧面操作形式，是直接操作还是杠杆传动，是板前接线还是板后接线的结构形式等。

② 刀开关的额定电流的选择，一般应等于或大于所分断电路中各个负载额定电流的总和。对于电动机负载，应考虑其起动电流，所以应选用额定电流大一级的刀开关。若再考虑电路出现的短路电流，则还应选用额定电流更大一级的刀开关。

QA 系列、QF 系列、QSA(HH15)系列隔离开关用于低压配电系统中，HY122 系列是带有明显断口的数模化隔离开关，广泛用于楼层配电、计量箱及终端组电器中。

HR3 熔断器式刀开关具有刀开关和熔断器的双重功能，采用这种组合开关电器可以简化配电装置结构，经济实用，越来越广泛地用在低压配电屏上。

HK1、HK2 系列开启式负荷开关用作电源开关和小容量电动机非频繁起动的操动开关。HH3、HH4 系列封闭式负荷开关的操动机构具有速断弹簧与机械联锁，用于非频繁起动、28kW 以下的三相异步电动机。封闭式负荷开关的额定电压应不小于工作电路的额定电压；额定电流应等于或稍大于电路的工作电流。用于控制电动机工作时，考虑到电动机的起动电流较大，应使开关的额定电流不小于电动机额定电流的 3 倍。目前，封闭式负荷开关的使用有逐步减小的趋势，取而代之的是大量使用的低压断路器。

2）使用注意事项：刀开关垂直安装在控制屏或开关板上时决不允许倒装，以防手柄因自身重力而引起误合闸，接线时应将电源线接上端、负载接下端，内装熔丝作短路保护和严重过载保护，操作时分合闸动作应迅速，使电弧较快熄灭。

2. 低压断路器

低压断路器可用来接通和分断负载电路，也可用来控制不频繁起动的电动机。它的功能相当于刀开关、过电流继电器、失电压继电器、热继电器及漏电保护器等电器部分或全部的功能总和，是低压配电网中一种重要的保护电器。

低压断路器具有多种保护功能(过载、短路、欠电压保护等)，动作值可调，分断能力高，操作方便、安全，所以目前被广泛应用。

(1) 结构和工作原理　低压断路器由操作机构、触点、保护装置(各种脱扣器)及灭弧系统等组成。低压断路器工作原理图如图 1-43 所示。

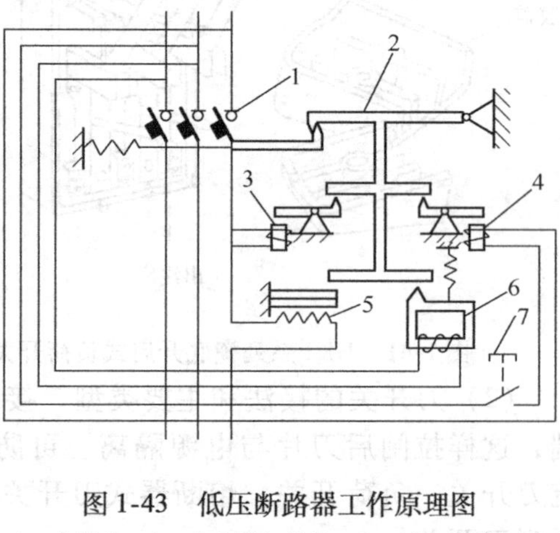

图 1-43　低压断路器工作原理图

1—主触点　2—自由脱扣机构　3—过电流脱扣器　4—分励脱扣器　5—热脱扣器　6—欠电压脱扣器　7—停止按钮

低压断路器的主触点是靠手动操作或电动合闸的。主触点闭合后，自由脱扣机构将主触点锁在合闸位置上。过电流脱扣器的线圈和热脱扣器的热元件与主电路串联，欠电压脱扣器的线圈和电源并联。当电路发生短路或严重过载时，过电流脱扣器的衔铁吸合，使自由脱扣机构动作，主触点断开主电路。当电路过载时，热脱扣器的热元件发热使双金属片向上弯曲，推动自由脱扣机构动作。当电路欠电压时，欠电压脱扣器的衔铁释放，也使自由脱扣机构动作。分励脱扣器可作为远距离控制用，在正常工作时，其线圈是断电的，在需要远距离控制时，按下起动按钮，使线圈通电，衔铁带动自由脱扣机构动作，使主触点断开。图1-44为断路器的图形和文字符号。

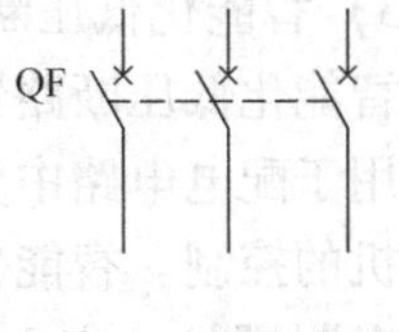

图1-44　断路器的图形和文字符号

（2）低压断路器的分类　低压断路器主要分类方法是以结构形式分类，即装置式和开启式两种。装置式又称为塑料外壳式，开启式又称为框架式或万能式。

1）装置式低压断路器：装置式低压断路器外有绝缘塑料外壳，内装触点系统、灭弧室及脱扣器等，可手动或电动（对大容量断路器而言）合闸，有较高的分断能力和动稳定性，有较完善的选择性保护功能，广泛用于配电电路中。塑料外壳式断路器是低压配电电路中及电动机控制和保护电路中的一种常用的开关电器，其型号有DZ47系列。图1-45所示的DZ47—60表示额定电流为60 A的DZ47系列塑料外壳式低压断路器。图1-46所示为断路器型号说明。

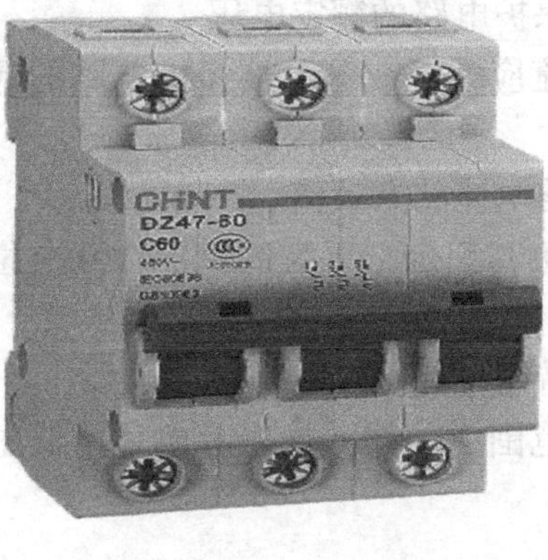

图1-45　DZ47—60型低压断路器实物图

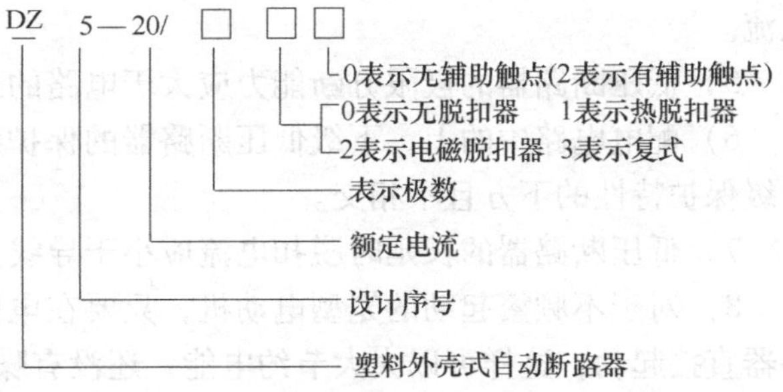

图1-46　断路器型号说明

2）开启式低压断路器：开启式低压断路器一般容量较大，具有较高的短路分断能力和较高的动稳定性，适用于交流频率50Hz，额定电压380V的配电电路中作配电干线的主保护。图1-47所示为DW型开启式低压断路器的实物图。

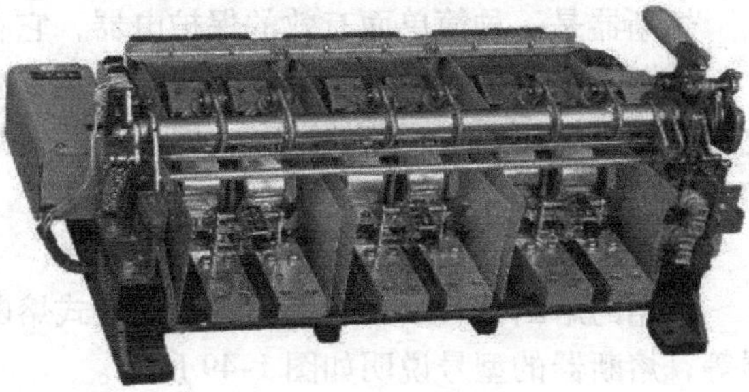

图1-47　DW型开启式低压断路器

开启式低压断路器主要由触点系统、操作机构、过电流脱扣器、分励脱扣器及欠电压脱扣器、附件及框架等组成，全部组件进行绝缘后装于框架结构底座中。

目前我国常用的有DW15、ME、AE、AH等系列的开启式低压断路器。DW15系列低压断路器有1 000A、1 500A、2 500A和4 000A等几个型号；操作方式有直接手柄式杠杆操作、电磁铁操作和电动机操作等，其中2 500A和4 000A需要的操作力较大，所以只能用电动机来代替人工操作。

ME、AE、AH等系列低压断路器的规格型号较为齐全，额定分断能力较DW15系列更强，常用于低压配电干线的主保护电路中。

3）智能化低压断路器：目前国内生产的智能化低压断路器有开启式和装置式两种。开启式智能化低压断路器主要用于智能化自动配电系统中的主断路器装置式智能化低压断路器主要用于配电电路中分配电能和作为电路及电源设备的控制与保护，亦可用于三相笼型异步电动机的控制。智能化低压断路器的特征是采用以微处理器或单片机为核心的智能控制器（智能脱扣器），它不仅具备普通低压断路器的各种保护功能，同时还具备实时显示电路中的各种电气参数（电流、电压、功率及功率因数等）的功能，可对电路进行在线监视、调节、测量、试验、自诊断及通信等，能够显示、设定和修改各种保护功能的动作参数，可将保护电路动作时的故障参数存储在非易失存储器中，以便查询。

（3）低压断路器的选用原则

1）根据电路对保护的要求确定低压断路器的类型和保护形式——确定选用开启式或装置式，是否具有限流功能等。

2）低压断路器的额定电压应等于或大于被保护电路的额定电压。

3）低压断路器的欠电压脱扣器的额定电压应等于被保护电路的额定电压。

4）低压断路器的额定电流及过电流脱扣器的额定电流应大于或等于被保护电路的计算电流。

5）低压断路器的极限分断能力应大于电路的最大短路电流的有效值。

6）配电电路中的上、下级低压断路器的保护特性应协调配合，下级的保护特性应位于上级保护特性的下方且不相交。

7）低压断路器的长延时脱扣电流应小于导线允许的持续电流。

8）对于不频繁起动的笼型电动机，只要在电网允许范围内，都可首先考虑采用低压断路器直接起动，这样可以大大节约电能，还没有噪声。

1.1.5 熔断器

熔断器是一种简单而有效的保护电器，它在电路中主要起短路保护作用。

熔断器主要由熔体和安装熔体的绝缘管（绝缘座）组成。使用时，熔体串接于被保护的电路中，当电路发生短路故障时，熔体会瞬时熔断而分断电路，起到保护作用。图 1-48 为熔断器的图形和文字符号。

1. 常用的熔断器

常用的熔断器有插入式熔断器、螺旋式熔断器、封闭式熔断器、快速熔断器及自复熔断器等，熔断器的型号说明如图 1-49 所示。

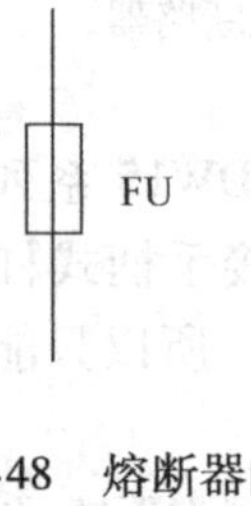

图 1-48 熔断器的图形和文字符号

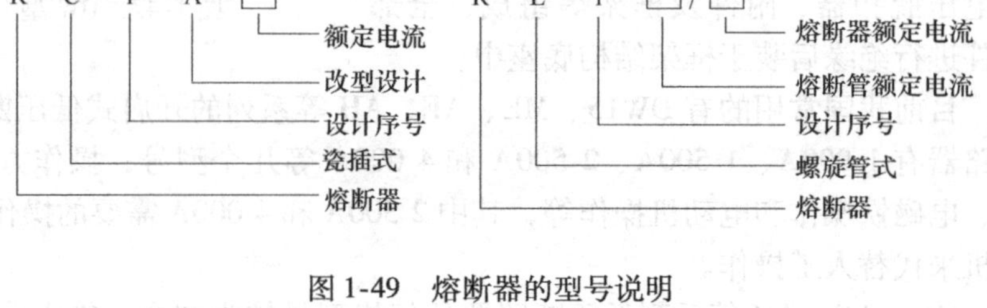

图 1-49 熔断器的型号说明

(1) 插入式熔断器　图1-50所示为插入式熔断器，它常用于380V及以下电压等级的电路末端，用于配电支路或电气设备的短路保护。

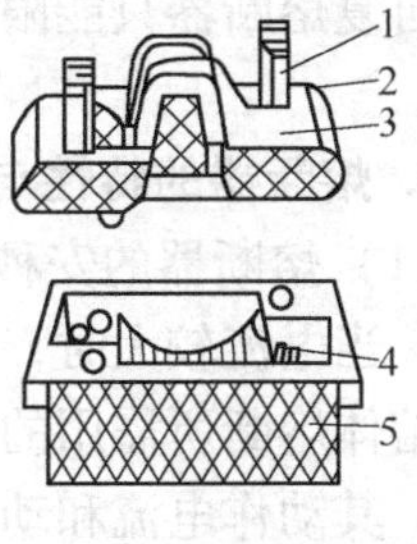

图1-50　插入式熔断器
1—动触点　2—熔体
3—瓷插件　4—静触点　5—瓷座

(2) 螺旋式熔断器　图1-51为螺旋式熔断器，其熔体上的上端盖有一熔断指示器，一旦熔体熔断，指示器马上弹出，可透过瓷帽上的玻璃孔观察到，它常用于机床电气控制设备中。螺旋式熔断器的特点是分断电流较大，可用于电压等级500V及其以下、电流等级200A以下的电路中，作短路保护用，图1-52为RL螺旋式熔断器。

(3) 封闭式熔断器　封闭式熔断器分有填料熔断器和无填料熔断器两种，如图1-53和图1-54所示。有填料封闭式熔断器一般用方形瓷管，内装石英砂及熔体，分断能力强，用于电压等级500V以下、电流等级1kA以下的电路中。无填料封闭式熔断器将熔体装入密闭式圆筒中，分断能力稍小，用于电压等级500V以下、电流等级600A以下电力电网或配电设备中。

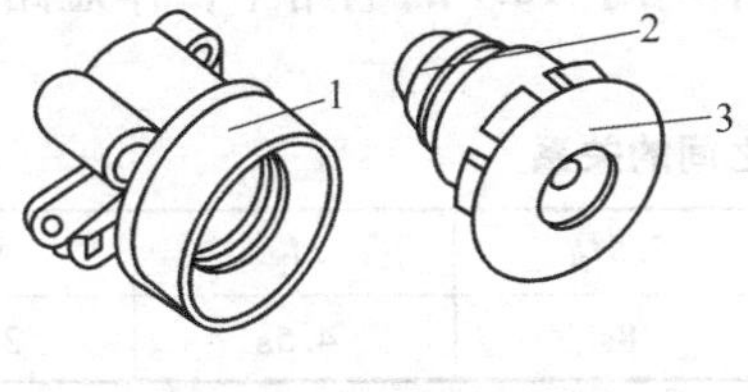

图1-51　螺旋式熔断器
1—底座　2—熔体　3—瓷帽

图1-52　RL螺旋式熔断器

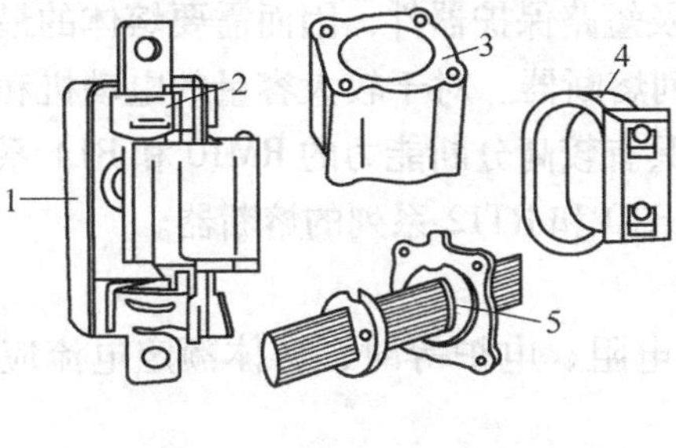

图1-53　有填料封闭式熔断器
1—瓷底座　2—弹簧片　3—管体
4—绝缘手柄　5—熔体

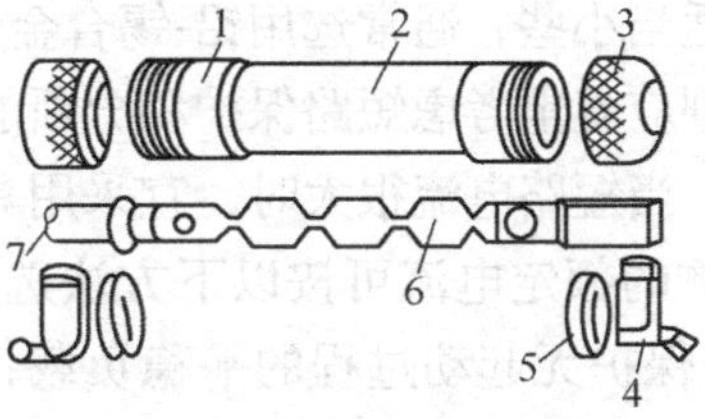

图1-54　无填料封闭式熔断器
1—铜圈　2—熔断管　3—管帽　4—插座
5—特殊垫圈　6—熔体　7—熔片

(4) 快速熔断器　它主要用于半导体整流器件或整流装置的短路保护。由于半导体器件的过载能力很低，只能在极短时间内承受较大的过载电流，因此要求作短路保护的电器具有快速熔断的能力。快速熔断器的结构和有填料封闭式熔断器的结构基本相同，但熔体的材料和形状不同，它是以银片冲制的有V形深槽的变截面熔体。

(5) 自复熔断器　采用金属钠作熔体，在常温下具有高电导率。当电路发生短路故障时，短路电流产生的高温使金属钠迅速气化，气态钠呈现高阻态，从而限制了短路电流通过。当短路电流消失后，电路温度下降，金属钠恢复为原来的高电导率状态，从而使电流通过。自复熔断器只能限制短路电流，不能真正分断电路，其优点是不必更换熔体，能重复使用。

2. 熔断器的特性与选用

（1）熔断器的安秒特性　熔断器的动作是靠熔体的熔断来实现的，当电流较大时，熔体熔断所需的时间就较短；而电流较小时，熔体熔断所需用的时间就较长，甚至不会熔断。因此对熔体来说，其动作电流和动作时间的关系，即熔断器的安秒特性，为反时限特性，如图 1-55 所示。

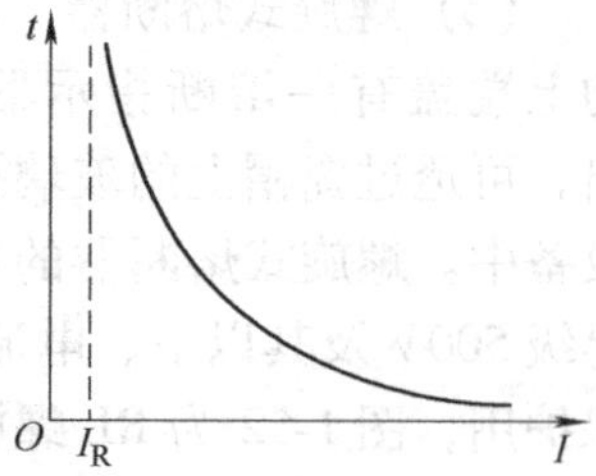

图 1-55　熔断器的安秒特性

每一熔体都有一最小熔断电流。对应于不同的温度，同一熔体的最小熔断电流也不同。虽然该电流受外界环境因素的影响，但在实际应用中可以不加考虑。一般定义熔体的最小熔断电流与熔体的额定电流之比为最小熔断系数，常用熔体的最小熔断系数大于 1.25，也就是说额定电流为 10A 的熔体在电流为 12.5A 以下时不会熔断。熔断电流与熔断时间之间的关系见表 1-2。

从这里可以看出，熔断器只能起到短路保护作用，不能起过载保护作用。如确需在过载保护中使用，必须降低其使用的额定电流，如 8A 的熔体用于 10A 的电路中，作短路保护兼过载保护用，但此时的过载保护特性并不理想。

表 1-2　熔断电流与熔断时间之间的关系

熔断电流	$1.25\sim1.3I_N$	$1.6I_N$	$2I_N$	$2.5I_N$	$3I_N$	$4I_N$
熔断时间	∞	1h	40s	8s	4.5s	2.5s

（2）熔断器的选择　主要依据负载的特性和短路电流的大小来选择熔断器的类型。对于容量小的电动机和照明支路，常采用熔断器作为过载及短路保护器件，因而需要熔体的最小熔断系数适当小些，通常选用铅-锡合金熔体的 RQA 系列熔断器。对于较大容量的电动机和照明电路，则应着重考虑短路保护和分断能力，通常选用具有较高分断能力的 RM10 和 RL1 系列的熔断器；当短路电流很大时，宜采用具有限流作用的 RT0 和 RT12 系列的熔断器。

熔体的额定电流可按以下方法选择：

1）保护无起动过程的平稳负载，如照明电路、电阻、电炉等时，熔体额定电流应略大于或等于负载电路中的额定电流。

2）保护单台长期工作的电动机时，熔体额定电流可按电动机最大起动电流选取，也可按下式选取：

$$I_{RN} \geqslant (1.5\sim2.5)I_N \tag{1-1}$$

式中，I_{RN}为熔体额定电流(A)；I_N为电动机额定电流(A)。如果电动机频繁起动，式中系数可适当加大至 3～3.5，具体应根据实际情况而定。

3）保护多台长期工作的电动机(供电干路)。多台电动机共用一个熔断器保护时：

$$I_{RN} \geqslant (1.5\sim2.5)I_{Nmax} + \sum I_N \tag{1-2}$$

式中，I_{RN}为熔体额定电流(A)；I_{Nmax}为容量最大的电动机的额定电流(A)；$\sum I_N$为其他电动机额定电流之和。

轻载起动或起动时间较短时，式中系数取1.5；重载起动或起动时间较长时，式中系数取2.5。熔断器的额定电流应大于或等于熔体额定电流。

4）熔断器的级间配合。为防止发生越级熔断、扩大事故范围，上、下级（即供电干、支路）电路的熔断器间应有良好的级间配合。选用时，应使上级（供电干路）熔断器的熔体额定电流比下级（供电支路）的大1～2个级差。

常用的熔断器有无填料封闭式熔断器R1系列、螺旋式熔断器RL1系列、有填料封闭式熔断器RT0系列及快速熔断器RS0、RS3系列等。

1.1.6　主令电器

控制系统中，主令电器是一种专门发布命令、直接或通过电磁式继电器间接作用于控制电路的电器，常用来控制电力拖动系统中电动机的起动、停车、调速及制动等。

常用的主令电器有：控制按钮、行程开关、接近开关，红外线光电开关、万能转换开关及主令控制器等。下面将详细介绍。

1. 控制按钮

控制按钮是一种结构简单、使用广泛的手动主令电器，它可以与接触器或继电器配合，对电动机实现远距离的自动控制，还可用于实现控制电路的电气联锁。

如图1-56所示，控制按钮由按钮帽、复位弹簧、触点和外壳等组成，通常做成复合式，即具有常闭触点和常开触点。复合按钮是将常开与常闭按钮组合为一体的按钮。未按下时，常闭触点是闭合的，常开触点是断开的。按下按钮时，先断开常闭触点，后接通常开触点；按钮释放后，在复位弹簧的作用下，按钮触点自动复位，触点动作与按下按钮时的先后顺序相反。通常，在无特殊说明的情况下，有触点电器的触点动作顺序均为“先断后合”。

按钮的图形及文字符号如图1-57所示。

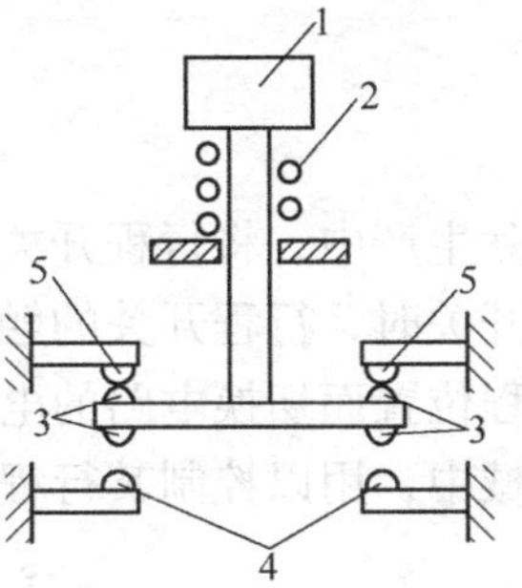

图1-56　按钮结构示意图

1—按钮帽　2—复位弹簧　3—动触点

4、5—静触点

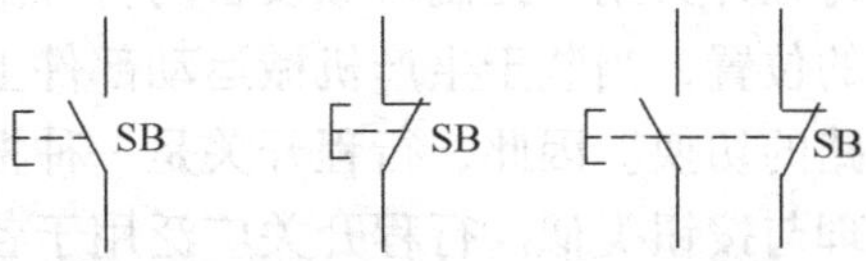

图1-57　按钮的图形和文字符号

在电气控制电路中，常开按钮常用来起动电动机，也称起动按钮，常闭按钮常用于控制电动机停车，也称停车按钮，复合按钮常用于联锁控制电路中。控制铵钮的种类很多，在结构上有紧急式、钥匙式、旋钮式及带灯式等。图1-58为按钮的型号说明，图1-59为常用按钮实物。图1-58中结构形式代号的含义为：K——开启式，S——防水式，J——紧急式，X——旋钮式，H——保护式，F——防腐式，Y——钥匙式，D——带灯按钮。

控制按钮有LA2、LA18、LA19、LA20、LAY1和SFAN—1等系列，其中SFAN—1型为

消防打碎玻璃按钮，LA2 系列为老产品，新产品有 LA18、LA19、LA20 等系列。LA18 系列采用积木式结构，触点数目可按需要拼装至六常开六常闭结构，一般装成二常开二常闭结构。LA19、LA20 系列有带指示灯和不带指示灯两种，前者按钮帽用透明塑料制成，兼作指示灯罩用。

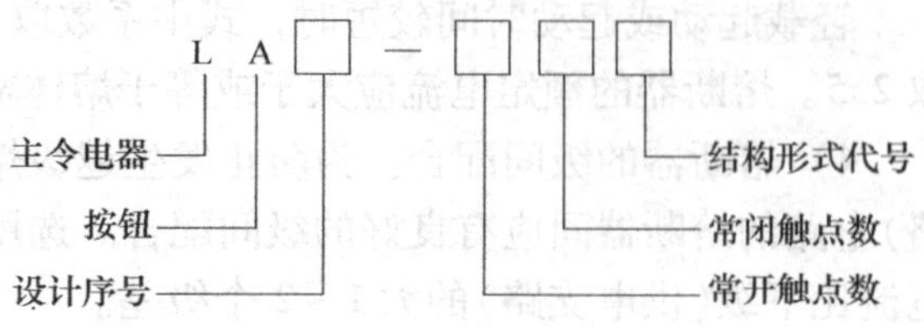

图 1-58　按钮的型号说明

按钮选择的主要依据是使用场所，确定所需要的触点数量、种类及颜色。按钮使用时应注意触点间的清洁，防止油污、杂质进入而造成短路或接触不良等事故的发生，在高温下使用的按钮应加紧固垫圈或在接线柱螺钉处加绝缘套管。带指示灯的按钮不宜长时间通电，应设法降低指示灯电压以延长其使用寿命；应根据工作状态指示需要和工作情况要求来选择按钮或指示灯的颜色。如，起动按钮可选用白、灰或黑色，优先选用白色，也可选用绿色；急停按钮应选用红色；停止按钮可选用黑、灰或白色，优先用黑色，也可选用红色。根据控制电路的需要选择按钮的数量，如单联钮、双联钮和三联钮。

图 1-59　常用按钮实物

2. 行程开关

行程开关用于控制机械设备的行程及限位保护。在实际生产中，将行程开关安装在预先安排的位置，当装于生产机械运动部件上的撞块撞击行程开关时，行程开关的触点动作，实现电路的切换。因此，行程开关是一种根据运动部件的行程位置而切换电路的电器，它的作用原理与按钮类似。行程开关广泛用于各类机床和起重机械中，用以控制其行程、进行终端的限位保护。在电梯的控制电路中，还利用行程开关来控制开关轿门的速度、自动开关门的限位，轿厢的上、下限位保护等。行程开关一般有旋转式、按钮式等数种。其图形符号如图 1-60 所示，文字符号为 ST。限位开关的工作原理及图形符号与行程开关相同，但其文字符号为 SQ。

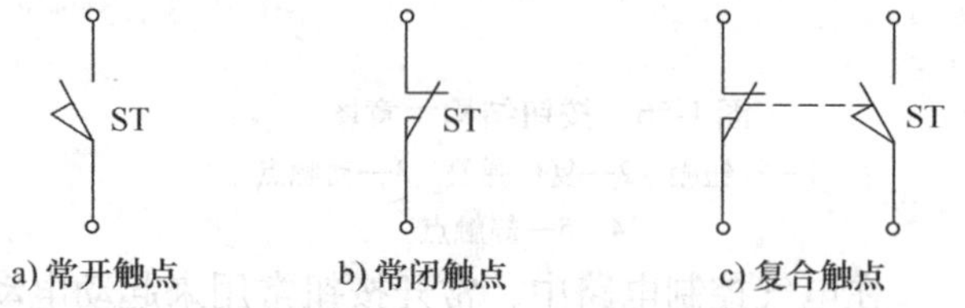

图 1-60　行程开关图形符号

行程开关按其结构可分为直动式、滚轮式、微动式和组合式。

（1）直动式行程开关　其结构原理如图 1-61 所示，其动作原理与按钮相同，但其触点的分合速度取决于生产机械的运行速度，因此不宜用于速度低于0.4m/min的场所。其实物如图1-62所示。

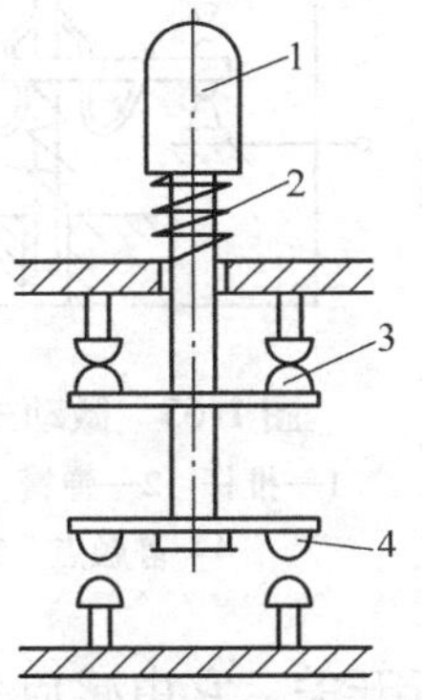

图1-61　直动式行程开关

1—推杆　2—弹簧　3—动触点　4—静触点

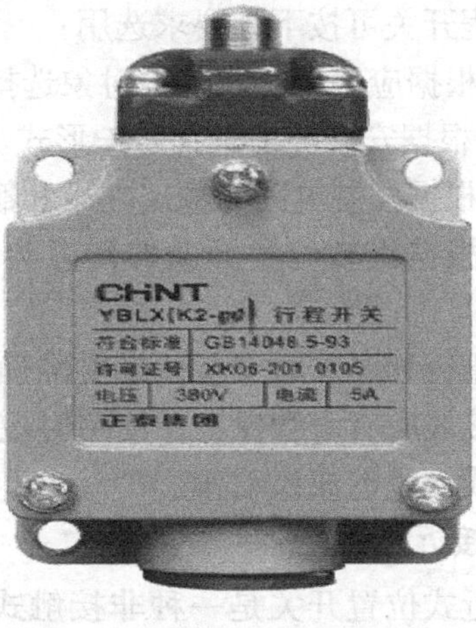

图1-62　直动式行程开关实物

(2) 滚轮式行程开关　其结构原理如图1-63所示，当被控机械上的撞块从右撞击带有滚轮的撞杆时，上转臂转向左边，滑轮转向右边，横板右边被压下，触点迅速动作。当运动机械返回时，在弹簧的作用下，各部分动作部件复位。

滚轮式行程开关又分为单滚轮自动复位式和双滚轮(羊角式)非自动复位式，双滚轮行程开关具有两个稳态位置，有“记忆”作用，在某些情况下可以简化电路。滚轮式行程开关实物如图1-64所示。

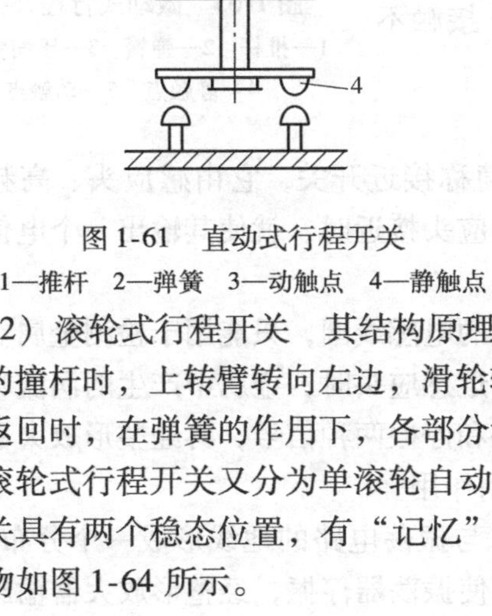

图1-63　滚轮式行程开关

1—滚轮　2—上转臂　3、5、11—弹簧

4—套架　6—滑轮　7—压板

8、9—触点　10—横板

图1-64　滚轮式行程开关实物

（3）微动式行程开关　其结构原理如图 1-65 所示。常用的有 LXW—11 系列产品。

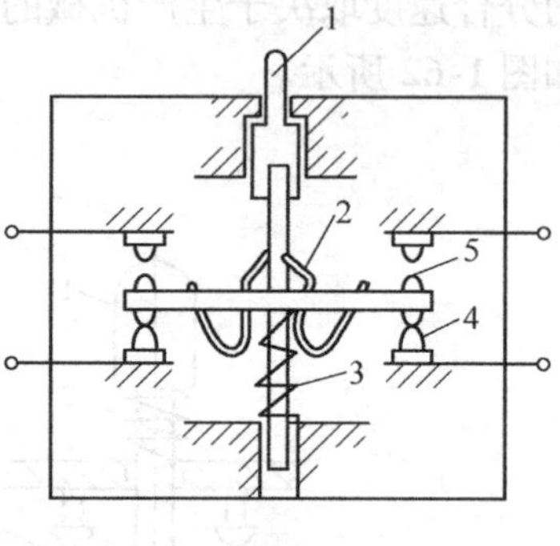

图 1-65　微动式行程开关
1—推杆　2—弹簧　3—压缩弹簧
4—静触点　5—动触点

行程开关可按下列要求选用：

1）根据应用场合及控制对象选择种类。

2）根据安装环境选择防护形式。

3）根据控制电路的额定电压和额定电流选择系列。

4）根据机械位置开关的传力与位移关系选择合适的操作形式。

使用行程开关时安装位置要准确牢固，若在运动部件上安装，接线应有套管保护，使用时应定期检查，防止接触不良或接线松脱造成误动作。

3. 接近开关

接近式位置开关是一种非接触式的位置开关，简称接近开关，它由感应头、高频振荡器、放大器和外壳组成。当运动部件与接近开关的感应头接近时，就使其输出一个电信号。

接近开关分为电感式和电容式两种。

电感式接近开关的感应头是一个具有铁氧体磁心的电感线圈，只能用于检测金属。它的振荡器在感应头表面产生一个交变磁场，当有金属接近感应头时，金属中产生的涡流吸收了振荡器的能量，使振荡减弱以至停振，因而产生振荡和停振两种信号，再经整形放大器转换成二进制的开关信号，从而起到“开”、“关”的控制作用。

电容式接近开关的感应头是一个圆形平板电极，与振荡电路的地线形成一个分布电容。当有导体或其他介质接近感应头时，其电容量增大而使振荡器停振，经整形放大器输出电信号，从而起到“开”、“关”的控制作用。电容式接近开关既能检测金属，又能检测非金属。

常用的电感式接近开关型号有 LXJ0、LJ1、LJ2 等系列，电容式接近开关型号有 LXJ15、TC 等系列。图 1-66 所示为 LXJ0 型接近开关原理图，图中 L 为磁头的电感，与电容器 C1、C2 组成了电容三点式振荡电路。正常情况下，晶体管 VT1 处于振荡状态，晶体管 VT2 导通，使集电极电位降低，VT3 基极电流减小，其集电极电位上升，通过 R2 对 VT2 起正反馈，加速了 VT2 的导通和 VT3 的截止，继电器 KA 的线圈无电流通过，因此开关不动作。当金属物体接近线圈时，则在金属体内产生涡流，此涡流将减小原振荡电路的品质因数 Q 值，使之停振。此时 VT2 的基极无交流信号，VT2 在 R2 的作用下加速截止，

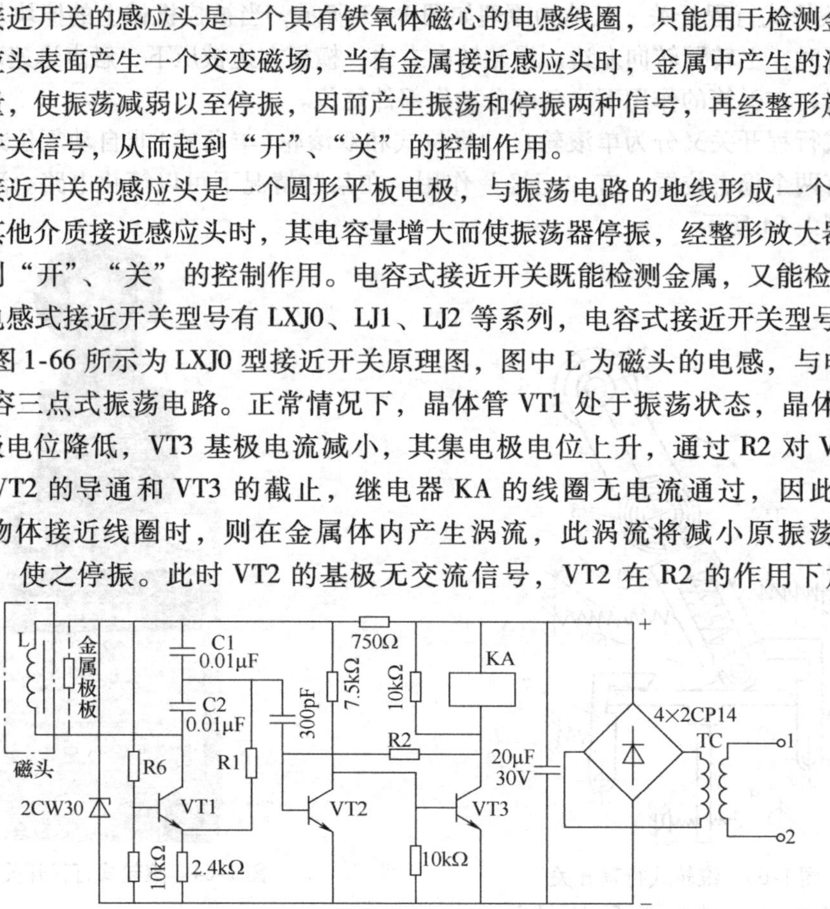

图 1-66　LXJ0 型接近开关原理图

VT3 迅速导通，继电器 KA 线圈有电流通过，继电器 KA 动作。其常闭触点断开，常开触点闭合。

使用接近开关时应注意选配合适的有触点继电器作为输出电器，同时应注意温度对其定位精度的影响。图 1-67 为接近开关实物。

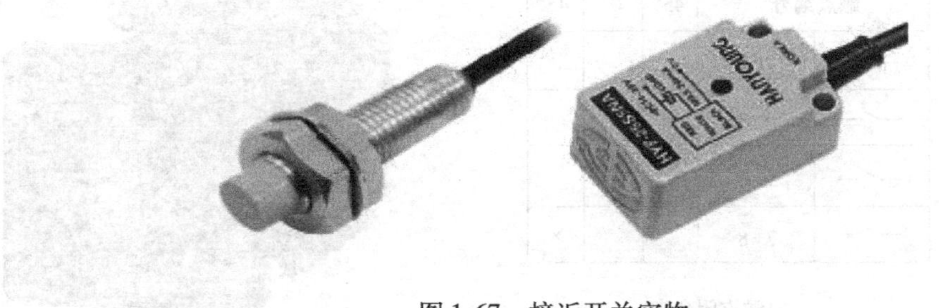

图 1-67　接近开关实物

4. 红外线光电开关

红外线光电开关有反射式和对射式两种。反射式光电开关是利用物体对光电开关发射出的红外线反射回去，由光电开关接收，从而判断是否有物体存在，如有物体存在，光电开关接收到红外线，其触点动作，反之其触点复位。对射式光电开关是由分离的发射器和接收器组成，当无遮挡物时，接收器接收到发射器发出的红外线，其触点动作；当有物体挡住时，接收器便接收不到红外线，其触点复位。

光电开关的用途已远远超出一般行程控制和限位保护，可用于高速计数、测速、液面控制、检测物体的存在及检测零件尺寸等许多场合。

5. 万能转换开关

万能转换开关是一种多档式、控制多电路的主令电器。万能转换开关主要用于各种控制电路的转换，电压表、电流表的换相测量控制，配电装置电路的转换和遥控等。万能转换开关还可以用于直接控制小容量电动机的起动、调速和换向等。图 1-68 所示为万能转换开关单层的结构示意图。

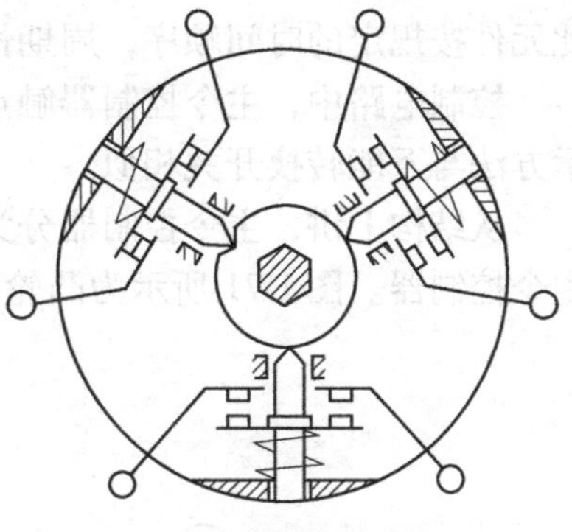

图 1-68　万能转换开关单层的结构示意图

万能转换开关的常用产品有 LW5 和 LW6 系列，LW5 系列可控制 5. 5kW 及以下的小容量电动机；LW6 系列只能控制 2. 2kW 及以下的小容量电动机。万能转换开关用于可逆运行控制时，只有在电动机停车后才允许反向起动。LW5 系列万能转换开关按手柄的操作方式可分为自复式和自定位式两种。所谓自复式是指用手拨动手柄于某一档位时，手松开后，手柄自动返回原位；自定位式则是指手柄被置于某档位时，不会自动返回原位而停在该档位。

万能转换开关的手柄操作位置是以角度表示的。不同型号的万能转换开关的手柄有不同的触点，其图形符号如图 1-69 所示。由于其触点的分合状态与操作手柄的位置有关，所以，在电路图中除画出触点图形符号外，还应画出操作手柄与触点分合状态的关系。图中当万能转换开关打向左 45°时，触点 1-2、3-4、5-6 闭合，触点 7-8 断开；打向 0°时，只有触点 5-6 闭合，右 45°时，触点 7-8 闭合，其余断开。图 1-70 为万能转换开关的实物。

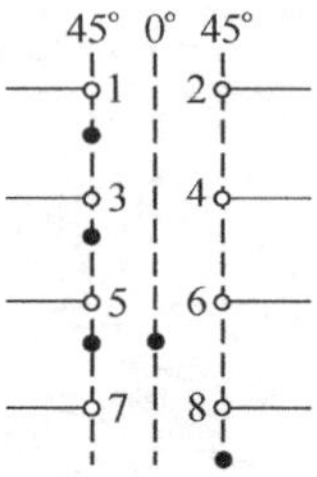

a) 图形符号

LW5—15D0403/2				
触点编号		45°	0°	45°
	1−2	×		
	3−4	×		
	5−6	×	×	
	7−8			×

b) 触点闭合表

图 1-69　万能转换开关的图形符号

图 1-70　万能转换开关的实物

6. 主令控制器

主令控制器是一种可对电路进行频繁接通和分断的电器。通过对它的操作，可以对控制电路发布命令，与其他电路联锁或切换。主令控制器常配合磁力起动器对绕线转子异步电动机的起动、制动、调速及换向实行远距离控制，广泛用于各类起重机械的拖动控制系统中。

主令控制器一般由外壳、触点、凸轮、转轴等组成，与万能转换开关相比，它的触点容量大，操纵档位也较多。主令控制器是由一块可转动的凸轮带动触点动作的。

常用的主令控制器有 LK5 和 LK6 系列，其中 LK5 系列有直接手动操作、带减速器的机械操作与电动机驱动等三种形式。LK6 系列是由同步电动机和齿轮减速器组成定时元件，由此元件按规定的时间顺序，周期性地分合电路。

控制电路中，主令控制器触点的图形符号及操作手柄在不同位置时的触点分合状态的表示方法与万能转换开关相似。

从结构上讲，主令控制器分为两类：一类是凸轮可调式主令控制器，一类是凸轮固定式主令控制器。图 1-71 所示为凸轮可调式主令控制器。

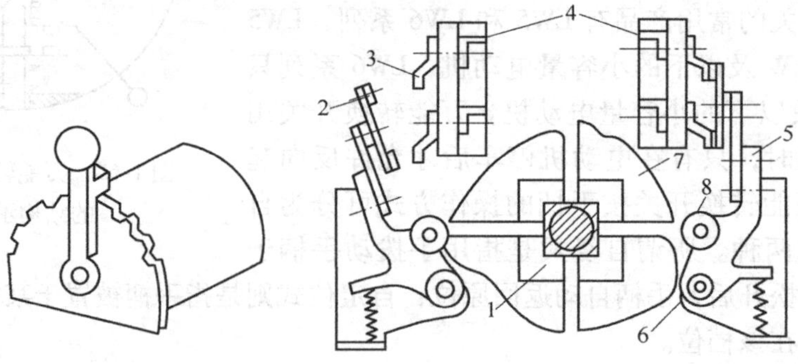

图 1-71　凸轮可调式主令控制器

1—凸轮块　2—动触点　3—静触点　4—接线端子　5—支杆　6—转动轴　7—凸轮块　8—小轮

其他主令电器还有如脚踏开关、倒顺开关、紧急开关、钮子开关等，本文不再一一叙述。

1.2　实训项目　常用低压电器的认识、拆装及测试

1. 项目任务

能够识别常用低压电器，并了解其功能、结构及工作原理，理解参数含义；拆装常见低压电器，仔细观察其结构和动作过程，写出各主要零部件的名称；测量触点的电阻、通断情况和进行故障判断，掌握其故障处理办法。

2. 项目技能点和知识点

（1）技能点

1）能够正确识别常用低压电器。

2）能够拆卸和装配常用低压电器。

3）能够对常见简单低压电器故障进行检测和维修。

4）能够使用电工工具和电工仪表。

5）能根据单台三相异步电动机的技术参数合理选择低压电器的规格型号。

6）能对常用低压电器进行正确的安装、接线。

（2）知识点

1）了解刀开关、转换开关、按钮、断路器、继电器等低压电器的一般结构。

2）了解常用低压电器的分类、型号意义及技术参数。

3）熟悉常用低压电器的功能、结构及工作原理。

4）掌握常用低压电器的选用、拆装和维修方法。

3. 项目设备

项目设备见表1-3。

表1-3　项目设备表

名　称	型号或规格	数量	名　称	型号或规格	数量
单向调压器	1kVA	1台	一般电工工具	螺钉旋具、测电笔、万用表、剥线钳等	1套
刀开关	HK1—30/3	1只			
熔断器	RC1A—15	1只	低压断路器	DZ15	1只
按钮		2只	三相异步电动机	Y—100L2—4	1只
导线	$2.5mm^2$	若干	交流接触器	CJ20—20	2只

4. 项目实施

1）拆装一个开启式负荷开关，记录安装使用注意事项，在表1-4中记录其常见故障及处理办法，记录主要零件的名称、作用。

表 1-4　开启式负荷开关的拆装、识别和故障处理

型　　号	参 数 含 义	主要零部件	
		名称	作用
安装使用注意事项	常见故障分析及处理		

2）拆卸和组装一只按钮，记录安装使用注意事项，在表 1-5 中记录其常见故障及处理办法，记录主要零件的名称、作用。

表 1-5　按钮的拆装、识别及故障处理

型　　号	参 数 含 义	主要零部件	
		名称	作用
安装使用注意事项	常见故障分析及处理		

3）拆卸和组装一只熔断器，记录安装使用注意事项，在表 1-6 中记录其常见故障及处理办法，记录主要零件的名称、作用。

表 1-6　熔断器的拆装、识别和故障处理

型　　号	参 数 含 义	主要零部件	
		名称	作用
安装使用注意事项	常见故障分析及处理		

4）拆卸和组装一只断路器，记录安装使用注意事项，在表 1-7 中记录其常见故障及处理办法，记录主要零件的名称、作用。

表 1-7　断路器的拆装、识别和故障处理

型　　号	参 数 含 义	主要零部件	
		名称	作用
安装使用注意事项	常见故障分析及处理		

5）拆装交流接触器，记录安装使用注意事项，在表 1-8 中分析记录其常见故障及处理办法，记录主要零件的名称、作用。

表 1-8　交流接触器的拆装、识别和故障处理

型　　号	参 数 含 义	主要零部件	
		名称	作用
安装使用注意事项	常见故障分析及处理		

① 拆卸：拆下灭弧罩；拆下底盖螺钉；打开底盖，取出铁心，注意衬垫纸片不要丢失；取出缓冲弹簧和电磁线圈；取出反作用弹簧。拆卸完毕将零部件放好，不要丢失。

② 观察：仔细观察交流接触器结构，零部件是否完好无损；观察铁心上的短路环位置及大小；记录交流接触器有关数据。

③ 组装：安装反作用弹簧；安装电磁线圈和缓冲弹簧；安装铁心；最后安装底盖，拧紧螺钉。安装时，不要碰损零部件。

④ 更换辅助触点：松开压紧螺钉，拆除静触点；再用镊子夹住动触点向外拆，即可拆除动触点；将触点插在应安装的位置，拧紧螺钉就可以更换静触点；用镊子或尖嘴钳夹住动触点插入动触点的位置，更换动触点。

⑤ 更换主触点：交流接触器主触点一般是桥式结构。将主触点的动、静触点一一拆除，依次更换。应注意组装时，零件必须到位，无卡阻现象。

6）对交流接触器的吸合及释放电压进行测试，步骤如下。

复杂的电气控制电路大多数都是由许多低压电器组成的。在设计和安装控制电路时，必须熟悉低压电器的外形结构及型号意义，并掌握简单的检查与测试方法。交流接触器的吸合及释放电压的测试电路如图 1-72 所示。

① 按照图 1-72 接线。

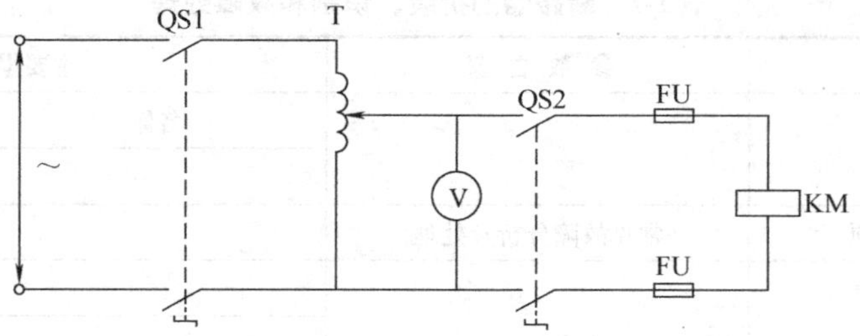

图1-72　交流接触器的吸合及释放电压的测试电路

② 闭合刀开关QS1，调节调压器为380V；闭合QS2，交流接触器线圈通电。

③ 转动调压器手柄，使电压均匀下降，同时注意接触器的变化，并在表1-9中记录数据。

表1-9　装置式自动开关的拆装识别和测量　　(单位:V)

电源电压	开始出现噪声电压	接触器释放电压	释放电压/额定电压	最低吸合电压	吸合电压/电源电压

④ 对交流接触器的最低吸合电压进行测试。从释放电压开始，每次将电压上调10V，然后闭合刀开关，观察接触器是否闭合。如此重复，直到交流接触器能可靠地闭合工作为止，记录数据填入表1-9中。

⑤ 注意事项：接线要求牢固、整齐、清楚、安全可靠。操作时要心细、谨慎，不允许用手触及电气元件的导电部分以免造成意外损伤。

思考练习题

1. 组合开关能否用来分断故障电流？
2. 断路器有哪些保护功能？分别由哪些部件完成？
3. 什么是熔体的额定电流？它与熔断器的额定电流是否相同？
4. 熔断器为什么一般不能用作过载保护？
5. 刀开关的熔丝为何不装在电源侧？安装刀开关时应注意什么？
6. 在电动机电路中，主电路中装有熔断器，为什么还要加装热继电器？它们各起何作用，能否互相代替？而在电热及照明电路中，为什么只装熔断器而不装热继电器？
7. 熔断器主要由哪几部分组成？各部分的作用是什么？
8. 如何正确选用按钮？
9. 交流接触器主要由哪几部分组成？
10. 中间继电器与交流接触器有什么区别？什么情况下可用中间继电器代替交流接触器使用？
11. 热继电器能否用作短路保护？为什么？
12. 某机床主轴电动机的型号为Y132S—4，额定功率为5.5kW，额定电压为380V，额定电流为11.6A，定子绕组采用△联结，起动电流为额定电流的6.5倍。若用组合开关作电源开关，用按钮、接触器控制电动机的运行，并需要有短路、过载保护。试选择所用的组合开关、按钮、接触器、熔断器及热继电器的型号和规格。

2 学习情境

常用低压电气控制系统的设计、安装和调试

【知识目标】

1. 掌握绘制电气控制电路图的基本规则和识读要点。
2. 掌握常用低压电气控制系统的典型控制环节的基本控制原理。
3. 掌握常用低压电器的安装和使用方法，以及电路接线工艺要求。
4. 掌握常用低压电气控制系统的设计方法。

【能力目标】

1. 能通过阅读电气原理图分析各种典型控制环节的工作原理。
2. 能够根据设备要求选择低压电器的类型和规格参数。
3. 能够进行电气控制电路的设计、安装、接线、调试和维护。

2.1 知识链接

2.1.1 电气控制系统图概述

电气控制系统是由许多电气元件按一定要求连接而成的。为了表达电气控制系统的结构组成、原理等设计意图，同时也为了便于系统的安装、调试、使用和维修，将电气控制系统中的各电气元件及其连接用一定的图形表达出来，在图样上用规定的图形符号表示各电气元件，并用文字符号说明各电气元件，这样的图样叫做电气控制系统图。

电气控制系统图，也称电气图。图中必须根据国家标准，用统一的文字符号、图形符号

及画法，以便于设计人员的绘图与现场技术人员、维修人员的识读。在电气图中，代表各种电气元件的图形符号和文字符号应按照我国已颁布实施的有关国家标准绘制。电气控制系统图中的符号有图形符号、文字符号及电路标号等。电气元件的图形符号、文字符号必须采用最新国家标准，即 GB/T 4728.1～.5—2005、GB/T 4728.6～.13—2008《电气图用图形符号》系列标准、GB/T 6988.1—2008《电气技术用文件的编制　第 1 部分：规则》，GB/T 6988.5—2006《电气技术用文件的编制　第 5 部分：索引》，GB/T 21654—2008《顺序功能表图用 GRAFCET 规范语言》，以及 GB/T 4026—2004《人机界面标志标识的基本方法和安全规则设备端子和特定导体终端标识及字母数字系统的应用通则》。

1. 图形符号

图形符号是用来表示一个设备或概念的图形、标记或字符，通常用于图样或其他文件中。图形符号由符号要素、一般符号和限定符号等组成。

（1）符号要素　它是一种具有确定意义的简单图形，必须同其他图形结合才构成一个设备或概念的完整符号。如接触器常开主触点的符号就是由接触器触点功能符号和常开触点符号组合而成；如三相绕线转子异步电动机是由定子、转子及各自的引线等几个符号要素构成的。这些符号要求有确切的含义，但一般不能单独使用，其布置也不一定与符号所表示的设备的实际结构相一致。

（2）一般符号　用以表示一类产品和此类产品特征的一种简单的符号。它们是各类元器件的基本符号，如一般电阻器、电容器的符号等。

（3）限定符号　它是一种加在其他符号上提供附加信息的符号。限定符号一般不能单独使用，但它可使图形符号具有多样性。如在电阻器一般符号的基础上分别加上不同的限定符号，则可得到可变电阻器、压敏电阻器及热敏电阻器等。

运用图形符号绘制电气图时应注意：

① 符号尺寸大小、线条粗细依国家标准可放大与缩小，但在同一张图样中，同一符号的尺寸应保持一致，各符号之间及符号本身比例应保持不变。

② 标准中示出的符号方位，在不改变符号含义的前提下，可根据图面布置的需要旋转，或成镜像位置，但是文字和指示方向不得倒置。

③ 大多数符号都可以附加上补充说明标记。

④ 对标准中没有规定的符号，可选取 GB/T 4728 系列标准中给定的符号要素、一般符号和限定符号，按其中规定的原则进行组合。

2. 文字符号

文字符号用于电气技术领域中技术文件的编制，也可以标注在电气设备、装置和元器件上或近旁，以表示电气设备、装置和元器件的名称、功能、状态和特性。

文字符号分为基本文字符号和辅助文字符号。

（1）基本文字符号　基本文字符号有单字母符号与多字母符号两种。单字母符号按拉丁字母顺序将各种电气设备、装置和元器件划分为 23 大类，每一类用一个专用单字母符号表示，如“C”表示电容器类，“R”表示电阻器类等。

多字母符号由一个表示种类的单字母符号与另一个或几个字母组成，且以单字母符号在前，其他字母在后的次序排列，如“F”表示保护器件类，则“FU”表示熔断器，“FR”表示热继电器；如“M”代表电动机类，则“MD”代表直流电动机。

（2）辅助文字符号 辅助文字符号用来表示电气设备、装置和元器件以及电路的功能、状态和特征。如“L”表示限制，“M”表示中间线，“RD”表示红色等；辅助文字符号也可以放在表示种类的单字母符号之后组成双字母符号，如“YB”表示电磁制动器，“SP”表示压力传感器等；辅助字母还可以单独使用，如“ON”表示接通，“PE”表示保护接地，“N”表示中性线等。

3. 接线端子标记

1）三相交流电路引入线采用 L1、L2、L3、N、PE 标记，直流系统的电源正、负接线分别用 L+、L-标记。

2）分级三相交流电源主电路采用三相文字代号 U、V、W 的前面加上阿拉伯数字 1、2、3 等来标记，如 1U、1V、1W、2U、2V、2W 等。

3）各电动机分支电路的各接点标记采用三相文字代号后面加数字来表示，数字中的个位数表示电动机代号，十位数字表示该支路各结点的代号，从上到下按数值大小顺序标记。如 U11 表示 M1 电动机的第一相的第一个节点代号，U21 表示 M1 电动机的第一相的第二个节点代号，以此类推。

4）三相电动机定子绕组首端分别用 U1、V1、W1 标记，绕组尾端分别用 U2、V2、W2 标记，电动机绕组中间抽头分别用 U3、V3、W3 标记。

5）控制电路采用阿拉伯数字编号。标注方法按“等电位”原则进行，在垂直绘制的电路中，标号顺序一般按自上而下、从左至右的规律编号。凡是被线圈、触点等元件所间隔的接线端点，都应标以不同的线号。

2.1.2 电气控制系统图的绘制

常用的电气控制系统图包括：电气原理图、电气元件布置图、电气安装接线图。各种图样的尺寸一般选用 A0（841mm×1 189mm）、A1（594mm×841mm）、A2（420mm×594mm）、A3（297mm×420mm）、A4（210mm×297mm）。当图纸较长时，通常选用 A3×3（420mm×891mm）、A3×4（420mm×1 189mm）、A4×3（297mm×630mm）、A4×4（297mm×841mm）的幅面。

1. 电气原理图

用图形符号、文字符号、项目代号等表示电路中各个电气元件之间的关系和工作原理的图称为电气原理图。它应根据简单、清晰的原则，采用电气元件展开的形式来绘制，而不按电气元件的实际位置绘制，也不反映电气元件的大小。电气原理图用来表示电路中各电气元件的导电部件的连接关系和工作原理。电气原理图结构简单、层次分明，适用于研究和分析电路的工作原理，指导控制系统或设备的安装、调试与维修，同时也是编制电气安装接线图的依据。因此电气原理图在设计部门和生产现场得到广泛应用。

图 2-1 所示的三相异步电动机正反转控制电气原理图中，根据工作原理把主电路和控制电路清楚地分开绘制，虽然同一电器的各部件（如接触器的线圈和触点）是分开绘制在图中不同的地方，但它们的动作是相互关联的，为了说明它们在电气上的联系，也为了便于识读，同一电器的各个部件均用相同的文字符号来标注。如接触器 KM1 的触点和线圈，都用 KM1 来标注；接触器 KM2 的触点和线圈，都用 KM2 来标注。

（1）电气原理图的绘制原则

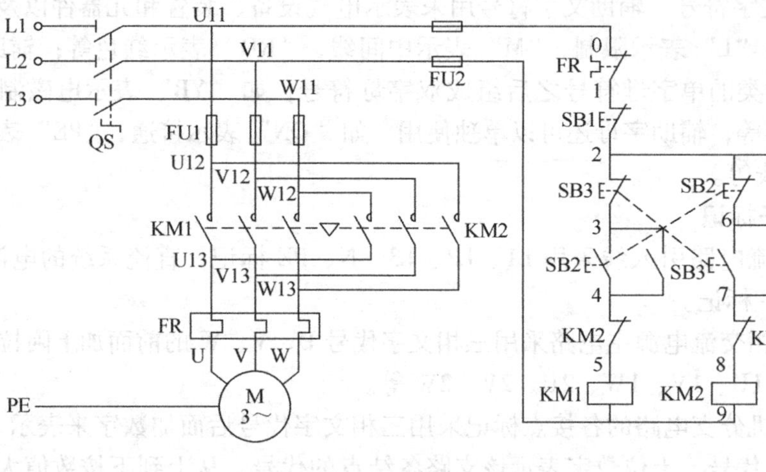

图 2-1　三相异步电动机正反转控制电气原理图

1）电气原理图中的电气元件按未通电和未受外力作用时的状态绘制。在不同的工作阶段，各个电器的动作不同，触点时闭时开，而在电气原理图中只能表示出一种情况，因此，规定所有电器的触点均表示在原始情况下的位置，即在没有通电或没有发生机械动作时的位置。对接触器来说，是线圈未通电，触点未动作时的位置；对按钮来说，是手指未按下按钮时触点的位置；对热继电器来说，是未发生过载动作时的位置等。

2）触点的绘制位置。使触点动作的外力方向必须是，当图形垂直放置时为从左到右，即垂线左侧的触点为常开触点，垂线右侧的触点为常闭触点；当图形水平放置时为从下到上，即水平线下方的触点为常开触点，水平线上方的触点为常闭触点。

3）主电路、控制电路和辅助电路应分开绘制。主电路是设备的驱动电路，是从电源到电动机等设备的大电流通过的路径；控制电路是由接触器和继电器线圈、各种电器的触点组成的逻辑电路，用于实现所要求的控制功能；辅助电路包括信号、照明及保护电路等。

4）动力电路的电源电路绘成水平线，受电的动力装置（电动机）及其保护电器支路应垂直于电源电路。

5）主电路用垂直线绘制在图的左侧，控制电路用垂直线绘制在图的右侧，主电路中的耗能元件画在电路的最下端。

6）图中自左而右或自上而下表示操作顺序，并尽可能减少线条和避免线条交叉。

7）图中有直接电联系的交叉导线的连接点（即导线交叉处）要用黑圆点表示。无直接电联系的交叉导线，交叉处不能画黑圆点。

8）在原理图的上方将图分成若干图区，并标明该区电路的用途与作用，在继电器、接触器线圈下方列有触点表，以说明线圈和触点的从属关系。

图 2-2 就是根据上述原则绘制出的电动机正反转的电气原理图。

（2）电气原理图图面区域的划分　图面分区时，竖边从上到下用英文字母，横边从左到右用阿拉伯数字分别编号，在简单的电气原理图中，竖边的编号可以省略。分区代号用该区域的字母和数字的组合表示。图面下方的图区横向编号是为了便于检索电气电路，方便阅读分析而设置的。图区上方对应文字（有时对应文字也可排列在电气原理图的底部）表明了该区元件或电路的功能，以便于理解全电路的工作原理。

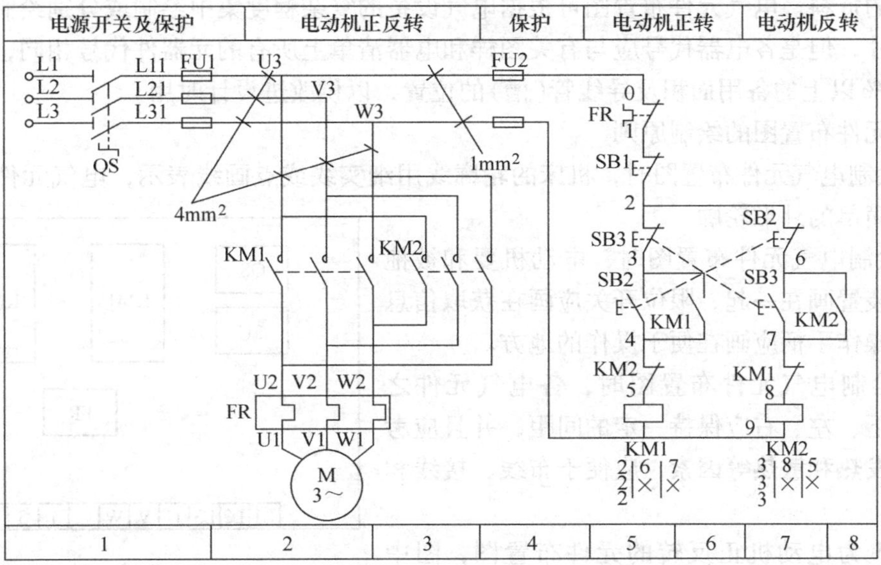

图 2-2　电动机正反转的电气原理图

（3）电气原理图符号位置的索引　在较复杂的电气原理图中，对继电器、接触器线圈的文字符号下方要标注其触点位置的索引，而在其触点的文字符号下方要标注其线圈位置的索引。符号位置的索引用图号、页次和图区号的组合来表示，索引代号的组成如图 2-3 所示。

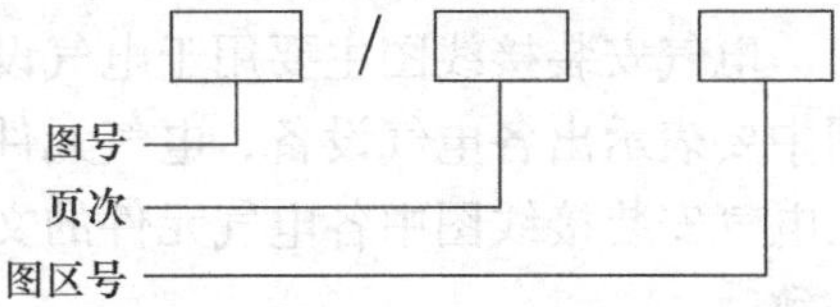

图 2-3　索引代号的组成

当与某一元件相关的各符号元素出现在不同图号的图样上，而每个图号仅有一页图样时，索引代号可以省去页次；当与某一元件相关的各符号元素出现在同一图号的图样上，而该图号有几张图样时，索引代号可省去图号；依次类推，当与某一元件相关的各符号元素出现在只有一张图样的不同图区时，索引代号只用图区号表示。

在电气原理图中，接触器和继电器的线圈与触点的从属关系应当用附图表示，如图 2-4 所示。在原理图中相应线圈的下方，给出触点的图形符号，并在其下面注明相应触点的索引代号，未使用的触点用“×”表明，有时也可采用省去触点图形符号的表示法。

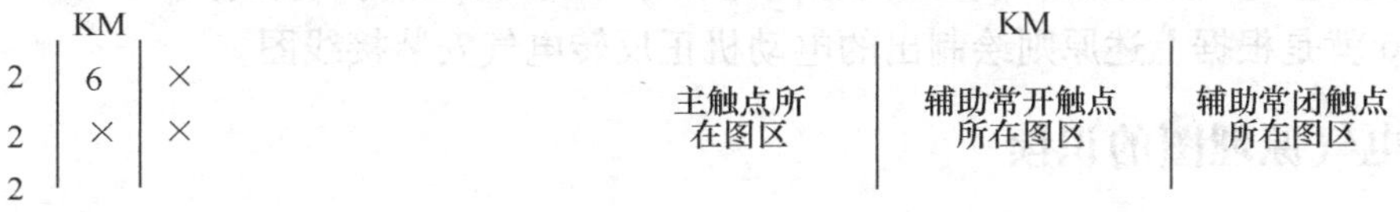

图 2-4　接触器触点图形符号的索引表示法

在接触器 KM 触点的位置索引中，左栏为主触点所在的图区号（有三个主触点在图区 2），中栏为辅助常开触点所在的图区号（一个触点在图区 6，另一个没有使用），右栏为辅助常闭触点所在的图区号（两个触点都没有使用）。

2. 电气元件布置图

电气元件布置图主要是表明电气设备上所有电器的实际位置，为电气设备的安装及维修提供必要的资料。电气元件布置图可根据电气设备的复杂程度集中绘制或分别绘制。图中不需标注尺寸，但是各电器代号应与有关图样和电器清单上所有的元器件代号相同，在图中往往留有 10% 以上的备用面积及导线管(槽)的位置，以供改进设计时用。

电气元件布置图的绘制原则

1）绘制电气元件布置图时，机床的轮廓线用细实线或点画线表示，电气元件均用粗实线绘制出简单的外形轮廓。

2）绘制电气元件布置图时，电动机要和被拖动的机械装置画在一起，限位开关应画在获取信息的地方，操作手柄应画在便于操作的地方。

3）绘制电气元件布置图时，各电气元件之间，上、下、左、右应保持一定的间距，并且应考虑器件的发热和散热等因素，应便于布线、接线和检修。

图 2-5 为电动机正反转的元件布置图，图中 QS 为刀开关、FU 为熔断器、KM 为接触器、FR 为热继电器。

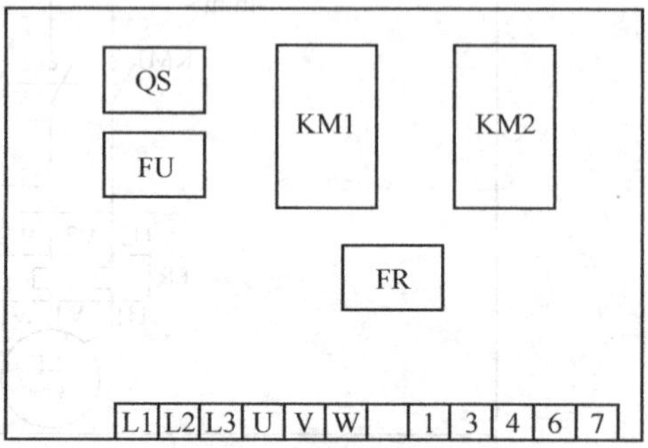

图 2-5 电动机正反转的元件布置图

3. 电气安装接线图

电气安装接线图主要用于电气设备的安装配线、电路检查、电路故障维修等工作中。在图中要表示出各电气设备、电气元件之间的实际接线情况，并标注出外部接线所需的数据。在电气安装接线图中各电气元件的文字符号、连接顺序及电路号码编制都必须与电气原理图一致。

电气安装接线图的绘制原则如下：

1）绘制电气安装接线图时，各电器元件均按其在安装底板中的实际位置绘出。元件所占图面积按实际尺寸以统一比例绘制。

2）绘制电气安装接线图时，一个元件的所有部件绘在一起，并用点画线框起来，有时将多个电器元件用点画线框起来，表示它们是安装在同一安装底板上的。

3）绘制电气安装接线图时，安装底板内外的电气元件之间的连线通过接线端子板进行连接，安装底板上有几条接至外电路的引线，端子板上就应绘出几个接点。

4）绘制电气安装接线图时，走向相同的相邻导线可以绘成一股线。

图 2-6 就是根据上述原则绘制出的电动机正反转电气安装接线图。

2.1.3 电气原理图的识读

电气原理图是表示电气控制电路工作原理的图形。熟练识读电气原理图，是掌握电气设备是否正常工作以及迅速处理电气故障的必不可少的环节。

生产机械的实际电路往往比较复杂，有些还和机械、液压(气压)等动作相配合来实施控制。因此在识读电气原理图之前，首先要了解生产工艺过程对电气控制的基本要求，如需要了解控制对象的电动机数量，各台电动机是否有起动、反转、调速、制动等控制要求，需要哪些联锁保护，各台电动机的起动、停止顺序的要求等，并且要注意机、电、液(气)的联合控制。

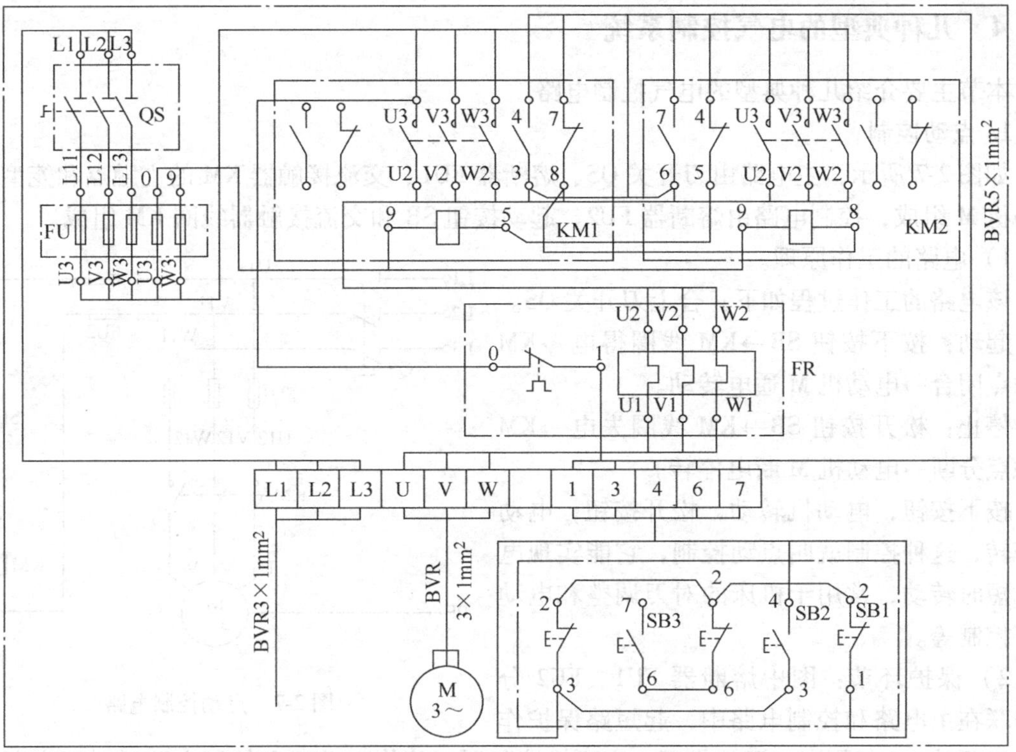

图 2-6　电动机正反转电气安装接线图

在阅读电气原理图时，大致可以归纳为以下几点：

1）必须熟悉图中各器件符号及其作用。

2）阅读主电路。应该了解主电路有哪些用电设备(如电动机、电炉等)，以及这些设备的用途和工作特点，并根据工艺过程，了解各用电设备之间的相互联系，采用的保护方式等。在完全了解主电路的这些工作特点后，就可以去阅读控制电路了。

3）阅读控制电路。控制电路主要用来控制主电路工作的。在阅读控制电路时，一般先根据主电路接触器主触点的文字符号，到控制电路中去找与之相应的吸引线圈，进一步弄清楚电动机的控制方式。这样可将整个电气原理图划分为若干部分，每一部分控制一台电动机。另外控制电路一般是依照生产工艺要求，按动作的先后顺序，自上而下、从左到右并联排列，因此读图时也应当自上而下、从左到右，一个环节、一个环节地进行分析。

4）对于机、电、液(气)配合得比较紧密的生产机械，必须进一步了解有关机械传动和液压传动的情况，有时还要借助于工作循环图和动作顺序表，配合电器动作来分析电路中的各种联锁关系，从而掌握其全部控制过程。

5）阅读照明、信号指示、监测及保护等各辅助电路环节。对于比较复杂的控制电路，可按照先简后繁，先易后难的原则，逐步解决。无论多么复杂的控制电路，都是由许多简单的基本环节所组成的。阅读时可将他们分解开来，先逐个分析各个基本环节，再综合起来全面加以解决。

概括地说，电气原理图识读的方法可以归纳为：从机到电、先主后控、化整为零、连成系统。

2.1.4　几种典型的电气控制系统

本节主要介绍几种典型的电气控制电路。

1. 点动控制

如图2-7 所示，主电路由刀开关 QS、熔断器 FU1、交流接触器 KM 的主触点和笼型异步电动机 M 组成，控制电路由熔断器 FU2、起动按钮 SB 和交流接触器线圈 KM 组成。

1）电路的工作原理。

该电路的工作过程如下：合上刀开关 QS。

起动：按下按钮 SB→KM 线圈得电→KM 主触点闭合→电动机 M 通电转动。

停止：松开按钮 SB→KM 线圈失电→KM 主触点分断→电动机 M 断电停转。

按下按钮，电动机转动，松开按钮，电动机停转，这种控制就叫点动控制，它能实现电动机短时转动，常用于机床的对刀调整和电动葫芦控制等。

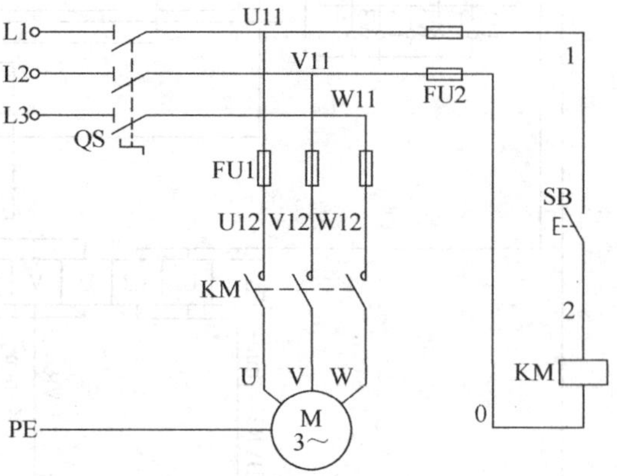

图 2-7　点动控制电路

2）保护环节：图中熔断器 FU1、FU2 分别串联在主电路和控制电路中，起短路保护作用；刀开关 QS 起隔离电源的作用，当更换熔断器、检修电动机和控制电路时，用它断开电源，确保操作安全。

2. 连续运行控制

在实际生产中往往要求电动机实现长时间连续转动，这种电气控制就叫连续运行控制。显然采用点动控制电路是实现不了连续运行的，为使电动机起动后能连续运行，必须采用自锁环节。如图2-8 所示，主电路由刀开关 QS、熔断器 FU1、接触器 KM 的主触点、热继电器 FR 的发热元件和电动机 M 组成，控制电路由熔断器 FU2、热继电器 FR 的常闭触点、停止按钮 SB2、起动按钮 SB1、接触器 KM 的辅助常开触点和线圈组成。

（1）电路的工作原理

1）起动：合上刀开关 QS→按下起动按钮 SB1→接触器 KM 线圈通电→KM 主触点闭合和辅助常开触点闭合→电动机 M 接通电源运转；松开 SB1，利用接通的 KM 辅助常开触点自锁、电动机 M 连续运转。

2）停机：按下停止按钮 SB2→KM 线圈断电→KM 主触点和辅助常开触点断开→电动机 M 断电停转。

在连续运行控制中，当起动按钮 SB1 松开后，接触器 KM 的线圈通过其辅助常开触点的闭合仍继续保持通电，从而保证电动机的连续运行。这种依靠接触器自身辅助常开触点的闭合而使线圈保持通电的

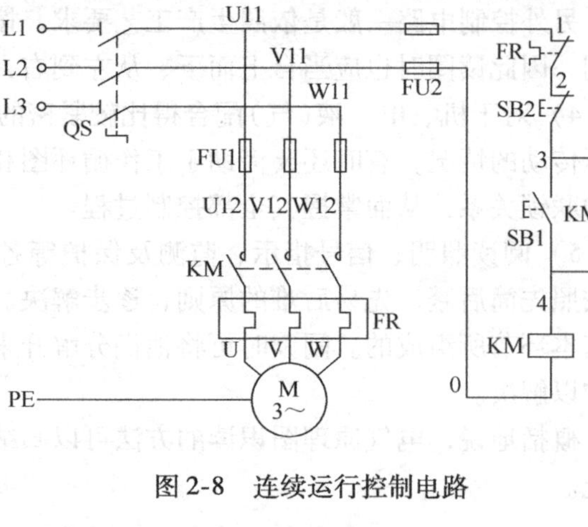

图 2-8　连续运行控制电路

控制方式，称自锁或自保。起到自锁作用的辅助常开触点称为自锁触点。

（2）保护环节

1）熔断器 FU1、FU2 分别串联在主电路和控制电路中，起短路保护作用，但是不起过载保护作用。

2）热继电器 FR 具有过载保护作用。电动机长时间过载时，FR 动作，其常闭触点断开，使接触器 KM 吸引线圈断电，主触点断开，切断电动机的电源，实现了过载保护。

3）接触器 KM 具有欠电压和失电压(零电压)保护功能，此功能是依靠接触器的电磁机构来实现的。

当电动机正常起动后，由于某种原因使电源电压过分降低，而电动机的电磁转矩与电压的二次方成正比($T \propto U^2$)，因此电动机的转速大幅度下降，绕组电流大大增加。如果电动机长时间在这种欠电压状态下工作，将会使电动机受到严重损坏，为防止电动机在欠电压状态下工作的保护叫做欠电压保护。当因某种原因电源电压突然消失而使电动机停转，那么，必须确保在电源电压恢复时，电动机不会自行起动，否则可能造成人身事故或设备事故，这种保护称为失电压保护(也称零电压保护)。

在本电路中，当电动机运行时，若电源电压降至额定电压的 85% 以下或失电压时，接触器吸引线圈产生的磁通大为减小，电磁吸力不够，接触器所有常开触点均断开，自锁作用也解除，电动机脱离电源而停转，接触器实现欠电压保护功能。当电源电压恢复正常时，接触器的吸引线圈不能自动通电，因而电动机不会自行起动，从而避免各种意外事故发生，接触器实现失电压(零电压)保护功能。

由此可见，带有自锁功能的控制电路都应具有欠电压和失电压(零电压)保护功能。图 2-9 为连续运行控制电路接线图。

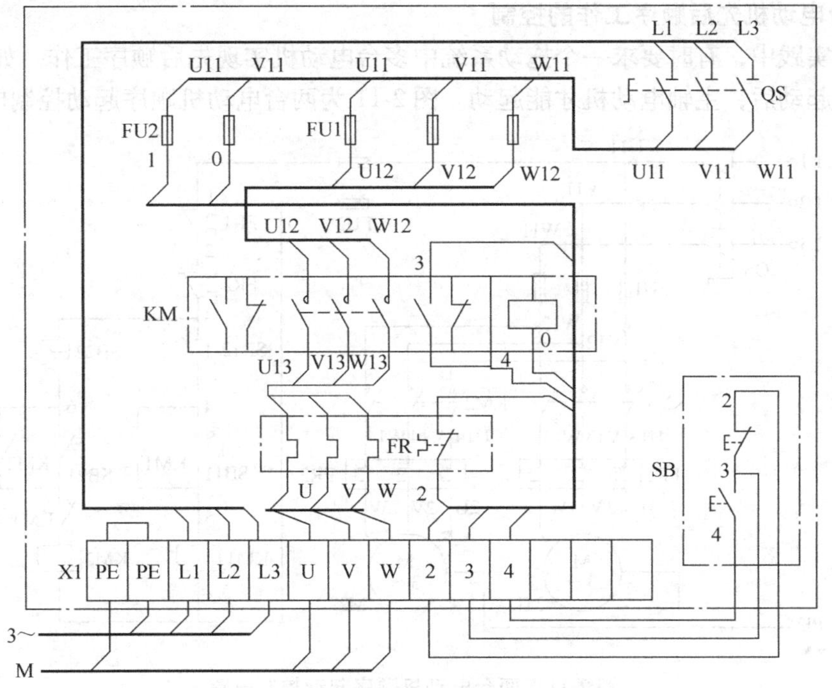

图 2-9　连续运行控制电路接线图

3. 点动和连续运行结合的控制

在生产实践中，机床调整完毕后，需要进行连续切削加工，则要求电动机既能实现点动又能实现连续运行控制。控制电路如图 2-10 所示。

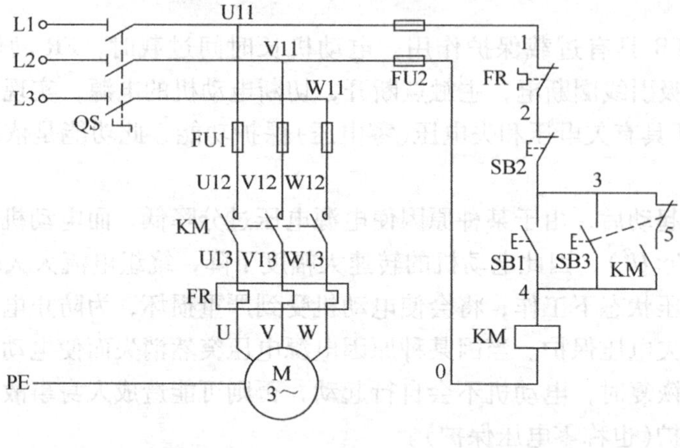

图 2-10　点动和连续运行结合的控制

图 2-10 所示的电路采用复合按钮 SB3 实现控制。点动控制时，按动复合按钮 SB3，断开自锁回路→KM 线圈通电→电动机 M 点动；连续运行控制时，按动起动按钮 SB1→KM 线圈通电，自锁触点起作用→电动机 M 连续运行。

注意：此电路在点动控制时，若接触器 KM 的释放时间大于复合按钮的复位时间，则点动结束；SB3 松开时，若 SB3 常闭触点已闭合但接触器 KM 的自锁触点尚未打开，会使自锁电路继续通电，则电路不能实现正常的点动控制。

4. 多台电动机先后顺序工作的控制

在生产实践中，有时要求一个拖动系统中多台电动机实现先后顺序工作。如机床中要求润滑电动机起动后，主轴电动机才能起动。图 2-11 为两台电动机顺序起动控制电路。

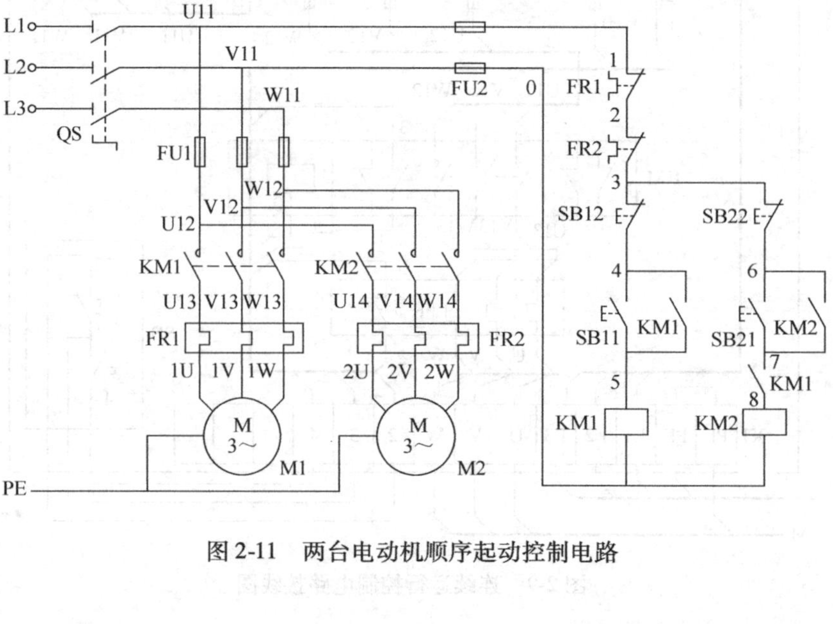

图 2-11　两台电动机顺序起动控制电路

在图 2-11 中，接触器 KM1 控制电动机 M1 的起动、停止，接触器 KM2 控制电动机 M2 的起动、停止。现要求电动机 M1 起动后，电动机 M2 才能起动。

工作过程如下：合上刀开关 QS→按下起动按钮 SB11→接触器 KM1 通电→电动机 M1 起动→KM1 辅助常开触点闭合→按下起动按钮 SB21→接触器 KM2 通电→电动机 M2 起动。

5. 电动机正反转控制

在实际应用中，往往要求生产机械改变运动方向，如工作台前进、后退，电梯的上升、下降等，这就要求电动机能实现正、反转。对于三相异步电动机来说，可通过两个接触器来改变电动机定子绕组的电源相序来实现。电动机正反转控制电路如图 2-12 所示，接触器 KM1 为正向接触器，控制电动机 M 正转；接触器 KM2 为反向接触器，控制电动机 M 反转。

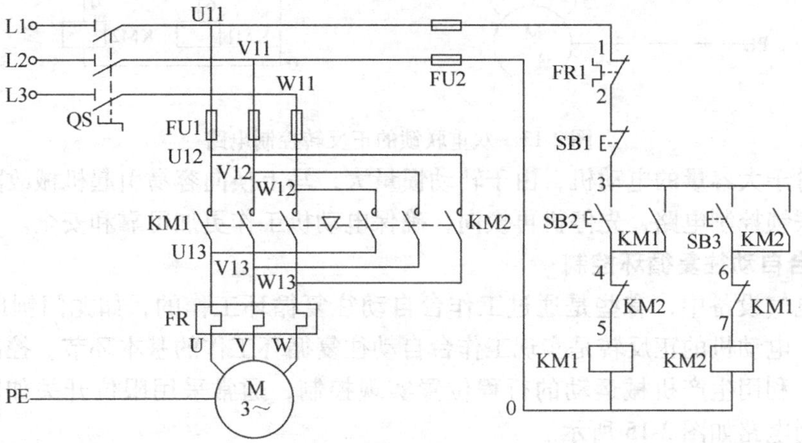

图 2-12　接触器联锁的正反转控制电路

将任何一个接触器的辅助常闭触点串入另一个接触器线圈电路中，则其中任何一个接触器先通电后，会切断另一个接触器的控制电路，即使按下相反方向的起动按钮，另一个接触器也无法通电，这种利用两个接触器的辅助常闭触点互相控制的方式，叫接触器联锁。起联锁作用的常闭触点叫联锁触点。

接触器联锁的正反转控制电路的工作过程如下：

正转控制：合上刀开关 QS→按下正向起动按钮 SB2→正向接触器 KM1 通电→KM1 主触点和自锁触点闭合→电动机 M 正转。

反转控制：合上刀开关 QS→按下反向起动按钮 SB3→正向接触器 KM2 通电→KM2 主触点和自锁触点闭合→电动机 M 反转。

停机：按停止按钮 SB1→KM1（或 KM2）断电→M 停转。

该电路只能实现“正→停→反”或者“反 →停→正”控制，即必须按下停止按钮后，再反向或正向起动。这对需要频繁改变电动机运转方向的设备来说，是很不方便的。

如图 2-13 所示，控制电路中起动按钮改用复合按钮，将正转起动按钮 SB2 的常闭触点串接在反转控制电路中，将反转起动按钮 SB3 的常闭触点串接在正转控制电路中，这样便可以保证正、反转两条控制电路不会同时被接通。若要电动机由正转变为反转，不需要再按下停止按钮，可直接按下反转起动按钮 SB3，反之亦然。

这种电路操作方便，安全可靠，且换向迅速，因此在小容量的电动机正反转控制中应用

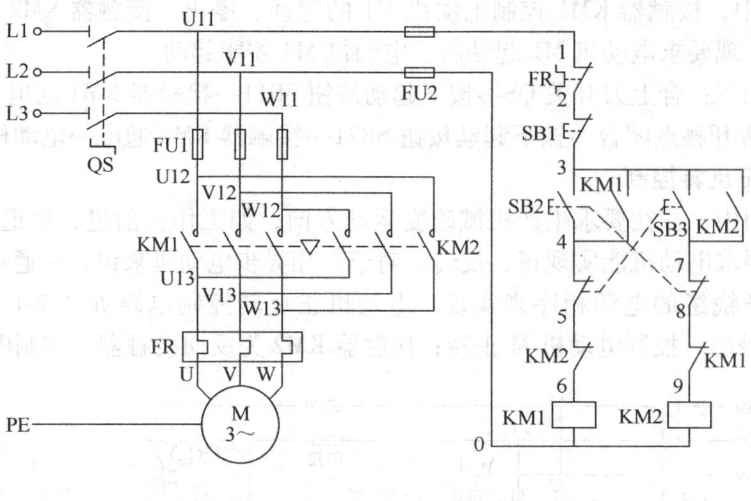

图 2-13　双重联锁的正反转控制电路

广泛。但是对于大容量的电动机，由于转动惯量大，马上换向容易引起机械故障，所以还是采用接触器联锁控制电路，先停机再换向，确保电动机工作更加可靠和安全。

6. 工作台自动往复循环控制

在机床电气设备中，有些是通过工作台自动往复循环工作的，如龙门刨床的工作台前进、后退等。电动机的正反转是实现工作台自动往复循环工作的基本环节。控制电路按照行程控制原则，利用生产机械运动的行程位置实现控制，通常采用限位开关如图 2-14 所示，自动循环控制电路如图 2-15 所示。

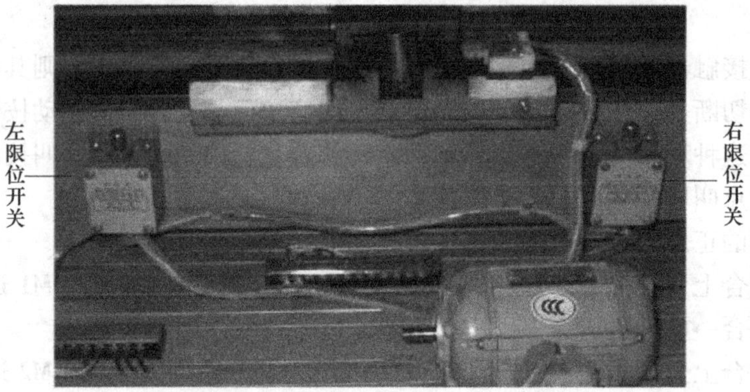

图 2-14　设备运动工作台的左、右限位开关

工作过程如下：合上电源开关 QS→按下起动按钮 SB1→接触器 KM1 通电→电动机 M 正转，工作台向前→工作台前进到一定位置，撞块压动限位开关 SQ1→SQ1 常闭触点断开→KM1 断电→M 停止向前。

SQ1 常开触点闭合→KM2 通电→电动机 M 改变电源相序而反转，工作台向后→工作台后退到一定位置，撞块压动限位开关 SQ2→SQ2 常闭触点断开→KM2 断电→M 停止后退。

SQ2 常开触点闭合→KM1 通电→电动机 M 又正转，工作台又前进，如此往复循环工作，直至按下停止按钮 SB3→KM1（或 KM2）断电→电动机停止转动。

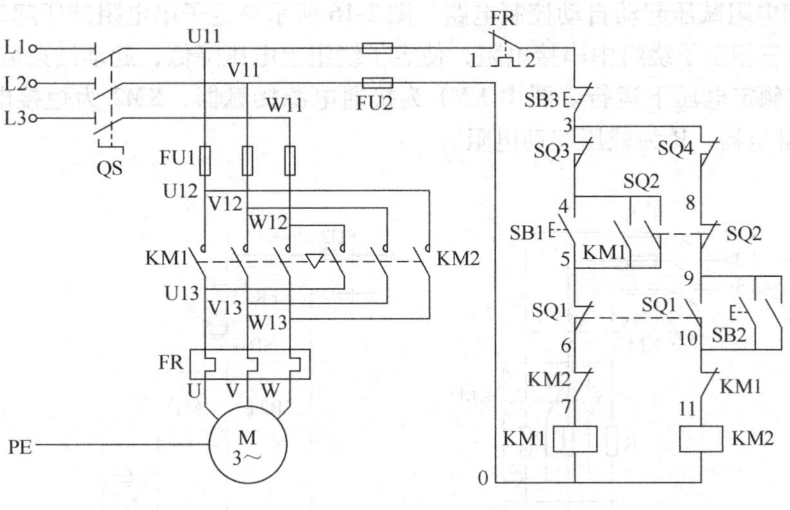

图2-15　自动循环控制电路

另外，SQ3、SQ4分别为反、正向终端保护限位开关，防止限位开关SQ1、SQ2失灵时造成工作台从机床上冲出的事故。

从以上控制过程可以看出，工作台每经过一次自动往复循环，电动机都要进行两次反接制动过程，会出现较大的反接制动电流和机械冲击力，因此这种电路只适用于循环周期较长而电动机转轴具有足够刚性的拖动系统中。另外，在选择接触器容量时，要比一般情况下大些。

7. 笼型异步电动机的减压起动

前文介绍的几种电路均是采用直接起动方式。笼型异步电动机采用直接起动时，控制电路简单，但是起动电流一般可达额定电流的4～7倍，过大的起动电流会降低电动机寿命，使变压器二次电压大幅度下降，从而减小电动机本身的起动转矩，甚至使电动机无法起动，过大的电流还会引起电源电压波动，影响同一供电网络中其他设备的正常工作。判断一台电动机能否直接起动的一般规定是：电动机容量在10kW以下者，可直接起动；10kW以上的异步电动机是否允许直接起动，要根据电动机容量和电源变压器容量的经验公式来估计，可根据起动次数、电动机容量、供电变压器容量和机械设备是否允许来分析，也可由下面的经验公式(2-1)来确定。

$$\frac{I_{st}}{I_N} \leqslant \frac{3}{4} + \frac{S}{4P_N} \tag{2-1}$$

式中，I_{st}为电动机起动电流(A)；I_N为电动机额定电流(A)；S为电源容量(kVA)；P_N为电动机额定功率(kW)。

当电动机容量在10kW以上，或不满足公式(2-1)时，应采用减压起动。有时为了减小和限制起动时对机械设备的冲击，即使允许采用直接起动的电动机，也采用减压起动。减压起动方法的实质就是在电源电压不变的情况下，起动时降低加在定子绕组上的电压，以减小起动电流，待电动机起动后，再将电压恢复到额定值，使电动机在额定电压下运行。

常用的三相笼型异步电动机减压起动方式有以下四种：定子绕组串接电阻(或电抗器)减压起动、Y-△减压起动、自耦变压器减压起动及延边三角形减压起动。

（1）定子串电阻减压起动自动控制电路　图 2-16 所示是定子串电阻减压起动控制电路。电动机起动时在三相定子绕组中串接电阻，使定子绕组上电压降低，起动结束后再将电阻短接，使电动机在额定电压下运行。图中 KM1 为接通电源接触器，KM2 为短接电阻接触器，KT 为起动时间继电器，R 为减压起动电阻。

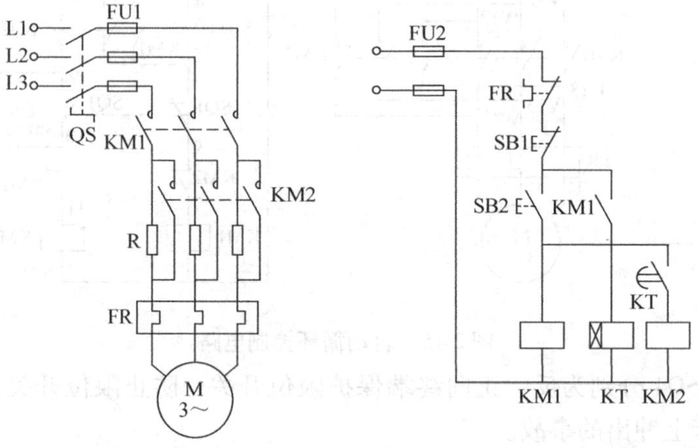

图 2-16　定子串电阻减压起动控制电路

电路工作原理如下：合上电源开关 QS，按下起动按钮 SB2，接触器 KM1 通电并自锁，同时时间继电器 KT 通电，电动机定子串入电阻 *R* 进行减压起动。经一段时间延时后，时间继电器 KT 的延时闭合常开触点闭合，接触器 KM2 通电，三对主触点将主电路中的起动电阻 *R* 短接，电动机进入全电压运行。KT 的延时长短根据电动机起动过程时间长短来调整。

本电路正常工作时，KM1 、KM2、KT 均工作，不但消耗了电能，而且增加了出现故障的几率。若发生时间继电器 KT 延时闭合常开触点不动作的故障，将使电动机长期在欠电压下运行，致使电动机无法正常工作，甚至烧毁电动机。若在电路中作适当修改，可使电动机起动后，只有 KM2 工作，KM1 、KT 均断电，则可以达到减少电路损耗的目的。

（2）Y-△减压起动控制电路　对于定子绕组额定运行时联结为三角形的笼型异步电动机，起动时将电动机定子绕组联结成星形，加在电动机每相绕组上的电压为额定电压的 $1/\sqrt{3}$，起动电流为直接起动时电流的 1/3，起动转矩为直接起动时的 1/3；当起动完毕，电动机转速达到稳定转速时，再将定子绕组接为△，使电动机进入全电压运行，从而减小了起动电流。

Y-△减压起动控制电路如图 2-17 所示。

电路工作原理如下：合上刀开关 QS→按下起动按钮 SB1，接触器 KMY通电→KMY主触点闭合，KMY辅助触点闭合→接触器 KM 通电→KM 主触点闭合，同时 KM 辅助触点闭合实现自锁，定子绕组联结成星形，M 减压起动；时间继电器 KT 通电延时 t(s)→KT 延时断开常闭辅助触点断开，KMY断电、KMY常闭触点闭合→KM△主触点闭合，同时 KMY常开触点断开→KT 断电，接触器 KMY断电，KMY主触点断开，定子绕组联结成三角形→M 加以额定电压正常运行。

该电路结构简单，缺点是起动转矩也相应下降为直接起动时的 1/3，转矩特性差。因而

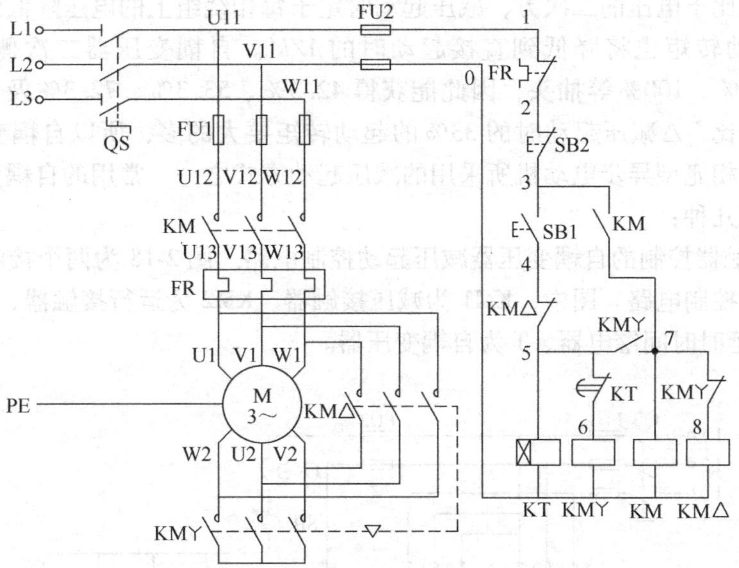

图 2-17　Y-△减压起动控制电路

本电路适用于电网 220/380V、额定电压 380/660V、星形-三角形联结的电动机轻载起动的场合。

（3）自耦变压器减压起动控制电路　自耦变压器减压起动电路中，电动机起动电流的限制是靠自耦变压器的减压作用来实现的。一般自耦变压器备有多档电压抽头，可根据电动机的负载情况，选择不同的起动电压。自耦变压器只在起动过程中短时工作，起动完毕后应从电路中切除。减压起动用的自耦变压器又称为起动补偿器。

自耦变压器的一次和二次电压、电流的关系是

$$\frac{U_1}{U_2}=\frac{I_2}{I_1}=k \tag{2-2}$$

式中，k 为自耦变压器的变比。

当电动机经自耦变压器减压起动时，加在绕组上的相电压为$\frac{1}{k}U_1$，此时电动机定子绕组内的起动电流为直接起动时的 $1/k$，即

$$I_{st2}=\frac{1}{k}I_{st} \tag{2-3}$$

式中，I_{st2}为电动机在 U_2 作用下的减压起动电流，即自耦变压器的二次电流；I_{st}为电动机直接起动电流。

又因为电动机接在自耦变压器二次侧，而变压器一次侧接电网电源，因此电动机从电网吸取的电流为

$$I_{st1}=\frac{I_{st2}}{k}=\frac{1}{k^2}I_{st} \tag{2-4}$$

式中，I_{st1}为电动机减压起动时，电网上流过的起动电流，即自耦变压器一次电流。

由此可知，利用自耦变压器起动和直接起动相比，电网所供给的起动电流减小到 $1/k^2$。

由于转矩正比于电压的二次方，减压起动时定子每相绕组上的电压降低到直接起动时的 $1/k$，所以，起动转矩也将降低到直接起动时的 $1/k^2$。自耦变压器二次侧有电源电压的 65%、73%、85%、100% 等抽头，因此能获得 42.3%、53.3%、72.3% 及 100% 直接起动时的转矩，显然比Y-△减压起动时的 33% 的起动转矩要大的多，所以自耦变压器虽然价格较贵，但仍是三相笼型异步电动机所采用的减压起动方式之一。常用的自耦变压器减压起动控制电路有以下几种：

1）两个接触器控制的自耦变压器减压起动控制电路。图 2-18 为两个接触器控制的自耦变压器减压起动控制电路。图中，KM1 为减压接触器、KM2 为运行接触器、KA 为中间继电器、KT 为通电延时时间继电器、T 为自耦变压器。

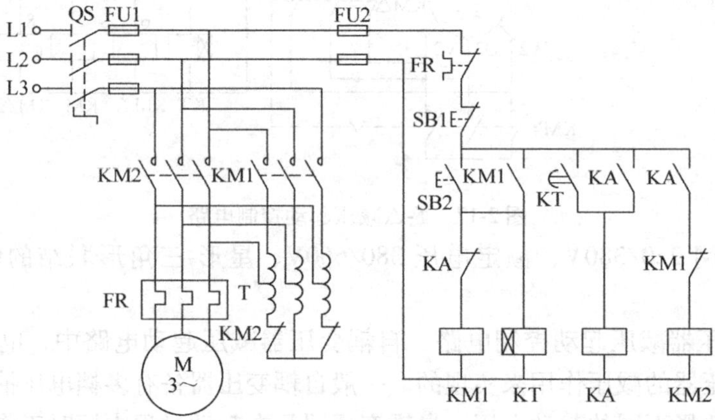

图 2-18　两个接触器控制的自耦变压器减压起动控制电路

电路的工作原理如下：

起动时，合上电源开关 QS，按下起动按钮 SB2，接触器 KM1 线圈和时间继电器 KT 线圈同时通电，KM1 自锁触点闭合，KM1 主触点闭合，将自耦变压器 T 接入电动机的定子绕组；KM1 联锁触点断开，切断 KM2 线圈电路，使自耦变压器作Y联结，电动机由自耦变压器的二次侧供电实现减压起动。经过一段时间的延时后，通电延时时间继电器 KT 的延时闭合常开触点闭合，使中间继电器 KA 的线圈通电并自锁，KA 的常闭触点断开，使 KM1 线圈失电，主触点断开，切除自耦变压器；KM1 辅助常闭触点复位，使接触器 KM2 的线圈通电，KM2 的主触点闭合，电动机在全电压下正常运行。

该电路在电动机起动过程中会出现二次涌流冲击，因此仅适用于不频繁起动，电动机容量在 30kW 以下的设备中。

2）三个接触器控制的自耦变压器减压起动控制电路。图 2-19 为三个接触器控制能实现自动与手动控制的自耦变压器减压起动控制电路。图中，选择开关有手动和自动两个位置。KM1、KM2 为减压接触器，KM3 为运行接触器、KA 为中间继电器、KT 为通电延时时间继电器、T 为自耦变压器。

电路的工作原理如下：

① 自动控制：将选择开关 SA 置于自动控制位置 A 上，按下起动按钮 SB2，接触器 KM1 线圈通电，KM1 主触点闭合，将自耦变压器作Y联结；KM1 辅助常闭触点断开，切断

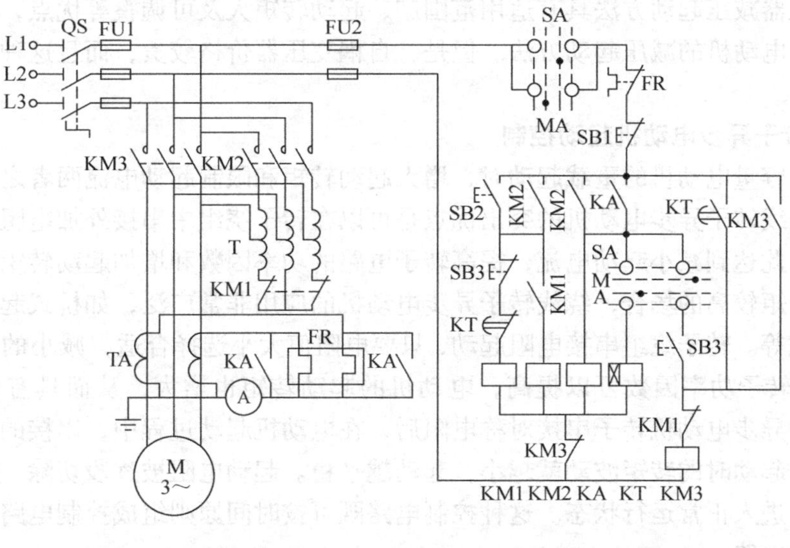

图 2-19　三个接触器控制的自耦变压器减压起动控制电路

KM3 线圈电路，实现联锁；KM1 辅助常开触点闭合，使接触器 KM2 线圈通电，KM2 辅助常开触点闭合，使 KM1、KM2 线圈持续通电；KM2 主触点闭合，将三相电源接入自耦变压器的一次侧，电动机定子绕组经由自耦变压器的二次侧实现减压起动。

起动过程中，KM2 辅助常开触点闭合，使中间继电器 KA 和时间继电器 KT 的线圈通电，KA 常开触点闭合，KA 和 KT 的线圈持续通电；KA 在主电路中的常开触点闭合，将电动机定子绕组的电流互感器二次侧中热继电器 FR 的热元件短接。

经过一段时间的延时后，时间继电器 KT 的常闭触点断开，使接触器 KM1 线圈断电，KM1 常闭触点复位，为 KM3 线圈通电做准备；KM1 常开触点复位，使 KM2 线圈断电，由此，电动机定子绕组断开了自耦变压器。时间继电器 KT 延时闭合常开触点闭合使 KM3 线圈通电并自锁，KM3 主触点闭合，电动机在全电压下运行。此时 KM3 的常闭触点断开，中间继电器 KA 和时间继电器 KT 的线圈也相继断电，减压起动过程结束。

② 手动控制：将选择开关 SA 置于手动控制位置 M 上，当按下起动按钮 SB2 时，电动机减压起动的工作情况与自动控制时的工作过程相同，只是在转入全电压运行时，尚需再按下 SB3，使接触器 KM1 线圈断电，KM3 线圈通电并自锁，实现全电压下正常运行。

③ 电路的联锁环节：电动机起动完毕进入正常运行时，KM3 的常闭触点断开，使 KM1、KM2、KA、KT 电路被切断，确保自耦变压器只在起动时被短时接入，而正常运行时被切除。

起动时，中间继电器 KA 的触点将热继电器 FR 的热元件短接，只有在电动机进入全电压运行时，KA 线圈断电，触点断开，才将热继电器 FR 的热元件接入定子电路，以实现长期过载保护。

在操作起动按钮 SB2 时，要求按下的时间稍长些，待接触器 KM2 线圈通电并自锁后才可松开，否则自耦变压器无法接入，不能实现减压起动。

自耦变压器减压起动常用于电动机容量较大的场合，因无大容量的热继电器，故采用电流互感器后使用小容量的热继电器来实现过载保护。

自耦变压器减压起动方法具有适用范围广、起动转矩大及可调整等优点，是一种实用的三相笼型异步电动机的减压起动方法。但是，自耦变压器价格较贵，而且这种起动方法不允许频繁操作。

8. 绕线转子异步电动机起动控制

在大、中容量电动机的重载起动时，增大起动转矩和限制起动电流两者之间的矛盾十分突出。三相绕线转子异步电动机的突出优点是可以在转子绕组中串接外加电阻或频敏变阻器进行起动，由此达到减小起动电流，提高转子电路的功率因数和增加起动转矩的目的。一般在要求起动转矩较高的场合，绕线转子异步电动机的应用非常广泛，如桥式起重机的吊钩电动机、卷扬机等。转子绕组串接电阻起动，只要电阻值大小选择合适，减小的转子电流中有功分量增大，转子功率因数可以提高，电动机的起动转矩也增大，从而具有良好的起动特性。绕线转子异步电动机转子串接对称电阻后，在电动机起动过程中，串接的起动电阻级数越多，电动机起动时的转矩波动就越小，起动越平稳。起动电阻被逐段切除，电动机转速不断升高，最后进入正常运行状态。这种控制电路既可按时间原则组成控制电路，也可按电流原则组成控制电路。

（1）电流控制原则　图 2-20 为电流继电器控制绕线转子异步电动机转子串电阻三级起动控制电路。图中，KM4 为电源接触器，KM1、KM2 、KM3 为短接转子电阻接触器，R_1、R_2、R_3 为转子外接电阻，KA 为中间继电器，KUC1、KUC2、KUC3 为欠电流继电器。在起动瞬间，转子转速为零，转子电流最大，三个电流继电器同时全部吸合，随着转子转速的逐渐提高，转子电流逐渐减小，KUC1、KUC2、KUC3 依次动作，完成逐段切除起动电阻的工作。

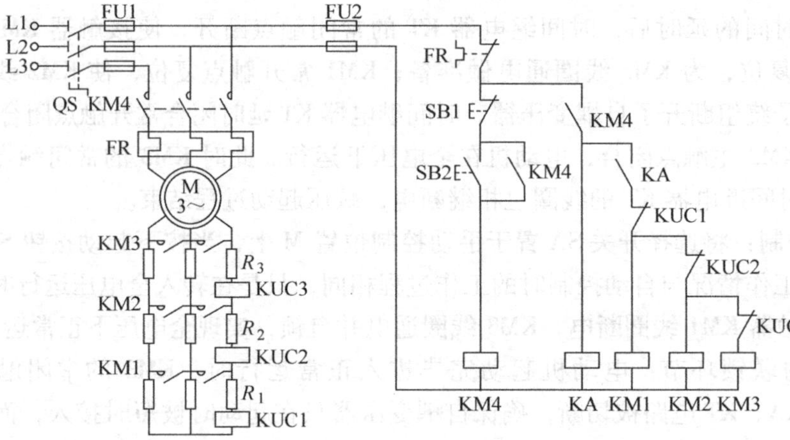

图 2-20　电流继电器控制绕线转子异步电动机转子串电阻三级起动控制电路

电路工作原理如下：

合上电源开关 QS，按下起动按钮 SB2，接触器 KM4 线圈通电并自锁，KM4 主触点闭合，将三相电源接入电动机定子绕组，转子串入 R_1、R_2、R_3 全部电阻起动；同时 KM4 辅助常开触点闭合，使中间继电器 KA 线圈通电，KA 常开触点全部闭合，为接触器 KM1、KM2、KM3 线圈的通电作准备。由于刚起动时电动机转速很小，转子绕组电流很大，三个电流继电器 KUC1、KUC2、KUC3 吸合电流值一样，故同时吸合，常闭触点同时断开，使 KM1、

KM2、KM3 线圈均处于断电状态，保证所有转子电阻都串入转子电路，达到限制起动电流和提高起动转矩的目的。

在起动过程中，随着电动机转速的升高，起动电流逐渐减小，而三个电流继电器的释放电流不同，KUC1 释放电流值最大，KUC2 次之，KUC3 最小，所以，当起动电流减小到 KUC1 释放电流值时，KUC1 首先释放，其常闭触点复位闭合，使接触器 KM1 线圈通电，KM1 的主触点闭合，短接一段电阻 R_1；由于电阻被短接，转子电流增加，起动转矩增大，致使转速又加快上升，这又使得转子电流下降，当降低到 KUC2 的释放电流时，KUC2 接着释放，其常闭触点复位闭合，使接触器 KM2 线圈通电，KM2 主触点闭合，短接第二段转子电阻 R_2；随着电动机的转速不断增加，转子电流进一步减小，直至 KUC3 释放，接触器 KM3 线圈通电，KM3 主触点闭合，短接第三段转子电阻 R_3；至此，转子电阻全部被短接，电动机起动过程结束。

为保证电动机转子串入全部电阻起动，控制电路中设置了中间继电器 KA。如果没有 KA，KM4 线圈通电后，当起动电流由零上升在尚未到达电流继电器的吸合值时，KUC1、KUC2、KUC3 未吸合，其常闭触点仍然闭合，将使 KM1、KM2、KM3 线圈同时通电，转子电阻将被全部短接，电动机直接起动。而设置了中间继电器 KA 后，KM4 线圈通电，其常开触点闭合，使 KA 线圈通电，再使 KA 常开触点闭合，在这之前起动电流已到达电流继电器的吸合值并已动作，其常闭触点已将 KM1、KM2、KM3 线圈回路断开，确保转子电路电阻串入，避免了电动机的直接起动。

（2）时间控制原则　图 2-21 为按时间原则控制的转子串电阻起动控制电路。图中，KM 为电源接触器，接触器 KM1 ~ KM3 用来短接转子电阻，时间继电器 KT1 ~ KT3 控制起动过程。

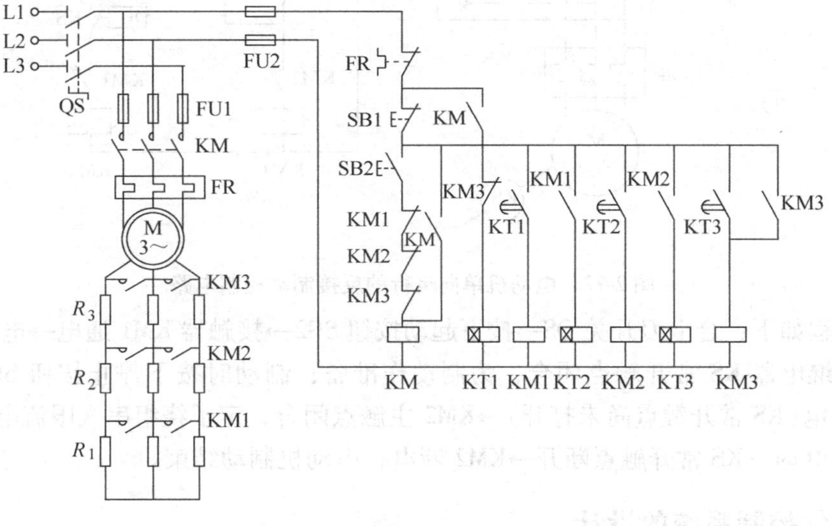

图 2-21　按时间原则控制的转子串电阻起动控制电路

图中，按起动按钮 SB2，接触器 KM 线圈得电并自锁，主触点闭合，电动机转子串全电阻起动，与此同时，时间继电器 KT1 线圈得电，经一段时间延时以后，时间继电器 KT1 的延时闭合常开触点闭合，接触器 KM1 线圈得电，其主触点闭合，切除转子电阻 R_1，同时其辅助常开触点闭合，时间继电器 KT2 线圈得电。这样，通过时间继电器线圈依次通电，接触器 KM1～KM3 线圈依次得电，主触点依次闭合，转子电阻将被逐级短接，直到转子电阻全部被切除，电动机起动完毕，进入全电压运行状态。此时 KM3 的常闭触点断开，KT1 线圈失电，其延时闭合常开触点马上断开，KM1 线圈失电，此后，KT2、KM2、KT3 依次失电。

在 KM 线圈支路中串联 KM1、KM2、KM3 的常闭触点，主要是为了保证电动机在起动瞬间串接所有电阻。

9. 三相异步电动机的反接制动

三相异步电动机反接制动是利用改变电动机电源相序，使定子绕组产生的旋转磁场与转子旋转方向相反，因而产生制动力矩的一种制动方法。**应注意的是，**当电动机转速接近零时，必须立即断开电源，否则电动机会反向转动。

由于反接制动电流较大，制动时需在定子回路中串入电阻以限制制动电流。反接制动电阻的接法有两种：对称电阻接法和不对称电阻接法。

三相异步电动机单向运行的反接制动控制电路如图 2-22 所示。控制电路按速度原则实现控制，通常采用速度继电器，速度继电器与电动机同轴相连，在 120～3 000r/min 范围内速度继电器触点动作，当转速低于 100r/min 时，其触点复位。

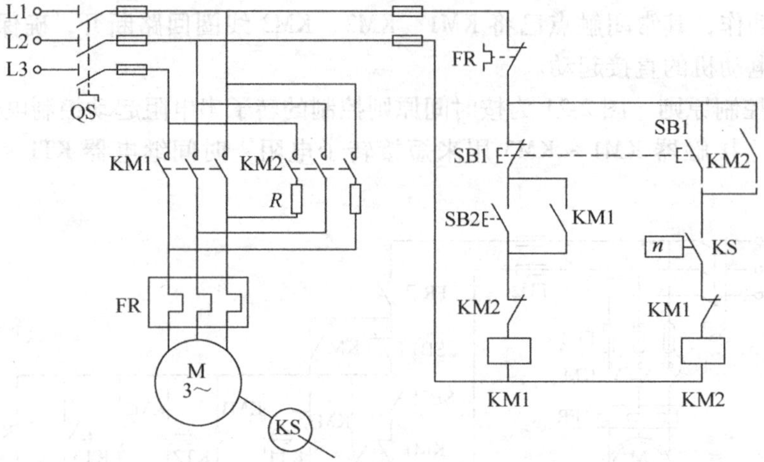

图 2-22　电动机单向运行的反接制动控制电路

工作过程如下：合上刀开关 QS→按下起动按钮 SB2→接触器 KM1 通电→电动机 M 起动运行→速度继电器 KS 常开触点闭合，为制动作准备；制动时按下停止按钮 SB1→KM1 断电→KM2 通电（KS 常开触点尚未打开）→KM2 主触点闭合，定子绕组串入限流电阻 R 进行反接制动→$n\approx0$ 时，KS 常开触点断开→KM2 断电，电动机制动结束。

2.1.5　电气控制系统的设计

在生产中，机械设备的使用效能与其电气自动化的程度有着密切的关系，尤其是机电一体化已成为现代机械工业发展的总趋势，所以要做好机电工作，就应当掌握生产设备控制电路的设计。通过前面的学习，在已经初步掌握了低压电器、控制电路的基本环节以及一些典型生产机械控制电路的基础上，下面介绍相关的电气控制系统的设计方法和所使用低压电器的选择方法。

1. 电气控制系统设计的基本原则和内容

设计工作的首要问题是树立正确的设计思想，树立工程实践的观点，使设计出的产品经济实用、先进可靠、操作方便等。任何一台机械设备的结构形式和使用效能与其电气自动化程度都有着十分密切的关系，因此电气控制系统设计必须与设备的机械设计相对应，这就要求设计人员必须对机械设备的机械结构、加工工艺有一定的了解，这样才能设计出符合要求的电气控制设备。

（1）电气控制系统设计的基本内容　机械设备的控制系统绝大多数属于电力拖动控制系统，因此生产机械电气控制系统设计的基本内容有以下几个方面：

1）确定电力拖动方案；

2）设计生产机械电力拖动自动控制电路；

3）选择拖动电动机及电器元件，制定电器明细表；

4）进行生产机械电力装备施工设计；

5）编写生产机械电气控制系统的电气说明书与设计文件。

（2）电力拖动方案确定的原则　对各类生产机械电气控制系统的设计，首要的是选择和确定合适的拖动方案。主要根据设备的工艺要求及结构来确定电动机的数量，然后根据各生产机械的调速要求来确定调速方案，同时，应当考虑使电动机的调速特性与负载特性相适应，从而使电动机得到充分合理的应用。

1）无电气调速要求的生产机械。在不需要电气调速和起动不频繁的场合，应首先考虑采用笼型异步电动机；在负载静转矩很大的拖动装置中，可考虑采用绕线转子异步电动机；对于负载很平稳、容量大、且起停次数很少时，则采用同步电动机更为合理，不仅可以充分发挥同步电动机效率高、功率因数高的优点，还可以调节励磁使它工作在过励情况下，提高电网的功率因数。

2）要求电气调速的生产机械。应根据生产机械的调速要求（如调速范围、调速平滑性、机械特性硬度、转速调节级数及工作可靠性等）来选择拖动方案，在满足技术指标的前提下，进行经济比较，最后确定最佳拖动方案。

调速范围 $D=2\sim3$，调速级数 $\leqslant2\sim4$，一般采用改变磁极对数的双速或多速笼型异步电动机拖动。

调速范围 $D<3$，且不要求平滑调速时，采用绕线转子异步电动机拖动，但只适用于短时负载和重复短时负载的场合。

调速范围 $D=3\sim10$，且要求平滑调速时，在容量不大的情况下，可采用带滑差离合器的异步电动机拖动系统。若需长期运转在低速时，也可考虑采用晶闸管直流拖动系统。

调速范围 $D=10\sim100$ 时，可采用直流拖动系统或交流调速系统。

三相异步电动机的调速，以前主要依靠改变定子绕组的极数和改变转子电路的电阻来实现。目前，变频调速和串级调速已得到广泛的应用。

3）电动机调速性质的确定。电动机的调速性质应与生产机械的负载性质相适应。对于双速笼型异步电动机，当定子绕组由△联结改为YY联结时，转速由低速转为高速，功率却变化不大，适用于恒功率传动；当定子绕组由Y联结改为YY联结时，电动机输出转矩不变，适用于恒转矩传动。对于他励直流电动机，改变电枢电压调速为恒转矩输出；而改变励磁调速为恒功率输出。

若采用不对应调速，即恒转矩负载采用恒功率调速或恒功率负载采用恒转矩调速，都将使电动机额定功率增大D倍(D为调速范围)，且部分转矩未能得到充分利用。所以电动机调速性质是指电动机在整个调速范围内转矩、功率与转速的关系。究竟是允许恒功率输出还是恒转矩输出，在选择调速方法是，应尽可能使调速性质与负载性质相同。

（3）控制方案的确定原则 机械设备的电气控制方法很多，有继电器-接触器的有触点控制、有无触点逻辑控制，有可编程序控制器控制及计算机控制等。总之，合理地确定控制方案，是实现简便、可靠、经济、适用的电力拖动控制系统的重要前提。

控制方案的确定，应遵循以下原则：

1）控制方式与拖动需要相适应。控制方式并非越先进越好，而应该以经济实用为标准。如控制逻辑简单、加工程序基本固定的生产机械设备，采用继电器-接触器的控制方式比较合理；对于经常改变加工程序或控制逻辑复杂的生产机械设备，则采用可编程序控制器较为合理。

2）控制方式与通用化程度相适应。通用化程度是指生产机械加工不同对象的能力，它与自动化是两个概念。对于某些加工一种或几种零件的专用机床，它的通用化程度很低，但它可以有较高的自动化程度，这种机床宜采用固定的控制电路；对于单件、小批量且可以加工形状复杂零件的通用机床，则采用数字程序控制，或采用可编程序控制器控制，因为它们可以根据不同的加工对象而设定不同的加工程序，因而有较高的通用化程度。

3）控制方式应最大限度满足工艺要求。根据加工对象工艺要求，控制电路应具有自动循环、半自动循环、手动调整、紧急快退、保护性联锁、信号指示和故障诊断等功能，以最大程度满足工艺要求。

4）控制电路的电源应当可靠。简单的控制电路可直接用电网电源，元器件较多、电路较复杂的控制电路，可将电网电压隔离降压，以降低故障率。对于自动化程度较高的生产设备可采用直流电源，这有助于节省安装空间，便于同无触点元件连接，元件动作平稳，操作维修也比较安全。

影响方案确定的因素很多，最后选定方案的技术水平和经济水平，还取决于设计人员的设计经验等。

2. 电气控制系统的设计理念

生产机械的电气控制系统是生产机械的重要组成部分，它对生产机械能否正确可靠地工作起着决定性的作用。因此，设计前，应对生产机械的工作性能、基本结构、运行情况及加工工艺过程有充分了解，特别要明确生产工艺对电气控制提出的要求，在此基础上，再来考虑控制方案，如控制方式、起动、反向、制动及调速控制等，设置必要的保护与联锁，以保证满足生产机械的各项工作要求。

在进行具体电路设计时，首先应设计主电路，然后设计控制电路，最后是信号电路及照明电路等。初步设计完成后，应当仔细检查，看是否符合设计要求，并尽可能使之完善和简化，最后选择所用电器的型号与规格。

3. 电气控制系统的设计要求

不同用途的控制电路，其控制要求也有所不同，一般应满足以下要求：

1）应能满足生产机械的工艺要求，能按照工艺顺序准确而可靠地工作。

2）电路结构力求简单，尽量选用常用的且经过实际考验过的电路。

3）操作、调整和检修方便。

4）具有各种必要的保护装置和联锁环节，确保在误操作时也不会发生重大事故。

5）工作稳定，安全可靠，符合使用环境条件。

4. 控制电路的设计方法

控制电路的设计方法有两种，一种是经验设计法，另一种是逻辑设计法。

经验设计法是根据生产工艺的要求，按照电动机的控制方法，采用典型环节电路直接进行设计，先设计出各个独立的控制电路，然后根据设备的工艺要求决定各部分电路的联锁或联系。这种方法比较简单，但是对于比较复杂的电路，设计人员必须具有丰富的工作经验，需绘制大量的电路图，并经多次修改后才能得到符合要求的控制电路。

逻辑设计法，采用逻辑代数进行设计，按此方法设计的电路结构合理，可节省所用元件的数量。

5. 设计控制电路时应注意的问题

设计具体电路时，为了使电路设计得简单且准确可靠，应注意以下几个问题。

（1）尽量减少连接导线　设计控制电路时，应考虑各元器件的实际位置，尽可能减少配线时的连接导线，图2-23a所示电路是不合理的。因为按钮一般是安装在操作台上的，而接触器是安装在电气柜内的，这样接线就需要由电气柜内二次引出连接线到操作台上，所以一般都将起动按钮与停止按钮直接连接，这样就可以减少一次引出线，图2-23b所示电路为合理的连接。

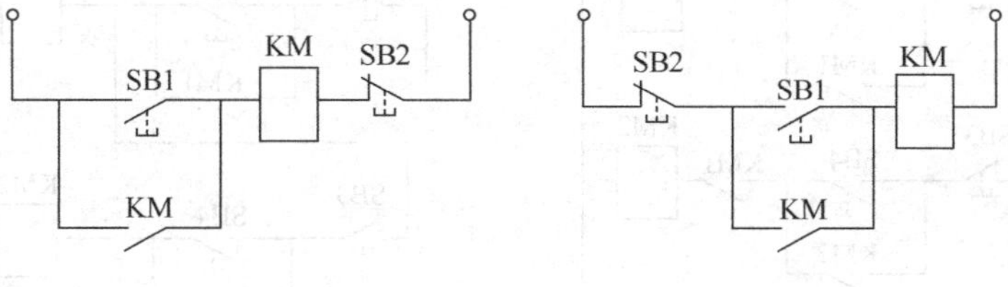

a) 不合理　　b) 合理

图2-23　电器连接图

（2）正确连接电器的线圈　电压线圈通常不能串联使用，图2-24a所示电路为不正确的连接，由于他们的阻抗不尽相同，会造成两个线圈上的电压分配不等，即使是两个同型号线圈，外加电压是他们的额定电压之和，也不允许这样连接。因为电器动作总有先后，当有一个接触器先动作时，其线圈阻抗增大，该线圈上的电压降增大，会使另一个接触器不能吸合，严重时将使线圈烧毁。

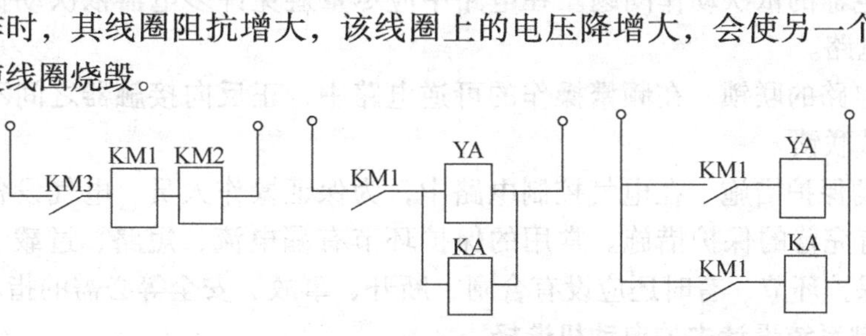

a) 错误　　b) 错误　　c) 正确

图2-24　电磁线圈连接图

电感量相差悬殊的两个电器线圈，不要并联连接。图2-24b中直流电磁铁YA与继电器KA并联，在接通电源时可正常工作，但在断开电源时，由于电磁铁线圈的电感比继电器线圈的电感大得多，所以断电时，继电器很快释放，但电磁铁线圈产生的自感电动势可能使继电器又吸合一段时间，从而造成继电器的误动作。解决的方法是可以各用一个接触器的触点来控制，如图2-24c所示。

（3）控制电路中应避免出现寄生电路　寄生电路是电路动作过程中意外接通的电路，如图2-25中的HL和热保护的正反向电路。正常工作时，能完成正反向起动、停止和信号指示。当热继电器FR动作时，电路就出现了寄生电路，如图中虚线所示，使正向接触器KM1不能有效释放，起不了保护作用；反转时亦然。

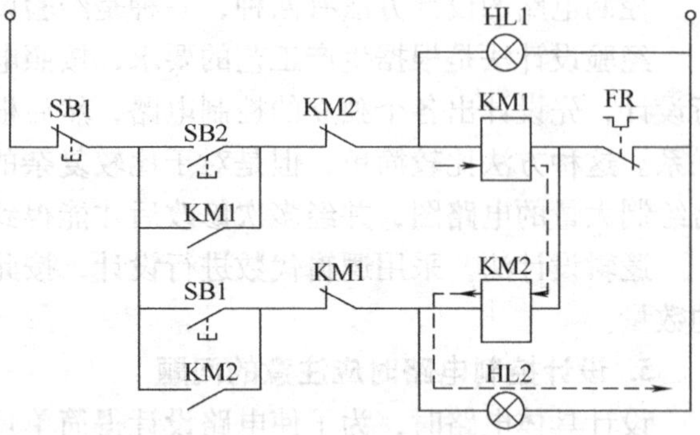

图2-25　寄生电路

（4）尽可能减少电器数量、采用标准件和相同型号的电器　尽量减少不必要的触点以简化电路，提高电路的可靠性，如将图2-26a中电路改成图2-26b所示的电路后，可减少一个触点。

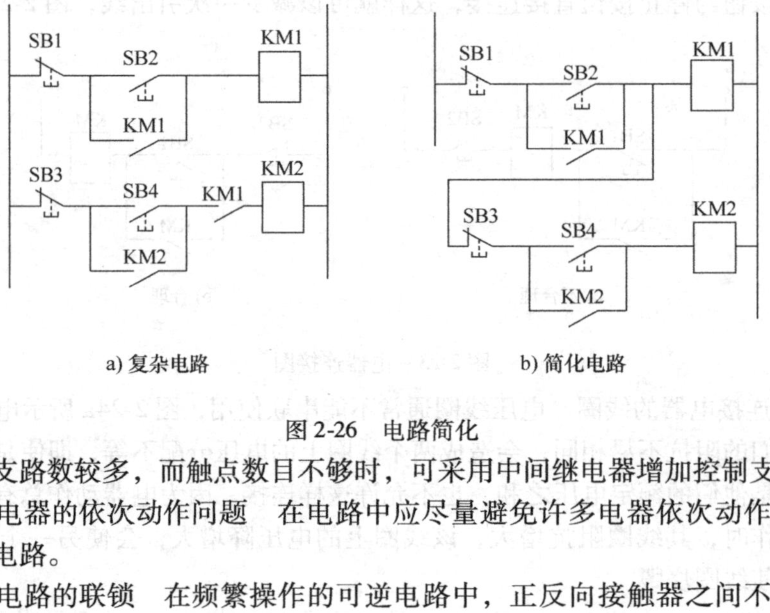

a) 复杂电路　　b) 简化电路

图2-26　电路简化

当控制电路的支路数较多，而触点数目不够时，可采用中间继电器增加控制支路的数量。

（5）多个电器的依次动作问题　在电路中应尽量避免许多电器依次动作才能接通另一个电器的控制电路。

（6）可逆电路的联锁　在频繁操作的可逆电路中，正反向接触器之间不仅要有电气联锁而且要有机械联锁。

（7）完善的保护措施　在电气控制电路中，为保证操作人员、电气设备及生产机械的安全，一定要有完善的保护措施。常用的保护环节有漏电流、短路、过载、过电流、过电压、失电压等保护环节，有时还应设有合闸、断开、事故、安全等必需的指示信号。

6. 电气控制系统设计中的电动机选择

电动机是生产机械电力拖动系统的拖动设备，选择电动机的原则是：经济、合理、安全。选择电动机的指标是结构形式、类型、转速、额定电压和功率。能否正确的选择电动机，对设备的性能影响很大。

（1）电动机结构的选择　电动机具有不同的结构形式，如防护式、封闭式及防爆式等，具体要根据电动机的工作条件来选择。

1）现代设备如机床，多选用防护式电动机；而在某些场合，在操作者和设备安全有保证的条件下也可采用开启式电动机，以利于散热和提高效率。

2）在污染严重或粉尘较多的场所及比较潮湿或冷却液流散的场所应选用封闭式电动机。露天作业时，除选用封闭式电动机外，还应加防护措施。

3）在有爆炸危险的厂房车间，应选择防爆式电动机。

4）若温度较高的时，应考虑选用湿热型电动机。

（2）电动机类型的选择　选择电动机类型的依据是在安全、经济的条件下，要适应设备工作特性的要求。

1）由于笼型异步电动机造价低，使用、维修方便，所以对速度无特殊要求的设备应优先选择笼型异步电动机。

2）要求有调速性能的设备，可选用直流电动机，当然也可以采用有交流调速装置的交流电动机，但要考虑其经济性。

3）对要求速度变化级数较少的场合，可选用多速异步电动机。

4）对要求调速范围较宽的设备，除考虑直流拖动外，还应考虑是否需要机械变速和电气调速结合使用。

（3）电动机转速的选择　对于额定功率相同的电动机，额定转速愈高，电动机体积、重量和成本就愈小。因此，在条件允许的情况下，应尽可能选用高速电动机，但要根据设备对转速的要求，综合考虑电动机转速和机械传动两方面的多种因素来确定电动机额定转速，一般要考虑以下几个方面：

1）低速运转的设备，宜选用一适当的转速作为参考转速，以该转速选择电动机并与减速机构联合传动。

2）对中高速运转的设备，可选用适当速度的电动机直接拖动。

3）对要求调速的设备，应注意电动机转速与设备要求的最高转速相适应，使得调速范围留有余地。

4）对经常起动、制动及反转的设备，如冶金及起重设备，其电动机的转速不宜选得过高，电动机的转动惯量应越小越好。

（4）电动机额定电压的选择　交流电动机的额定电压应与供电电网电压一致。中小型异步电动机额定电压为220/380V（△/Y联结）及380/600V（△/Y联结）两种，后者可用Y-△起动；当电动机功率较大时，可选用相应电压如3 000V、6 000V、10 000V的高压电动机。

直流电动机的额定电压也要与电源电压相一致。当直流电动机单独由直流发电机供电时，额定电压常为220V及110V；大功率直流电动机可提高到600～800V，甚至为1 000V。

（5）电动机功率的选择　选择电动机功率的依据是负载功率。功率选得过大，设备投资大，将造成浪费，同时，由于电动机欠载运行，使之效率和功率因数（对于交流电动机）降低，运行费用也会提高；相反，功率选的过低，电动机过载运行，使之寿命降低。

调查统计类比法是在不断总结经验的基础上，选择电动机容量的一种实用的方法。公式如下：

1）普通车床主拖动电动机的功率为

$$P = 36.5D^{1.54} \tag{2-5}$$

式中，P 为主拖动电动机功率(kW)；D 为工件最大直径(m)。

2）立式车床主拖动电动机的功率为

$$P = 20D^{0.88} \tag{2-6}$$

式中，P 为主拖动电动机功率(kW)；D 为工件最大直径(m)。

3）摇臂钻床主拖动电动机的功率为

$$P = 0.0646D^{1.19} \tag{2-7}$$

式中，P 为主拖动电动机功率(kW)；D 为最大钻孔直径(mm)。

4）卧式镗床主拖动电动机功率为

$$P = 0.04D^{1.7} \tag{2-8}$$

式中，P 为主拖动电动机功率(kW)；D 为镗杆直径(mm)。

主拖动和进给拖动用一台电动机的场合，按主拖动电动机的功率计算。对于采用单独的进给拖动电动机，由于其不仅拖动进给运动外，还拖动工作台的快速移动，应按快速移动所需的功率来选择。快速移动所需的功率，一般按经验公式来选择，可查阅有关资料。

7. 电气控制系统设计中的元器件选择

在设备电气控制系统中，为了满足生产工艺及电力拖动的需要，电动机要频繁地起动、制动、改变运动方向及调节转速等；当电路发生过载、短路、欠电压或失电压等情况时，控制电路的保护环节还应当自动切断电路，保护电路和设备。所有这些要求都需要借助于电器元件来完成。

由于各类电器元件在设备的电气控制系统中所处的位置和所起的作用不同，因此选用的方法也不尽相同。生产机械常用低压电器的选择，主要依据是电器产品目录上的各项指标和数据。正确合理地选择低压电器是电气系统安全运行、可靠工作的保证。

（1）接触器的选用　选择接触器主要依据以下数据：电源种类(直流或交流)，主触点额定电流，辅助触点的种类、数量和额定电流，电磁线圈的电源种类、频率和额定电压，额定操作频率等。机床中用的最多的是交流接触器，交流接触器的选择主要考虑主触点的额定电流、额定电压及线圈电压等。

1）主触点的额定电流 I_N　可根据下面经验公式(2-9)进行选择：

$$I_N \geqslant \frac{10P_N}{KU_N} \tag{2-9}$$

式中，I_N 为接触器主触点的额定电流(A)；K 为比例系数，一般取 1～1.4；P_N 为被控电动机的额定功率(kW)；U_N 为被控电动机的额定线电压(V)。

2）交流接触器主触点的额定电压一般按高于电路额定电压来确定。

3）根据控制电路的电压决定接触器的线圈电压。为保证安全，接触器吸引线圈一般选择较低的电压，但如果在控制电路比较简单的情况下，为了省去变压器，可选用 380V 电压。值得注意的是，接触器产品系列是按使用类别设计的，所以要根据接触器负担的工作任务来选用相应的产品系列。

4）接触器辅助触点的数量、种类应满足电路的需要。

（2）继电器的选择

1）一般继电器的选择。一般继电器是指具有相同电磁系统的继电器，又称电磁式继电器。选用时，除满足继电器线圈电压或线圈电流的要求外，还应按照控制需要分别选用过电流继电器、欠电流继电器、过电压继电器、欠电压继电器及中间继电器等。另外电压、电流继电器还有交流、直流之分，选择时也应当注意。

2）时间继电器的选择。时间继电器形式多样，各具特点，选择时应从以下几方面考虑：

① 根据控制电路的要求来选择延时方式，即通电延时型或断电延时型；

② 根据延时准确度要求和延时时间的长短来选择；

③ 根据使用场合和工作环境选择合适的时间继电器。

3）热继电器的选择。热继电器的选择应按电动机的工作环境、起动情况及负载性质等因素来考虑。一方面要充分发挥电动机的过载能力，另一方面，确保电动机在短时过载与起动瞬间时不受影响。

① 热继电器结构形式的选择。Y联结的电动机可以选择两相或三相结构的热继电器，△联结的电动机应当选择带断相保护装置的三相结构热继电器。

② 热元件额定电流的选择。一般可按式(2-10)选取：

$$I_R=(0.95\sim1.05)I_N \tag{2-10}$$

式中，I_R 为热元件的额定电流(A)；I_N 为电动机的额定电流。

对于工作环境恶劣、起动频繁的电动机，则按式(2-11)选取：

$$I_R=(1.15\sim1.5)I_N \tag{2-11}$$

热元件选好后，还需根据电动机的额定电流来调整它的整定值。

(3) 熔断器的选择　熔断器选择内容主要是熔断器的类型、额定电压、额定电流等级和熔体的额定电流。

1）熔断器类型与额定电压的选择。根据负载的保护特性、短路电流的大小及各类熔断器的适用范围来选用熔断器的类型。根据被保护电路的电压来决定熔断器的额定电压。

2）熔体与熔断器额定电流的选择。熔断器熔体的额定电流大小与负载大小、负载性质有关。对于负载平稳、无冲击电流的电路，如一般照明电路、电热电路，可按照负载电流大小来确定熔体的额定电流。对于有冲击电流的电路，如带电动机负载的电路，为达到短路保护目的，又要保证电动机正常起动，其熔断器熔体的额定电流按以下方式确定。

① 单台电动机：

$$I_{NF}=(1.5\sim2.5)I_N \tag{2-12}$$

式中，I_{NF}为熔体额定电流(A)；I_N 为电动机额定电流(A)。

② 多台电动机共用一个熔断器保护：

$$I_{NF}\geqslant(1.5\sim2.5)I_{NMAX}+\sum I_N \tag{2-13}$$

式中，I_{NF}为熔体额定电流(A)；I_{NMAX}为容量最大的电动机的额定电流(A)；$\sum I_N$ 为其他电动机额定电流之和(A)。

轻载起动或起动时间较短时，式中系数取1.5；重载起动或起动时间较长时，式中系数取2.5。

熔断器的额定电流应大于或等于熔体额定电流。

3）熔断器上下级的配合。为满足选择性保护的要求，应注意熔断器上下级之间的配合，一般要求上一级熔断器的熔断时间至少是下一级的3倍，不然将会发生越级动作，扩大停电范围。为此，当上下级采用同一种型号的熔断器时，其电流等级以相差两级为宜；若上下级所采用的熔断器型号不同时，则应根据保护特性上给出的熔断时间选取。

（4）控制变压器的选择　控制变压器一般用于降低控制电路或辅助电路的电压，以保证控制电路或辅助电路安全可靠。选择控制变压器的原则为：

1）控制变压器一、二次电压应与交流电源电压、控制电路电压及辅助电路电压要求相符。

2）应保证接于变压器二次侧的交流电磁器件在通电时能可靠地吸合。

3）电路正常运行时，变压器温升不应超过允许温升。

4）控制变压器可按长期运行的温升来考虑，这时变压器的容量应大于或等于最大工作负载的功率，即

$$S \geqslant K_L \sum S_i \tag{2-14}$$

式中，$\sum S_i$ 为电磁器件吸合总功率(V·A)；K_L 为变压器容量的储备系数，一般取1.1～1.25。

（5）其他控制电器的选择

1）断路器的选择。断路器可按下列条件选用：

① 根据电路的计算电流和工作电压，确定断路器的额定电流和额定电压。显然，断路器的额定电流应不小于电路的计算电流。

② 确定热脱扣器的整定电流。其数值应与被控制的电动机的额定电流或负载的额定电流一致。

③ 确定过电流脱扣器瞬时动作的整定电流：

$$I_Z \geqslant K I_{pk} \tag{2-15}$$

式中，I_Z 为瞬时动作的整定电流；I_{pk}为电路中的尖峰电流；K 为考虑整定误差和起动电流允许变化的安全系数。对于动作时间在 0.02s 以上的断路器，取 $K=1.35$；对于动作时间在 0.02s 以下的断路器，取 $K=1.7$。

2）控制按钮的选择。控制按钮可按下列要求进行选用：

① 根据使用场合，选择控制按钮的种类，如开启式、保护式、防水式及防腐式等；

② 根据用途，选用合适的形式，如手把旋转式、钥匙式、紧急式及带灯式等；

③ 按控制电路的需要，确定不同的按钮数，如单钮、双钮、三钮及多钮等；

④ 按工作状态指示和工作情况的要求，选择按钮及指示灯的颜色。

3）限位开关的选用。限位开关可按下列要求进行选择：

① 根据应用场合及控制对象来选择，如一般用途的限位开关和起重设备用限位开关；

② 根据安装环境选择防护形式，如开启式或保护式；

③ 根据控制电路的电压和电流选择开关系列；

④ 根据机械与限位开关的传力与位移关系选择合适的头部形式。

4）万能转换开关的选择。万能转换开关可按下列要求进行选择：

① 按额定电压和工作电流选用合适的万能转换开关系列；

② 按操作需要选定手柄形式和定位特征；

③ 按控制要求参照转换开关样本确定触点数量和接线图编号；

④ 选择面板形式及标志。

5）接近开关的选择。接近开关可按下列要求选择：

① 接近开关的价格高于限位开关的价格，因此仅用于工作频率高、可靠性及精度要求均较高的场合；

② 按应答距离要求来选择型号和规格；

③ 按输出要求是有触点还是无触点以及触点数量，选择合适的输出形式。

8. 生产机械电气设备的施工设计

电气控制系统在完成控制电路设计、电气元件选择后，就应该进行电气设备的施工设计。电气设备施工设计的依据是电气控制电路图和所选定的电气元件明细表。电气设备施工设计的内容与步骤如下：

1）电气设计总体方案的拟定。

2）电气控制装置的结构设计。

3）绘制电气控制装置的电器布置图。

4）绘制电气控制装置的接线图。

5）绘制各部件的电气布置图。

6）绘制电气设备内部接线图。

7）绘制电气设备外部接线图。

8）编制电气设备技术资料。

下面选择几个步骤作简要说明。

（1）电气控制装置的结构设计　按照国家标准规定，尽可能把电气设备组装在一起，使其成为一台或几台控制装置。只有那些必须安装在特定位置的部件，如按钮、手动控制开关、限位开关、离合器及电动机等才允许分散安装在设备的各处。

安放发热元件，如电阻器，必须使电气柜内其他元件的温升不超过它们各自的允许极限。对于发热量大的元件，如电动机的起动电阻，必须隔离安放。所有电气设备应该尽可能靠近安放，便于更换、识别与检测。

在上述规定指导下，首先要根据设备电气控制电路图和设备控制操作要求，决定采用哪些电气控制装置，如控制柜、操纵台或悬挂操纵箱等，然后确定设备电气控制装置的安放位置。需经常操作和监视的部分应放在操作方便、通观全局的位置；悬挂箱应置于操作者附近，接近加工工件且有一定移动方位处；发热或振动噪声大的电气设备要置于远离操作者的地方。

（2）绘制电气控制装置的电器布置图　按国家标准规定，电气柜内电器元件必须位于维修站台之上 0.4 ~ 2m。所有器件的接线端子和互连端子必须位于维修站台之上至少 0.2m 处，以便装拆导线。安排器件时，必须留有规定的间隔，并考虑有关的维修条件。电气柜和壁龛中裸露及无电弧的带电器件与电气柜和壁龛导体壁板间必须有适当的间隙，一般 250V 以下电压，不小于 15mm；250 ~ 500V 电压，不小于 25mm。电气柜内电器的安排，按照用户技术要求制作的电气控制装置，最少要留出 10% 的备用面积，以供控制装置改进或局部修改。除了人工控制开关、信号和测量部件，电气柜门上不得安装任何器件。由电源电压直接供电的电器最好装在一起，从而与控制电压供电的电器分开。电源开关最好安装在电气柜内右上方，其操作手柄应装在电气柜前面或侧面，电源开关上方最好不安装其他电器，否则，应把电源开关用绘缘材料盖住，以防电击。

遵循上述规定，电气柜内电器可按下述原则布置：

1）体积大或较重的电器置于控制柜下方；

2）发热元件安装在电气柜的上方，并注意将发热元件与感温元件隔开；

3）弱电部分应加屏蔽和隔离，以防强电及外界电磁干扰；

4）应尽量将外形与结构尺寸相同的电气元件安装在一起，既便于安装和布线处理，又可使布置整齐美观；

5）电器的布置应便于维修；

6）布置电器时应尽量考虑对称性。

一般可通过实物排列来进行控制柜的设计。操纵台及悬挂操纵箱则可采用标准结构设计，也可根据要求选择，或适当进行补充加工和单独自行设计。

（3）绘制电气控制装置的接线图　根据电气控制原理图与电气控制装置的电器布置图，可进一步绘制电气控制装置接线图。

1）图中所有电器元件图形，应按实物，依据对称原则绘制。

2）图中各电器元件，均应注明与电气控制原理图上一致的文字符号、接线编号。

3）图中应清楚地表示出各电气元件的接线关系和接线走向。

接线图的接线关系有两种画法，一是直接接线法，即直接画出两元件之间的接线，它适用于电气系统简单、电器元件少及接线关系简单的场合；二是符号标准接线法，即仅在电器元件接线端处标注符号，以表明相互连接关系，它适用于电气系统复杂、电器元件多及接线关系较为复杂的场合。

4）按规定清楚标注配线导线的型号、规格、截面积和颜色。

5）图中各电气元件应按实际位置绘制。

6）板后配线的接线图应按控制板翻转后的方位绘制电器元件，以便施工配线，但触点方向不能倒置。

7）接线板或控制柜的进出线，除面积较大外，都应经接线板外接。

8）接线板上各接点按接线号顺序排列，并将动力线、交流控制线及直流控制线等分类排开。

（4）设备内部接线图和外部接线图

1）设备内部接线图。

① 根据设备上各电器的布置的位置，绘制内部接线图。

② 设备上各处电器元件、组件、部件间的接线应通过管路进行。

③ 图上应标明分线盒进线与出线的接线关系。接线排上的线号应标清，以便配线施工。

2）设备外部接线图。

① 设备外部接线图表示设备外部的电动机或电器元件的接线关系。它主要供用户单位安装配线用。

② 设备外部接线图应按电气设备的实际相应位置绘制，其要求与设备内部接线图相同。

2.2 实训项目

2.2.1 项目1　CA6140 型卧式车床电气控制系统分析、调试与维修

1. 项目任务

对 CA6140 型卧式车床电气控制系统进行工作原理的分析和故障的判断与维修。

2. 项目技能点和知识点

（1）技能点

1）能够正确分析 CA6140 型卧式车床电气控制原理图。

2）能够使用电工工具和电工仪表。

3）能根据车床电气控制原理图分析其电气控制原理。

4）能对常用低压电器控制系统进行正确的安装、接线。

5）能对 CA6140 型卧式车床电气控制系统的故障现象准确分析，查找故障原因并加以修复。

（2）知识点

1）了解 CA6140 型卧式车床的工作原理及结构。

2）了解 CA6140 型卧式车床电气控制系统的故障现象。

3）掌握对 CA6140 型卧式车床电气控制系统电气原理图的识读。

4）掌握 CA6140 型卧式车床常见故障的维修方法。

3. 理论知识准备

车床是一种应用极为广泛的金属切削机床，能够车削外圆、内圆、端面、螺纹及螺杆等，能够车削定型表面，并可用钻头、铰刀等进行加工。

（1）主要结构及运动形式　如图 2-27 所示，CA6140 型卧式车床主要由床身、主轴箱、进给箱、溜板箱、刀架、丝杠、光杠、尾座等部分组成。卧式车床有两个主要的运动：一是车床主轴运动，即卡盘或顶尖带着工件的旋转运动；另一个是溜板带着刀架的直线运动，称进给运动。

（2）电气控制电路分析　CA6140 型卧式车床电气控制电路图如图 2-28 所示，可分为主电路、控制电路及照明电路三大部分。

1）主电路分析。

主电路中共有两台电动机。M1 为主轴电动机，带动主轴旋转并通过进给机构带动刀架作进给运动；M2 为冷却泵电动机，拖动冷却泵在车削工件时输送冷却液；三相交流电源通过 QS1 引入，主轴电动机 M1 由接触器控制起动。热继电器 FR1 为主轴电动机 M1 提供过载保护。

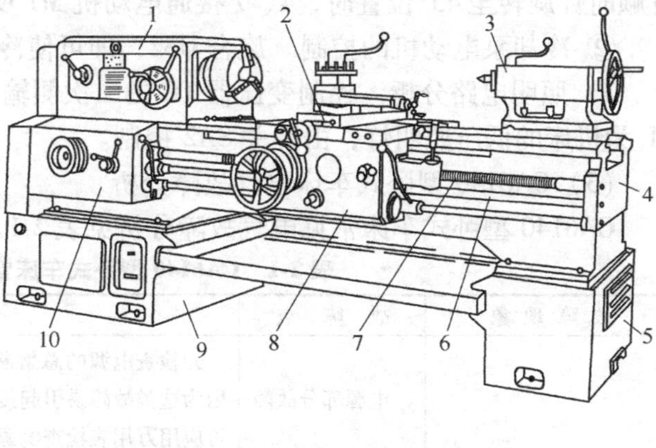

图 2-27　CA6140 型卧式车床外形图

1—主轴箱　2—刀架　3—尾座　4—床身　5、9—床腿　6—光杠　7—丝杠　8—溜板箱　10—进给箱

冷却泵电动机 M2 由 QS2 控制起动和停止，热继电器 FR2 为它提供过载保护。

2）控制电路分析。

① 主轴电动机的控制。

当 SA1 在 0°位置时，3、4 接通 KA 吸合并自锁。SA1 从 0°位置逆时针旋转至 45°位置时，4、5 接通接触器 KM1 的线圈获电动作，同时 KM1 的常开触点闭合，KM4 和 KT 得电，KM1 和 KM4 主触点闭合时电动机 M1 联结成星形正转减压起动，当 KT 延时 3～5s 时间到时，KT 延时断开常闭触点断开使 KM4 失电，其星形联结主触点断开；KT 延时常开触点闭合使 KM3 得电，其主触点闭合，电动机 M1 从星形转换到三角形运行。同理，SA1 从 0°位

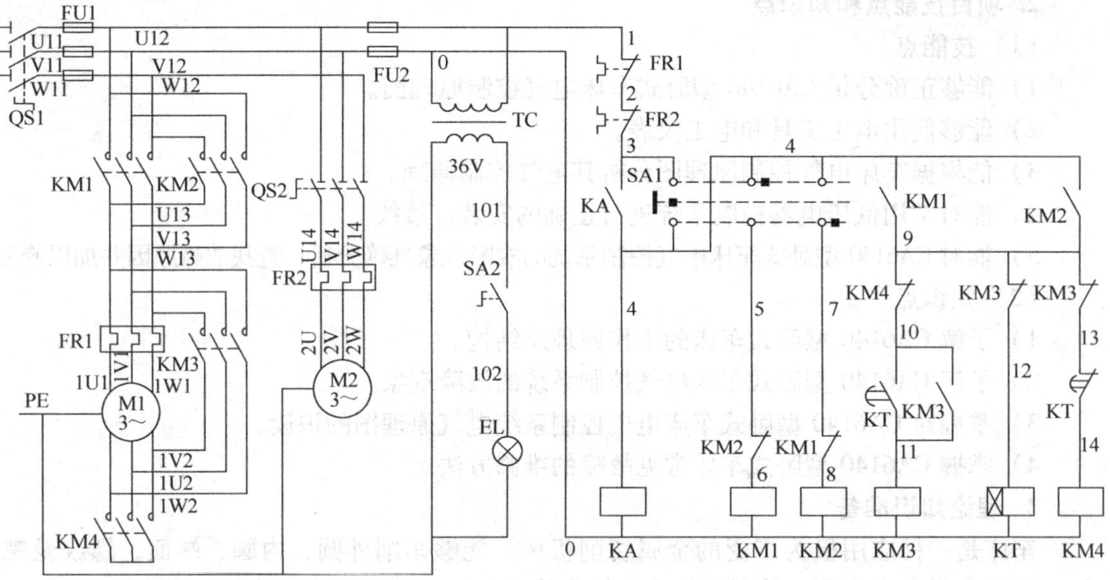

图 2-28　CA6140 型卧式车床电气控制电路图

置顺时针旋转至 45°位置时，4、7 接通电动机 M1 反转(星形—三角形起动)。

② 冷却泵电动机的控制。旋合 QS2，即可使冷却泵电动机 M2 起动运行。

3）照明电路分析。控制变压器 TC 的二次侧输出 36V 电压，作为机床低压照明灯电源。EL 为机床的低压照明灯，由开关 SA2 控制。

（3）CA6140 型卧式车床电气故障分析

CA6140 型卧式车床常见电气故障分析见表 2-1。

表 2-1　CA6140 型卧式车床常见电气故障分析

故障现象	故障点	分析方法
主轴电动机不能起动	电源部分故障	先检查电源的总熔断器 FU1 是否熔断，接线头是否脱落、松动或过热，因为这类故障易引起接触器不吸合，还会使电动机过热等。如无异常，则可应用万用表检查电源开关 QS1 是否良好
	控制电路故障	如电源和主电路无故障，则故障必定在控制电路。检查熔断器 FU2、热断电器 FR1 和 FR2 的常闭触点、开关 SA1 中间位置接线头以及中间继电器 KA 的线圈
主轴电动机不能停车	接触器主触点	这类故障的原因多数是因接触器 KM1 的主触点发生熔焊
Y、△不能转换	接触器辅助触点、线圈	检查 KM3 常闭辅助触点、KT 线圈是否断路

4. 项目实施

（1）资讯

1）在指导教师的指导下，对 CA6140 型卧式车床进行操作，了解 CA6140 型卧式车床的各种工作状态及操作方法。

2）在指导教师的指导下，了解 CA6140 型卧式车床电器元件安装位置及接线情况，结合机械、电气、液压几方面的知识，了解 CA6140 型卧式车床电气控制系统的特殊环节。

指导教师指导：机床电气电路故障“排故六步法”。

第一步：观察故障现象。在检修机床电气设备前，通过“望、闻、问、切”来了解故障前的操作情况和故障发生后的异常现象，以便根据故障现象判断故障发生的可能部位，从而进一步查找。

第二步：判断故障范围。对简单的电路，可采用每个元件、每根导线逐一检查的方法找到故障点；对于复杂电路，应根据电路的工作原理和故障现象，采用逻辑分析法确定故障范围。

第三步：查找故障点。在确定的故障范围内，选择适当的检修方法，寻找合适的突破点进行查找。查找故障点必须在确定的故障范围内，顺着检查思路逐点检查，直至找到故障点。

第四步：排除故障。找到故障点后，就要着手进行修复，如更换元器件等。

第五步：通电试车。故障排除后，应通电试车，检查机床设备的各种操作是否为正常运行状态，应符合技术要求。

第六步：做好维修记录，以备日后维修时参考。

（2）决策及计划　根据指导教师给出的“排故六步法”，让学生2~3人为一小组进行讨论，确定检修方法、实施步骤，写出具体检修方案，然后按照各自的方案先在模拟电气控制柜上操作练习，最后再到实际设备上进行实地检修。

（3）实施　指导教师示范操作：

1）用通电试验法引导学生观察现象。

2）根据故障现象，依据电路图，用逻辑分析法确定故障范围。

3）采用正确的检修方法，查找故障点并排除故障。

4）检修完毕，进行通电试车，并做好维修记录。

学生操作：

由指导教师设置故障点，主电路一处，控制电路两处，让学生自行检修。

指导教师注意，设置故障点原则如下：

1）不能设置短路故障、机床带电故障，以免造成人身事故。

2）不能设置一接通总电源开关电动机就起动的故障，以免造成人身和设备事故。

3）设置故障不能损坏电气设备和电器元件。

4）在初次进行故障检修训练时，不要设置调换导线类故障，以避免增大分析故障的难度。

（4）检查　通过学生在实际操作中对故障诊断和排除的技能掌握情况，考核学生对不同故障诊断和排除的能力，安全规范操作的职业能力等，具体检查内容如下：

1）学生是否穿戴防护用品。

2）学生使用的工具、仪表是否符合使用要求。

3）学生在操作过程中是否有专人监护。

4）学生在操作过程中是否按操作规程进行操作。

5）排除故障时，能否修复故障点(注意:不得采用元件代换法)。

6）检修时，是否有扩大故障范围或产生新的故障的情况。

7）检修完毕后，能否准确填写维修记录表。

（5）评估

1）各小组之间互相评价检修方式和检修质量。

2）指导教师对各组的检修情况进行考核和点评，以达到进一步掌握的目的。考核要求及评分标准见表 2-2。

表 2-2　考核要求及评分标准

项目	考核内容及评分标准	配分	扣分	得分
故障分析	1. 排除故障前未进行调查研究扣 5 分 2. 检修思路不正确扣 5 分 3. 标不出故障点的位置或标错位置，每个扣 10 分	30		
检修故障	1. 切断电源后不验电扣 5 分 2. 使用仪表和工具不正确，每次扣 5 分 3. 检查故障的方法不正确扣 10 分 4. 查出故障不会排除，每个故障扣 20 分 5. 检修中扩大故障范围扣 10 分 6. 少查出故障，每个扣 20 分 7. 少排除故障，每个扣 10 分 8. 损坏电器元件扣 30 分 9. 检修后试车操作不正确，每次扣 5 分	60		
安全文明生产	1. 防护用品穿戴不齐全扣 5 分 2. 检修结束后未恢复原状扣 5 分 3. 检修中丢失零件扣 5 分 4. 出现短路或触电扣 10 分	10		
工时	操作时间为 1h，检查故障不允许超时，修复故障允许超时，检查时每超过 5min 扣 5 分，最多可延时 20min			
合计		100		
备注	各项扣分最高不超过该项配分			

2.2.2　项目 2　Z3050 型摇臂钻床电气控制系统分析、调试与维修

1. 项目任务

对 Z3050 型摇臂钻床电气控制系统进行工作原理的分析和故障的判断与维修。

2. 项目技能点和知识点

（1）技能点

1）能够正确分析 Z3050 型摇臂钻床电气控制原理图。

2）能够使用电工工具和电工仪表。

3）能根据该钻床电气控制原理图分析其电气控制原理。

4）能对常用低压电器控制系统进行正确的安装、接线。

5）能根据 Z3050 型摇臂钻床电气控制系统的故障现象准确分析，查找故障原因并加以修复。

（2）知识点

1）了解 Z3050 型摇臂钻床的工作原理及结构。

2）了解 Z3050 型摇臂钻床电气控制系统的故障现象。

3）掌握对 Z3050 型摇臂钻床电气控制系统电气原理图的识读。

4）掌握 Z3050 型摇臂钻床常见故障的维修方法。

3. 理论知识准备

钻床是一种孔加工机床，可用于在大、中型零件上进行钻孔、扩孔、铰孔、攻螺纹、修刮端面等。钻床的种类很多，有台式钻床、立式钻床、卧式钻床、摇臂钻床、深孔钻床及专用钻床等。在各类钻床中，摇臂钻床具有操作方便、灵活及适用范围广等特点，特别适用于多孔大型零件的孔加工，是机械加工中常用的机床设备。下面以 Z3050 型摇臂钻床为例进行介绍。

（1）摇臂钻床的主要结构和运动形式　如图 2-29 所示，Z3050 型摇臂钻床主要由底座、内立柱、外立柱、摇臂、主轴箱、工作台组成。内立柱固定在底座上，在它外面套着空心的外立柱，外立柱可绕着内立柱回转一周，摇臂一端的套筒部分与外立柱滑动配合，借助于丝杆，摇臂可沿着外立柱上下移动，但两者不能作相对转动，所以摇臂与外立柱一起相对内立柱回转。主轴箱是一个复合的部件，它具有主轴及主轴旋转部件和主轴进给的全部变速和操动机构。主轴箱可沿着摇臂上的水平导轨作径向移动，当进行加工时，可利用特殊的夹紧机构将外立柱夹紧在内立柱上，摇臂紧固在外立柱上，主轴箱紧固在摇臂导轨上，然后进行部件的钻削加工。

图 2-29　Z3050 型摇臂钻床外形图

（2）摇臂钻床的电力拖动特点及控制要求　由于摇臂钻床的运动部件较多，为简化传动装置，使用多电动机拖动。主轴电动机承担主轴钻削及进给任务，钻削加工时，主轴旋转为主运动，主轴的纵向运动为进给运动，即钻头一面旋转一面做纵向进给运动；摇臂升降、夹紧放松和冷却泵各用一台电动机拖动。为了适应多种加工方式的要求，主轴的旋转及进给应在较大范围内调速，但这些调速都是机械调速，即用手柄操作变速箱进行机械调速，对电动机无电气调速要求。从结构上看，主轴变速机构与进给变速机构应该放在一个变速箱内，而且两种运动由一台电动机拖动是合理的。

加工螺纹时要求主轴能正反转。摇臂钻床的正反转一般用机械方法实现，电动机只需单方向旋转。摇臂升降由单独电动机拖动，要求能正反转。摇臂的夹紧与放松以及立柱的夹紧与放松由一台异步电动机配合液压装置来完成，要求这台电动机能正反转。摇臂的回转和主轴箱的径向移动在中小型摇臂钻床上都有采用手动方式。

钻削加工时，为对刀具及工件进行冷却，需由一台冷却泵电动机拖动冷却泵输送冷却液。

（3）摇臂钻床电气控制电路分析

1）主电路分析。

Z3050 型摇臂钻床电气控制原理图如图 2-30 所示，主电路共有四台电动机，除冷却泵电动机采用开关直接起动外，其余三台异步电动机均采用接触器控制直接起动。

M1 是主轴电动机，由接触器 KM1 控制，热继电器 FR1 是过载保护元件。

M2 是摇臂升降电动机，用接触器 KM2 和 KM3 控制其正反转。因该电动机短时工作，故不设过载保护。

M3 是液压泵电动机，做正反向转动。正反向的起动和停止由接触器 KM4 和 KM5 控制。FR2 是液压泵电动机的过载保护元件，该电动机的主要作用是供给夹紧装置压力油，实现摇臂和立柱的夹紧和松开。M4 是冷却泵电动机。

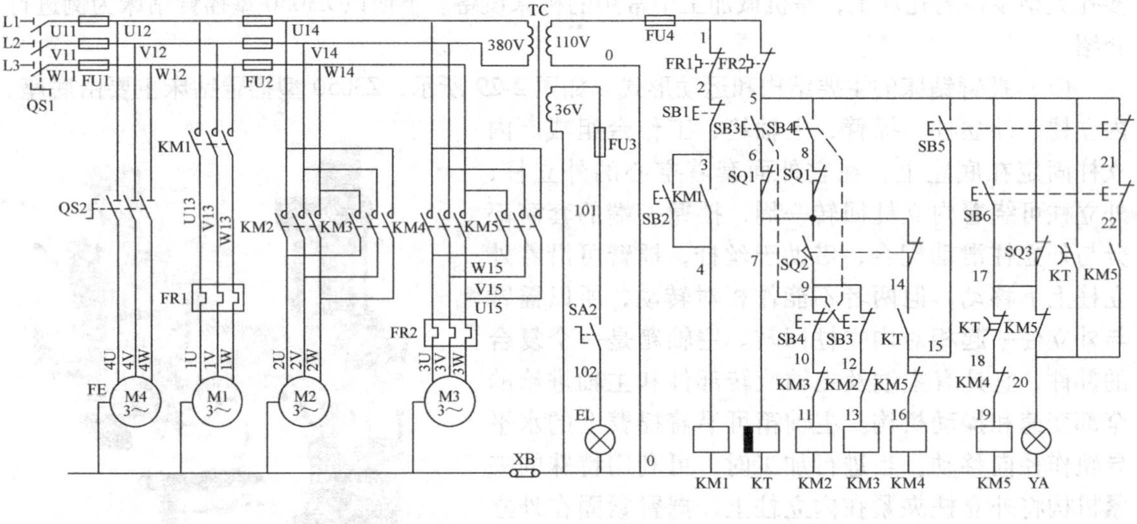

图 2-30　Z3050 型摇臂钻床电气控制原理图

2）控制电路分析。

① 主轴电动机 M1 的控制。

按起动按钮 SB2，KM1 吸合自锁，M1 起动运行。

按 SB1，KM1 释放，M1 停止转动。

② 摇臂升降控制。

a）摇臂上升。按上升按钮 SB3，时间继电器 KT 通电吸合，它的瞬时闭合的常开触点闭合，接触器 KM4 线圈通电，液压泵电动机 M3 起动正向旋转，供给压力油。压力油经分配阀进入摇臂的松开油腔推动活塞移动，活塞推动菱形块，将摇臂松开。同时，活塞杆通过弹簧片推动限位开关 SQ2，使其常闭触点断开，常开触点闭合，前者切断了接触器 KM4 的线圈电路，KM4 主触点断开，液压泵电动机停止工作，后者使交流接触器 KM2 的线圈通电，主触点接通 M2 的电源，摇臂升降电动机起动正向旋转，带动摇臂上升。如果此时摇臂尚未松开，则限位开关 SQ2 常开触点不闭合，接触器 KM2 就不能吸合，摇臂就不能上升。当摇臂上升到所需位置时，松开按钮 SB3 则接触器 KM2 和时间继电器 KT 同时断电释放，M2 停止工作，随之摇臂停止上升。由于时间继电器 KT 断电释放，经 1 ~ 3s 时间延时后，其延时闭合的常闭触点闭合，使接触器 KM5 吸合，液压泵电动机 M3 反方向旋转，随之泵内压力油经分配阀进入摇臂的夹紧油腔，摇臂夹紧。在摇臂夹紧的同时，活塞杆通过弹簧片使限位开关 SQ3 的常闭触点断开，KM5 断电释放，最终 M3 停止工作，完成摇臂的松开→上升→夹紧的整套动作。

b）摇臂下降。按下降按钮 SB4，则时间继电器 KT 通电吸合，其常开触点闭合，接通 KM4 线圈电源，液压泵电动机 M3 起动反向旋转，供给压力油。与前面叙述的过程相似，先使摇臂松开，接着压动限位开关 SQ2，其常闭触点断开，使 KM4 断电释放，液压油泵电动机停止工作，其常开触点闭合，使接触器 KM3 线圈通电，摇臂升降电动机 M2 反方向旋转，带动摇臂下降。当摇臂下降到所需位置时，松开按钮 SB4，则接触 KM3 和时间继电器 KT 同时断电释放，M2 停止工作，摇臂停止下降。由于时间继电器 KT 断电释放，经 1 ~3s 时间延时后，其延时闭合的常闭触点闭合，KM5 线圈得电，液压泵电动机 M3 反方向旋转，随之摇臂夹紧。在摇臂夹紧的同时，使限位开关 SQ3 断开，KM5 断电释放，最终 M3 停止工作，完成了摇臂的松开→下降→夹紧的整套动作。

限位开关 SQ1 用来限制摇臂的升降超程。当摇臂上升到极限位置时，SQ1 动作，接触器 KM2 断电释放，M2 停止运行，摇臂停止上升；当摇臂下降到极限位置时，SQ1 动作，接触器 KM3 断电释放，M2 停止运行，摇臂停止下降。

摇臂的自动夹紧由限位开关 SQ3 控制。如果液压泵夹紧系统出现故障，不能自动夹紧摇臂，或者由于 SQ3 调整不当，在摇臂夹紧后不能使 SQ3 的常闭触点断开，都会使液压泵电动机长期过载运行而受到损坏。为此，电路中设有热继电器 FR2，其整定值应根据液压泵电动机 M3 的额定电流进行调整。

摇臂升降电动机的正反转控制接触器不允许同时得电动作，以防止电源短路。为避免因操作失误等原因而造成短路事故，在摇臂上升和下降的控制电路中采用了接触器的辅助触点联锁和复合按钮联锁两种保护的方法，确保电路安全工作。

③ 立柱和主轴箱的夹紧与松开控制。

立柱和主轴箱的松开(或夹紧)既可以同时进行，也可以单独进行，由复合按钮 SB5(或 SB6)进行控制。复合按钮 SB5 是松开控制按钮，SB6 是夹紧控制按钮。

（4）摇臂钻床常见电气故障分析　摇臂钻床电气控制的特殊环节是摇臂升降。Z3050 型摇臂钻床的工作过程是由电气与机械、液压系统紧密结合实现的，其常见电气故障分析见表 2-3。

表 2-3　Z3050 型摇臂钻床常见电气故障分析

故障现象	故障点	分析方法
摇臂不能升降	SQ2	由摇臂升降过程可知，升降电动机 M2 旋转，带动摇臂升降，其前提是摇臂完全松开，活塞杆压上限位开关 SQ2。如果 SQ2 不动作，常见故障是 SQ2 安装位置移动。这样，摇臂虽已放松，但活塞杆压不上 SQ2，摇臂就不能升降，有时，液压系统发生故障，使摇臂放松不够，也会压不上 SQ2，使摇臂不能移动。由此可见，SQ2 的位置非常重要，应配合机械、液压调整好后紧固 电动机 M3 电源相序接反时，按上升按钮 SB4(或下降按钮 SB5)，M3 反转，使摇臂夹紧，SQ2 应不动作，摇臂也就不能升降。所以，在机床大修或新安装后，要检查电源相序
摇臂升降后，摇臂夹不紧	SQ3	由摇臂升降后夹紧的动作过程可知，夹紧动作的结束是由限位开关 SQ3 来完成的，如果 SQ3 动作过早，会使 M3 尚未充分夹紧时就停转。常见的故障有 SQ3 安装位置不合适，或固定螺钉松动造成 SQ3 移位，使 SQ3 在摇臂夹紧动作未完成时就被压上，切断了 KM5 电路，M3 停转

4. 项目实施

任务提出：由指导教师在Z3050型摇臂钻床上设置故障，然后给学生布置排故任务。

（1）资讯

1）在指导教师的指导下，对Z3050型摇臂钻床进行操作，了解Z3050型摇臂钻床的各种工作状态及操作方法。

2）在指导教师的指导下，了解Z3050型摇臂钻床电器元件安装位置及接线情况，结合机械、电气及液压几方面的知识，了解Z3050型摇臂钻床电气控制的特殊环节。

指导教师指导：机床电气故障诊断：望、闻、问、切。

望——查看故障发生后是否有明显外观异常。如信号异常，有指示装置的熔断器熔断，保护电器动作，导线脱落，触点烧蚀或熔焊，线圈过热烧毁等。

闻——在电路还能运行，并且不扩大故障范围、不损坏设备的前提下，可通电试车，细听电动机、接触器和继电器的声音是否正常。听一下电路工作时有无异常响声，如振动声、摩擦声及其他声音等。这对确定电路故障范围是十分有用的。

问——询问操作者故障发生前电路和设备的运行情况及故障发生后的现象。故障发生前设备有无切削力过大和频繁起动、制动及停车等情况，有无保养或改动电路，是否有声响、冒烟、火花及异常振动等。

切——要在刚切断电源后，尽快触摸电动机、变压器、电磁线圈及熔断器等，检查是否有过热现象。

综合各方面的信息判断故障发生的可能部位，进而缩小故障范围，更快做出诊断。

（2）决策及计划　以小组为单位开展讨论，根据“排故六步法”，确定检修方法、实施步骤，写出具体检修方案，然后按照各自方案先在模拟电气控制柜上操作练习，最后再到实际设备上进行实地检修。

（3）实施　指导教师示范操作：

1）用通电试验法引导学生观察现象。

2）根据故障现象，依据电路图，用逻辑分析法确定故障范围。

3）采用正确的检查方法，查找故障点并排除故障。

4）检修完毕，进行通电试车，并做好维修记录。

学生操作：由指导教师设置故障点，主电路一处，控制电路两处，让学生自行检修。

（4）检查　通过学生对实际故障诊断和排除技能的掌握情况，考核学生对不同故障诊断和排除的能力及安全规范操作的职业能力等，具体检查内容如下：

1）学生是否穿戴防护用品。

2）学生使用的工具、仪表是否符合使用要求。

3）学生在操作过程中是否有专人监护。

4）学生在操作过程中是否按操作规程进行操作。

5）排除故障时，能否修复故障点（注意：不得采用元件代换法）。

6）检修时，是否有扩大故障范围或产生新的故障的情况。

7）检修完毕后，能否准确填写维修记录表。

（5）评估

1）各小组之间互相评价检修方式和检修质量。

2）指导教师对各组的检修情况进行考核和点评，以达到进一步掌握的目的。考核要求及评分标准见表2-4。

表2-4 考核要求及评分标准

项目	考核内容及评分标准	配分	扣分	得分
故障分析	1. 排除故障前未进行调查研究扣5分 2. 检修思路不正确扣5分 3. 标不出故障点的位置或标错位置，每个扣10分	30		
检修故障	1. 切断电源后不验电扣5分 2. 使用仪表和工具不正确，每次扣5分 3. 检查故障的方法不正确扣10分 4. 查出故障不会排除，每个故障扣20分 5. 检修中扩大故障范围扣10分 6. 少查出故障，每个扣20分 7. 少排除故障，每个扣10分 8. 损坏电器元件扣30分 9. 检修后试车操作不正确，每次扣5分	60		
安全文明生产	1. 防护用品穿戴不齐全扣5分 2. 检修结束后未恢复原状扣5分 3. 检修中丢失零件扣5分 4. 出现短路或触电扣10分	10		
工时	操作时间为1h，检查故障不允许超时，修复故障允许超时，检查时每超过5min扣5分，最多可延时20min			
合计		100		
备注	各项扣分最高不超过该项配分			

2.2.3 项目3 X62W型万能铣床电气控制系统分析、调试与维修

1. 项目任务

对X62W型万能铣床电气控制系统进行工作原理的分析和故障的判断与维修。

2. 项目技能点和知识点

（1）技能点

1）能够正确分析X62W型万能铣床电气控制原理图。

2）能够使用电工工具和电工仪表。

3）根据电气控制系统技术参数合理选择低压电器的规格型号。

4）能对常用低压电器控制系统进行正确的安装、接线。

5）能根据X62W型万能铣床电气控制系统的故障现象准确分析，查找故障原因并加以修复。

（2）知识点

1）理解X62W型万能铣床的工作原理及结构。

2）了解X62W型万能铣床电气控制系统的故障现象。

3）掌握对 X62W 型万能铣床电气控制系统电气原理图的识读。

4）掌握 X62W 型万能铣床常见故障的维修方法。

3. 理论知识准备

铣床是一种用途非常广泛的机床，它主要用来加工工件各种形式的平面、斜面和沟槽等；装上分度头，它还可以铣切直齿轮或螺旋面；装上回转工作台，它还可以加工凸轮和弧形槽。

铣床的种类很多，一般可分为卧式铣床、立式铣床、龙门铣床、仿形铣床和各种专用铣床。这里以常用的 X62W 型卧式万能铣床为例，学习铣床的电气维护、维修。

（1）万能铣床的主要结构和运动形式　图 2-31 所示，为 X62W 型万能铣床外形图，主要由床身、主轴、刀杆、悬梁、工作台、回转盘、床鞍和升降台等几部分组成。工作台上的工件可以在三个坐标轴的六个方向上调整位置或进给。除了能在平行于或垂直于主轴轴线方向进给外，也能在倾斜方向进给，另外它还可以加工螺旋槽，故称为万能铣床。

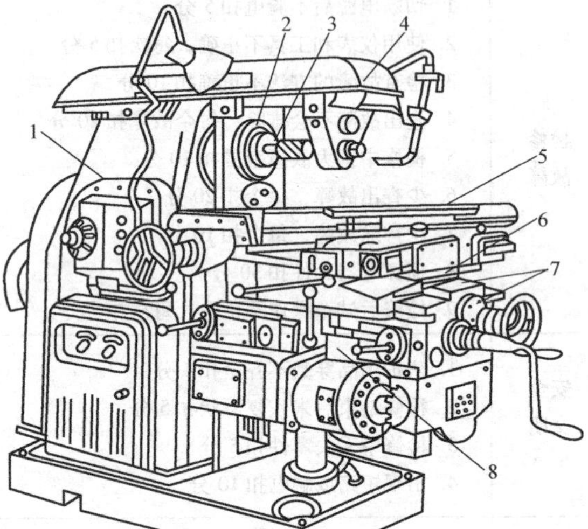

图 2-31　X62W 型万能铣床外形图

1—床身　2—主轴　3—刀杆　4—悬梁　5—工作台　6—回转盘　7—床鞍　8—升降台

X62W 型万能铣床是使工件随工作台作进给运动，利用主轴带动铣刀的旋转来实现铣削加工的。其主要运动形式有：

1）主运动：主轴电动机带动铣刀的旋转运动。

2）进给运动：工件随圆形工作台所作的直线或旋转运动。

3）辅助运动：工作台快移、主轴或进给变速冲动。

（2）万能铣床的电气控制要求

1）要求有三台电动机分别作为驱动机械和冷却之用，即主轴电动机、进给电动机和冷却泵电动机。

2）由于加工时有顺铣和逆铣两种，所以要求主轴电动机能正反转及在变速时能瞬时冲动，以利于齿轮的啮合，并要求能制动停车和实现两地控制。

3）工作台的三种运动形式、六个方向的移动依靠机械的方法来达到，因此对进给电动机要求能正反转，在纵向、横向、垂直三种运动形式相互间要求有联锁，以确保操作的安全性。同时要求工作台进给变速时，电动机也能瞬间冲动及快速进给，只能两地控制。

4）冷却泵电动机只要求正转。

5）进给电动机与主轴电动机需实现两台电动机的联锁控制，保证主轴工作后才能进给。

（3）万能铣床电气控制电路分析　X62W 型万能铣床电气控制电路如图 2-32 所示，由主电路、控制电路和照明电路三部分组成。

1）主电路分析。主电路共有三台电动机，M1 是主电动机，拖动主轴带动铣刀进行铣削加工；M3 是工作台进给电动机，拖动升降台及工作台进给；M2 是冷却泵电动机，供应冷却液。

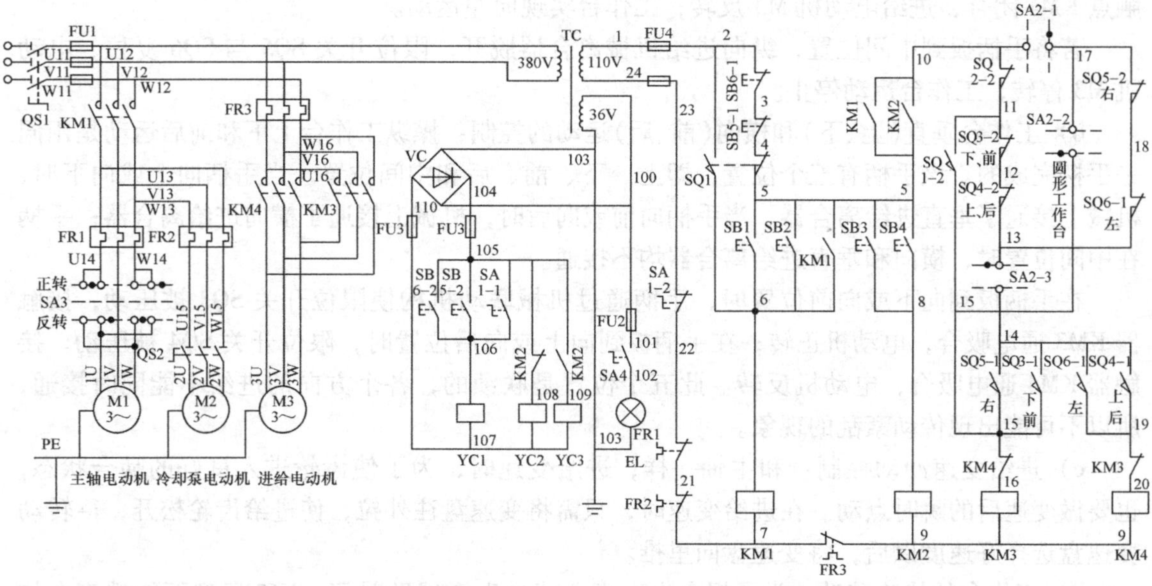

图2-32　X62W型万能铣床电气控制电路图

2）控制电路分析。

① 主轴控制电路。控制电路中的起动按钮SB1、SB2和停止按钮SB5、SB6是异地控制按钮，分别安装在机床上两处，方便操作。KM1是主轴电动机M1的控制接触器，YC1则是主轴制动用的电磁离合器，SQ1是主轴变速冲动的限位开关。

起动：按下起动按钮SB1或SB2时接触器KM1吸合，主轴电动机M1起动。

制动：按下停止按钮SB5或SB6时接触器KM1失电，主轴电动机M1停止转动。主轴电动机M1的正转、反转通过开关SA3控制。换刀时，为了避免主轴转动，造成更换困难，应先将转换开关扳到制动位置，将主轴电动机制动。

变速冲动：主轴变速时的冲动控制，是利用变速手柄与冲动限位开关SQ1通过机械上的联动机构进行控制。

注意：*在推回变速手柄时，动作应迅速，避免SQ1压合时间过长，主轴电动机M1转速太快不利于齿轮啮合甚至损坏齿轮。*

② 工作台进给控制电路。转换开关SA2是控制圆形工作台的，在不需要圆形工作台工作时，转换开关SA2扳到“断开”位置，此时SA2-1闭合，SA2-2断开，SA2-3闭合；当需要圆形工作台运动时，将转换开关SA2扳到“接通”位置，则SA2-1断开，SA2-2闭合，SA2-3断开。

a）工作台纵向（左、右）进给运动控制：工作台纵向（左、右）进给运动由工作台操作手柄来控制。手柄有三个位置：向左、向右、零位（停止）。

将操作手柄扳向右侧，联动机构接通纵向进给机械离合器，同时压下向右进给的限位开关SQ5，SQ5的常开触点SQ5-1闭合，常闭触点SQ5-2断开，由于SQ3、SQ4不动作，则KM3线圈得电，KM3的主触点闭合，进给电动机M3正转，工作台向右运动。

将纵向操作手柄向左扳动，联动机构将纵向进给机械离合器挂上，同时压下向左进给限位开关SQ6，使其常开触点SQ6-1闭合，常闭触点SQ6-2断开，接触器KM4得电吸合，主触点KM4闭合，进给电动机M3反转，工作台实现向左运动。

若将手柄扳到中间位置，纵向进给机械离合器脱开，限位开关SQ5与SQ6复位，电动机M3停转，工作台运动停止。

b）工作台垂直(上、下)和横向(前、后)运动的控制：操纵工作台上下和前后运动是用同一手柄完成的。该手柄有五个位置，即上、下、前、后和中间位置。当手柄向上或向下时，机械上接通了垂直进给离合器；当手柄向前或向后时，机械上接通了横向进给离合器；手柄在中间位置时，横向和垂直进给离合器均不接通。

在手柄扳到向下或向前位置时，手柄通过机械联动机构使限位开关SQ3被压动，接触器KM3通电吸合，电动机正转；在手柄扳到向上或向后位置时，限位开关SQ4被压动，接触器KM4通电吸合，电动机反转。此五个位置是联锁的，各个方向的进给不能同时接通，所以不可能出现传动紊乱的现象。

c）进给变速冲动控制：和主轴一样，进给变速时，为了使齿轮进入良好的啮合状态，也要做变速后的瞬时点动。在进给变速时，只需将变速盘往外拉，使进给齿轮松开，待转动变速盘选择好速度以后，将变速盘向里推。

d）工作台的快速移动：为了提高生产率，减少生产辅助时间，X62W型万能铣床在加工过程中，在不作铣削加工时，要求工作台快速移动，当进入铣切区时，要求工作台以原进给速度移动。

③ 圆形工作台的控制。为了扩大机床的加工能力，可在机床上安装附件圆形工作台，这样可以进行圆弧或轮的铣削加工。在拖动时，所有进给系统均停止工作，只让圆形工作台绕轴心回转。

④ SQ2是进给变速冲动限位开关，YC1、YC2、YC3分别是主轴电磁离合器线圈、工作台常速进给和工作台快速进给电磁离合器线圈。

（4）万能铣床电气故障分析　X62W型万能铣床常见电气故障分析见表2-5。

表2-5　X62W型万能铣床常见电气故障分析

故障现象	故障点	分析方法
电动机不能起动	三相电源、熔断器、热继电器的触点	故障和前面分析过的机床类似，主要检查三相电源、熔断器、热继电器的触点及有关按钮的接触情况
工作台不能进给	工作台各个方向都不能进给	先证实圆形工作台开关是否在“断开”位置，接着用万能表检查控制电路电压是否正常，可扳动操动手柄至任一运动主向，观察其相关接触器是否吸合，若吸合则断定控制电路正常，这时应着重检查电动机主电路。常见故障有接触器主触点接触不良、电动机接线脱落和绕组断路等
	工作台不能向上运动	这种现象往往是由操作手柄不在原位造成的。若操作手柄位置无误，则是因为机械磨损等因素，使相应的电气元件动作不正常或触点接触不良所致
	工作台前后进给正常，但左右不能进给	由于工作台能横向进给，说明接触器KM3或KM4及电动机M2的主电路都正常，故障只能发生在SQ2-2、SQ3-3、SQ4-2、SQ5-1或SQ6-1上
	工作台不能快速进给，主轴制动失灵	上述故障的原因往往是电磁离合器工作不正常。首先检查整流电路，其次检查电磁离合器线圈，最后检查离合器的动片和静片
	变速时冲动失灵	多数原因是冲动限位开关的常开触点在瞬间闭合时接触不良，其次是变速手柄或变速盘推回原位过程中，机械装置未碰上冲动限位开关所致

4. 项目实施

任务提出：由指导教师在X62W型万能铣床上设置故障，然后给学生布置排故任务。

（1）资讯

1）在指导教师的指导下，对X62W型万能铣床进行操作，了解X62W型万能铣床的各种工作状态及操作方法。

2）在指导教师的指导下，了解X62W型万能铣床电器元件安装位置及接线情况，结合机械、电气及液压几方面的知识，了解X62W型万能铣床电气控制的特殊环节。

（2）决策及计划　以小组为单位开展讨论，根据“排故六步法”，确定检修方法、实施步骤，写出具体检修方案，然后按照各自方案先在模拟电气控制柜上操作练习，最后再到实际设备上进行检修。

指导教师指导：机床电气设备维修一般要求。

1）采取的维修步骤和方法必须正确、切实可行。

2）不可随意更换电器元件及连接导线的型号规格。

3）不可擅自改动电路。

4）损坏的电气装置应尽量修复使用，但不得降低其性能。

5）维修后电气设备的各种保护性能必须满足使用要求。

6）通电试车，控制环节的动作顺序、电路的各种功能应符合要求。

7）修理后的电器元件必须满足其质量标准。

（3）实施　指导教师示范操作：

1）用通电试验法引导学生观察现象。

2）根据故障现象，依据电路图，用逻辑分析法确定故障范围。

3）采用正确的检查方法，查找故障点并排除故障。

4）检修完毕，进行通电试车，并做好维修记录。

学生操作：由指导教师设置故障点，主电路一处，控制电路两处，让学生自行检修。

指导教师注意，设置故障点原则如下：

1）不能设置短路故障、机床带电故障，以免造成人身伤亡事故。

2）不能设置一接通总电源开关电动机就起动的故障，以免造成人身和设备事故。

3）设置故障不能损坏电气设备和电器元件。

4）在初次进行故障检修训练时，不要设置调换导线类故障，以免增大分析故障的难度。

（4）检查　检查各小组的实际故障诊断和排除情况，同时注意学生在整个排故过程中是否安全规范地进行操作。具体检查内容如下：

1）学生是否穿戴防护用品。

2）学生使用的工具、仪表是否符合使用要求。

3）学生在操作过程中是否有专人监护。

4）学生在操作过程中是否按操作规程进行操作。

5）排除故障时，能否修复故障点（注意：不得采用元件代换法）。

6）检修时，是否有扩大故障范围或产生新的故障的现象。

7）检修完毕后，能否准确填写维修记录表。

（5）评估

1）各小组之间互相评价检修方式和检修质量。

2）指导教师对各组的检修情况进行考核和点评，以达到进一步掌握的目的。考核及评分标准见表2-6。

表2-6　考核要求及评分标准

项目	考核内容及评分标准	配分	扣分	得分
故障分析	1. 排除故障前未进行调查研究扣5分 2. 检修思路不正确扣5分 3. 标不出故障点的位置或标错位置，每个故障点扣10分	30		
检修故障	1. 切断电源后不验电扣5分 2. 使用仪表和工具不正确，每次扣5分 3. 检查故障的方法不正确扣10分 4. 查出故障不会排除，每个故障扣20分 5. 检修中扩大故障范围扣10分 6. 少查出故障，每个扣20分 7. 少排除故障，每个扣10分 8. 损坏电器元件扣30分 9. 检修后试车操作不正确，每次扣5分	60		
安全文明生产	1. 防护用品穿戴不齐全扣5分 2. 检修结束后未恢复原状扣5分 3. 检修中丢失零件扣5分 4. 出现短路或触电扣10分	10		
工时	操作时间为1h，检查故障不允许超时，修复故障允许超时，检查时每超过5min扣5分，最多可延时20min			
合计		100		
备注	各项扣分最高不超过该项配分			

思考练习题

1. 在什么条件下可以用中间继电器代替接触器？

2. 电气反接制动能否实现停车？能耗制动呢？

3. 电动机主电路中已装有热继电器，为什么还要装熔断器？它们的作用是否相同？

4. 为什么对笼型异步电动机一般不加瞬时动作的过电流保护？

5. 最常见的短路保护电器有哪些？

6. 保护电器有直接保护和间接保护两种形式，请举例说明你所知道的保护电器，哪些属于直接保护电器，哪些属于间接保护电器？

7. 利用时间继电器设计两台笼型异步电动机的联锁控制电路。要求：(1)按下起动按钮，第一台电动机先起动，经一定延时后第二台电动机自行起动(2)第二台电动机起动后，经一定延时第一台电动机自动停止(3)按下停止按钮后，第二台电动机停止运转。

8. 设计一台四级传输带运输的控制电路，分别由 M1、M2、M3、M4 四台电动机拖动，其动作顺序要求如下：

1）起动时要按 M1、M2、M3、M4 顺序自动起动。

2）停止时要按 M4、M3、M2、M1 顺序自动停止。

3）各电动机的起动或停止，都要有一定的时间间隔。

3 学习情境

PLC的认识和初步应用

【知识目标】

1. 了解可编程序控制器的产生、发展及定义。
2. 掌握PLC元件的功能和使用。
3. 掌握PLC控制系统的基本控制原理。
4. 掌握PLC控制系统的设计安装和调试方法。

【能力目标】

1. 能使用PLC的基本元件实现编程。
2. 能够根据控制要求实现简单的PLC控制系统的设计、安装和调试。
3. 能够使用PLC编程软件进行编程。

3.1 知识链接

3.1.1 可编程序控制器的产生、发展及定义

1. 可编程序控制器的产生

可编程序控制器是在电气控制技术和计算机技术的基础上开发出来的，并逐渐发展成为以微处理器为核心，把自动化技术、计算机技术、通信技术融为一体的新型工业控制装置。目前，它已被广泛应用于各种生产机械和生产过程的自动控制中，成为一种最重要、最普及、应用场合最多的工业控制装置之一，被称为现代工业自动化的三大支柱（PLC、机器人、CAD/CAM）之一。

20世纪60年代，计算机技术已开始应用于工业控制领域。但由于计算机技术本身的复杂性，编程难度大，难以适应恶劣的工业环境以及价格昂贵等原因，未能在工业控制领域中广泛应用。当时的工业控制，主要是以继电器—接触器组成的控制系统。

1968年，美国最大的汽车制造商——通用汽车制造公司(GM)，为适应汽车型号的不断更新，试图寻找一种新型的工业控制器，以尽可能减少重新设计和更换控制系统的硬件及接线所消耗的经济成本和时间成本，因而设想把计算机的完备功能、灵活及通用等优点和继电器控制系统的简单易懂、操作方便及价格便宜等优点结合起来，研制成一种适合于工业环境的通用控制装置，并把计算机的编程方法和程序输入方式加以简化，用面向控制过程、面向对象的“自然语言”进行编程，使不熟悉计算机的人也能方便地使用。

针对上述设想，通用汽车公司提出了这种新型控制器所必须具备的十大条件，即著名的“GM10条”：

1）编程简单，可在现场修改程序；

2）维护方便，最好是插件式；

3）可靠性高于继电器控制柜；

4）体积小于继电器控制柜；

5）可将数据直接送入计算机管理系统；

6）在成本上可与继电器控制柜竞争；

7）输入可以是交流115V；

8）输出可以是交流115V、2A以上，可直接驱动电磁阀；

9）在扩展时，原有系统只需很小变更；

10）用户程序存储器容量至少能扩展到4KB。

1969年，美国数字设备公司(DEC)首先研制成第一台可编程序控制器PDP—14，并在通用汽车公司的自动装配线上试用成功，取得了满意的效果，可编程序控制器自此诞生，从而开创了工业控制领域的新局面。美国MODICON公司也开发出可编程序控制器084。

2. 可编程序控制器的定义

早期的可编程序控制器是为取代继电器—接触器控制系统，存储程序指令，完成顺序控制而设计的。它主要用于逻辑运算、计时及计数等顺序控制，均属开关量控制，所以，通常称为可编程序逻辑控制器(Programmable Logic Controller, PLC)。进入20世纪70年代，随着微电子技术的发展，PLC采用了通用微处理器，不再局限于当初的逻辑运算，功能不断增强。1980年，美国电气制造商协会(NEMA)给它一个新的名称“Programmable Controller”，简称PC。为了避免与个人计算机PC(Personal Computer)这一简写名称术语相混淆，仍沿用早期的PLC表示可编程序控制器，但此PLC并不意味只具有逻辑功能。

可编程序控制器一直在发展中，国际电工委员会(IEC)曾先后于1982年11月、1985年1月和1987年2月发布了可编程序控制器标准草案的第一、二、三稿。在第三稿中，对PLC作了如下定义：“可编程序控制器是一种数字运算操作电子系统，专为在工业环境下应用而设计。它采用了可编程序的存储器，用来在其内部存储执行逻辑运算、顺序控制、定时、计数和算术运算等操作的指令，并通过数字的、模拟的输入和输出，控制各种类型的机械或生产过程。可编程序控制器及其有关的外围设备，都应按易于与工业控制系统形成一个整体、易于扩充其功能的原则设计。”概而言之，可编程序控制器是通用的、可编写程序的、专门应用于工业控制领域的计算机自动控制设备。

3.1.2 PLC 的特点与应用领域

1. PLC 的特点

从统计数据看，在世界范围内 PLC 产品的产量、销量及用量高居工业控制装置榜首，而且市场需求量一直以每年 15% 的增长率上升，PLC 已成为工业自动化控制领域中占主导地位的通用工业控制装置。PLC 技术之所以高速发展，除了工业自动化的客观需要外，主要是因为它具有许多独特的优点，这使它较好地解决了工业领域中人们普遍关心的可靠、安全、灵活、方便及经济等问题。PLC 主要有以下特点：

（1）可靠性高、抗干扰能力强　可靠性高、抗干扰能力强是 PLC 最重要的特点之一。PLC 的平均无故障时间可达几十万个小时，之所以有这么高的可靠性，是由于它采用了一系列的硬件和软件的抗干扰措施。

1）硬件方面。其主要模块均采用大规模或超大规模集成电路，大量开关动作由无触点的电子存储器完成，I/O 系统设计有完善的通道保护和信号调理电路。

屏蔽——对电源变压器、CPU、编程器等主要部件，采用导电、导磁良好的材料进行屏蔽，以防外界干扰。

滤波——对供电系统及输入电路采用多种形式的滤波，如 *LC* 或 π 形滤波网络，以消除或抑制高频干扰，也削弱了各种模块之间的相互影响。

电源调整与保护——对微处理器这个核心部件所需的 +5V 电源，采用多级滤波，并用集成电压调整器进行调整，以适应交流电网的波动和过电压、欠电压的影响。

隔离——在微处理器与 I/O 电路之间，采用光电隔离措施，有效地隔离 I/O 接口与 CPU 之间电的联系，减少故障和误动作；各 I/O 口之间亦彼此隔离。

采用模块式结构——这种结构有助于在发生故障情况下短时修复。一旦查出某一模块出现故障，能迅速更换，使系统恢复正常工作，同时也有助于加快查找故障的原因。

2）软件方面。PLC 采用扫描工作方式——减少了由于外界环境干扰引起的故障。

故障检测、自诊断程序——软件定期地检测外界环境，如失电压、欠电压、锂电池电压过低及强干扰信号等，以便及时进行处理。

信息保护与恢复——当偶发性故障条件出现时，不破坏 PLC 内部的信息，一旦故障条件消失，就可恢复正常，继续原来的程序工作。PLC 在检测到故障条件时，立即把当前状态存入存储器，软件配合对存储器进行封闭，禁止对存储器的任何操作，以防存储信息丢失。

设置警戒时钟 WDT(看门狗)——如果程序每次循环扫描的执行时间超过了 WDT 规定的时间，预示了程序进入死循环，立即报警。

加强对程序的检查和校验——一旦程序有错，立即报警，并停止执行。

对程序及动态数据进行断电保护——停电后，利用后备电池供电，有关状态及信息就不会丢失。

（2）编程简单、使用方便　目前，大多数 PLC 采用的编程语言是梯形图语言，它是一种面向生产、面向用户的编程语言。梯形图与电气控制电路图相似，形象、直观，不需要掌握计算机知识，很容易让广大工程技术人员掌握，当生产流程需要改变时，可以现场改变程序，使用方便、灵活。同时，PLC 的操作和使用也很简单，这也是 PLC 获得普及和推广的主要原因之一，许多PLC还针对具体问题，设计了各种专用编程指令及编程方法，进一步简化了编程。

（3）功能完善、通用性强　现代PLC不仅具有逻辑运算、定时、计数及顺序控制等功能，而且还具有A/D和D/A转换、数值运算、数据处理、PID控制及通信联网等许多功能。同时，由于PLC产品的系列化、模块化，已有品种齐全的各种硬件装置可供用户选用。

（4）设计安装简单、维护方便　由于PLC用软件代替了传统电气控制系统的硬件，控制柜的设计、安装接线工作量大为减少。PLC的用户程序大部分可在实验室进行模拟调试，缩短了应用设计和调试周期。在维修方面，由于PLC的故障率极低，维修工作量很小，而且PLC具有很强的自诊断功能，如果出现故障，可根据PLC上的指示或编程器上提供的故障信息，迅速查明原因，维修极为方便。

（5）体积小、重量轻、能耗低　由于PLC采用了集成电路，其结构紧凑、体积小、能耗低，因而是实现机电一体化的理想控制设备。

2. PLC的应用领域

目前，在国内外PLC已广泛应用于冶金、石油、化工、建材、机械制造、电力、汽车、轻工、环保及文化娱乐等各行各业，随着PLC性能价格比的不断提高，其应用领域不断扩大。从应用类型看，PLC的应用大致可归纳为以下几个方面：

（1）开关量逻辑控制　利用PLC最基本的逻辑运算、定时、计数等功能实现逻辑控制，可以取代传统的继电器——接触器控制系统，常用于单机控制、多机群控制及自动生产线控制等，如：机床、注塑机、印刷机械、装配生产线、电镀流水线及电梯的控制等。这是PLC最基本的应用，也是PLC最广泛的应用领域。

（2）运动控制　大多数PLC都有拖动步进电动机或伺服电动机的单轴或多轴位置控制模块，这一功能广泛用于各种机械设备，如对各种机床、装配机械及机器人等进行运动控制。

（3）过程控制　大、中型PLC都具有多路模拟量I/O模块和PID控制功能，有的小型PLC也具有模拟量I/O模块，所以PLC可实现模拟量控制。其中具有PID控制功能的PLC可构成闭环控制，用于过程控制，这一功能已广泛用于锅炉、反应堆、水处理、酿酒以及闭环位置控制和速度控制等方面。

（4）数据处理　现代的PLC都具有数学运算、数据传送、转换、排序和查表等功能，可进行数据的采集、分析和处理，同时可通过通信接口将这些数据传送给其他智能装置，如计算机数值控制(CNC)设备，进行处理。

（5）通信联网　PLC的通信包括PLC与PLC、PLC与上位计算机、PLC与其他智能设备之间的通信，PLC系统与通用计算机可直接或通过通信处理单元、通信转换单元相连构成网络，以实现信息的交换，并可构成“集中管理、分散控制”的多级分布式控制系统，从而满足工厂自动化(FA)系统发展的需要。

3.1.3 PLC的分类

PLC产品种类繁多，其规格和性能也各不相同。对PLC的分类，通常根据其结构形式的不同、功能的差异和I/O点数的多少等进行分类。

1. 按结构形式分类

根据 PLC 的结构形式，可将 PLC 分为整体式和模块式两类。

（1）整体式 PLC　整体式 PLC 是将电源、CPU、I/O 接口等部件都集中装在一个机箱内，具有结构紧凑、体积小及价格低的特点，小型 PLC 一般采用这种整体式结构。整体式 PLC 由不同 I/O 点数的基本单元（又称主机）和扩展单元组成。基本单元内有 CPU、I/O 接口、与 I/O 扩展单元相连的扩展接口以及与编程器或 EPROM 写入器相连的接口等。扩展单元内只有 I/O 接口和电源等，没有 CPU。基本单元和扩展单元之间一般用扁平电缆连接。整体式 PLC 一般还可配备特殊功能单元，如模拟量单元及位置控制单元等，使其功能得以扩展。

（2）模块式 PLC　模块式 PLC 是将 PLC 各组成部分分别做成若干个单独的模块，如 CPU 模块、I/O 模块、电源模块（有的含在 CPU 模块中）以及各种功能模块。模块式 PLC 由框架或基板和各种模块组成，模块装在框架或基板的插座上。模块式 PLC 的特点是配置灵活，可根据需要选配不同的系统，而且装配方便，便于扩展和维修。大、中型 PLC 一般采用模块式结构。

还有一些 PLC 将整体式和模块式的特点结合起来，构成所谓叠装式 PLC。叠装式 PLC 的 CPU、电源及 I/O 接口等也是各自独立的模块，但它们之间是靠电缆进行连接，并且各模块可以一层层地叠装，这样，不但系统可以灵活配置，还可做得体积小巧。

2. 按功能分类

根据 PLC 所具有的功能不同，可将 PLC 分为低档、中档、高档三类。

（1）低档 PLC　具有逻辑运算、定时、计数、移位以及自诊断、监控等基本功能，还可有少量模拟量输入/输出、算术运算、数据传送和比较及通信等功能，主要用于逻辑控制、顺序控制和少量模拟量控制的单机控制系统。

（2）中档 PLC　除具有低档 PLC 的功能外，还具有较强的模拟量输入/输出、算术运算、数据传送和比较、数制转换、远程 I/O、子程序及通信联网等功能，有些还可增设中断控制及 PID 控制等功能，适用于复杂控制系统。

（3）高档 PLC　除具有中档 PLC 的功能外，还增加了带符号算术运算、矩阵运算、位逻辑运算、二次方根运算及其他特殊功能函数的运算、制表及表格传送功能等。高档 PLC 具有更强的通信联网功能，可用于大规模过程控制或构成分布式网络控制系统，实现工厂自动化。

3. 按 I/O 点数分类

根据 PLC 的 I/O 点数的多少，可将 PLC 分为小型、中型和大型三类。

（1）小型 PLC　I/O 点数为 256 以下的为小型 PLC。其中，I/O 点数小于 64 的为超小型或微型 PLC。

（2）中型 PLC　I/O 点数为 256 以上、2048 以下的为中型 PLC。

（3）大型 PLC　I/O 点数为 2048 以上的为大型 PLC。其中，I/O 点数超过 8192 的为超大型 PLC。

在实际中，一般 PLC 功能的强弱与其 I/O 点数的多少是相互关联的，即 PLC 的功能越强，其可配置的 I/O 点数越多。因此，通常我们所说的小型、中型、大型 PLC，除指其 I/O 点数不同外，同时也表示其对应功能为低档、中档、高档。

3.1.4　可编程序控制器的构成

1. 可编程序控制器的硬件构成

可编程序控制器一般由中央处理器(CPU)、存储器(ROM/RAM)、I/O接口、外部设备接口、电源、I/O扩展接口及智能I/O接口等部件组成，如图3-1所示。

(1) 中央处理器(CPU)　CPU是可编程序控制器的核心，它按系统程序赋予的功能“指挥”可编程序控制器有条不紊地进行工作，其主要任务是：

1）接收、存储用户程序和数据，并通过显示器显示出程序的内容和存储地址。

2）检查、校验用户程序。对输入的用户程序进行检查，一旦发现语法错误立即报警，并停止输入，在程序运行过程中若发现错误，则立即报警或停止程序的执行。

3）接收、调用现场信息。将接收到现场输入的数据保存起来，在需要数据的时候将其调出并送到需要该数据的地方。

4）执行用户程序。PLC进入运行状态后，CPU根据用户程序存放的先后顺序，逐条读取、解释并执行程序，完成用户程序中规定的各种操作，并将程序执行的结果输送至输出端口，以驱动可编程序控制器的外部负载。

5）故障诊断。诊断电源、可编程序控制器内部电路的故障，根据故障或错误的类型，通过显示器显示出相应的信息，以提示用户及时排除故障或纠正错误。

不同型号可编程序控制器的CPU芯片是不同的，有的采用通用CPU芯片，如8031、8051、8086、80826等，也有采用厂家自行设计的专用CPU芯片，如西门子公司的S7-200系列可编程序控制器均采用其自行研制的专用芯片。CPU芯片的性能关系到可编程序控制器处理控制信号的能力与速度，CPU位数越高，系统处理的信息量越大，运算速度也越快。

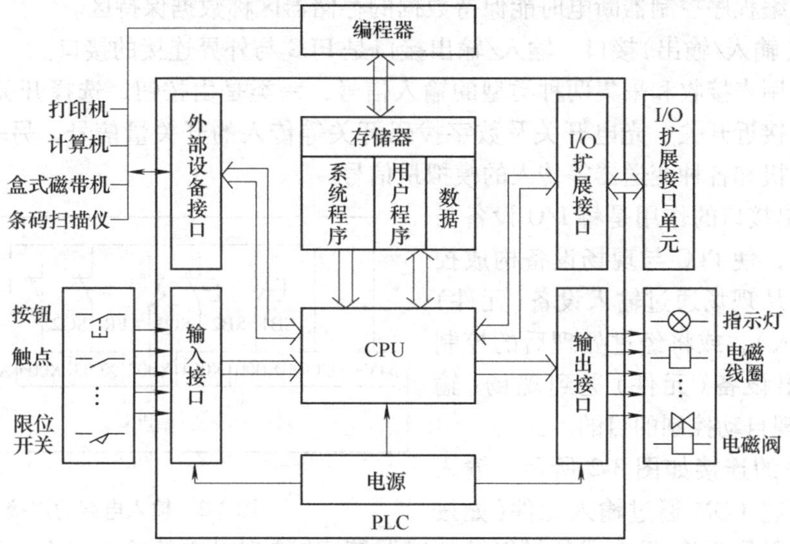

图3-1　可编程序控制器基本结构框图

(2) 存储器　可编程序控制器的存储器可以分为系统程序存储器、用户程序存储器及工作数据存储器三种。

1）系统程序存储器。系统程序存储器用来存放由可编程序控制器生产厂家编写的系统程序，并固化在 ROM 内，用户不能直接更改。它使可编程序控制器具有基本的职能，能够完成可编程序控制器设计者规定的各项工作。系统程序质量的好坏，很大程度上决定了 PLC 的性能，其内容主要包括三部分：第一部分为系统管理程序，它主要控制可编程序控制器的运行，使整个可编程序控制器按部就班地工作；第二部分为用户指令解释程序，通过用户指令解释程序，将可编程序控制器的编程语言变为机器语言指令，再由 CPU 执行这些指令；第三部分为标准程序模块与系统调用程序，它包括许多不同功能的子程序及其调用管理程序，如完成输入、输出及特殊运算等的子程序，可编程序控制器的具体工作都是由这部分程序来完成的，这部分程序的多少决定了可编程序控制器性能的强弱。

2）用户程序存储器。根据控制要求而编制的应用程序称为用户程序。用户程序存储器用来存放用户针对具体控制任务，用规定的可编程序控制器编程语言编写的各种用户程序。用户程序存储器根据所选用的存储器单元类型的不同，可以是 RAM（有用锂电池进行掉电保护）、EPROM 或 EEPROM，其内容可以由用户自行修改或增删。目前较先进的的可编程序控制器采用可随时读写的快闪存储器作为用户程序存储器，快闪存储器不需后备电池，掉电时数据也不会丢失。

用户程序存储器容量的大小，关系到用户程序容量的大小和内部器件的多少，是反映 PLC 性能的重要指标之一。

3）工作数据存储器。工作数据存储器用来存储工作数据，即用户程序中使用的 ON/OFF 状态、数值数据等。

在工作数据区中开辟元件映像寄存器和数据表。其中元件映像寄存器用来存储输入、输出继电器，定时器，计数器，辅助继电器等内部器件的 ON/OFF 状态。数据表用来存放各种数据，它存储用户程序执行时的某些可变参数值及 A/D 转换得到的数字量和数学运算的结果等。在可编程序控制器断电时能保持数据的存储器区称数据保持区。

（3）I/O（输入/输出）接口　输入/输出接口是 PLC 与外界连接的接口。

输入接口用来接收和采集两种类型的输入信号，一类是由按钮、选择开关、限位开关、继电器触点、接近开关、光电开关及数字拨码开关等传入的开关量信号。另一类是由电位器、测速发电机和各种变送器等传入的模拟量信号。

输入/输出接口的作用是将 I/O 设备与 PLC 进行连接，使 PLC 与现场设备构成控制系统，以便从现场通过输入设备（元件）得到信息（输入），或将经过处理后的控制命令通过输出设备（元件）送到现场（输出），从而实现自动控制的目的。

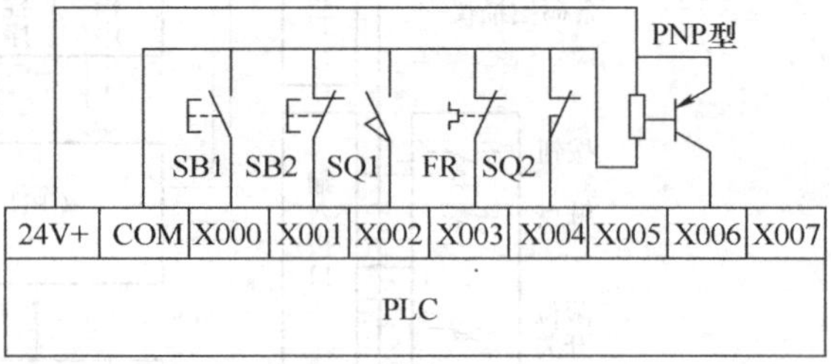

图 3-2　输入电路的连接

输入电路的连接如图 3-2 所示。输入电路的实现是将 COM 通过输入元件（如按钮、转换开关、限位开关、继电器的触点及传感器等）连接到对应的输入点上，再通过输入点将信息送到 PLC 内部。一旦某个输入元件状态发生变化，对应输入继电器的状态也就随之变化，PLC 在输入采样阶段即可获取这些信息。

输出接口用来连接被控对象中各种执行元件，如接触器、电磁阀、指示灯、调节阀（模拟量）及调速装置（模拟量）等。

输出电路就是PLC的负载驱动电路，输出电路的连接如图3-3所示。通过输出点，将负载和负载电源连接成一个回路，这样负载就由PLC输出点的ON/OFF进行控制，输出点动作驱动负载。负载电源的规格应根据负载的需要和输出点的技术规格进行选择。

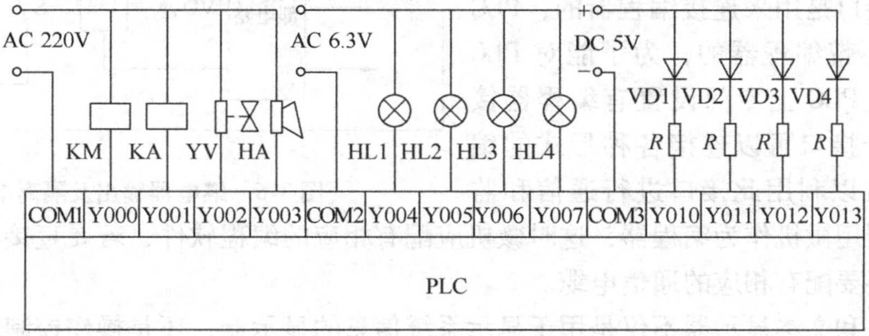

图3-3　输出电路的连接

为适应控制的需要，PLC的I/O接口具有不同的类别。其输入分直流输入和交流输入两种形式，如图3-4和图3-5所示；输出分继电器输出、晶闸管输出和晶体管输出三种形式。继电器输出和晶闸管输出适用于大电流输出场合，图3-6为继电器输出及隔离电路。晶体管输出和晶闸管输出适用于快速、频繁动作的场合。驱动能力相同时，继电器输出形式价格较低。为提高PLC抗干扰能力，其输入、输出接口电路均采用了隔离措施。

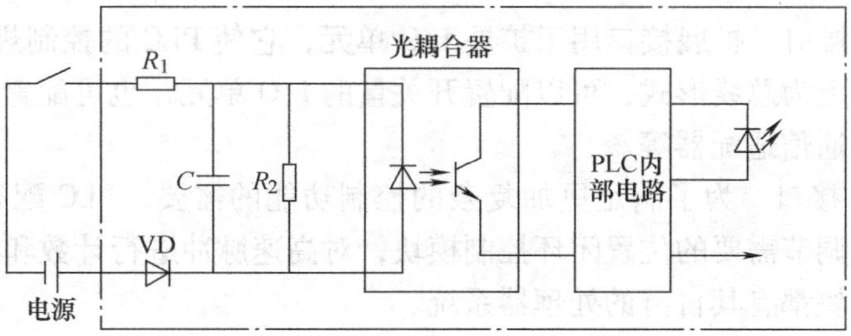

图3-4　直流输入及隔离电路

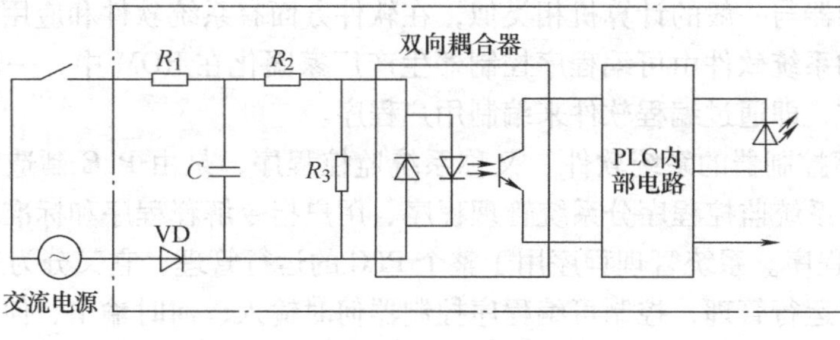

图3-5　交流输入及隔离电路

（4）电源　PLC的电源是指为CPU、存储器和I/O接口等内部电路工作所配备的直流开关电源。电源的交流输入端一般都有脉冲吸收电路，交流输入电压范围一般都比较宽，抗干扰能力比较强。电源的直流输出电压多为直流5V和直流24V。直流5V电源供PLC内部使用，直流24V电源除供内部使用外还可以供I/O接口和各种传感器使用。

(5) 外部设备接口　PLC 的外部设备主要有编程器、操作面板、文本显示器和打印机等。

编程器接口是用来连接编程器的，PLC 本身通常是不带编程器的，为了能对 PLC 编程及监控，PLC 上专门设置有编程器接口，通过这个接口可以连接各种形式的编程装置，还可以利用此接口进行通信和监控工作。如利用微机作为编程器，这时微机应配有相应的编程软件，若要直接与可编程序控制器通信，还要配有相应的通信电缆。

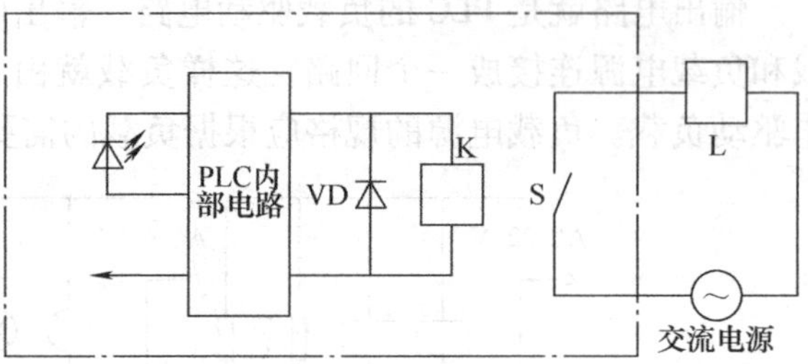

图 3-6　继电器输出及隔离电路

操作面板和文本显示器不仅是用于显示系统信息的显示器，还是操作控制单元，它们可以在执行程序的过程中修改某个量的数值，也可直接设置输入或输出量，以便立即起动或停止一台外部设备的运行。打印机可以把过程参数和运行结果以文字形式输出。外部设备接口可以把上述外部设备与 CPU 连接，以完成相应的操作。

除上述一些外部设备接口以外，PLC 还设置了存储器接口和通信接口。存储器接口是为扩展存储区而设置的，用于扩展用户程序存储区和用户数据参数存储区，用户可以根据使用的需要扩展存储区。通信接口是为微机与 PLC、PLC 与 PLC 之间建立通信网络而设立的接口。

(6) I/O 扩展接口　扩展接口用于扩展 I/O 单元，它使 PLC 的控制规模配置更加灵活，这种扩展接口实际上为总线形式，可以配置开关量的 I/O 单元，也可配置模拟量和高速计数等特殊 I/O 单元及通信适配器等。

(7) 智能 I/O 接口　为了满足更加复杂的控制功能的需要，PLC 配有多种智能 I/O 接口。如，满足位置调节需要的位置闭环控制模块，对高速脉冲进行计数和处理的高速计数模块等。这类智能模块都有其自身的处理器系统。

FX2N 系列可编程序控制器为小型 PLC，它采用单元式结构形式，其外形如图 3-7 所示。

2. 可编程序控制器的软件

可编程序控制器与一般的计算机相类似，在软件方面有系统软件和应用软件之分，只是可编程序控制器的系统软件由可编程序控制器生产厂家固化在 ROM 中，一般用户只能在应用软件上进行操作，即通过编程软件来编制用户程序。

(1) 可编程序控制器的系统软件　又称系统监控程序，是由 PLC 制造者设计的，用于 PLC 的运行管理。系统监控程序分系统管理程序、用户指令解释程序和标准程序模块等。

1) 系统管理程序。系统管理程序用于整个 PLC 的运行管理，它又分为三部分：

第一部分用于运行管理，控制可编程序控制器何时输入、何时输出、何时运算、何时自检、何时通信等，进行时间上的分配管理。

第二部分进行存储空间的管理，即生成用户环境，由它规定各种参数、程序的存储地址，将用户使用的数据参数存储地址转化为实际的数据格式及物理存储地址。它将有限的资源变为用户可直接使用的元件。如，它将有限个数的计数器、定时器扩展为几十至上百个用户计数器、定时器，通过这部分程序，用户看到的就不是实际机器、过程变量和真正的计数器、定时器的地址了，而是按照用户数据结构排列的元件空间和程序存储空间了。

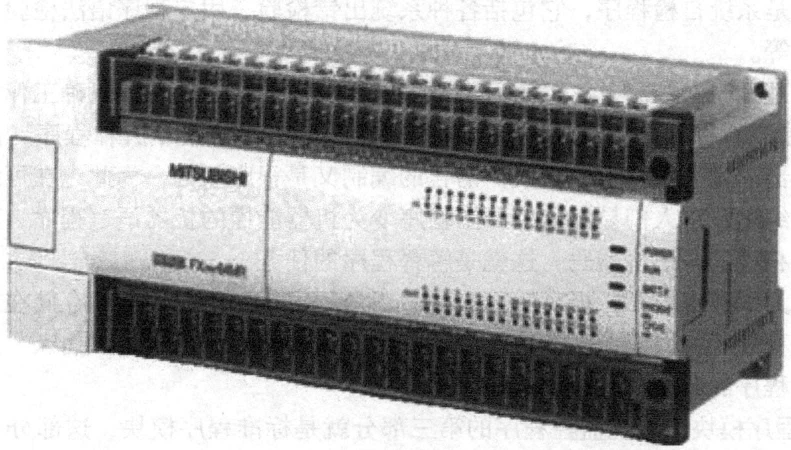

a) 外部轮廓图

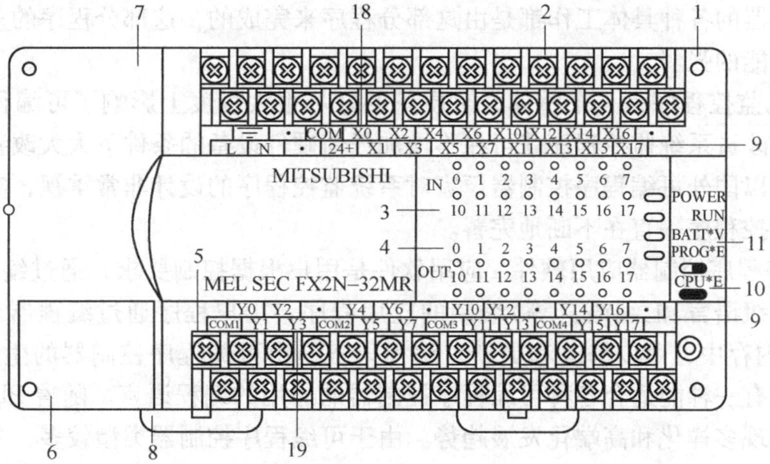

b) 正面俯视图

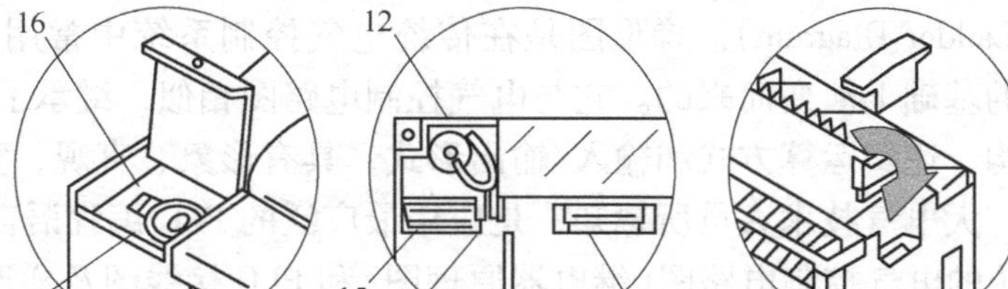

6放大　　7放大　　11放大

c) 局部放大图

图3-7　FX2N系列PLC外形图

1—安装孔(4个)　2—电源、辅助电源、输入信号用的可装卸式端子　3—输入指示灯　4—输出动作指示灯
5—输出用的可装卸式端子　6—外围设备接线插座、盖板　7—面板盖　8—DIN导轨装卸用卡子
9—I/O端子标记　10—动作指示灯　11—扩展单元、扩展模块、特殊单元、特殊模块的接线插座盖板
12—串行通信口　13—锂电池指示灯　14—扩展存储卡　15—锂电池
16—运行方式开关　17—编程电缆　18—输入继电器编号　19—输出继电器编号

第三部分是系统自检程序，它包括各种系统出错检验、用户程序语法检验、句法检验及警戒时钟运行等。

在系统管理程序的控制下，整个可编程序控制器就能按部就班地正确工作了。

2）用户指令解释程序。系统监控程序的第二部分为用户指令解释程序。任何计算机最终都是根据机器语言来执行的，而机器语言的编制又是很麻烦的，为此，在可编程序控制器中采用梯形图编程，将人们易懂的梯形图程序变为机器能懂的机器语言程序，即将梯形图程序逐条翻译成相应的一串机器码，这就是解释程序的任务。

事实上，为了节省内存，提高解释速度，用户程序是以内码的形式存储在可编程序控制器中的。用户程序变为内码形式的这一步是由编辑程序实现的，它可以插入、删除及检查用户程序，方便程序的调试。

3）标准程序模块。系统监控程序的第三部分就是标准程序模块，这部分是由许多独立的程序模块组成的，各自能完成不同的功能，有些完成输入、输出，有些完成特殊运算等。可编程序控制器的各种具体工作都是由这部分程序来完成的，这部分程序的多少决定了可编程序控制器性能的强弱。

整个系统监控程序是一个整体，它质量的好坏很大程度上影响了可编程序控制器的性能。因为通过改进系统监控程序就可在不增加任何硬件设备的条件下大大改善可编程序控制器的性能，所以国外可编程序控制器厂家对系统监控程序的设计非常重视，实际售出的产品中，其系统监控程序一直在不断地完善。

（2）可编程序控制器应用软件　应用软件是用户根据控制要求，通过编程语言（如梯形图、指令表、高级语言、汇编语言等）编制的应用程序，用户程序通过编程器或 PC 机写入到 PLC 的 RAM 内存中，可以修改和更新。编程语言是由可编程序控制器的生产厂家提供的，至今为止还没有一种能适合各种可编程序控制器的通用的编程语言。随着 PLC 技术的发展，其编程语言呈现多样化和高端化发展趋势。由于可编程序控制器类型较多，各个不同机型对应的编程语言也有一定的差别，特别是各个生产厂家的可编程序控制器之间，它们的编程语言不能通用。但可编程序控制器的编程语言都大体相似，主要有五种表达方式。

1）梯形图（Ladder Diagram）。梯形图是在传统电气控制系统中常用的接触器、继电器等图形表达符号的基础上演变而来的。它与电气控制电路图相似，继承了传统电气控制逻辑中使用的框架结构、逻辑运算方式和输入/输出形式，具有形象、直观、实用的特点。因此，这种编程语言为广大电气技术人员所熟知，是应用最广泛的 PLC 编程语言之一。

图 3-8 为传统的电气控制电路图（继电器原理图）和 PLC 接线图及梯形图。

从图中可看出，基本表示思想是一致的，具体表达方式有一定区别。PLC 的梯形图使用的是内部继电器、定时器及计数器等，都是由软件来实现的，使用方便，修改灵活，是原电气控制电路硬接线无法比拟的。

梯形图是一种以图形符号在图中表示控制关系的编程语言，它是从继电器控制电路图演变过来的。梯形图将继电器控制电路图进行简化，同时加进了许多功能强大、使用灵活的指令，使编程更加容易，而实现的功能却大大超过传统继电器控制电路。

对于梯形图的规则，总结有以下几点，以便读者加深对可编程序控制器编程的认识和学习。

① 梯形图中只有常开和常闭两种触点。各种机型中常开触点和常闭触点的图形符号基

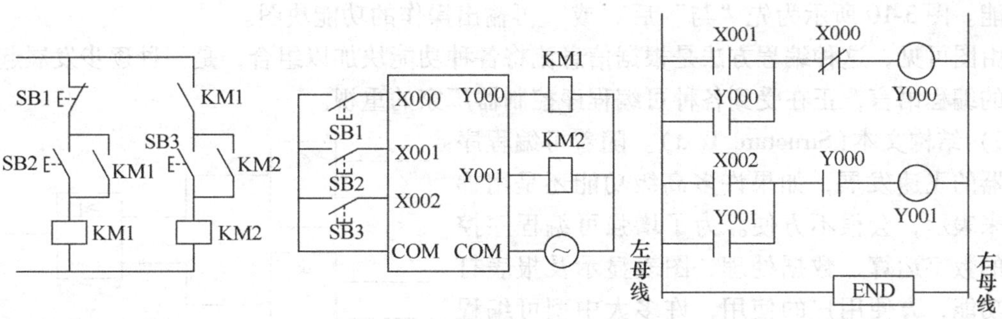

a) 继电器原理图　　b) PLC接线图　　c) 梯形图

图3-8　电气控制线路图与梯形图

本相同，但它们的元件编号不相同，随不同机种、不同位置(输入或输出)而不同。统一标记的触点可以反复使用，次数不限，这点与继电器控制电路中同一触点只能使用一次不同。因为在可编程序控制器中每一触点的状态均存入可编程序控制器内部的存储单元中，可以反复读写，故可以反复使用。

② 梯形图中输出继电器(输出变量)表示方法也不同，有圆圈、括号和椭圆表示，而且它们的编程元件编号也不同，不论哪种产品，输出继电器在程序中只能使用一次。

③ 梯形图最左边是起始母线，每一逻辑行必须从起始母线开始画。梯形图最右边还有结束母线，一般可以将其省略。

④ 梯形图必须按照从左到右、从上到下顺序书写，可编程序控制器也是按照这个顺序执行程序的。

⑤ 梯形图中触点可以任意的串联或并联，而输出继电器线圈可以并联但不可以串联。

⑥ 程序结束后应有结束符。

2）指令表(Instruction List)。梯形图的优点是直观、简便，但要求用带CRT屏幕显示的图形编程器才能输入图形符号。小型的编程器一般无法满足，而是采用经济便携的编程器(指令编程器)将程序输入到可编程序控制器中，这种编程方法使用指令语句(助记符语言)，它类似于微机中的汇编语言，称为指令表。语句是指令表编程语言的基本单元，每个控制功能是通过执行一个或多个语句组成的程序来完成的。语句是规定可编程序控制器中CPU如何动作的指令，由操作码和操作数组成。操作码用助记符表示要执行的功能，操作数(参数)表明操作的地址或一个预先设定的值。

3）顺序功能图(Sequential Chart)。顺序功能图常用来编制顺序控制类程序，它包含步、动作、转换三个要素。顺序功能图编程可将一个复杂的控制过程分解为一些小的顺序控制要求再连接组合成整体的控制程序。顺序功能图编程体现了一种编程思想，在程序的编制中具有很重要的意义。在第5章中介绍步进梯形指令时将详细介绍顺序功能图编程。图3-9所示为顺序功能图。

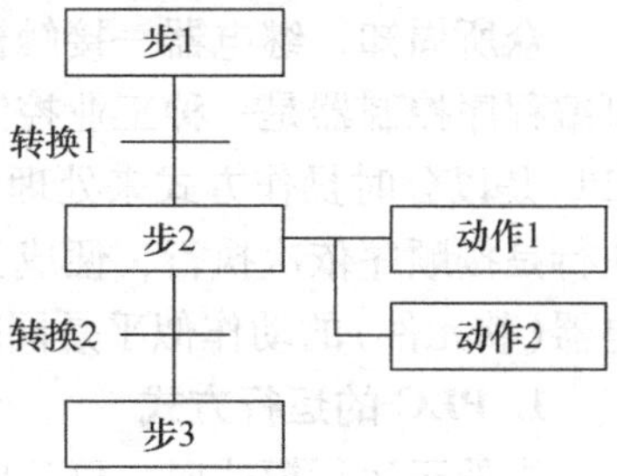

图3-9　顺序功能图

4）功能块图(Function Block Diagram)。功能块图实际上是用逻辑功能符号组成的功能块来表达命令的图形语言，与数字电路中逻辑图一样，它极易表现条件与结果之间的逻辑功能。图 3-10 所示为先“与”后“或”再输出操作的功能块图。

由图可见，这种编程方法是根据信息流将各种功能块加以组合，是一种逐步发展起来的新式的编程语言，正在受到各种可编程序控制器厂家的重视。

5）结构文本(Structure Text)。随着可编程序控制器的飞速发展，如果许多高级功能还是用梯形图来表示，会很不方便。为了增强可编程序控制器的数字运算、数据处理、图表显示及报表打印等功能，方便用户的使用，许多大中型可编程序控制器都配备了 PASCAL、BASIC、C 等高级编程语言。这种编程方式叫做结构文本。与梯形图相比，结构文本有两个优点：其一，能实现复杂的数学运算；其二，非常简洁和紧凑易读，可移植性强。结构文本用来编制逻辑运算程序也很容易。

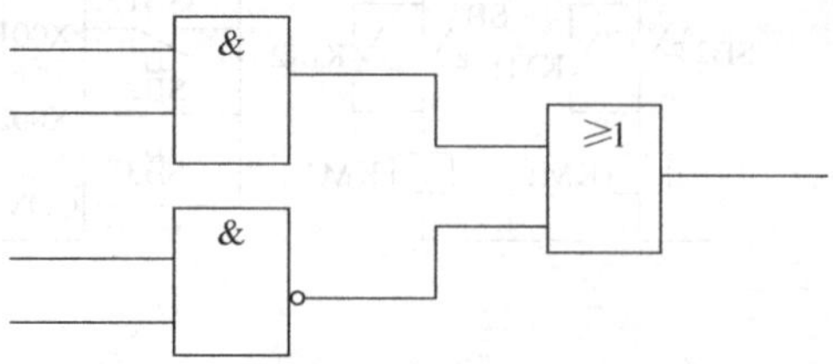

图 3-10　功能块图

以上可编程序控制器编程语言的五种表达式是由国际电工委员会(IEC)于 1994 年 5 月在可编程序控制器标准中推荐的。对于一款具体的可编程序控制器，生产厂家可在这五种表达方式中提供其中的几种供用户选择。也就是说，并不是所有的可编程序控制器都支持全部的五种编程语言。可编程序控制器的编程语言是可编程序控制器可以识别的，用来编写用户程序的工具(或载体)。它以可编程序控制器输入口、输出口、机内元件之间的逻辑及数量关系表达系统的控制要求，并存储在机内的存储器中，即所谓的“存储逻辑”。

3. 编程器的形式

可编程序控制器的编程器可实现程序的写入、调试及监控，一般有两种：专用编程器和简易编程器。在可编程序控制器刚诞生的相当长一段时间里，基本上以上述两种编程器对可编程序控制器进行编程操作。西门子公司曾专门为 S5 系列的可编程序控制器设计制造专用编程器，如 PG710 系列，但其价格相当昂贵，携带也不是很方便。简易编程器对各个可编程序控制器的生产厂家而言，均有对应产品，如西门子的 PG635，三菱的 FX-20P-E 等，简易编程器携带方便，非常适合于生产现场的调试，但它使用时不是很直观。

随着计算机技术的发展，微机的性能价格比越来越高，可编程序控制器的功能也越来越强大，此时各个可编程序控制器的生产厂家都把目光投入到了编程软件的开发上。到目前为止，可编程序控制器的用户一般利用微机结合编程软件再加上编程电缆，就可以形成一个功能强大的编程器了。

3.1.5　可编程序控制器的工作方式

众所周知，继电器—接触器控制系统是一种“硬件逻辑系统”，采用并行的工作方式。可编程序控制器是一种工业控制计算机，其工作原理是建立在计算机工作原理基础上的，而 CPU 是以分时操作方式来处理各项任务的。计算机在每一瞬间只能做一件事，所以程序的执行是按顺序依次执行，便成为时间上的顺序的工作方式。由于 CPU 运算速度极高，各继电器(软元件)的动作似乎是同时完成的，但实际 I/O 的响应是有滞后的。

1. PLC 的运行方式

当处于运行模式时，PLC 要进行从内部处理、通信服务、输入处理、程序处理到输出处理，然后按上述过程循环扫描工作。

在运行模式下，PLC 的工作方式是一个不断循环的顺序扫描工作方式。每一次扫描所用的时间称为扫描周期或工作周期。CPU 从第一条指令开始，按顺序逐条地执行用户程序直到用户程序结束，然后返回第一条指令开始新的一轮扫描。PLC 就是这样周而复始地重复上述循环扫描的。

PLC 通过反复执行反映控制要求的用户程序来实现控制功能，为了使 PLC 的输出及时地响应随时可能变化的输入信号，用户程序不是只执行一次，而是不断地重复执行，直至 PLC 停机或切换到 STOP 工作模式。PLC 的这种周而复始的循环工作方式称为扫描工作方式。

PLC 的工作过程如图 3-11 所示。其工作过程主要分为内部处理、通信操作、输入处理、程序执行和输出处理几个阶段。

1）内部处理阶段：在此阶段，进行启动的初始化处理。CPU 进行的初始化工作包括检查 CPU 模块的硬件是否正常，清除内部继电器区、复位监视定时器和检查 I/O 单元的连接，以及完成一些其他内部工作。PLC 每扫描一次，执行一次自诊断检查，以确定自身的动作是否正常，如 CPU、电池电压、程序存储器、I/O 单元、通信等是否异常或出错。如检查出异常时，CPU 面板上的 LED 及异常继电器会接通，在特殊功能寄存器中会存入出错代码。当出现致命错误时，CPU 被强制执行为 STOP 模式，所有的扫描停止。

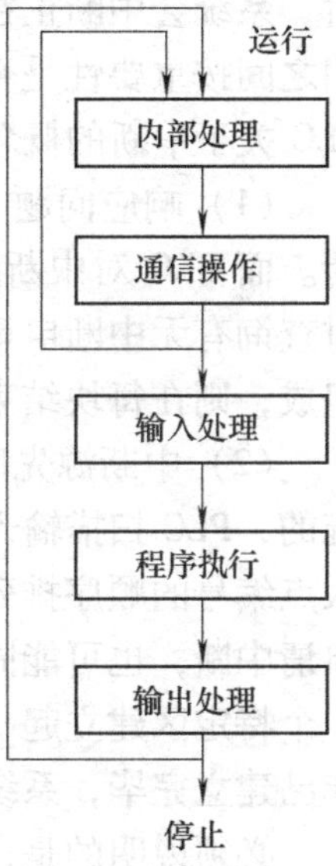

图 3-11 PLC 的工作过程

2）通信操作阶段：在此阶段，PLC 与一些智能模块通信、响应编程器键入的命令，更新编程器的显示内容等。

3）输入处理阶段：输入处理也叫输入采样。在此阶段，顺序读入所有输入端子的通断状态，并将读入的信息存入内存中所对应的映像寄存器——对应于输入端子状态的数据区 PLC 中的 CPU 是不能直接与外部接线端子打交道的。在输入采样阶段，首先扫描所有输入端子，经过输入调理电路（光电隔离、电平转换、滤波处理等）进入输入缓冲器等待采样。当 CPU 采样时，输入信号便进入输入映像寄存器——刷新。接着进入程序的执行阶段，直至信号输出。在此期间，输入映像寄存器将现场与 CPU 隔离，无论输入信号如何变化，输入映像寄存器中的内容都保持到下一个扫描周期的输入采样阶段，才重新采样新的信号，即：输入映像寄存器每周期刷新一次。这样是否会影响对现场信息的反应速度呢？由于 PLC 扫描周期一般仅几毫秒或几十毫秒，两次采样之间的间隔时间很短，对一般的开关量而言，可以认为采样是连续的。

4）程序执行阶段：根据 PLC 梯形图程序扫描原则，按先左后右，先上后下的步序，逐句扫描，执行程序。但遇到程序跳转指令时，则会根据跳转条件是否满足来决定程序的跳转地址。若用户程序涉及输入/输出状态时，PLC 从输入映像寄存器中读出上一阶段采样的对应输入端子状态，从输出映像寄存器读出对应映像寄存器的当前状态。根据用户程序进行逻辑运算，运算结果再存入有关器件存储器中。

5）输出处理阶段：CPU 不能直接驱动负载，处理的结果存放在输出映像寄存器中，直至所有程序执行完毕，才将输出映像寄存器的内容经输出锁存器（称为输出状态刷新）送到输出端子上驱动外部负载。即：输出锁存器每周期刷新一次（刷新后的输出状态一直保持到下一次刷新)，程序执行完毕后，将输出映像寄存器，即元件映像寄存器中的 Y 寄存器的状态，在输出处理阶段转存到输出锁存器，通过隔离电路，驱动功率放大电路，使输出端子向外界输出控制信号，驱动外部负载。

同样，两次刷新的间隔仅几十毫秒，即使考虑电路的电气惯性(延迟)时间，仍可认为输出是及时的。

2. 停止模式

当处于停止工作模式时，PLC 只进行内部处理和通信操作等工作。

3. 可编程序控制器的中断处理

根据以上所述，外部信号的输入总是通过可编程序控制器扫描来完成，这就不可避免地带来了逻辑滞后。PLC 能不能像计算机那样采用中断输入的方法，即当有中断申请信号输入后，系统会中断正在执行的程序而转去执行相关的中断子程序。系统若有多个中断源时，它们之间按重要性是否有一个先后顺序的排队，系统能否由程序设定允许中断或禁止中断等。PLC 关于中断的概念及处理思路与一般计算机系统基本一致，但也有特殊之处。

(1) 响应问题　一般计算机系统的 CPU，在执行每一条指令结束时去查询有无中断申请。而 PLC 对中断的响应则是在相关的程序块结束后查询有无中断申请和在执行用户程序时查询有无中断申请，如有中断申请，则转入执行中断服务程序。如果用户程序以块式结构组成，则在每块结束或实行块调用时处理中断。

(2) 中断源先后顺序及中断嵌套问题　在 PLC 中，中断源的信息是通过输入点进入系统的，PLC 扫描输入点是按输入点编号的先后顺序进行的，因此中断源的先后顺序只要按输入点编号的顺序排列即可。系统接到中断申请后，顺序扫描中断源，它可能只有一个中断源申请中断，也可能同时有多个中断源申请中断。系统在扫描中断源的过程中，就在存储器的一个特定区建立起“中断处理表”，按顺序存放中断信息，中断源被扫描过后，中断处理表亦已建立完毕，系统就按该表顺序先后转至相应的中断子程序入口地址去工作。

必须说明的是，多中断源可以有优先顺序，但无嵌套关系，即中断程序执行中，若有新的中断发生，不论新中断的优先顺序如何，都要等执行中的中断处理结束后，再进行新的中断处理。所以在 PLC 系统工作中，当转入下一个中断服务子程序时，并不自动关闭中断，所以也没有必要再去开启中断。

(3) 中断服务程序执行结果信息输出问题　PLC 按循环扫描方式工作，正常的输入/输出在扫描周期的一定阶段进行，这给外设希望及时响应带来了困难。采用中断输入，解决了对输入信号的快速响应的问题。当中断申请被响应，在执行中断子程序后有关信息应当尽早送到相关外设，而不希望等到扫描周期的输出传送阶段，就是说对部分信息的输入或输出要与系统 CPU 的周期扫描脱离，这可利用专门的硬件模块(如快速响应 I/O 模块)或通过软件利用专门指令使某些 I/O 立即执行来解决。

3.1.6 PLC 的性能指标

(1) 存储容量　存储容量是指用户程序存储器的容量。用户程序存储器的容量越大，可编制出的程序越复杂。一般来说，小型 PLC 的用户存储器容量为几千字，而大型 PLC 的用户存储器容量为几万字。

(2) I/O 点数　I/O(输入/输出)点数是 PLC 可以接受的输入信号和输出信号的总和，

是衡量PLC性能的重要指标之一。I/O点数越多，外部可接的输入设备和输出设备就越多，控制规模就越大。

（3）扫描速度　扫描速度是指PLC执行用户程序的速度，也是衡量PLC性能的重要指标之一。一般以扫描1K步用户程序所需的时间来衡量扫描速度，通常以ms/(K步)为单位。PLC用户手册一般给出执行各条指令所用的时间，可以通过比较各种PLC执行相同的操作所用的时间，来衡量它们扫描速度的快慢。

（4）指令的功能与数量　指令功能的强弱、数量的多少也是衡量PLC性能的重要指标之一。编程指令的功能越强、数量越多，PLC的处理能力和控制能力也越强，用户编程也越简单和方便，系统越容易完成复杂的控制任务。

（5）内部元件的种类与数量　在编制PLC程序时，需要用到大量的内部元件来存放变量、中间结果、保持数据、定时计数、模块设置和各种标志位等信息。这些元件的种类与数量越多，表示PLC的存储和处理各种信息的能力越强。

（6）特殊功能单元　特殊功能单元种类的多少与功能的强弱是衡量PLC产品的一个重要指标。近年来各PLC厂商非常重视特殊功能单元的开发，特殊功能单元种类日益增多，功能越来越强，这使PLC的控制功能日益强大。

（7）可扩展能力　PLC的可扩展能力包括I/O点数的扩展、存储容量的扩展、联网功能的扩展及各种功能模块的扩展等。在选择PLC时，经常需要考虑PLC的可扩展能力。

3.1.7　PLC的发展趋势

1. 向高速度、大容量方向发展

为了提高PLC的处理能力，要求PLC具有更好的响应速度和更大的存储容量。目前，有的PLC的扫描速度可达0.1ms/(K步)左右，PLC的扫描速度已成为其很重要的一个性能指标。

在存储容量方面，有的PLC最高可达几十兆字节。为了扩大存储容量，有的公司已使用了硬盘。

2. 向超大型、超小型两个方向发展

当前中小型PLC比较多，为了适应市场的需要，今后PLC要向多品种方向发展，特别是向超大型和超小型两个方向发展。现已有I/O点数达14336点的超大型PLC，它使用32位微处理器，多CPU并行工作和大容量存储器，功能强大。小型PLC由整体结构向小型模块化结构发展，使配置更加灵活，为了市场需要已开发了各种简易、经济的超小型及微型PLC，最小配置的I/O点数为8～16点，以适应单机及小型自动控制的需要，如三菱公司α系列PLC。

3. PLC大力开发智能模块，加强联网通信能力

为满足各种自动化控制系统的要求，近年来不断开发出许多功能模块，如高速计数模块、温度控制模块、远程I/O模块、通信和人机接口模块等。这些带CPU和存储器的智能模块，既扩展了PLC功能，又使用起来灵活方便，扩大了PLC的应用范围。

加强PLC联网通信的能力，是PLC技术进步的表现。PLC的联网通信有两类：一类是PLC之间联网通信，各PLC生产厂家都有自己的专用联网手段；另一类是PLC与计算机之间的联网通信，一般PLC都有专用通信模块与计算机通信。为了加强联网通信能力，PLC

生产厂家之间也在协商制订通用的通信标准，以构成更大的网络系统，PLC 已成为集散控制系统（DCS）中不可缺少的重要组成部分。

4. 增强外部故障的检测与处理能力

据统计资料表明，在 PLC 控制系统的故障中，CPU 故障占 5%，I/O 接口故障占 15%，输入设备故障占 45%，输出设备故障占 30%，线路故障占 5%。前两项共占 20%，故障属于 PLC 的内部故障，它可通过 PLC 本身的软、硬件实现检测、处理；而其余 80% 的故障属于 PLC 的外部故障，因此，PLC 生产厂家都致力于研制用于检测外部故障的专用智能模块，进一步提高系统的可靠性。

5. 编程语言多样化

在 PLC 系统结构不断发展的同时，PLC 的编程语言也越来越丰富，功能也不断提高。除了大多数 PLC 使用的梯形图编程语言外，为了适应各种控制要求，出现了面向顺序控制的步进编程语言、面向过程控制的流程图编程语言、与计算机兼容的高级编程语言（BASIC 语言、C 语言等）等。多种编程语言的并存、互补与发展是 PLC 进步的一种趋势。

3.1.8 FX 系列可编程序控制器的系统配置

1. FX 系列型号名称的含义

FX 系列 PLC 是由三菱公司推出的高性能小型可编程序控制器，已逐步替代三菱公司原 F、F1、F2 系列 PLC 产品。其中 FX2 是 1991 年推出的产品，FX0 是在 FX2 之后推出的超小型 PLC，近几年来又连续推出了将众多功能凝集在超小型机壳内的 FX0S、FX1S、FX0N、FX1N、FX2N、FX2NC 等系列 PLC，具有较高的性能价格比，应用十分广泛。它们采用整体式和模块式相结合的叠装式结构。FX 系列 PLC 型号的说明如图 3-12 所示。

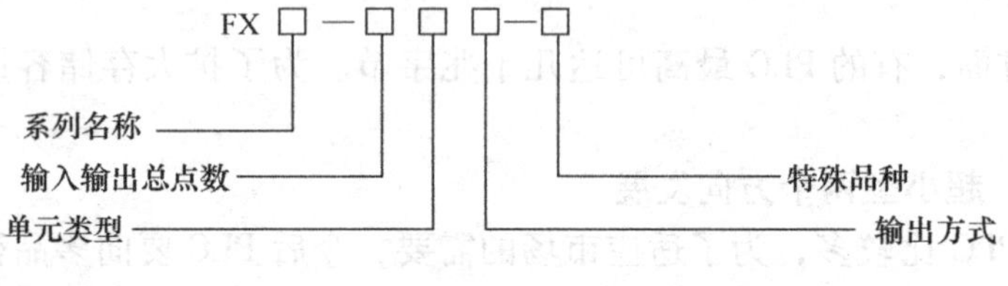

图 3-12 FX 系列 PLC 型号的说明

其中，系列名称有 0、2、0S、1S、0N、1N、2N、2NC 等。

输入/输出（I/O）总点数并不具体对应输入、输出各自点数，输入、输出各自点数要具体对应产品说明书。

单元类型：M——基本单元；E——输入/输出混合扩展单元；E_X——扩展输入模块；E_Y——扩展输出模块。

输出方式：R——继电器输出；S——晶闸管输出；T——晶体管输出。

特殊品种：D——DC 电源，DC 输出；A1——AC 电源，AC（AC 100～120V）输入或 AC 输出模块；H——大电流输出扩展模块；V——立式端子排的扩展模块；C——接插口输入/输出方式；F——输入滤波时间常数为 1ms 的扩展模块。

如果特殊品种一项无符号，则为 AC 电源、DC 输入、横式端子排、标准输出。

如 FX2N-32MT-D 表示 FX2N 系列，32 个 I/O 点基本单元，晶体管输出，使用直流电源，

24V直流输出型。

2. FX系列可编程序控制器的基本构成

FX系列PLC的硬件包括基本单元、扩展单元、扩展模块、模拟量输入/输出模块、各种特殊功能模块及外部设备等。

（1）FX系列PLC的基本单元　基本单元是构成PLC系统的核心部件，内有CPU、存储器、I/O模块、通信接口和扩展接口等。由于FX系列PLC有众多的子系列，现以FX0S，FX0N，FX2N三个子系列为例加以介绍。

1）FX0S系列的PLC基本单元。FX0S系列PLC功能简单，价格便宜，适用于小型开关量控制系统，它只有基本单元，没有扩展单元。其基本单元见表3-1。

表3-1　FX0S系列PLC的基本单元

型号				输入点数	输出点数
AC电源100~240V		DC电源24V			
继电器输出	晶体管输出	继电器输出	晶体管输出		
FX0S-10MR-001	FX0S-10MT	FX0S-10MR-D	FX0S-10MT-D	6	4
FX0S-14MR-001	FX0S-14MT	FX0S-14MR-D	FX0S-14MT-D	8	6
FX0S-20MR-001	FX0S-20MT	FX0S-20MR-D	FX0S-20MT-D	12	8
FX0S-30MR-001	FX0S-30MT	FX0S-30MR-D	FX0S-30MT-D	16	14
		FX0S-14MR-D12		8	6
		FX0S-30MR-D12		16	14

FX0S系列PLC容量为800步，有20条基本指令，2条步进指令，35种50条功能指令。FX0S系列PLC编程元件包括500多点辅助继电器，64点状态寄存器，56点定时器和1个模拟定时器，有16个16位的计数器及4点1相7kHz或1点2相32位高速加/减计数器，61点16位数据寄存器，还有64点转移用跳转指针及4点中断指针。

2）FX0N系列PLC的基本单元。FX0N系列PLC的基本单元共有12种，最大的I/O点数为60，它可带3种扩展单元，7种扩展模块，可组成24~128个I/O点的系统，其基本单元见表3-2。

表3-2　FX0N系列PLC的基本单元

型号				输入点数	输出点数	扩展模块可用点数
AC电源100~240V		DC电源24V				
继电器输出	晶体管输出	继电器输出	晶体管输出			
FX0N-24MR-001	FX0N-24MT	FX0N-24MR-D	FX0N-24MT-D	14	10	32
FX0N-40MR-001	FX0N-40MT	FX0N-40MR-D	FX0N-40MT-D	24	16	32
FX0N-60MR-001	FX0N-600MT	FX0N-60MR-D	FX0N-60MT-D	36	24	32

FX0N系列PLC的EEPROM用户存储器容量为2 000步。其基本指令有20条，步进指令2条，应用指令36种51条。FX0N系列PLC有500多点的辅助继电器，128点状态寄存器，95个定时器和45个计数器(其中高速计数器13个)，还有大量的数据寄存器，76点指

针用于跳转、中断和嵌套。FX0N 系列 PLC 有较强的通信功能，可与内置 RS-232C 通信接口的设备通信，如使用 FX0N-485APP 模块，可与计算机实现 1∶N(最多 8 台)的通信。FX0N 还备有 8 位模拟量输入/输出模块(2 路输入,1 路输出)用以实现模拟量的控制。由于 FX0N 体积小，功能强，使用灵活，特别适用于由于安装尺寸的限制而难以采用其他 PLC 的机械设备上。

3）FX2N 系列 PLC 的基本单元。FX2N 系列 PLC 是 FX 家族中最先进的 PLC 系列。

FX2N 系列 PLC 的基本单元有 16/32/48/64/80/128 点，6 个基本 FX2N 单元中的每 1 个单元都可以通过 I/O 扩展单元扩充为 256 点，其基本单元见表 3-3。

表 3-3　FX2N 系列 PLC 的基本单元

型号			输入点数	输出点数	扩展模块可用点数
继电器输出	晶闸管输出	晶体管输出			
FX2N-16MR-001	FX2N-16MS	FX2N-16MT	8	8	24～32
FX2N-32MR-001	FX2N-32MS	FX2N-32MT	16	16	24～32
FX2N-48MR-001	FX2N-48MS	FX2N-48MT	24	24	48～64
FX2N-64MR-001	FX2N-64MS	FX2N-64MT	32	32	48～64
FX2N-80MR-001	FX2N-80MS	FX2N-80MT	40	40	48～64
FX2N-128MR-001		FX2N-128MT	64	64	48～64

FX2N 系列 PLC 具有丰富的元件资源，有 3072 点辅助继电器，提供了多种特殊功能模块，可实现过程控制和位置控制。有多种 RS-232C/RS-422/RS-485 串行通信模块或功能扩展模块支持网络通信。FX2N 系列 PLC 具有较强的数学指令集，使用 32 位处理浮点数，具有方均根和三角几何指令，可满足数学功能要求很高的数据处理。

(2) FX 系列 PLC 的 I/O 扩展单元和扩展模块　FX 系列 PLC 具有较为灵活的 I/O 扩展功能，可利用扩展单元及扩展模块实现 I/O 扩展。

1）FX0N 系列 PLC 的 I/O 扩展。FX0N 系列 PLC 共有三种扩展单元，见表 3-4。FX0N 系列 PLC 的扩展模块见表 3-5。

表 3-4　FX0N 系列 PLC 的扩展单元

型号	总 I/O 数目	输入			输出	
		数目	电压	类型	数目	类型
FX0N-40ER	40	24	24V 直流	漏型	16	继电器
FX0N-40ET	40	24	24V 直流	漏型	16	晶体管
FX0N-40ER-D	40	24	24V 直流	漏型	16	继电器(直流)

表 3-5　FX0N 系列 PLC 的扩展模块

型号	总 I/O 数目	输入			输出	
		数目	电压	类型	数目	类型
FX0N-8ER	8	4	24V 直流	漏型	4	继电器
FX0N-8EX	8	8	24V 直流	漏型		

（续）

型　　号	总 I/O 数目	输　　入			输　　出	
		数　目	电　压	类　型	数　目	类　型
FX0N-16EX	16	16	24V 直流	漏型		
FX0N-8EYR	8				8	继电器
FX0N-8EYT	8				8	晶体管
FX0N-16EYR	16				16	继电器
FX0N-16EYT	16				16	晶体管

注：FX0N 系列 PLC 的扩展模块也可在 FX2N 等系列上应用。

2）FX2N 系列 PLC 的 I/O 扩展。FX2N 系列 PLC 的扩展单元见表 3-6。FX2N 系列 PLC 的扩展模块见表 3-7。

表 3-6　FX2N 系列 PLC 扩展单元

型　　号	总 I/O 数目	输　　入			输　　出	
		数　目	电　压	类　型	数　目	类　型
FX2N-32ER	32	16	24V 直流	漏型	16	继电器
FX2N-32ET	32	16	24V 直流	漏型	16	晶体管
FX2N-48ER	48	24	24V 直流	漏型	24	继电器
FX2N-48ET	48	24	24V 直流	漏型	24	晶体管
FX2N-48ER-D	48	24	24V 直流	漏型	24	继电器(直流)
FX2N-48ET-D	48	24	24V 直流	漏型	24	继电器(直流)

表 3-7　FX2N 系列 PLC 的扩展模块

型　　号	总 I/O 数目	输　　入			输　　出	
		数　目	电　压	类　型	数　目	类　型
FX2N-16EX	16	16	24V 直流	漏型		
FX2N-16EYT	16				16	晶体管
FX2N-16EYR	16				16	继电器

此外，FX 系列 PLC 还可将一块功能扩展模块安装在基本单元内，无需外部的安装空间。如：FX1N-4EX-BD 就是可用来扩展 4 个输入点的扩展模块。

（3）FX 系列的特殊功能模块

1）模拟量输入/输出模块。

① 模拟量输入/输出模块 FX0N-3A。该模块具有 2 路模拟量输入（直流 0 ~ 10V 或直流 4 ~ 20mA）通道和 1 路模拟量输出通道。其输入通道数字分辨率为 8 位，A/D 转换时间为 100μs，在模拟与数字信号之间采用光电隔离，适用于 FX1N、FX2N、FX2NC 系列 PLC，占用 8 个 I/O 点。

② 模拟量输入模块 FX2N-2AD。该模块为 2 路电压输入（直流 0 ~ 10V，直流 0 ~ 5V）或电

流输入(直流 4～20mA)，12 位高精度分辨率，转换速度为 2.5ms/通道。这个模块占用 8 个 I/O 点，适用于 FX1N、FX2N、FX2NC 系列 PLC。

③ 模拟量输入模块 FX2N-4AD。该模块有 4 个输入通道，其分辨率为 12 位，可选择电流或电压输入，选择通过用户接线来实现，可选为模拟值范围为直流 ±10V(分辨率为 5mV)或 4～20mA、－20～20mA(分辨率为 20μA)。转换的速度最高为 6ms/通道。FX2N-4AD 占用 8 个 I/O 点。

④ 模拟量输出模块 FX2N-2DA。该模块用于将 12 位的数字量转换成模拟量输出。输出的形式可为电压，也可为电流，其选择取决于接线不同。电压输出时，两个模拟输出通道输出信号为直流 0～10V，直流 0～5V；电流输出时为直流 4～20mA。分辨率为 2.5mV(0～10V)和 4μA(4～20mA)，转换速度为 4ms/通道。本模块需占用 8 个 I/O 点，适用于 FX1N、FX2N、FX2NC 子系列 PLC。

⑤ 模拟量输出模块 FX2N-4DA。该模块有 4 个输出通道，提供了 12 位高精度分辨率的数字输入。其转换速度为 2.1ms/4 通道，使用的通道数变化不会改变转换速度。其他的性能与 FX2N-2DA 相似。

⑥ 模拟量输入模块 FX2N-4AD-PT。该模块与 PT100 型温度传感器匹配，将来自四个铂温度传感器(PT100,3 线,100Ω)的输入信号放大，并将数据转换成 12 位可读数据，存储在主机单元中，摄氏温度和华氏温度数据都可读取。它内部有温度变送器和模拟量输入电路，可以矫正传感器的非线性，读分辨率为 0.2～0.3℃，转换速度为 15ms/每通道。所有的数据传送和参数设置都可以通过 FX2N-4AD-PT 的软件组态完成，由 FX2N 的“TO/FROM”应用指令来实现。FX2N-4AD-PT 占用 8 个 I/O 点，可用于 FX1N、FX2N、FX2NC 系列 PLC，为温度控制系统提供了方便。

⑦ 模拟量输入模块 FX2N-4AD-TC。该模块与热电耦型温度传感器匹配，将来自四个热电耦传感器的输入信号放大，并将数据转换成 12 位的可读数据，存储在主单元中，摄氏温度和华氏温度数据均可读取。它可与 K 型(－100～1200℃)和 J 型(－100～600℃)热电耦配套使用，读分辨率在类型为 K 时为 0.2℃，类型为 J 时为 0.3℃。4 个通道分别使用 K 型或 J 型，转换速度为 240ms/通道。所有的数据传输和参数设置都可以通过 FX2N-4AD-TC 的软件组态完成，占用 8 个 I/O 点。

2）PID 过程控制模块。FX2N-2LC 温度调节模块常用在温度控制系统中。该模块配有 2 通道的温度输入和 2 通道晶体管输出，即同时能组成两个温度调节系统。该模块提供了自调节的 PID 控制和 PI 控制，控制的运行周期为 500ms，占用 8 个 I/O 点，可用于 FX1N、FX2N、FX2NC 系列 PLC。

3）定位控制模块。在机械工作运行过程中，工作的速度与精度往往存在矛盾，为提高机械效率而提高速度时，停车控制上便会出现问题，所以进行定位控制是十分必要的。举一个简单的例子，电动机带动的机械由起动位置返回原位，如以最快的速度返回，由于高速停车惯性大，则在返回原位时偏差必然较大，如图 3-13a 所示；若采用图 3-13b 的方式先减速便可保证定位的准确性。

在位置控制系统中常会采用伺服电动机和步进电动机作为驱动装置。既可采用开环控制，也可采用闭环控制。对于步进电动机，可以采用调节发送脉冲的速度改变机械的工作速度。使用 FX 系列 PLC，通过脉冲输出形式的定位单元或模块，即可实现一点或多点的定

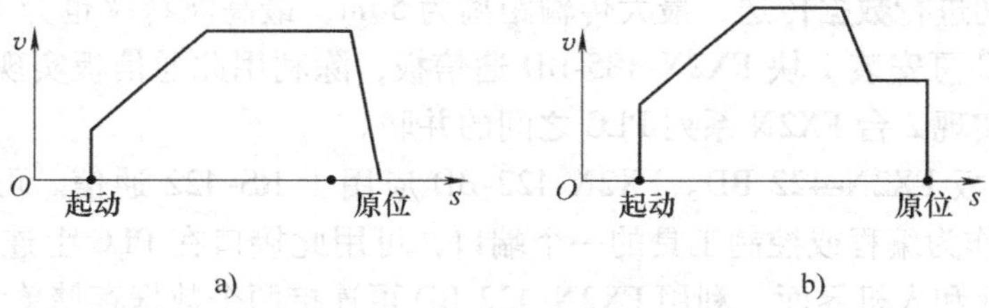

图 3-13　定位控制模块

位。下面介绍 FX2N 系列 PLC 的脉冲输出模块和定位控制模块。

① 脉冲输出模块 FX2N-1PG。FX2N-1PG 脉冲发生器单元可以完成一个对独立轴的定位，这是通过向伺服电动机或步进电动机的驱动放大器提供指定数量的脉冲来实现的。FX2N-1PG 只用于 FX2N 子系列，用“FROM/TO”指令设定各种参数，读出定位值和运行速度，该模块占用 8 个 I/O 点，输出最高为 100kHz 的脉冲串。

② 定位控制器 FX2N-10GM。FX2N-10GM 为脉冲序列输出单元，它是单轴定位单元，不仅能处理单速定位和中断定位，而且能处理复杂的控制，如多速操作。FX2N 系列 PLC 最多可连接 8 块 FX2N-10GM，其最大输出脉冲为 200kHz。

③ 定位控制器 FX2N-20GM。一个 FX2N-20GM 可控制两个轴，可执行直线插补、圆弧插补或独立的两轴定位控制，最大输出脉冲串为 200kHz（在插补期间，最大为 100kHz）。FX2N-10GM、FX2N-20GM 均具有流程图的编程软件，可使程序的开发具有可视性。

④ 可编程凸轮开关 FX2N-1RM-E-SET。在机械传动控制中经常要对角度位置进行检测。在不同的角度位置时发出不同的导通、关断信号，过去采用机械凸轮开关，机械凸轮开关虽精度高但易磨损。可编程凸轮开关 FX2N-1RM-E-SET 可用来取代机械凸轮开关实现高精度角度位置检测，配套的转角传感器电缆长度最长可达 100m，应用时与其他可编程凸轮开关主体、无刷分解器等一起可进行高精度的动作角度设定和监控，其内部有 EEPROM，无需电池，可存储 8 种不同的程序。FX2N-1RM-E-SET 可接在 FX2N 系列 PLC 上，也可单独使用，FX2N 系列 PLC 最多可接 3 块。它在程序中占用 8 个 I/O 点。

4）数据通信模块。PLC 的通信模块是用来完成与别的 PLC、其他智能控制设备或计算机之间的通信。以下简单介绍 FX 系列 PLC 通信扩展板及接口模块。

① 通信扩展板 FX2N-232-BD。FX2N-232-BD 是以 RS-232C 传输标准连接 PLC 与其他设备的接口板，如个人计算机、条码阅读器或打印机等。它可安装在 FX2N 系列 PLC 内部，其最大传输距离为 15m，最高波特率为 19 200bit/s，利用专用软件可实现对 PLC 运行状态的监控，也可由个人计算机向 PLC 传送程序。

② 通信接口模块 FX2N-232IF。FX2N-232IF 连接到 FX2N 系列 PLC 上，可实现与其他配有 RS-232C 接口的设备进行全双工串行通信，如个人计算机、打印机及条形码读出器等。在 FX2N 系列 PLC 上最多可连接 8 块 FX2N-232IF 模块，用“FROM/TO”指令收发数据。其最大传输距离为 15m，最高波特率为 19 200bit/s，占用 8 个 I/O 点。数据长度、串行通信波特率等都可由特殊数据寄存器设置。

③ 通信扩展板 FX2N-485-BD。FX2N-485-BD 用于 RS-485 通信方式。它可以应用于无协议的数据传送。FX2N-485-BD 在无协议通信方式时，利用 RS 指令在个人计算机、条码阅

读器及打印机之间进行数据传送，最大传输距离为 50m，最高波特率也为 19 200bit/s。每 1 台 FX2N 系列 PLC 可安装 1 块 FX2N-485-BD 通信板，除利用此通信板实现与计算机的通信外，还可以用它实现 2 台 FX2N 系列 PLC 之间的并联。

④ 通信扩展板 FX2N-422-BD。FX2N-422-BD 应用于 RS-422 通信。可连接到 FX2N 系列的 PLC 上，并作为编程或控制工具的一个端口，可用此接口在 PLC 上连接 PLC 的外部设备、数据存储单元和人机界面。利用 FX2N-422-BD 可连接两个数据存储单元(DU)或一个数据存储单元和一个编程工具，但一次只能连接一个编程工具。每一个基本单元只能连接一个 FX2N-422-BD，且不能与 FX2N-485-BD 或 FX2N-232-BD 一起使用。

⑤ 接口模块 MSLSECNET/MINI。采用 MSLSECNET/MINI 接口模块，FX 系列 PLC 可用作 A 系列 PLC 的本地控制站构成集散控制系统。

以上仅对 FX 系列 PLC 通信模块作了简单介绍，具体的应用在以后的章节中再做详述。

5）高速计数模块。PLC 中普通的计数器由于受到扫描周期的限制，其最高的工作频率不高，一般仅有几十 kHz，而在工业应用中有时会超过这个工作频率，高速计数模块可以满足这一要求，它可达到对几十 kHz 以上，甚至 MHz 的脉冲计数。FX2N 系列 PLC 内部设有高速计数器，系统还配有 FX2N-1HC 高速计数模块，可作为 2 相 50kHz 1 通道的高速计数器，通过 PLC 的指令或外部输入可进行计数器的复位或启动，其技术指标见表 3-8。

表 3-8　FX2N-1HC 高速计数模块技术指标

项　目	描　述
信号等级	5V、12V 和 24V 依赖于连接端子。线驱动器输出型连接到 5V 端子上
频率	单相单输入：不超过 50kHz 单相双输入：每个不超过 50kHz 双相双输入：不超过 50kHz(1 倍数)；不超过 25kHz(2 倍数)； 不超过 12.5kHz(4 倍数)
计数器范围	32 位二进制计数器：-2 147 483 648 ~ +2 147 483 647 16 位二进制计数器：0 ~ 65 535
计数方式	自动时向上/向下(单相双输入或双相双输入)；当工作在单相单输入方式时，向上/向下由一个 PLC 或外部输入端子确定
比较类型	YH：直接输出，通过硬件比较器处理 YS：软件比较器处理后输出，最大延时时间为 300ms
输出类型	NPN 开路输出(2 点)，5 ~ 24V 直流，每点 0.5A
辅助功能	可以通过 PLC 的参数来设置模式和比较结果。可以监测当前值、比较结果和误差状态
占用的 I/O 点数	这个模块占用 8 输入或输出点(输入或输出均可)
基本单元提供的电源	5V、90mA 直流(主单元提供的内部电源或电源扩展单元)
适用的控制器	FX1N/FX2N/FX2NC(需要 FX2NC-CNV-IF)
尺寸(宽)×(厚)×(高)	55mm×87mm×90mm(2.71in×3.43in×3.54in)
质量(重量)	0.3kg

（4）FX系列PLC的编程器及其他外部设备

1）FX系列编程器。编程器是PLC的一个重要外围设备，用它可将用户程序写入PLC用户程序存储器。它一方面对PLC进行编程，另一方面又能对PLC的工作状态进行监控。随着PLC技术的发展，编程语言的不断多样化，编程器的功能也不断增加。

① 简易编程器：FX系列PLC的简易编程器也较多，最常用的是FX-10P-E和FX-20P-E手持型简易编程器，它们具有体积小、重量轻、价格便宜及功能强的特点。简易编程器有在线编程和离线编程两种方式，采用液晶显示屏显示，分别显示2行和4行字符，配有ROM写入器接口、存储器卡盒接口。简易编程器可用指令表的形式读出、写入、插入和删除指令，进行用户程序的输入和编辑，可监视位编程元件的ON/OFF状态和字编程元件中的数据，如计数器、定时器的当前值及设定值、内部数据寄存器存储的数据以及PLC内部的其他信息。

② PC+编程开发软件：FX系列还有一些编程开发软件，如GX-Developer编程软件，它可以用于生成涵盖所有三菱PLC设备的软件包，使用该软件可以为FX、A、Q等系列PLC生成程序。GX-Developer编程软件包是一个用来开发FX系列PLC程序的软件包，可用梯形图、指令表和顺序功能图来写入和编辑程序，并能进行各种编程方式的转换，它应用于Windows操作系统，这对于调试操作和维护操作来说，可以大大提高工作效率，具有较强的兼容性。

2）其他外部设备。在一个PLC控制系统中，还有一些辅助设备，如打印机、EPROM写入器外存模块等。

（5）FX系列PLC各单元模块的连接　FX系列PLC吸取了整体式和模块式PLC的优点，各单元间采用叠装式连接，即PLC的基本单元、扩展单元和扩展模块深度及高度均相同，连接时不用基板，仅用扁平电缆连接，构成一个整齐的长方体。使用“FROM/TO”指令的特殊功能模块，如模拟量输入和输出模块、高速计数模块等，可直接连接到FX系列PLC的基本单元，或连到其他扩展单元、扩展模块。根据它们与基本单元的距离，对每个模块按0~7的顺序编号。FX系列PLC最多可连接8个特殊功能模块。

（6）FX系列PLC的性能指标　在使用FX系列PLC之前，需对其主要性能指标进行认真查阅，只有选择了符合要求的产品才能达到既可靠又经济的要求。

1）FX系列PLC性能比较。以上我们已对FX系列PLC的基本单元、扩展单元及特殊功能模块等做了介绍，尽管FX系列中FX0S、FX1S、FX1N、FX2N等在外形尺寸上相差不多，但在性能上却有较大的差别，其中FX2N和FX2NC子系列，在FX系列PLC中功能最强、性能最好。FX系列PLC主要产品的性能比较见表3-9。

表3-9　FX系列PLC主要产品的性能比较

型　号	I/O点数	基本指令执行时间	功能指令	模拟模块量	通　信
FX0S	10~30	1.6~3.6μs	50	无	无
FX0N	24~128	1.6~3.6μs	55	有	较强
FX1N	14~128	0.55~0.7μs	177	有	较强
FX2N	16~256	0.08μs	298	有	强

2）FX 系列 PLC 的环境指标。FX 系列 PLC 的环境指标见表 3-10。

表 3-10　FX 系列 PLC 的环境指标

环境温度	使用温度 0 ~ 550℃，储存温度 −20 ~ 700℃
环境湿度	使用时 35% ~ 85% RH(无凝露)
防振性能	JISC0911 标准，10 ~ 55Hz，0.5 mm(最大 $2g$，g 为重力加速度)，3 轴方向各 2 次(但用 DIN 导轨安装时为 $0.5g$)
抗冲击性能	JISC0912 标准，$10g$，3 轴方向各 3 次
抗噪声能力	可抗噪声模拟器产生的电压为 1 000V(峰峰值)、脉宽 1μs、30 ~ 100Hz 的噪声
绝缘耐压	AC 1 500V，1min(接地端与其他端子间)
绝缘电阻	5MΩ 以上(DC 500V，兆欧表测量，接地端与其他端子间)
接地电阻	第三种接地，如接地有困难，可以不接
使用环境	无腐蚀性气体，无尘埃

3）FX 系列 PLC 的输入技术指标。FX 系列 PLC 的输入技术指标见表 3-11。

表 3-11　FX 系列 PLC 的输入技术指标

项目 \ 输入端	X000 ~ X003 (FX0S)	X004 ~ X017 (FX0S) X000 ~ X007 (FX0N、1S、1N、2N)	X010 及以上输入点(FX0N、1S、1N、2N)	X000 ~ X003 (FX0S)	X004 ~ X017 (FX0S)
输入电压/V	DC 24(1 ±10%)			DC 12(1 ±10%)	
输入电流/mA	8.5	7	5	9	10
输入阻抗/kΩ	2.7	3.3	4.3	1	1.2
输入 ON 电流/mA	>4.5	>4.5	>3.5	>4.5	>4.5
输入 OFF 电流/mA	<1.5	<1.5	<1.5	<1.5	<1.5
输入响应时间	约 10ms，其中：FX0S、FX1N 的 X000 ~ X017 和 FX0N 的 X000 ~ X007 为 0 ~ 15ms 可变，FX2N 的 X000 ~ X017 为 0 ~ 60ms 可变				
输入信号形式	无电压触点，或 NPN 集电极开路晶体管				
电路隔离	光耦合器隔离				
输入状态显示	输入 ON 时 LED 灯亮				

4）FX 系列 PLC 的输出技术指标。FX 系列 PLC 的输出技术指标见表 3-12。

表 3-12　FX 系列 PLC 的输出技术指标

项　目	继电器输入	晶闸管输出	晶体管输出
外部电源	AC 250V 或 DC 30V 以下	AC 85 ~ 240V	DC 5 ~ 30V
最大电阻负载	2A/1 点、8A/4 点、8A/8 点	0.3A/1 点、0.8A/4 点 (1A/1 点 2A/4 点)	0.5A/1 点、0.8A/4 点 (0.1A/1 点、0.4A/4 点) (1A/1 点、2A/4 点) (0.3A/1 点、1.6A/16 点)

（续）

项　　目	继电器输入	晶闸管输出	晶体管输出
最大感性负载	80VA	15VA/AC 100V、30VA/AC 200V	12W/DC 24V
最大灯负载	100W	30W	1.5W/DC 24V
开路漏电流	—	1mA/AC 100V 2mA/AC 200V	0.1mA 以下
响应时间	约 10ms	ON：1ms，OFF：10ms	ON：<0.2ms，OFF：<0.2ms 大电流 OFF 为 0.4ms 以下
电路隔离	继电器隔离	光敏晶闸管隔离	光耦合器隔离
输出动作显示	输出 ON 时 LED 亮		

3.1.9　FX 系列可编程序控制器的编程元件

1. 可编程序控制器的编程元件概述

不同厂家、不同系列的 PLC，其内部软继电器（编程元件）的功能和编号也不相同，因此用户在编制程序时，必须熟悉所选用 PLC 的每条指令所涉及编程元件的功能和编号。

FX 系列 PLC 的编程元件及编号见表 3-13。FX 系列 PLC 编程元件的编号由字母和数字组成，其中输入继电器和输出继电器用八进制数字编号，其他均采用十进制数字编号。为了能全面了解 FX 系列 PLC 的编程元件，本节以 FX2N 为例进行介绍。

表 3-13　FX 系列 PLC 的编程元件及编号

编程元件种类 ＼ PLC 型号		FX0S	FX1S	FX0N	FX1N	FX2N（FX2NC）
输入继电器 X（按 8 进制编号）		X000 ~ X017（不可扩展）	X000 ~ X017（不可扩展）	X000 ~ X043（可扩展）	X000 ~ X043（可扩展）	X000 ~ X077（可扩展）
输出继电器 Y（按 8 进制编号）		Y000 ~ Y015（不可扩展）	Y000 ~ Y015（不可扩展）	Y000 ~ Y027（可扩展）	Y000 ~ Y027（可扩展）	Y000 ~ Y077（可扩展）
辅助继电器 M	普通用	M0 ~ M495	M0 ~ M383	M0 ~ M383	M0 ~ M383	M0 ~ M499
	保持用	M496 ~ M511	M384 ~ M511	M384 ~ M511	M384 ~ M1535	M500 ~ M3071
	特殊用	M8000 ~ M8255（具体见使用手册）				
状态寄存器 S	初始状态用	S0 ~ S9	S0 ~ S9	S0 ~ S9	S0 ~ S9	S0 ~ S9
	返回原点用	—	—	—	—	S10 ~ S19
	普通用	S10 ~ S63	S10 ~ S127	S10 ~ S127	S10 ~ S999	S20 ~ S499
	保持用	—	S0 ~ S127	S0 ~ S127	S0 ~ S999	S500 ~ S899
	信号报警用	—	—	—	—	S900 ~ S999

（续）

编程元件种类 \ PLC 型号		FX0S	FX1S	FX0N	FX1N	FX2N（FX2NC）
定时器 T	100ms	T0 ~ T49	T0 ~ T62	T0 ~ T62	T0 ~ T199	T0 ~ T199
	10ms	T24 ~ T49	T32 ~ T62	T32 ~ T62	T200 ~ T245	T200 ~ T245
	1ms	—	—	T63	—	—
	1ms 累积	—	T63	—	T246 ~ T249	T246 ~ T249
	100ms 累积	—	—	—	T250 ~ T255	T250 ~ T255
计数器 C	16 位增计数（普通）	C0 ~ C13	C0 ~ C15	C0 ~ C15	C0 ~ C15	C0 ~ C99
	16 位增计数（保持）	C14、C15	C16 ~ C31	C16 ~ C31	C16 ~ C199	C100 ~ C199
	32 位增/减计数（普通）	—	—	—	C200 ~ C219	C200 ~ C219
	32 位增/减计数（保持）	—	—	—	C220 ~ C234	C220 ~ C234
	高速计数器	C235 ~ C255（具体见使用手册）				
数据寄存器 D	16 位普通用	D0 ~ D29	D0 ~ D127	D0 ~ D127	D0 ~ D127	D0 ~ D199
	16 位保持用	D30、D31	D128 ~ D255	D128 ~ D255	D128 ~ D7999	D200 ~ D7999
	16 位特殊用	D8000 ~ D8069	D8000 ~ D8255	D8000 ~ D8255	D8000 ~ D8255	D8000 ~ D8195
	16 位变址用	V Z	V0 ~ V7 Z0 ~ Z7	V Z	V0 ~ V7 Z0 ~ Z7	V0 ~ V7 Z0 ~ Z7
指针 N、P、I	嵌套用	N0 ~ N7	N0 ~ N7	N0 ~ N7	N0 ~ N7	N0 ~ N7
	跳转用	P0 ~ P63	P0 ~ P63	P0 ~ P63	P0 ~ P127	P0 ~ P127
	输入中断用	I00 * ~ I30 *	I00 * ~ I50 *	I00 * ~ I30 *	I00 * ~ I50 *	I00 * ~ I50 *
	定时器中断	—	—		—	I6 * * ~ I8 * *
	计数器中断	—	—		—	I010 ~ I060
常数 K、H	16 位	K：-32768 ~ 32767		H：0000 ~ FFFFH		
	32 位	K：-2147483648 ~ 2147483647		H：00000000 ~ FFFFFFFF		

注：I00 * ~ I50 * 中，“ * ”为 0 或者 1，0 代表下降沿中断，1 代表上升沿中断。

I6 * * ~ I8 * * 为 PLC 内部定时中断号，共 3 点，“ * * ”取 10 ~ 99，代表时间为 10 ~ 99ms。

2. FX2N 系列 PLC 编程元件

（1）输入继电器（X） 输入继电器与输入端相连，它是专门用来接受 PLC 外部开关信号的元件。PLC 通过输入接口将外部输入信号状态（接通时为“1”，断开时为“0”）读入并存储在输入映像寄存器中。图 3-14 所示为输入继电器的等效电路。

输入继电器必须由外部信号驱动，不能用程序驱动，所以在程序中不可能出现其线圈。由于输入继电器为输入映像寄存器中的状态，所以其触点的使用次数不限。

FX 系列 PLC 的输入继电器以八进制进行编号，其中 FX2N 输入继电器的编号范围为

X000 ~ X267(184点)。

注意：基本单元输入继电器的编号是固定的，扩展单元和扩展模块是按与基本单元最靠近的开始，顺序进行编号。如：基本单元FX2N-64M的输入继电器编号为X000 ~ X037(32点)，如果接有扩展单元或扩展模块，则扩展的输入继电器从X040开始编号。

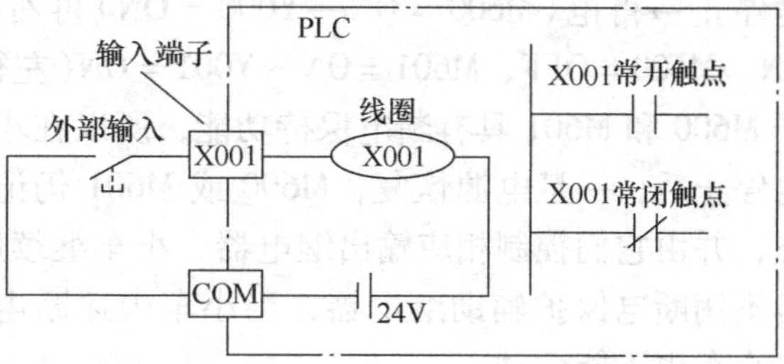

图3-14　输入继电器的等效电路

(2) 输出继电器(Y)　输出继电器用来将PLC内部信号输出传送给外部负载(用户输出设备)的元件。输出继电器线圈是由PLC内部程序的指令驱动，其线圈状态传送给输出单元，再由输出单元对应的硬触点来驱动外部负载。图3-15所示为输出继电器的等效电路。

每个输出继电器在输出单元中都对应有唯一1个常开硬触点，但在程序中供编程的输出继电器，不管是常开还是常闭触点，都可以无数次使用。

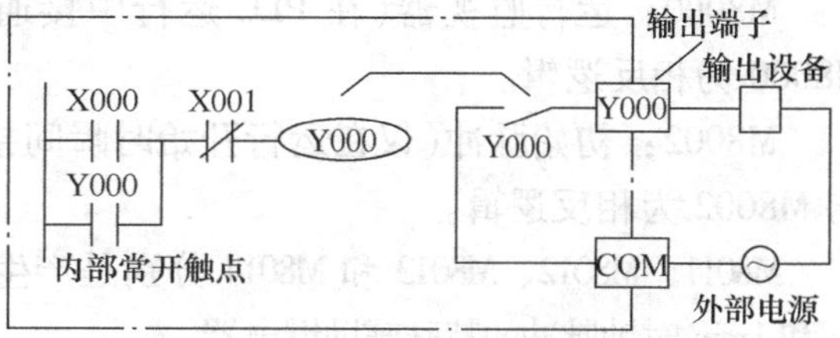

图3-15　输出继电器的等效电路

FX系列PLC的输出继电器也是八进制编号，其中FX2N输出继电器的编号范围为Y000 ~ Y267(184点)。与输入继电器一样，基本单元的输出继电器编号是固定的，扩展单元和扩展模块的编号也是按与基本单元最靠近的开始，顺序进行编号。

在实际使用中，输入、输出继电器的数量，要看具体系统的配置情况。

(3) 辅助继电器(M)　辅助继电器是PLC中数量最多的一种继电器，一般的辅助继电器与继电器控制系统中的中间继电器相似。

辅助继电器不能直接驱动外部负载，其常开与常闭触点在PLC内部编程时可无限次使用。辅助继电器采用M与十进制数共同组成编号。

1) 通用辅助继电器(M0 ~ M499)。FX2N系列PLC共有500点通用辅助继电器。通用辅助继电器在PLC运行时，如果电源突然断电，则全部线圈均OFF。当电源再次接通时，除了因外部输入信号而变为ON的以外，其余的仍将保持OFF状态，它们没有断电保持功能。通用辅助继电器常在逻辑运算中用于辅助运算、状态暂存、移位等。根据需要可通过程序设定将M0 ~ M499变为断电保持辅助继电器。

2) 断电保持辅助继电器(M500 ~ M3071)。FX2N系列PLC有M500 ~ M3071共2572个断电保持辅助继电器。它与普通辅助继电器不同的是具有断电保持功能，即能记忆电源中断瞬时的状态，并在重新通电后再现其状态。它之所以能在电源断电时保持其原有的状态，是因为电源中断时用PLC中的锂电池保持它们映像寄存器中的内容。其中M500 ~ M1023可由程序将其设定为通用辅助继电器。

下面通过小车往返运动控制来说明断电保持辅助继电器的应用，如图3-16所示。

小车的往返运动中，用M600、M601控制输出继电器驱动小车运动，X001、X000为限位输入信号。运行的过程是X000 = ON→M600 = ON→Y000 = ON→小车右行→停电→小车中途停止→得电(M600 = ON→Y000 = ON)再右行→X001 = ON→M600 = OFF、M601 = ON→Y001 = ON(左行)。可见由于 M600 和 M601 具有断电保持功能，所以在小车中途因停电停止后，一旦电源恢复，M600 或 M601 仍记忆原来的状态，并由它们控制相应输出继电器，小车继续原方向运动。若不用断电保护辅助继电器，当小车中途断电后，再次得电小车也不能运动。

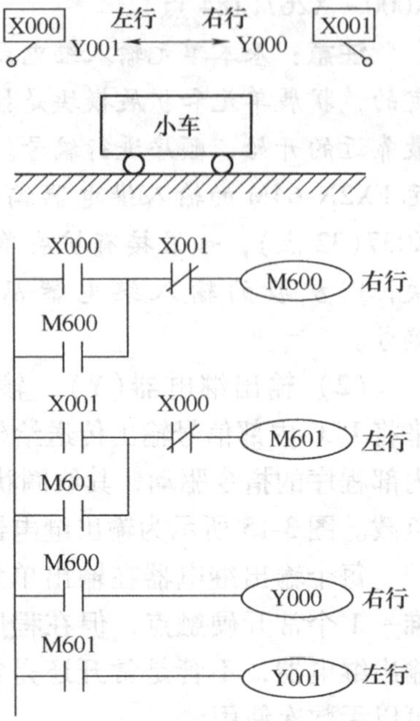

图 3-16 断电保持辅助继电器的作用

3）特殊辅助继电器。PLC 内有大量的特殊辅助继电器，它们都有各自的特殊功能。FX2N 系列 PLC 中有 256 个特殊辅助继电器，可分成触点型和线圈型两大类。

① 触点型，其线圈由 PLC 自动驱动，用户只可使用其触点。如：

M8000：运行监视器(在 PLC 运行中接通)，M8001 与 M8000 为相反逻辑。

M8002：初始脉冲(仅在运行开始时瞬间接通)，M8003 与 M8002 为相反逻辑。

M8011、M8012、M8013 和 M8014 分别是产生 10ms、100ms、1s 和 1min 时钟脉冲的特殊辅助继电器。

M8000、M8002、M8012 的波形图如图 3-17 所示。

② 线圈型，由用户程序驱动线圈后，PLC 执行特定的动作。如：

M8033：若使其线圈得电，则 PLC 停止时保持输出映像寄存器和数据寄存器的内容。

M8034：若使其线圈得电，则将 PLC 的输出全部禁止。

M8039：若使其线圈得电，则 PLC 按 D8039 中指定的扫描时间工作。

(4) 状态器(S) 状态器用来记录系统运行中的状态，是编制顺序控制程序的重要编程元件，它与后述的步进梯形指令 STL 配合应用。

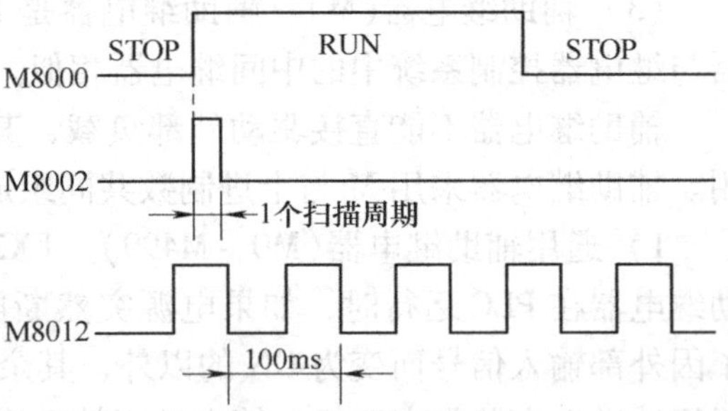

图 3-17 M8000、M8002、M8012 的波形图

如图 3-18 所示，我们用机械手的动作简单介绍状态器(S)的作用。当起动信号 X000 有效时，机械手下降，到下降到位信号 X001 为 ON 时，开始夹紧工件，加紧到位信号 X002 为 ON 时，机械手上升，上限信号 X003 为 ON 时则停止。整个过程可分为三步，每一步分别用状态器 S20、S21、S22 记录。每个状态器都有各自的置位和复位信号(如 S21 由 X001 置位，X002 复位)，并有各自的操作(驱动 Y000、Y001、Y002)。从起动开始由上至下随着状态动作的转移，下一状态动作时则上一状态自动返回原状，使每一步的工作互不干扰，不必考虑不同步之间元件的联锁，使设计清晰简洁。

状态器有五种类型：初始状态器 S0 ~ S9，共 10 点；回零状态器 S10 ~ S19，共 10 点；通用状态器 S20 ~ S499，共 480 点；具有状态断电保持的状态器有 S500 ~ S899，共 400 点；供报警用的状态器(可用作外部故障诊断输出)S900 ~ S999，共 100 点。

在使用状态器时应注意：

1）状态器与辅助继电器一样有无数的常开和常闭触点；

2）状态器不与步进梯形指令STL配合使用时，可作为辅助继电器使用；

3）FX2N系列PLC可通过程序设定，将S0～S499设置为有断电保持功能的状态器。

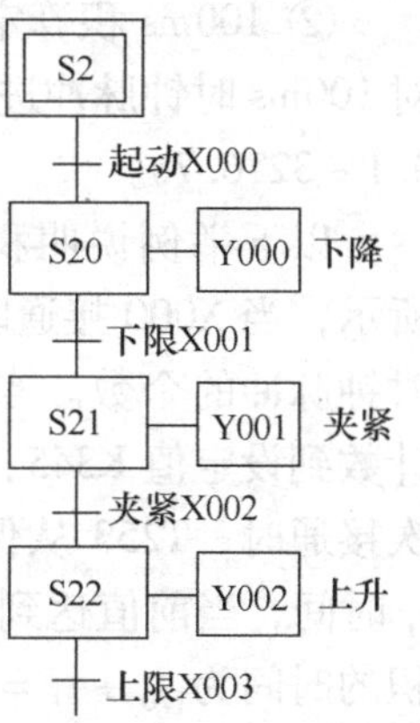

图3-18　状态器(S)的作用

（5）定时器(T)　PLC中的定时器(T)相当于继电器控制系统中的通电延时型时间继电器，它可以提供无限对常开常闭延时触点。定时器中有一个设定值寄存器(一个字长)，一个当前值寄存器(一个字长)和一个用来存储其输出触点的映像寄存器(一个二进制位)，这三个量使用同一地址编号，但使用场合不一样，意义也不同。

FX2N系列PLC中定时器时可分为通用定时器和积算定时器两种。它们是通过对一定周期的时钟脉冲进行累计而实现定时的，时钟脉冲有周期为1ms、10ms、100ms三种，当所计数达到设定值时触点动作。设定值可用常数K或数据寄存器D的内容来设置。

1）通用定时器。通用定时器的特点是不具备断电保持功能，即当输入电路断开或停电时定时器复位。通用定时器有100ms和10ms两种。

① 100ms通用定时器(T0～T199)：共200点，其中T192～T199为子程序和中断服务程序专用定时器。这类定时器是对100ms时钟累积计数，设定值为1～32 767，所以其定时范围为0.1～3 276.7s。

② 10ms通用定时器(T200～T245)：共46点。这类定时器是对10ms时钟累积计数，设定值为1～32 767，所以其定时范围为0.01～327.67s。

下面举例说明通用定时器的工作原理。如图3-19所示，当输入X000接通时，定时器T200从0开始对10ms时钟脉冲进行累积计数，当计数值与设定值K123相等时，定时器的常开触点闭合，接通Y000线圈，经过的时间为123×0.01s=1.23s，当X000断开后定时器复位，计数值变为0，其常开触点断开，Y000线圈断电。若外部电源断电，定时器也将复位。

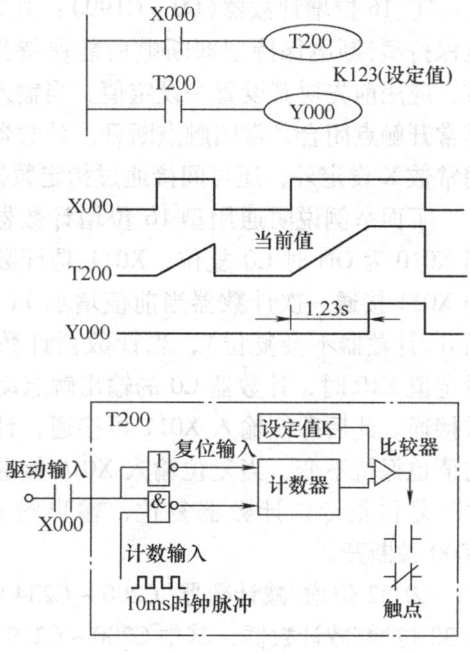

图3-19　通用定时器的工作原理

2）积算定时器。积算定时器具有计数累积的功能。在定时过程中如果断电或定时器线圈状态为OFF，积算定时器将保持当前的计数值(当前值)，通电或定时器线圈状态为ON后继续累积，即其当前值具有保持功能，只有将积算定时器复位，当前值才变为0。

① 1ms积算定时器(T246～T249)：共4点，是对1ms时钟脉冲进行累积计数的，定时的时间范围为0.001～32.767s。

② 100ms 积算定时器(T250 ~ T255)：共 6 点，是对 100ms 时钟脉冲进行累积计数的，定时的时间范围为 0. 1 ~3276. 7s。

以下举例说明积算定时器的工作原理。如图 3-20 所示，当 X000 接通时，T253 计数器开始累积 100ms 的时钟脉冲的个数。当 X000 经 t_0 后断开，而 T253 尚未计数到设定值 K345，其计数的当前值保持，当 X000 再次接通时，T253 从保持的当前值开始继续累积，经过 t_1 时间，当前值达到 K345 时，定时器的触点动作。累积的时间为 $t_0 + t_1 = 0.1 \times 345\ s = 34.5s$。当复位输入 X001 接通时，定时器才复位，当前值变为 0，触点也随之复位。

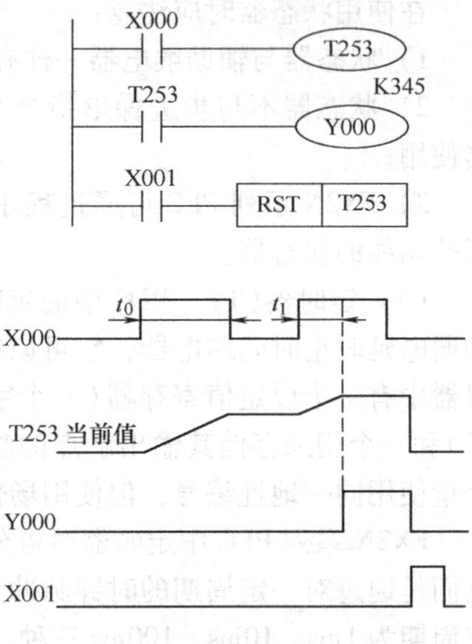

图 3-20　积算定时器的工作原理

(6) 计数器(C)　FX2N 系列 PLC 的计数器分为内部计数器和高速计数器两类。

1) 内部计数器。内部计数器是在执行扫描操作时对内部信号(如 X、Y、M、S、T 等)进行计数。内部输入信号的接通和断开时间应比 PLC 的扫描周期稍长。

① 16 位增计数器(C0 ~ C199)：共 200 点，其中 C0 ~ C99 为通用型，C100 ~ C199 为断电保持型(断电保持型即断电后能保持当前值,待通电后继续计数)。这类计数器为递加计数，应用前先对其设置一设定值，当输入信号(上升沿)个数累加到设定值时，计数器动作，其常开触点闭合，常闭触点断开。计数器的设定值为1 ~ 32 767(16 位二进制)，设定值除了用常数 K 设定外，还可间接通过指定数据寄存器设定。

下面举例说明通用型 16 位增计数器的工作原理。如图 3-21 所示，X010 为复位信号，当 X010 为 ON 时 C0 复位，X011 是计数输入，每当 X011 接通一次计数器当前值增加 1(注意 X010 断开,计数器不会复位)，当计数器计数当前值为设定值 K10 时，计数器 C0 的输出触点动作，Y000 被接通。此后即使输入 X011 再接通，计数器的当前值也保持不变，当复位输入 X010 接通时，执行 RST 复位指令，计数器复位，输出触点也复位，Y000 被断开。

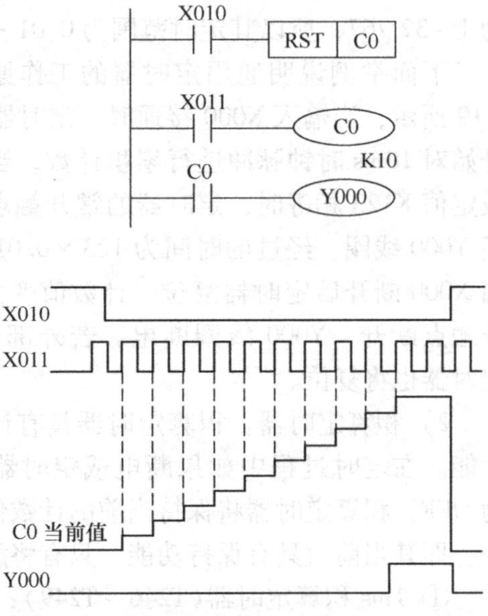

图 3-21　通用型 16 位增计数器的工作原理

② 32 位增/减计数器(C200 ~ C234)：共有 35 点 32 位增/减计数器，其中 C200 ~ C219(共 20 点)为通用型，C220 ~ C234(共 15 点)为断电保持型。这类计数器与 16 位增计数器除位数不同外，还在于它能通过控制实现增/减双向计数，设定值范围均为 -214 783 648 ~ +214 783 647(32 位)。

C200 ~ C234 是增计数还是减计数，分别由特殊辅助继电器 M8200 ~ M8234 设定。对应的特殊辅助继电器被置为 ON 时为减计数，置为 OFF 时为增计数。

计数器的设定值与 16 位计数器一样，可直接用常数 K 或间接用数据寄存器 D 的内容作为设定值。在间接设定时，要用编号紧连在一起的两个数据寄存器。

如图 3-22 所示，X010 用来控制 M8200，X010 闭合时为减计数方式。X012 为计数输入，C200 的设定值为 K5（可正、可负），设置 C200 为增计数方式（M8200 为 OFF），当 X012 计数输入累加由 4→5 时，计数器的输出触点动作。当前值大于 5 时计数器仍为 ON 状态，只有当前值由 5→4 时，计数器才变为 OFF。只要当前值小于 4，其输出即保持为 OFF 状态。复位输入 X011 接通时，计数器的当前值为 0，输出触点也随之复位。

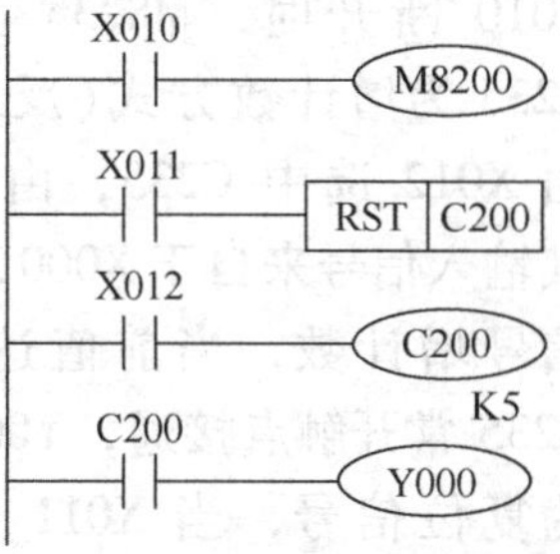

图 3-22　32 位增/减计数器

2）高速计数器（C235 ~ C255）。高速计数器与内部计数器相比，除允许输入频率高之外，应用也更为灵活，高速计数器均有断电保持功能，通过参数设定也可变成非断电保持。FX2N 系列 PLC 有 C235 ~ C255 共 21 点高速计数器，适合用来作为高速计数器输入的 PLC 输入端口有 X000 ~ X007，X000 ~ X007 不能重复使用，即某一个输入端已被某个高速计数器占用，它就不能再用于其他高速计数器，也不能用作它用。各高速计数器对应的输入端见表 3-14。

表 3-14　高速计数器简表

输入计数器		X000	X001	X002	X003	X004	X005	X006	X007
单相单计数输入	C235	U/D							
	C236		U/D						
	C237			U/D					
	C238				U/D				
	C239					U/D			
	C240						U/D		
	C241	U/D	R						
	C242			U/D	R				
	C243				U/D	R			
	C244	U/D	R					S	
	C245			U/D	R				S
单相双计数输入	C246	U	D						
	C247	U	D	R					
	C248				U	D	R		
	C249	U	D	R				S	
	C250				U	D	R		S
双相	C251	A	B						
	C252	A	B	R					
	C253				A	B	R		
	C254	A	B	R				S	
	C255				A	B	R		S

注：U 表示增计数输入，D 为减计数输入，B 表示 B 相输入，A 为 A 相输入，R 为复位输入，S 为起动输入。X006、X007 只能用作起动信号，而不能用作计数信号。

高速计数器可分为三类：

① 单相单计数输入高速计数器（C235 ~ C245）的触点动作与 32 位增/减计数器相同，可

进行增或减计数（取决于 M8235～M8245 的状态）。

图 3-23a 所示为无起动/复位端的单相单计数输入高速计数器的应用。当 X010 断开时，M8235 为 OFF，此时 C235 为增计数方式（反之为减计数）。由 X012 选中 C235，由表 3-14 可知，其输入信号来自于 X000，C235 对 X000 信号增计数，当前值达到 K1234 时，C235 常开触点接通，Y000 得电。X011 为复位信号，当 X011 接通时，C235 复位。

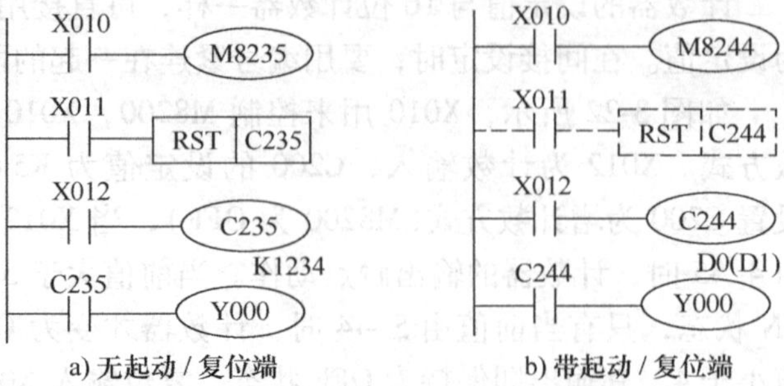

图 3-23　单相单计数输入高速计数器

图 3-23b 所示为带起动/复位端单相单计数输入高速计数器的应用。由表 3-14 可知，X001 和 X006 分别为复位输入端和起动输入端。利用 X010 通过 M8244 可设定其增/减计数方式。当 X012 为接通，且 X006 也接通时，则开始计数，计数的输入信号来自于 X000，C244 的设定值由 D0 和 D1 指定。除了可用 X001 立即复位外，也可用梯形图中的 X011 复位。

② 单相双计数输入高速计数器（C246～C250）：这类高速计数器具有两个输入端，一个为增计数输入端，另一个为减计数输入端。利用 M8246～M8250 的 ON/OFF 动作可监控 C246～C250 的增/减计数状态。

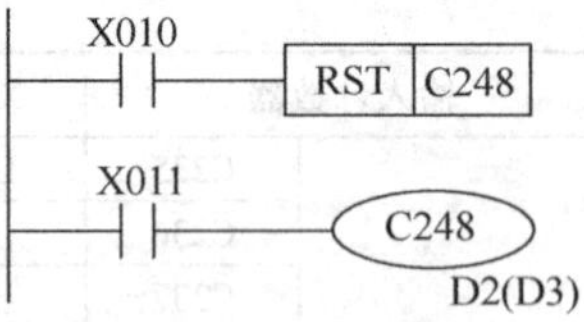

图 3-24　单相双计数输入高速计数器

如图 3-24 所示，X010 为复位信号，其接通（ON）则 C248 复位。由表 3-14 可知，也可利用 X005 对其复位。当 X011 接通时，选中 C248，输入来自 X003 和 X004。

③ 双相高速计数器（C251～C255）：A 相和 B 相信号决定计数器是增计数还是减计数。当 A 相为 ON 时，B 相由 OFF 到 ON，则为增计数；当 A 相为 ON 时，若 B 相由 ON 到 OFF，则为减计数，如图 3-25a 所示。

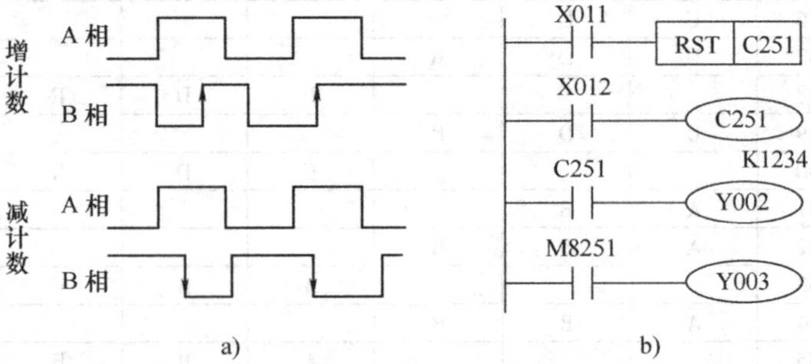

图 3-25　双相高速计数器

如图 3-25b 所示，当 X012 接通时，C251 计数开始。由表 3-14 可知，其输入来自 X000（A 相）和 X001（B 相）。只有当计数使当前值超过设定值，Y002 变为 ON。如果 X011 接通，则计数器复位。根据不同的计数方向，Y003 为 ON（增计数）或为 OFF（减计数），即用

M8251～M8255可监视C251～C255的增/减计数状态。

注意： 高速计数器的计数频率较高，它们的输入信号的频率受两方面的限制。一是全部高速计数器的处理时间，因它们采用中断方式，所以计数器用的越少，则可计数频率就越高；二是输入端的响应速度，其中X000、X002、X003最高频率为10kHz，X001、X004、X005最高频率为7kHz。

（7）数据寄存器(D)　PLC在进行输入/输出处理、模拟量控制及位置控制时，需要许多数据寄存器存储数据和参数。数据寄存器为16位，最高位为符号位。工作中可用两个数据寄存器来存储32位数据，最高位仍为符号位。数据寄存器有以下几种类型：

1）通用数据寄存器(D0～D199)，共200点。当M8033为ON时，D0～D199有断电保持功能；当M8033为OFF时，它们无断电保持功能，这种情况PLC由RUN→STOP或停电时，数据将全部清零。

2）断电保持数据寄存器(D200～D7999)，共7800点。其中，D200～D511(共312点)有断电保持功能，可以利用外部设备的参数设定改变通用数据寄存器与有断电保持功能数据寄存器的分配；D490～D509供通信用；D512～D7999的断电保持功能不能用软件改变，但可用指令清除它们的内容。根据参数设定可以将D1000以上用作文件寄存器。

3）特殊数据寄存器(D8000～D8255)，共256点。特殊数据寄存器的作用是用来监控PLC的运行状态，如扫描时间、电池电压等。未加定义的特殊数据寄存器，用户不能使用，具体可参见用户手册。

（8）变址寄存器(V/Z)　FX2N系列PLC有V0～V7和Z0～Z7共16个变址寄存器，它们都是16位的寄存器。变址寄存器(V/Z)实际上是一种特殊用途的数据寄存器，其作用相当于微机中的变址寄存器，用于改变元件的编号(变址)，如V0=5，则执行D20V0时，被执行的编号为D25(D20+5)。变址寄存器可以像其他数据寄存器一样进行读写，需要进行32位操作时，可将V、Z串联使用(Z为低位，V为高位)。

（9）指针(P、I)　在FX系列PLC中，指针用来指示分支指令的跳转目标和中断程序的入口标号，分为分支指针、输入中断指针及定时中断指针和计数中断指针。FX2N系列PLC有P0～P127共128点分支指针。分支指针用来指示跳转指令(CJ)的跳转目标或子程序调用指令(CALL)调用子程序的入口地址。

如图3-26所示，当X001常开触点接通时，执行跳转指令“CJ P0”，PLC跳到标号为P0处之后的程序去执行。

（10）常数(K、H)　K是表示十进制整数的符号，主要用来指定定时器或计数器的设定值及应用功能指令操作数中的数值；H是表示十六进制数，主要用来表示应用功能指令的操作数值。如20用十进制表示为K20，用十六进制则表示为H14。

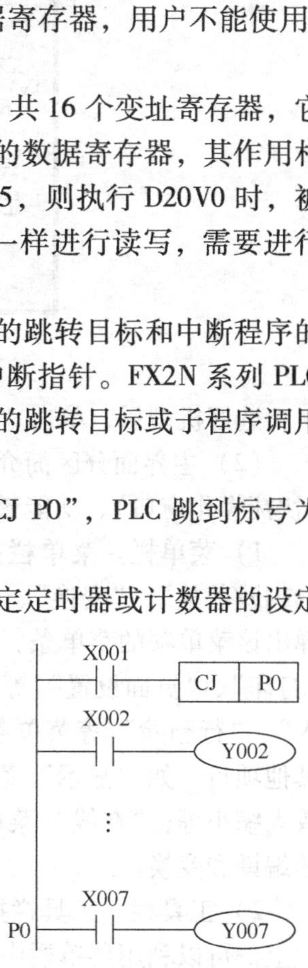

图3-26　分支用指针

3.1.10　GX Developer编程软件的应用

1. GX Developer编程软件的介绍

GX Developer是三菱电机公司开发的用于三菱全系列可编程序控制器的编程软件，该软件可通过梯形图，助记符来创建顺序控制指令程序，建立注释数据及设置寄存器数据，并可将其存储为文件，用打印机打印；还可在串行系统中与可编程序控制器进行通信、文件传送，进行操作监控以及各种测试等。

GX Developer 编程软件供 FX0、FX0N、FX1、FX2 /FX2C、FX1S、FX1N 和 FX2N / FX2NC 系列三菱 PLC 编程使用以及监控 PLC 中各软件的实时状态。

（1）GX Developer 的编程环境　首先安装 GX Developer 编程软件，跟安装普通软件一样，按照说明、序列号依次进行。安装完毕后双击桌面中 GX Developer 的小图标，即可进入编程环境，将出现初始启动界面，点击初始启动界面菜单栏中“工程”菜单并在下拉菜单条中选取“创建新工程”菜单条，即出现图 3-27 所示的界面。

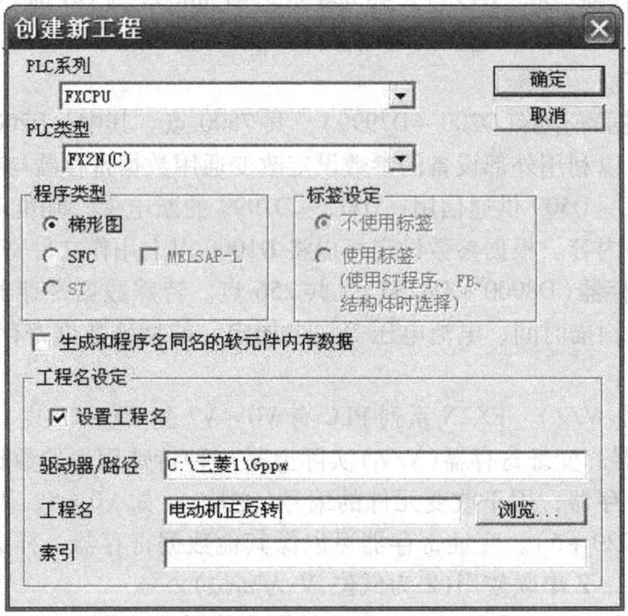

图 3-27　PLC 型号选择

选好机型后，单击“确认”按钮，则出现如图 3-28 所示的编制程序界面。

（2）主界面分区简介　主界面含以下几个分区：菜单栏(包括 10 个主菜单项)、工具栏(快捷操作窗口)、功能键栏及编辑区。

1）菜单栏。菜单栏是以下拉菜单形式进行操作，菜单栏中包含“工程”、“编辑”、“查找/替换”、“变换”、“显示”、“在线”、“诊断”、“工具”等菜单项。单击某菜单项，弹出该菜单项的菜单条，如“工程”菜单项包含“新建”、“打开”、“保存”、“另存为”、“打印”、“页面设置”等菜单条，“编辑”菜单项包含“剪切”、“复制”、“粘贴”、“行插入”、“行删除”等菜单条。这两个菜单项的主要功能是管理、编辑程序文件。菜单条中的其他项目，如“显示”菜单项功能，涉及工具栏、状态栏程序的注释显示与隐藏、程序的放大缩小等；“在线”菜单项功能为程序的检查，参数的检查等；“变换”菜单项进行程序的编译和变换。

2）工具栏。工具栏提供简便的鼠标操作，将最常用的编程操作以按钮形式设定到工具栏上。可以利用菜单栏中的“视图”项来显示或隐藏工具栏。菜单栏中涉及的各种功能在工具栏中都能找到。

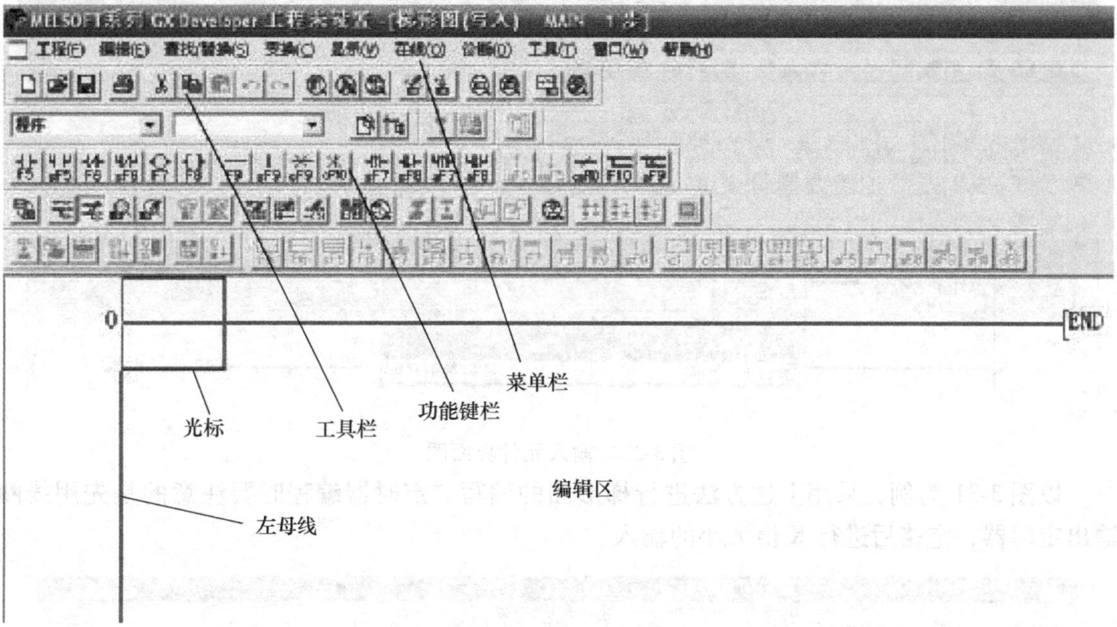

图3-28　编制程序界面

3）编辑区。编辑区用来显示编程操作的工作对象，可以使用梯形图、指令表等方式进行程序的编辑工作。使用菜单栏中“显示”项中的“梯形图显示”及“列表显示”菜单条，实现梯形图程序与指令表程序的转换，也可利用工具栏中梯形图及指令表的按钮实现梯形图程序与指令表程序的转换。

4）状态栏、功能键栏及功能图栏。编辑区下部是状态栏，用于表示编程PLC类型，软件的应用状态及所处的程序步数等。状态栏下为功能键栏，其与编辑区中的功能图栏都含有各种梯形图符号，相当于梯形图绘制的图形符号库。

2. GX Developer 程序编辑操作

（1）采用梯形图方式时的编辑操作　采用梯形图编程是在编辑区中绘出梯形图，打开“工程”菜单项目中的“新文件”，主窗口左边可以见到一根竖直的线，这就是梯形图中的左母线，蓝色的方框为光标，梯形图的绘制过程是取用图形符号库中的符号“拼绘”梯形图的过程。如要输入一个常开触点，可单击功能图栏中的常开触点，也可以在“工具”菜单中选“触点”，还可在图3-29所示的梯形图编辑工具条单击“常开触点”的符号，这时出现如图3-30的对话框，在对话框中输入触点的地址及其他有关参数后单击“确定”按钮，也可以通过快捷键F5“常开触点”的输入，按“Enter”键进行确认，这样要输入的常开触点就出现在蓝色光标所在的位置。输入其他触点或输出元件操作类似，同样，需要编辑梯形图或修改删除行或元件可以通过梯形图编辑工具条直接操作，也可以熟练运用快捷键进行操作，还可以在梯形图中结合指令来绘制。

图3-29　梯形图编辑工具条

图 3-30　输入元件界面图

以图 3-31 为例，采用上述方法进行梯形图的编写。定时器编程时要注意的是先用线圈输出定时器，空格后进行 K 值大小的输入。

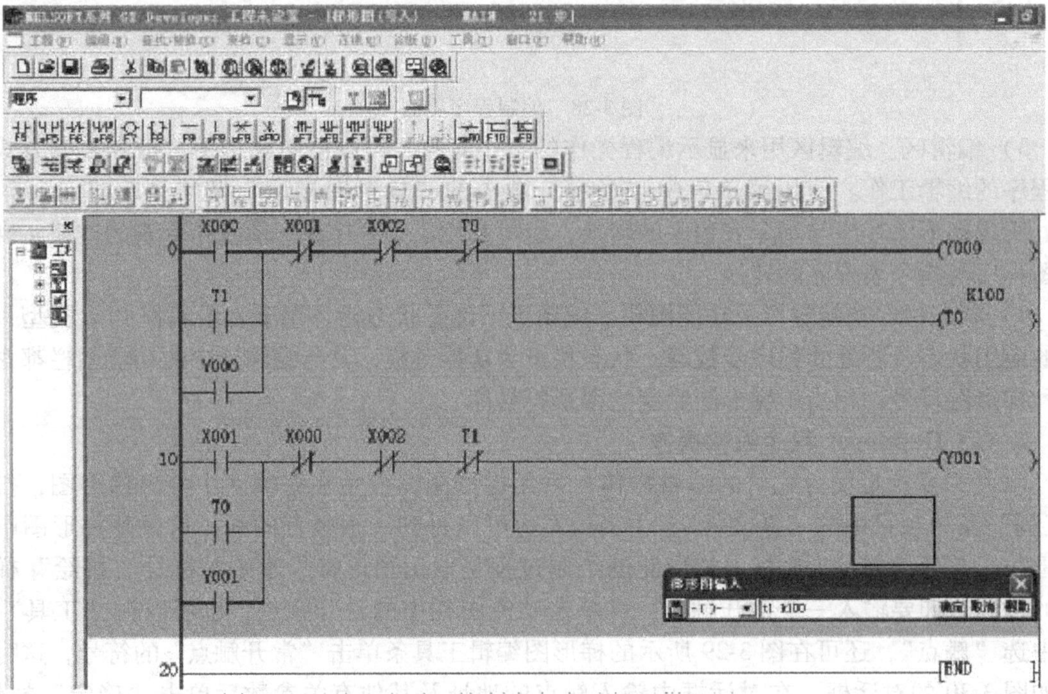

图 3-31　小车自动往返梯形图

完成输入的梯形图程序如图 3-32 所示。程序输入完毕后应进行转换，可以用快捷键 F4 或者单击图标，还可以通过菜单栏的窗口进行菜单选择。转换完毕后梯形图灰色就变成了白色，如图 3-33 所示。还有一点需强调的是，当绘出的梯形图需保存时要先单击菜单栏中“工具”项下拉菜单的“转换”，成功后才能保存，梯形图未经转换单击保存按钮即关闭编辑软件，编制的梯形图将丢失。

如需输入功能指令时，单击工具菜单中的“功能”菜单或单击功能图栏及功能键栏中

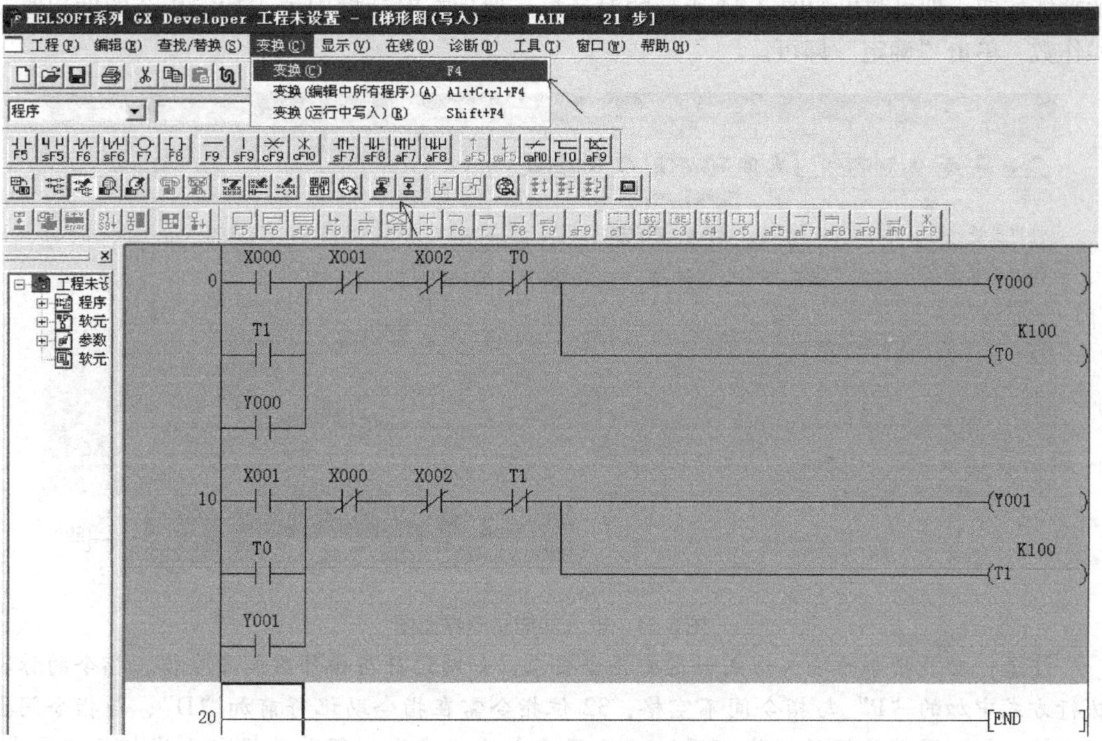

图 3-32　完成输入后的小车自动往返梯形图

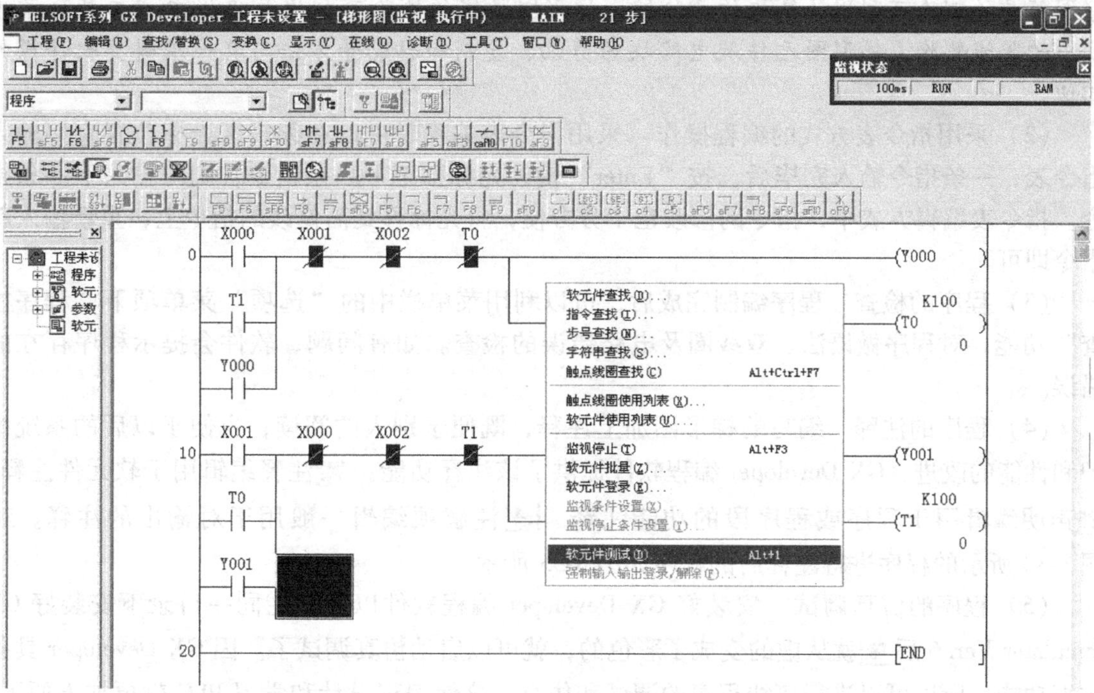

图 3-33　转换后的小车自动往返梯形图

的功能按钮，即可弹出如图 3-34 所示的对话框。然后在对话框中填入功能指令的助记符及操作数，单击“确定”即可。

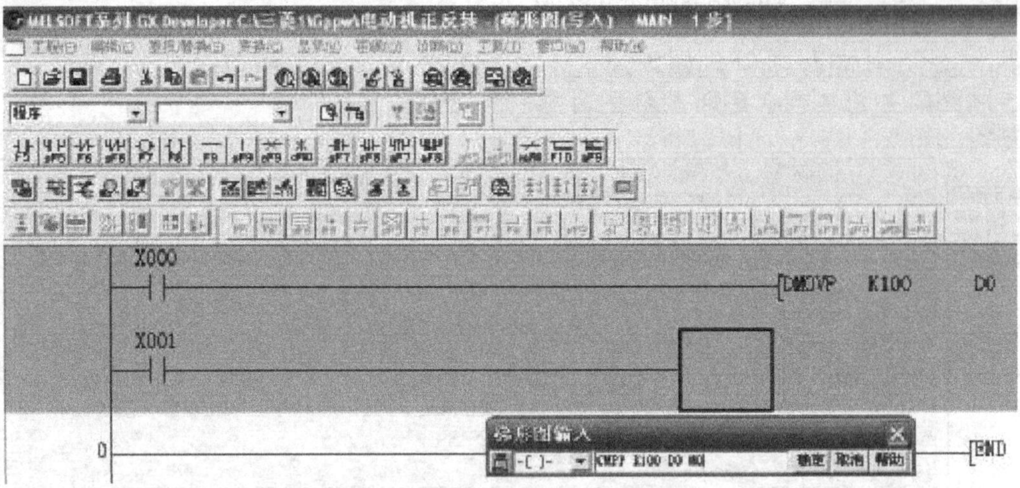

图 3-34　输入功能指令界面图

注意：功能指令的输入格式一定要符合要求，如助记符与操作数间要空格，指令的脉冲执行方式中加的“P”与指令间不空格，32 位指令需在指令助记符前加“D”，与指令间也不空格。梯形图符号间的连线可通过工具菜单中的“连线”菜单选择水平线与竖线完成。另外还需注意，不论绘制什么图形符号，先要将光标移到需要绘制这些图形符号的地方。梯形图符号的删除可利用计算机的删除键，梯形图竖线的删除可利用菜单栏中“工具”菜单项中的竖线删除。梯形图元件及电路块的剪切、复制和粘贴等方法与其他编辑类软件操作相似。

（2）采用指令表方式的编程操作　采用指令表编程时可以在编辑区光标位置直接输入指令表，一条指令输入完毕后，按“Enter”键，光标移至下一条指令，则可输入下一条指令。指令表编辑方式中，指令的修改也十分方便，将光标移到需修改的指令上，重新输入新指令即可。

（3）程序的检查　程序编制完成后，可以利用菜单栏中的“选项”菜单项下“程序检查”功能，对程序做语法、双线圈及电路错误的检查。如有问题，软件会提示程序存在的错误。

（4）程序的注释　编写的梯形图加上注释，既便于别人的阅读，也便于以后的系统维护和性能的改进，GX Developer 编程软件提供了该注释功能：注释编辑用于软元件注释，声明编辑用于程序或程序段的功能注释，注解项编辑一般用于对输出的注释。对图 3-33 所示的程序进行注释后的程序如图 3-35 所示。

（5）程序的仿真调试　安装好 GX Developer 编程软件以后，在同一目录下安装好 GX Simulator Ver. 6 后就从虚的变成了彩色的，就可以启动仿真调试了。因 GX Developer 具备仿真功能，所以可以进行离线程序的调试和仿真，这使编程设计和学习 PLC 就更加方便了。在程序设计阶段进行软仿真可以保证程序的可靠性，同时也能提高效率。下面介绍程序的仿真过程。

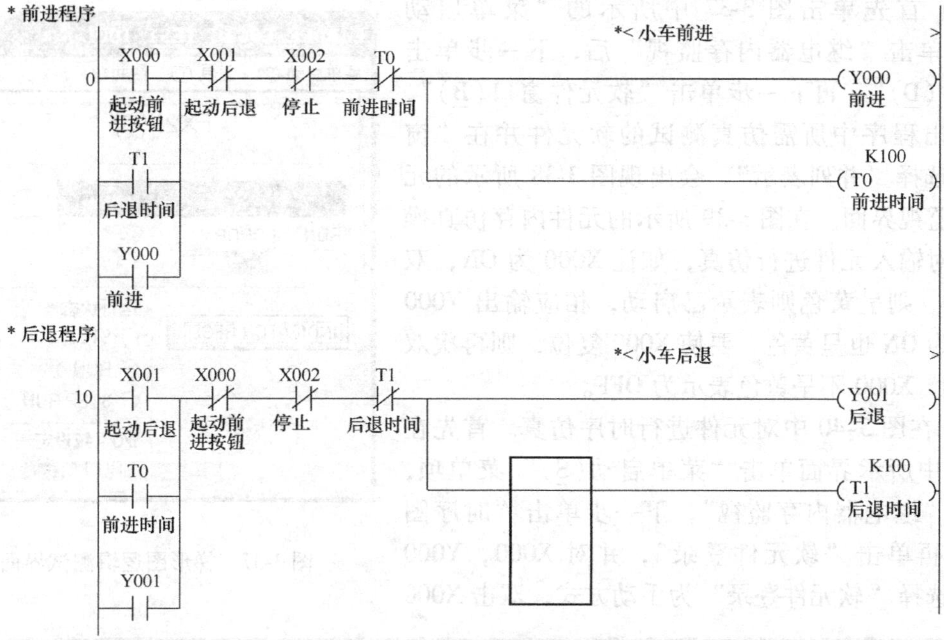

图3-35　小车自动往返注释的梯形图

1）单击[icon]梯形图逻辑测试启动/结束，出现如图3-36所示的界面，程序写入虚拟PLC后，会出现图3-37所示的梯形图逻辑测试界面，并且RUN指示灯点亮，即可进行仿真。

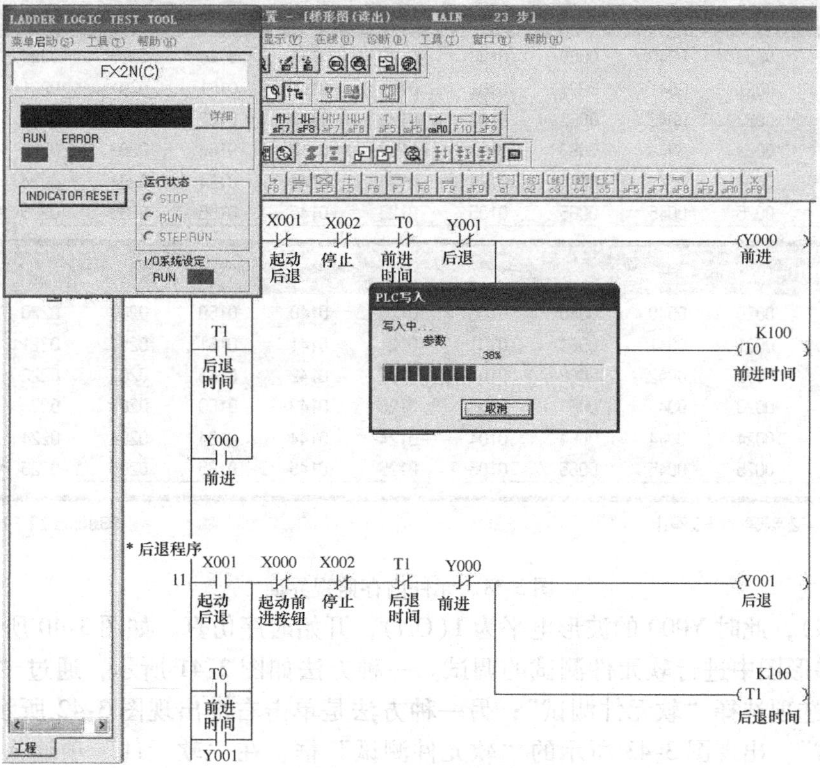

图3-36　梯形图写入虚拟PLC

2）首先单击图 3-37 中所示的“菜单启动(S)”，单击“继电器内存监视”后，下一步单击“软元件(D)”，再下一步单击“软元件窗口(B)”，分别调出程序中所需仿真测试的软元件并在“窗口”中选择“并列表示”，会出现图 3-38 所示的元件内存监视界面。在图 3-39 所示的元件内存仿真操作界面对输入元件进行仿真，如让 X000 为 ON，双击 X000，则呈黄色则表示已启动，相应输出 Y000 被驱动为 ON 也呈黄色，要使 X000 复位，则再次双击 X000，X000 不呈黄色表示为 OFF。

3）在图 3-40 中对元件进行时序仿真。首先在图 3-39 中所示界面单击“菜单启动(S)”菜单项，再单击“继电器内存监视”，下一步单击“时序图(T)”，再单击“软元件登录”，并对 X000，Y000 输入，选择“软元件登录”为手动方式，双击 X000

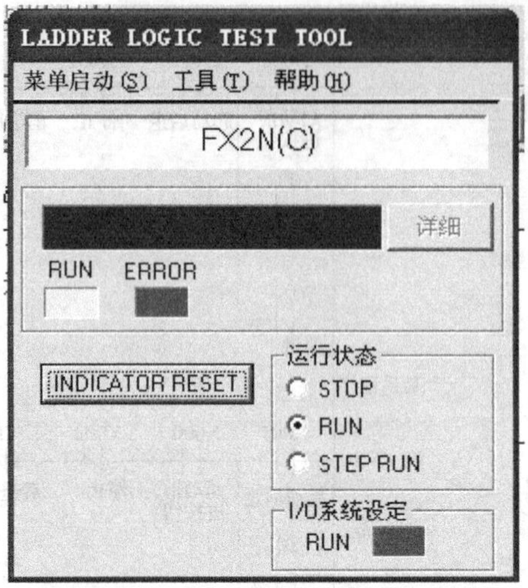

图 3-37 梯形图逻辑测试界面

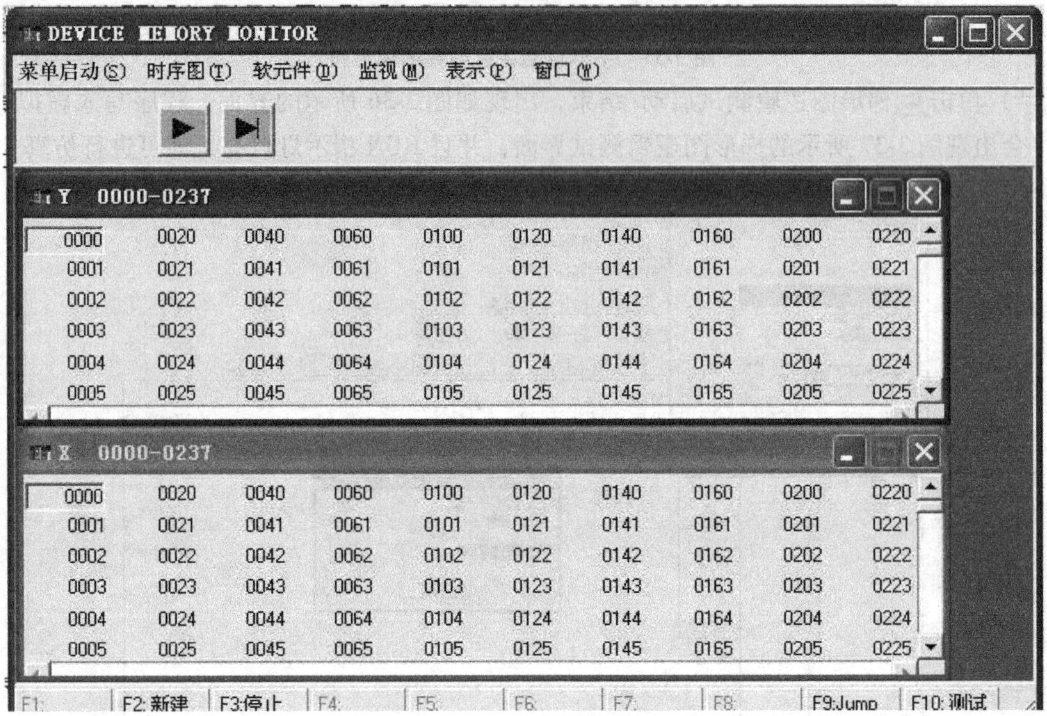

图 3-38 元件内存监视界面

(X000 为 ON)，此时 Y000 的波形电平为 1(ON)，开始时序仿真，如图 3-40 所示。

4）在梯形图中进行软元件测试的调试。一种方法如图 3-41 所示，通过“在线”菜单中“调试”选项选择“软元件测试”；另一种方法是单击右键出现图 3-42 所示界面，选择“软元件测试”，出现图 3-43 所示的“软元件测试”框，在“软元件”项输入 X000，单击“强制 ON”或“强制 OFF”就可以在线监控梯形图中 Y000 的输出状态了。

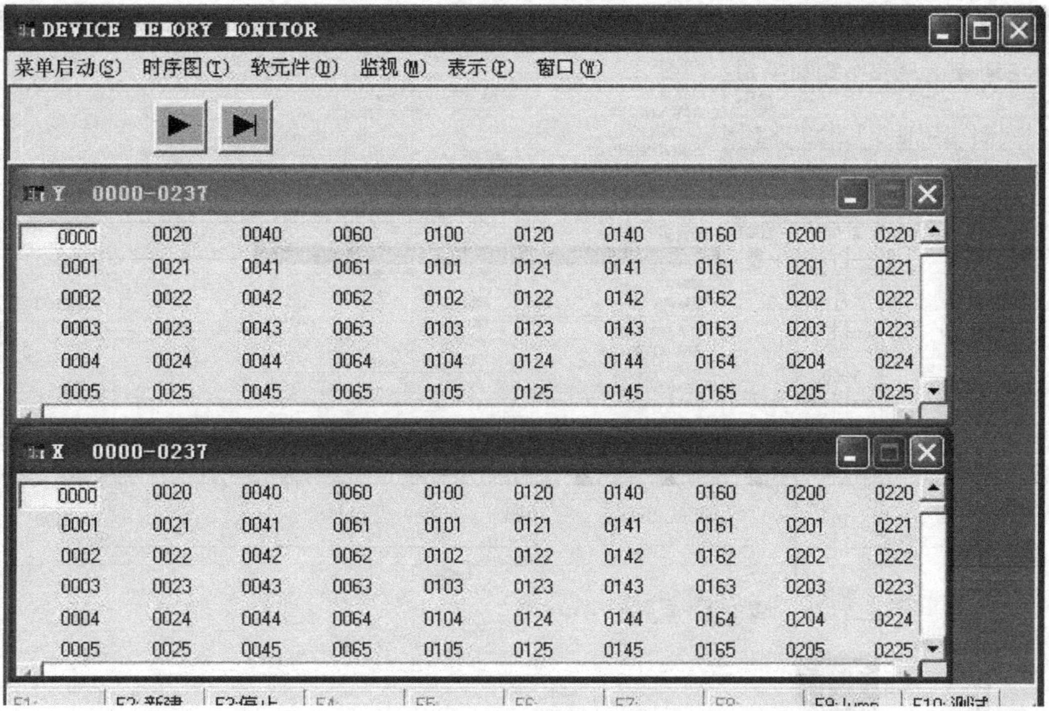

图3-39　元件内存仿真操作界面

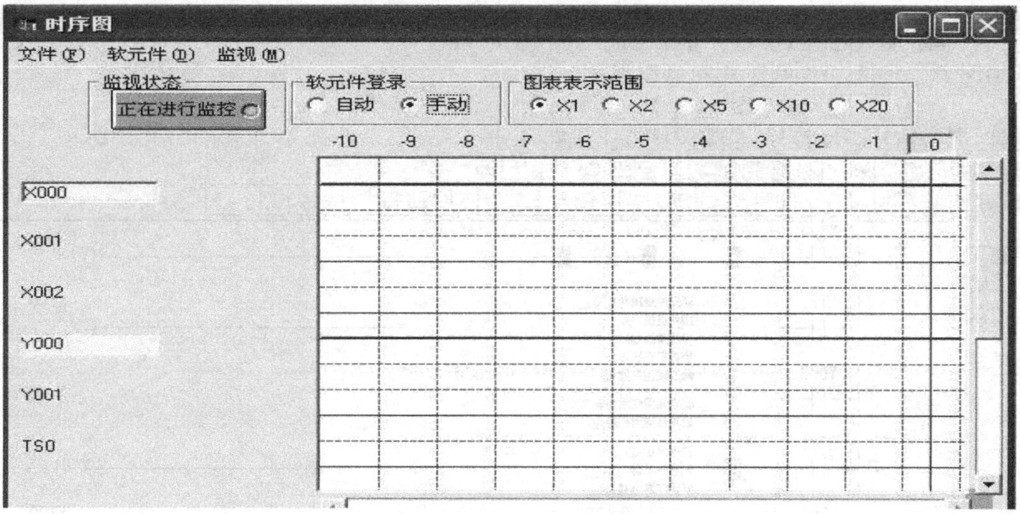

图3-40　元件的时序仿真

5）PLC程序的保存和打开。

单击“工程”菜单下的“保存工程”、“打开工程”，即可进行文件的保存和打开。

（6）程序的传送

1）通信设计：仿真调试好的程序就可以下载至PLC控制系统了，首先确定COM口。在菜单栏上选择“在线”中的“传输设置”，出现如图3-44所示的界面，双击“串行”按

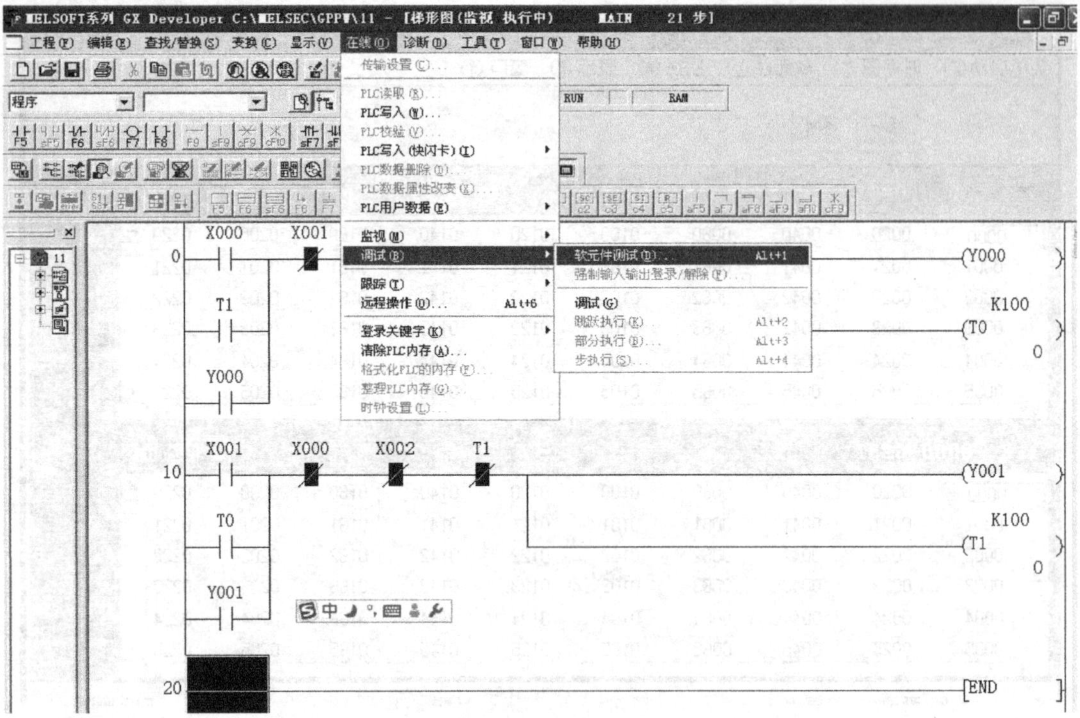

图 3-41　软元件的测试(一)

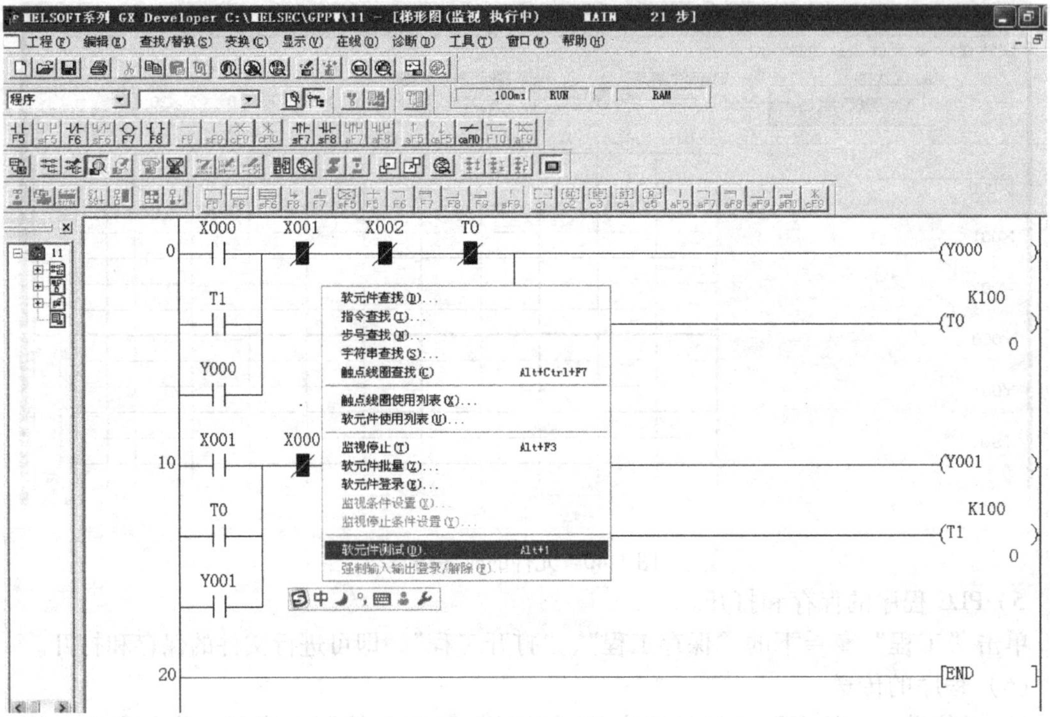

图 3-42　软元件的测试(二)

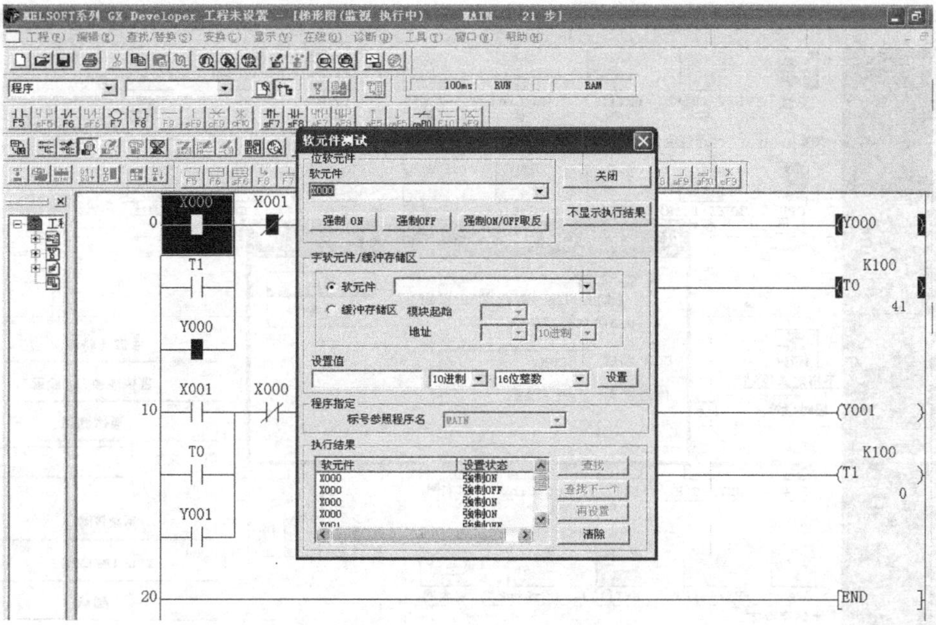

图3-43　软元件的测试强制ON\OFF

钮，确定PLC与计算机的连接是通过COM1口还是其他COM口连接，通常默认为计算机的COM1口，然后按图3-45所示设置传输速度，传输速度默认为9.6kbit/s，单击“确认”后再单击“通信测试”，检测设置是否正确，通信能不能成功。

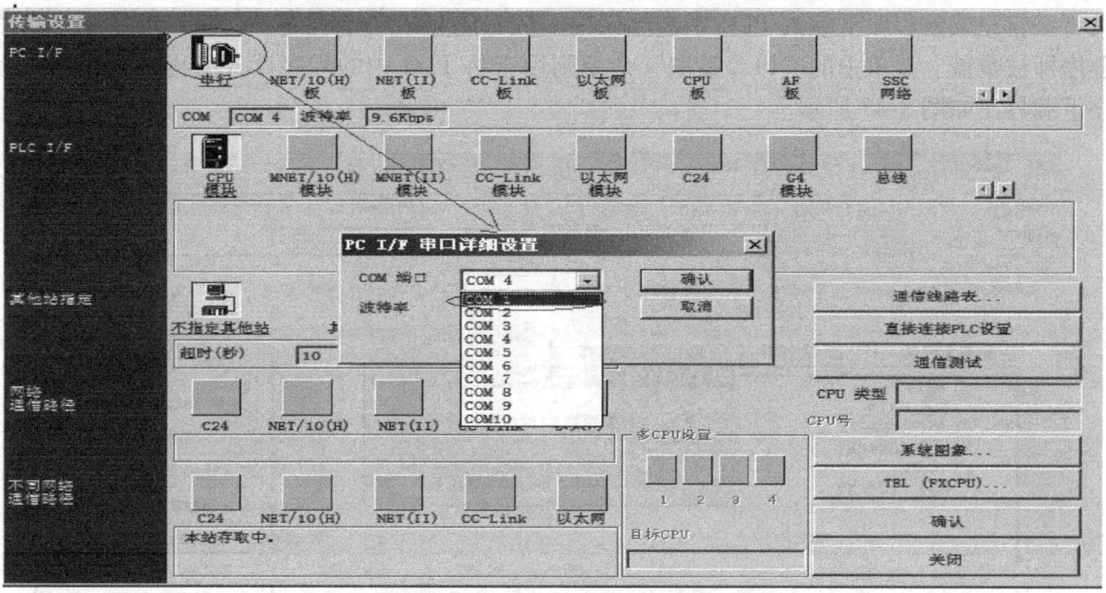

图3-44　程序的传输设置

2）程序下载。通信成功后便可进行程序下载了，下载前必须将FX2N面板上的通信接口旁的工作方式选择开关由“RUN”拨向“STOP”状态，或通过“在线”的“远程操作”菜单，选择“STOP”。程序编辑完成后需下载到PLC中运行，这时需单击菜单栏中“在线”

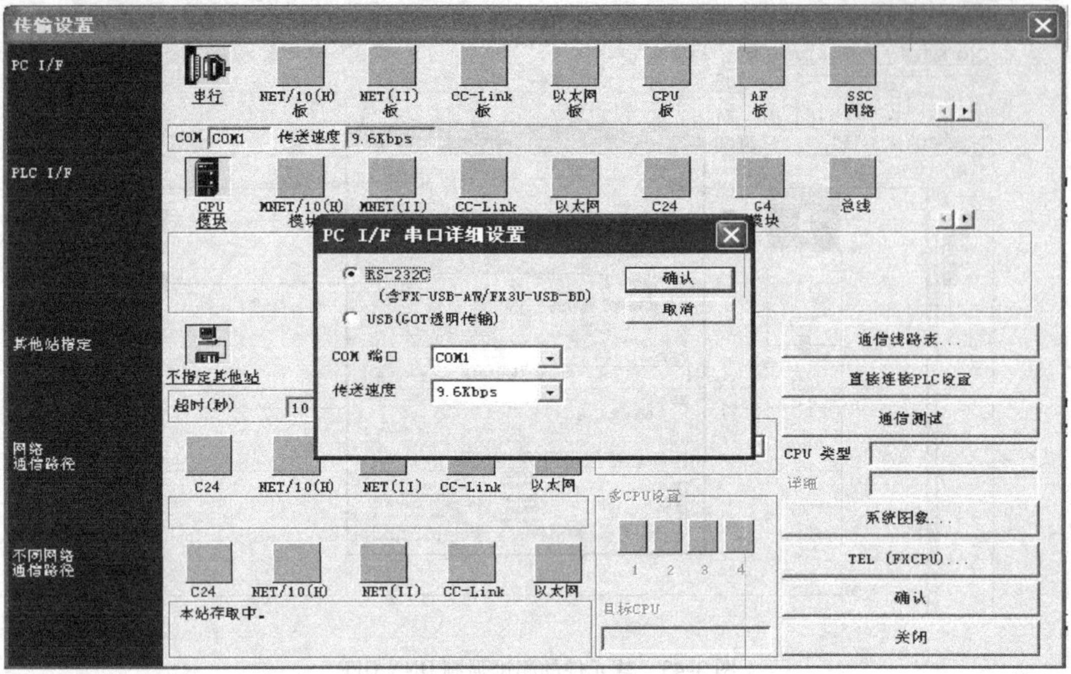

图 3-45　传输速度设置

菜单，接下来就可以进行“PLC 写入”设置(或直接点击)，出现如图 3-46 所示窗口，从图上可看出，在执行读取及写入前必须先选中“MAIN”、“PLC 参数”，再单击“执行”即可将编辑完成的程序下载到 PLC 中。PLC 中一次只能存入一个程序，下载新程序后，旧的程序即被覆盖。菜单中的“PLC 读取”命令则用于将 PLC 中的程序读入编程计算机中。程序下载界面如图 3-47 所示。

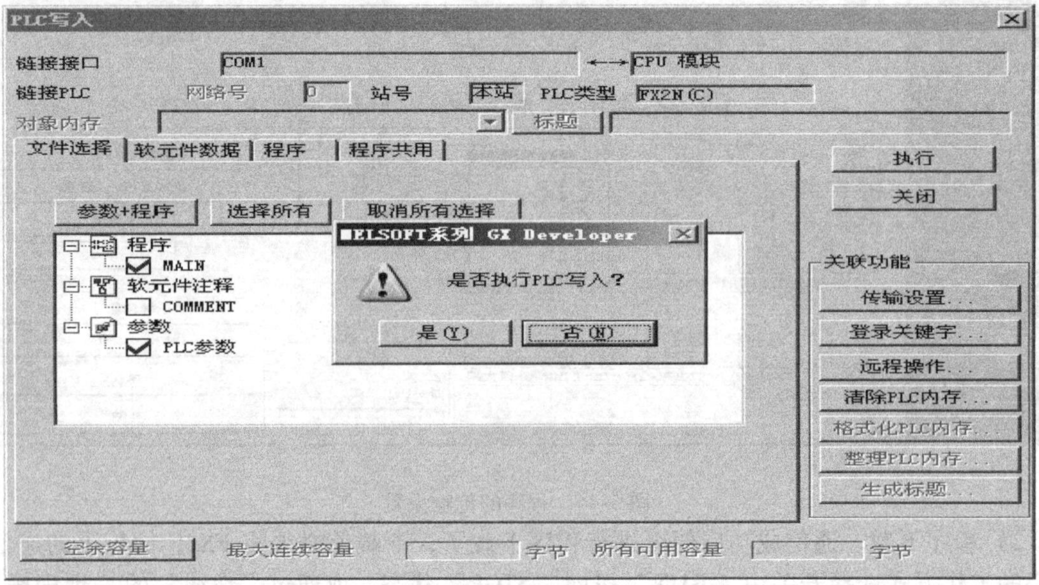

图 3-46　PLC 程序的写入

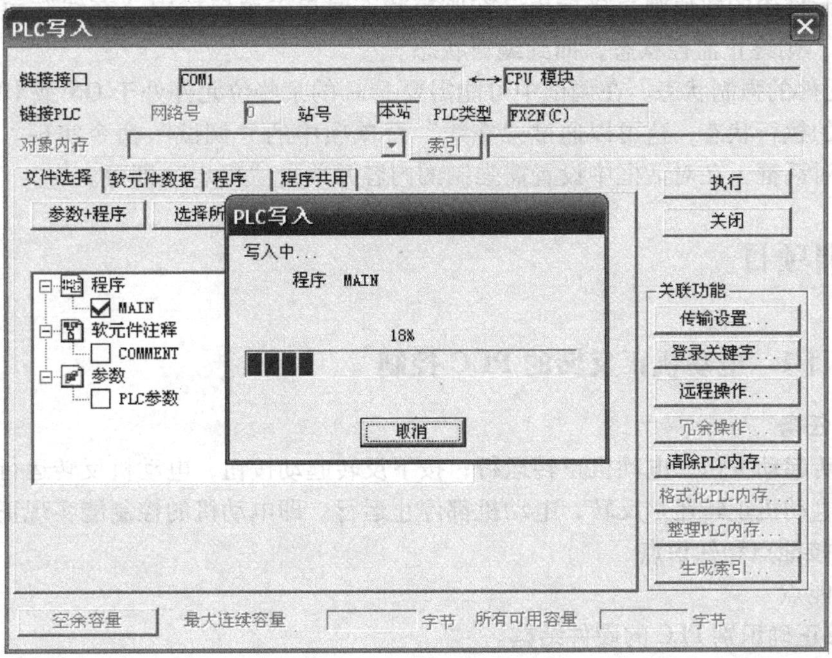

图 3-47　程序下载界面

（7）程序的调试及运行监控　程序的调试及运行监控是程序开发的重要环节，很少有程序一经编制就是完善的，只有经过试运行甚至现场运行才能发现程序中不合理的地方并且进行修改。编程软件具有监控功能，可用于程序的调试及监控。

1）程序的运行及监控。程序下载后仍保持编程计算机与 PLC 的联机状态并启动程序运行，编辑区显示梯形图状态时，单击菜单栏中“在线”菜单项后，选择“监控”菜单条的子菜单“监视开始”即进入元件的监控状态。此时，梯形图上将显示 PLC 中各触点的状态及各数据存储单元的数值变化。如图 3-48 所示，图中有长方形光标显示的位元件处于接通

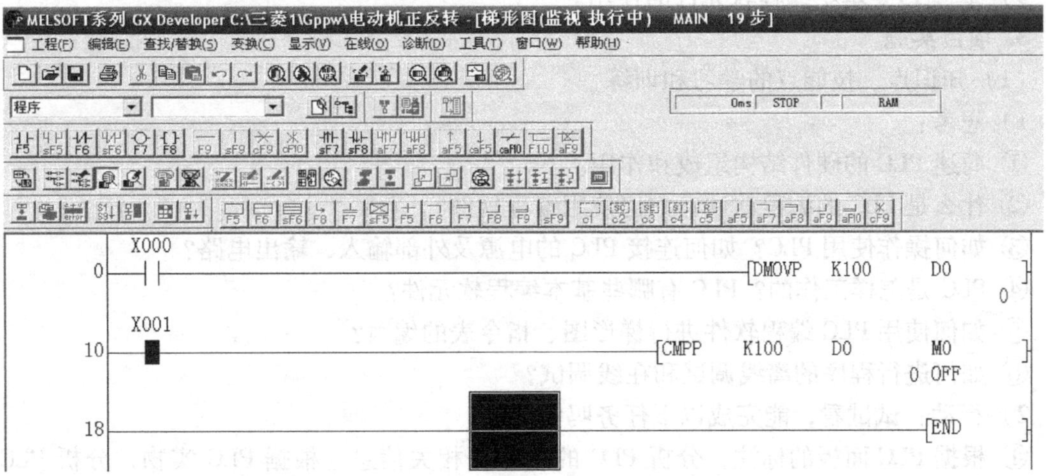

图 3-48　编制的梯形图界面

状态，数据元件中的数值则直接标出。在监控状态时单击菜单栏中“在线”菜单项并选择“监视停止”，则终止监控状态，回到编辑状态。

2）位元件的强制状态。在调试中可能需要 PLC 的某些位元件处于 ON 或 OFF 状态，以便观察程序的执行状态，这可以通过“在线”菜单项中的“调试”命令实现。选择这些命令时将弹出对话框，在对话框中设置需强制的内容并单击“确定”即可。

3.2 实训项目

3.2.1 项目1 电动机正反转的 PLC 控制

1. 项目任务

按下正转起动按钮，电动机正转运行；按下反转起动按钮，电动机反转运行；按下停止按钮，无论电动机正转还是反转，电动机都停止运行。即电动机的控制能实现正反停。

2. 项目技能点和知识点

（1）技能点

1）能够正确识别 PLC 的硬件结构。

2）能够实现电动机主电路和 PLC 控制电路的接线。

3）能够实现 PLC 软件的编程和调试。

4）能够实现电动机 PLC 控制系统的在线调试。

5）根据单台三相异步电动机的技术参数合理选择低压电器的规格型号。

（2）知识点

1）了解 PLC 的分类、型号意义及技术参数。

2）掌握 PLC 的编程软件的使用。

3）熟悉 PLC 的功能、结构及工作原理。

4）掌握三相异步电动机的正反转工作原理。

5）掌握 PLC 基本编程软元件的使用。

3. 项目实施

（1）知识点、技能点的学习和训练

1）思考：

① 简述 PLC 的硬件结构组成和作用。

② 什么是 PLC 的编程软件？如何使用编程软件？

③ 如何操作使用 PLC？如何连接 PLC 的电源及外部输入、输出电路？

④ PLC 是怎样工作的？PLC 有哪些基本编程软元件？

⑤ 如何使用 PLC 编程软件进行梯形图、指令表的编写？

⑥ 如何进行程序的离线调试和在线调试？

2）行动：试试看，能完成以下任务吗？

① 根据 PLC 面板的标注，分析 PLC 的型号等相关信息。根据 PLC 实物，分析 PLC 的硬件结构，指出 PLC 的组成结构和各部分名称及作用等。

② 按给定的输入/输出接线图接线，并观察 PLC 的指示灯的变化。通过此任务的训练，

熟悉PLC的基本结构及输入/输出点的接线方法。

③ 用PLC作为控制器，控制一台电动机的起停。根据I/O分配表，PLC的I/O接线图完成PLC控制系统的接线。并根据给定程序完成PLC编程和软硬件调试。通过此任务的训练，学会实现一个完整的控制过程的硬件设计及接线方法，并观察PLC的运行情况和计算机监控情况，理解内部软元件的意义和应用情况。

（2）明确项目工作任务

1）思考：项目工作任务是什么？

2）行动：根据系统控制和操作要求，逐项分解工作任务，完成项目任务分析。分析任务及所要求达到的技术指标和工艺要求。

（3）确定系统控制方案

1）思考：系统采用什么主控制器？采用什么控制策略，选择什么样的控制方案，完成项目需要哪些设备？

2）行动：小组成员共同研讨，制定系统总体控制方案，绘制系统工作流程图及系统结构框图；根据技术工艺指标确定系统的评价标准。

（4）PLC控制系统硬件的设计

1）本实训项目所用设备见表3-15。

表3-15　项目设备表

名　称	型号或规格	数量	名　称	型号或规格	数量
PLC	FX2N	1台	一般电工工具	螺钉旋具、测电笔、万用表、剥线钳等	1套
刀开关	HK1-30/3	1只			
熔断器	RC1A-15	1只	低压断路器	DZ15	1只
按钮		2只	三相异步电动机M	Y-100L2-4	1只
导线	2.5mm²	若干	交流接触器	CJ20-20	2只

2）I/O点的分配。根据被控对象对PLC系统的功能要求和所需要I/O的点数，选择适当类型的PLC。I/O分配见表3-16。

表3-16　I/O分配表

输入(I)			输出(O)		
元　件	功　能	信号地址	元　件	功　能	信号地址
按钮SB1	电动机正转	X000	电动机	正转	Y000
按钮SB2	电动机反转	X001	电动机	反转	Y001
按钮SB3	电动机停止	X003			
FR1	过载保护	X002			

3）PLC(I/O)的接线图。电动机正反转控制的主电路和PLC控制的PLC(I/O)外部接线如图3-49所示。

（5）程序设计

1）根据被控对象的工艺条件和控制要求，设计梯形图、指令表，如图3-50所示。

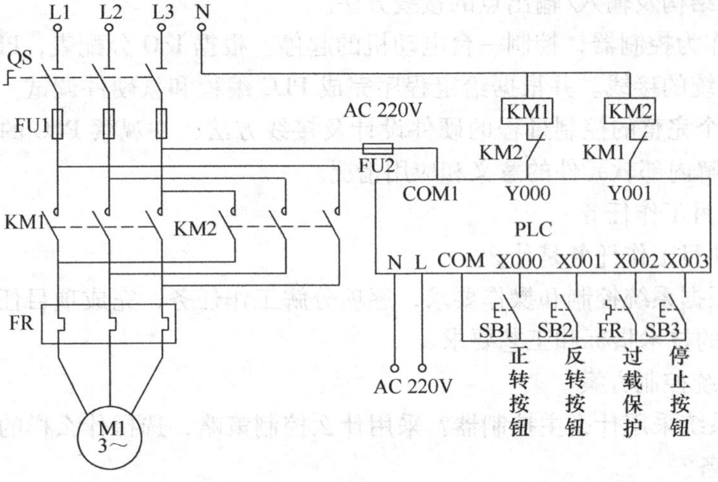

图 3-49　电动机正反转控制的主电路和 PLC 控制的 PLC 外部接线

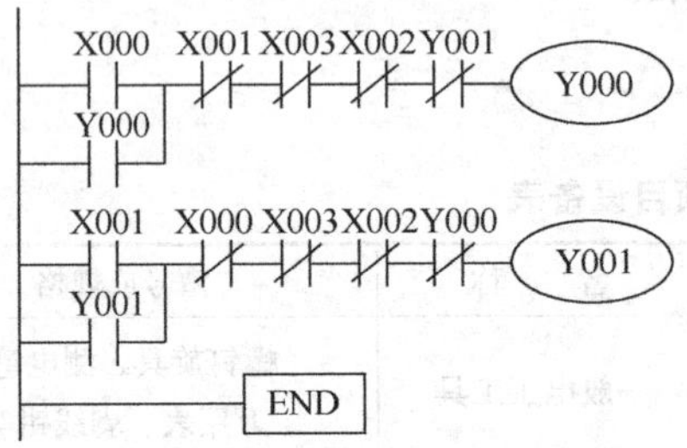

a)

0	LD	X000	9	ANI	X000
1	OR	Y000	10	ANI	X003
2	ANI	X001	11	ANI	X002
3	ANI	X003	12	ANI	Y000
4	ANI	X002	13	OUT	Y001
5	ANI	Y001	14	END	
6	OUT	Y000			
7	LD	X001			
8	OR	Y001			

b)

图 3-50　PLC 控制的电动机正反转梯形图及指令表

2）编写梯形图程序，参考程序如图 3-50a 所示，进行程序的检查和调试及仿真，确认无误，写入 PLC。

（6）运行与调试程序　调试系统，首先按系统接线图连接好系统，然后根据控制要求对系统进行在线调试，直到符合要求。

1）PLC 通电，但置于非运行状态。观察 PLC 面板上的 LED 指示灯和计算机上显示程序中各触点和线圈的状态。

2）PLC 置于运行（RUN）状态，按下起动按钮，观察接触器 KM 及指示灯状态和计算机上显示程序中各触点和线圈的状态。

3）断开 PLC 的电源 5s 后，再通电（PLC 在运行状态），观察接触器 KM 及指示灯状态以及计算机上显示程序中各触点和线圈的状态。

（7）编写系统技术文件　整理好操作过程资料，并编制一份系统操作使用说明书。

（8）项目考核及总结

1）思考：整个项目任务完成得怎么样？有何收获和体会？有没有需要完善和改进的地方？对自己有何评价？

2）行动：按照任务书的要求，填写考核表，与同学、教师共同完成本次项目的考核工作。整理上述步骤中所编写的材料，完成项目训练报告。

3.2.2　项目 2　工作台的自动往返控制

1. 项目任务

按下前起动按钮，工作台从 B 点 SQ2 处开始前进运行，碰到限位开关 SQ1 停止 5s 再后退运行，碰到限位开关 SQ2 停止 10s 再前进运行，以后重复运行，总共自动循环 3 个周期停在 B 处。无论电动机正转还是反转，按下停止按钮，电动机停止运行，前进后退分别用指示灯指示。工作台的自动往返示意图如图 3-51 所示。

2. 项目技能点和知识点

（1）技能点

1）能够实现电动机主电路和 PLC 控制电路的接线。

2）能使用 PLC 软件进行编程和调试。

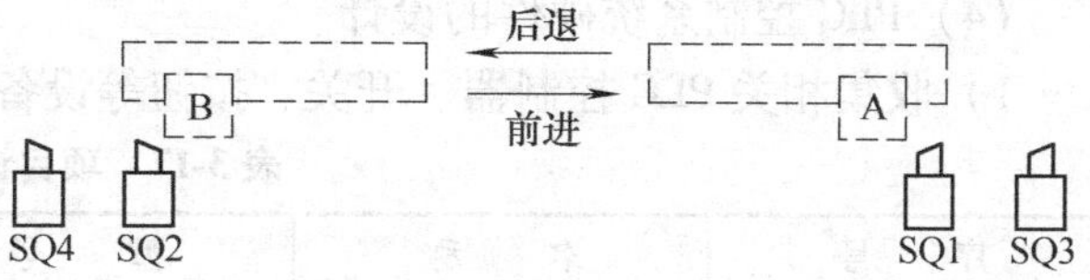

图 3-51　工作台的自动往返示意图

3）能够使用定时器及计数器编程。

4）能够使用限位开关实现工作台自动往返控制。

（2）知识点

1）掌握 PLC 的编程软件的编程、仿真和调试。

2）掌握三相异步电动机的正反转工作原理

3）熟悉 PLC 的功能、结构及工作原理。

4）掌握 PLC 基本编程软元件的使用。

5）掌握定时器的使用。

3. 项目实施

（1）知识点、技能点的学习和训练

1）思考：

① PLC 的定时器、计数器分别有哪些？如何使用定时器、计数器编程？

② 如何使用 PLC 控制工作台前进后退？

③ 工作台是如何工作的？

④ 如何使用 PLC 编程软件进行梯形图、指令表的编写？

⑤ 如何进行程序的离线调试和在线调试？

2）行动：试试看，能完成以下任务吗？

① PLC 控制电动机单向运行，按下起动按钮电动机运行 20s 停止，按下停止按钮电动机停止。

② 设计一个简易三组抢答器。其控制要求如下：

a）主持人按下起动按钮 SB0 后开始抢答，三组操作按钮 SB1、SB2、SB3 中任一个接通，指示灯 EL1、EL2、EL3 中对应灯亮，且一直亮；

b）某一组抢到后，其余组操作无效；

c）主持人按复位按钮 SB4 后，指示灯灭。

（2）明确项目工作任务

1）思考：项目工作任务是什么？

2）行动：根据系统控制和操作要求，逐项分解工作任务，分析任务及所要求达到的技术指标和工艺要求，完成项目任务分析。

（3）确定系统控制方案

1）思考：系统采用什么主控制器？采用什么控制策略，选择什么样的控制方案，完成项目需要哪些设备？

2）行动：小组成员共同研讨，制定工作台自动往返总体控制方案，绘制系统工作流程图及系统结构框图，根据技术工艺指标确定系统的评价标准。

（4）PLC 控制系统硬件的设计

1）收集相关 PLC 控制器、开关、按钮等设备资料，完善项目设备表，见表 3-17。

表 3-17　项目设备表

序　号	名　称	型　号	数　量	备　注
1	可编程序控制器			
2	电动机(工作台)			
3	按钮			
4	开关			
5	急停按钮			
6	指示灯			
7	热继电器			
8	接触器			
9	熔断器			
10	接线端子排			

2）I/O 点的分配。根据被控对象对 PLC 系统的功能要求和所需要 I/O 的点数，选择适当类型的 PLC。I/O 分配见表 3-18。

表 3-18　I/O 分配表

输入(I)			输出(O)		
元　件	功　能	信号地址	元　件	功　能	信号地址
按钮 SB1	工作台起动	X000	工作台	前进	Y000
按钮 SB2	工作台停止	X001	工作台	后退	Y001
左限位开关	左限位	X002	指示灯	前进	Y002
右限位开关	右限位	X003	指示灯	后退	Y003
左极限开关	防左过限	X004			
右极限开关	防右过限	X005			

3）绘制出 PLC(I/O)的接线图。

（5）程序设计

1）根据被控对象的工艺条件和控制要求，设计梯形图。

2）进行程序的语法检查，无误后进行仿真调试。

（6）系统安装、接线及综合调试软硬件　调试系统，首先按系统接线图连接好系统，然后根据控制要求对系统进行调试，直到符合要求。

1）PLC通电，通过编程软件将PLC置于非运行状态。观察PLC面板上的I/O指示灯和计算机上显示程序中各触点和线圈的状态。

2）PLC置于运行(RUN)状态，按下起动按钮，观察接触器及PLC的I/O指示灯状态并在计算机程序监视各触点和线圈的状态。

3）再对不同的按钮进行输入操作，观察电动机运行是否符合要求，如有故障应查找原因，对软硬件进行修改，直到系统完善。

（7）编写系统技术文件　整理好操作过程资料，并编制一份系统操作使用说明书。

（8）项目考核及总结

1）思考：整个项目任务完成得怎么样？有何收获和体会？项目有没有创新的地方？有没有需要完善和改进的地方？对自己有何评价？

2）行动：按照任务书的要求，填写考核表，与同学、教师共同完成本次项目的考核工作。整理上述步骤中所编写的材料，完成项目训练报告。

思考练习题

1. PLC的主要性能指标有哪些？

2. PLC主要用在哪些场合？

3. PLC如何分类？

4. PLC的发展趋势是什么？

5. 与继电器—接触器控制系统相比，可编程序控制器有哪些优点？

6. 说明FX0N-40MR型号中40、M、R的意义。

7. PLC开关量输出接口，按输出开关器件的种类不同，有哪几种？各有什么特点？

8. 设计抢答器PLC控制系统。控制要求：

1）抢答台A、B、C、D，有指示灯，抢答键。

2）裁判员台，指示灯，复位按键。

3）抢答时，有2s声音报警。

9. 设计两台电动机顺序控制PLC系统。控制要求：两台电动机相互协调运转，M1运转10s，停止5s，M2与M1相反，M1停止M2运行，M1运行M2停止，如此反复动作3次，M1和M2均停止。

10. 设计一个汽车库自动门控制系统，具体控制要求是：当汽车到达车库门前，超声波开关接收到车来的信号，开门上升；当升到顶点碰到上限开关，门停止上升；当汽车驶入车库后，光电开关发出信号，自动门电动机反转，门下降，当下降碰到下限开关后，自动门电动机停止。试画出输入/输出设备与PLC的接线图，设计出梯形图程序并加以调试。

11. 设计PLC梯形图程序，控制六盏灯正方向顺序全通，反方向顺序全灭控制。

要求：按下起动按钮X000，六盏灯(Y000～Y005)依次都亮，间隔时间为1s；按下停止按钮X001，灯反方向(Y005～Y000)依次全灭，间隔时间为1s；按下复位信号X002，六盏灯立即全灭。

12. 设计气压成型机PLC控制程序。

要求：开始时，冲头处在最高位置(SQ1闭合)。按下起动按钮，电磁阀YV1得电，冲头向下运动，触到限位开关SQ2时，YV1失电，加工5s。5s后，电磁阀YV2得电，冲头向上运动，直到触到限位开关SQ1时，冲头停止。按下停车按钮，要求立即停车。起动信号X000，停车信号X001，限位开关SQ1(X002)，SQ2(X003)，电磁阀YV1(Y000)，YV2(Y001)。

学习情境 4

PLC 控制系统基本指令的编程和应用

【知识目标】

1. 掌握可编程序控制器的基本指令。
2. 掌握 PLC 定时器和计数器的使用及基本单元电路的使用。
3. 掌握 PLC 梯形图的编写规则和优化方法。
4. 掌握 PLC 控制系统的接线和调试方法。
5. 掌握 PLC 的经验编程方法和继电器电路移植编程方法。

【能力目标】

1. 能使用 PLC 的基本元件实现编程。
2. 能够根据控制要求应用基本指令实现 PLC 控制系统的编程。
3. 能正确连接 PLC 系统的电气电路。
4. 能合理分配 I/O 地址，绘制 PLC 控制流程图。
5. 能够使用 PLC 的定时器、计数器软元件，会设计定时、计数基本电路。
6. 能够使用 PLC 的经验编程方法和继电器电路移植编程方法编程。

4.1 知识链接

4.1.1 FX 系列可编程序控制器的基本指令

FX 系列 PLC 有基本逻辑指令 27 条、步进指令 2 条、功能指令 100 多条(不同系列有所不同)。本节以 FX2N 为例，介绍其基本逻辑指令及其应用。

FX2N 共有 27 条基本逻辑指令，其中包含了有些子系列 PLC 的 20 条基本逻辑指令。

1. LD、LDI、OUT 指令及其应用

LD、LDI、OUT 的指令属性见表 4-1。

表 4-1　LD、LDI、OUT 的指令属性

助记符	逻辑功能	电路表示	操作元件	程序步
LD	取常开触点状态	常开触点与左母线连接	X、Y、M、S、T、C	1
LDI	取常闭触点状态	常闭触点与左母线连接	X、Y、M、S、T、C	1
OUT	线圈输出	驱动线圈输出	Y、M、S、T、C	不定

LD、LDI、OUT 指令的应用举例如图 4-1 所示。

取指令与输出指令的使用说明：

1）LD、LDI 指令既可用于输入左母线相连的触点，也可与 ANB、ORB 指令配合实现块逻辑运算。

2）OUT 指令可以连续使用若干次（相当于线圈并联），对于定时器和计数器，在 OUT 指令之后应设置常数 K 或数据寄存器。

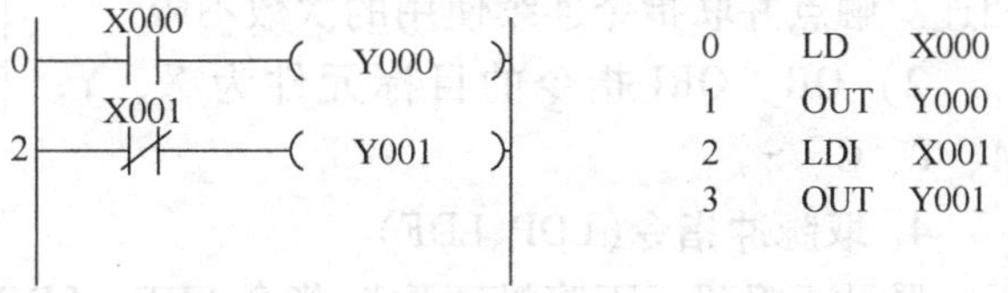

图 4-1　LD、LDI、OUT 指令的应用举例

3）OUT 指令目标元件为 Y、M、T、C 和 S，但不能用于 X。

2. 触点串联指令（AND、ANI）

触点串联指令 AND、ANI 的指令属性见表 4-2。

表 4-2　AND、ANI 的指令属性

助记符	逻辑功能	电路表示	操作元件	步数
AND	与	串联一个常开触点	X、Y、M、S、T、C	1
ANI	与非	串联一个常闭触点	X、Y、M、S、T、C	1

触点串联指令的使用如图 4-2 所示。

触点串联指令的使用说明：

1）AND、ANI 都指是单个触点串联连接的指令，串联次数没有限制，可反复使用。

2）AND、ANI 的目标元件为 X、Y、M、T、C 和 S。

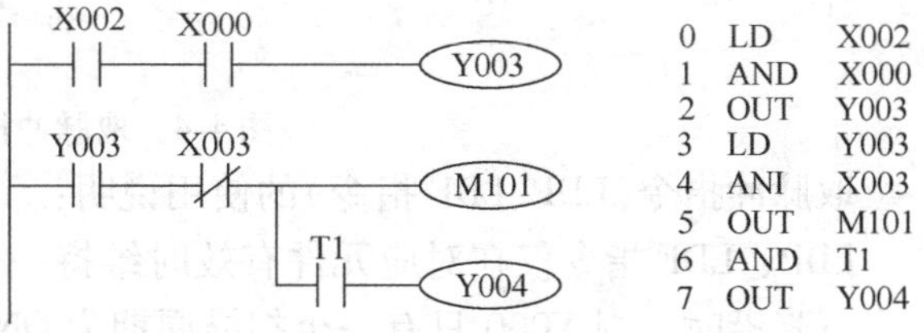

图 4-2　触点串联指令的使用

3）图 4-2 中“OUT M101”指令之后通过 T1 的触点去驱动 Y004 称为连续输出。

3. 触点并联指令（OR、ORI）

触点并联指令 OR、ORI 的指令属性见表 4-3。

表 4-3　OR、ORI 的指令属性

助记符	逻辑功能	电路表示	操作元件	步数
OR	或	并联一个常开触点	X、Y、M、S、T、C	1
ORI	或非	并联一个常闭触点	X、Y、M、S、T、C	1

触点并联指令的使用如图 4-3 所示。

触点并联指令的使用说明：

1）OR、ORI 指令都是指单个触点的并联，并联触点的左端接到母线处(左母线或支路母线)，右端与前一条指令对应触点的右端相连。触点并联指令连续使用的次数不限。

2）OR、ORI 指令的目标元件为 X、Y、M、T、C、S。

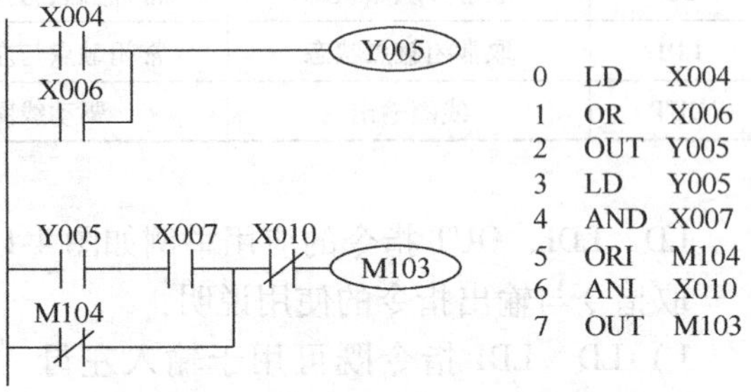

图 4-3　触点并联指令的使用

4. 取脉冲指令(LDP、LDF)

脉冲上升沿、下降沿“取”指令 LDP、LDF 的指令属性见表 4-4。

表 4-4　LDP、LDF 的指令属性

助记符	逻辑功能	电路功能	操作元件	步数
LDP	脉冲上升沿检测	元件触点闭合时接通 1 个扫描周期	X、Y、M、S、T、C	2
LDF	脉冲下降沿检测	元件触点断开时接通 1 个扫描周期	X、Y、M、S、T、C	2

LDP、LDF 指令的使用如图 4-4 所示。

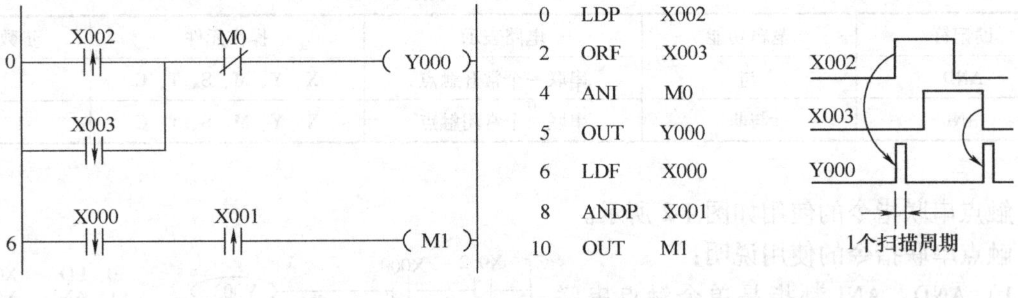

图 4-4　取脉冲指令的使用

取脉冲指令(LDP、LDF 指令)的使用说明：

LDP、LDF 指令仅在对应元件有效时维持一个扫描周期的接通。图 4-4 中，当 X003 有一个下降沿时，则 Y000 只有一个扫描周期为 ON。

5. 与脉冲指令(ANDP、ANDF)

(1) ANDP　上升沿检测串联连接指令，仅在指定位元件的上升沿(由 OFF→ON)时接通一个扫描周期。

(2) ANDF　下降沿检测串联连接指令，仅在指定位元件的下降沿(由 ON→OFF)时接通一个扫描周期。

与脉冲指令的使用如图4-5所示。

与脉冲指令的使用说明：

1）ANDP、ANDF都是指单个触点串联连接的指令，串联次数没有限制，可反复使用。

2）ANDP、ANDF的目标元件为X、Y、M、T、C和S。

6. 或脉冲指令（ORP、ORF）

（1）ORP　上升沿检测并联连接指令，仅在指定位元件的上升沿（由OFF→ON）时接通一个扫描周期。

（2）ORF　下降沿检测并联连接指令，仅在指定位元件的下降沿（由ON→OFF）时接通一个扫描周期。

或脉冲指令的使用如图4-6所示。

或脉冲的使用说明：

1）ORP、ORF指令都是指单个触点的并联，并联触点的左端接到母线处（左母线或支路母线），右端与前一条指令对应触点的右端相连。该指令连续使用的次数不限。

2）ORP、ORF指令的目标元件为X、Y、M、T、C、S。

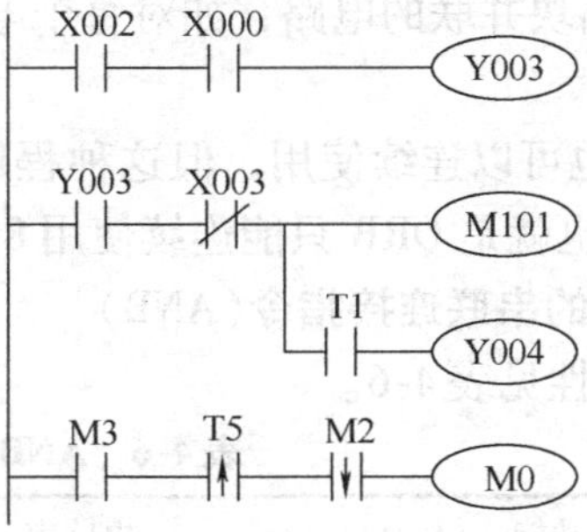

0	LD	X002
1	AND	X000
2	OUT	Y003
3	LD	Y003
4	ANI	X003
5	OUT	M101
6	AND	T1
7	OUT	Y004
8	LD	M3
9	ANDP	T5
10	ANDF	M2
11	OUT	M0

图4-5　与脉冲指令的使用

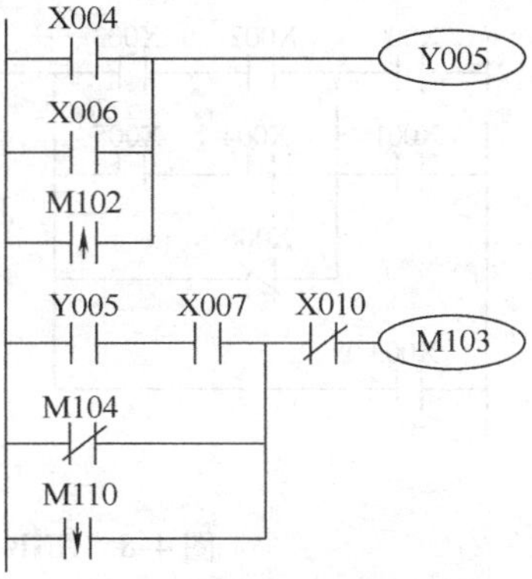

0	LD	X004
1	OR	X006
2	ORP	M102
3	OUT	Y005
4	LD	Y005
5	AND	X007
6	ORI	M104
7	ORF	M110
8	ANI	X010
9	OUT	M103

图4-6　或脉冲指令的使用

7. 串联电路块的并联连接指令（ORB）

ORB的指令属性见表4-5。

表4-5　ORB的指令属性

助记符	逻辑功能	电路表示	操作元件	步数
ORB	块的并联	触点并联一个电路块	无	1

ORB指令的使用如图4-7所示。

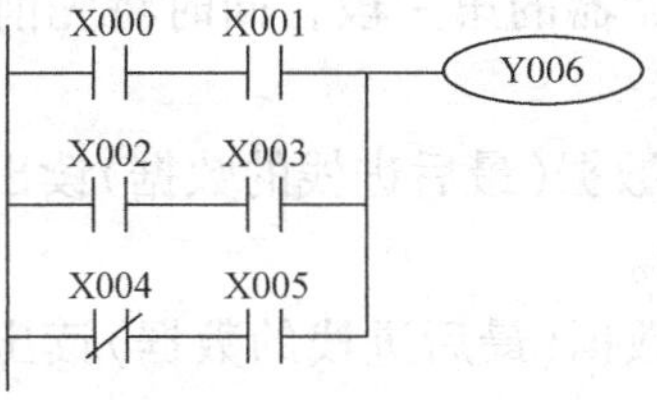

推荐使用

0	LD	X000	0	LD	X000
1	AND	X001	1	AND	X001
2	LD	X002	2	LD	X002
3	AND	X003	3	AND	X003
4	ORB		4	LDI	X004
5	LDI	X004	5	AND	X005
6	AND	X005	6	ORB	
7	ORB		7	ORB	
8	OUT	Y006	8	OUT	Y006

图4-7　ORB指令的使用

ORB指令的使用说明：

1）几个串联电路块并联连接时，每个串联电路块开始时应该用LD或LDI指令。

2）有多个电路块并联的电路，如对每个电路块使用 ORB 指令，则并联的电路块数量没有限制。

3）ORB 指令也可以连续使用，但这种程序写法不推荐使用，LD 或 LDI 指令的使用次数不得超过 8 次，也就是 ORB 只能连续使用 8 次以下。

8. 并联电路块的串联连接指令（ANB）

ANB 的指令属性见表 4-6。

表 4-6　ANB 的指令属性

助记符	逻辑功能	电路表示	操作元件	步数
ANB	块的串联	触点后串联一个电路块	无	1

ANB 指令用于两个或两个以上触点并联连接的电路之间的串联。ANB 指令的使用说明如图 4-8 所示。

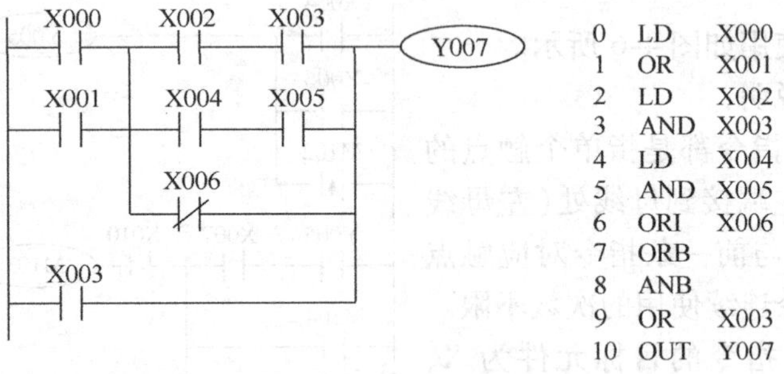

图 4-8　ANB 指令的使用

ANB 指令的使用说明：

1）并联电路块串联连接时，并联电路块的开始均用 LD 或 LDI 指令。

2）多个并联电路块连接按顺序和前面的电路串联时，ANB 指令的使用次数没有限制，也可连续使用 ANB，但与 ORB 一样，连续使用次数在 8 次以下。

9. 堆栈指令（MPS、MRD、MPP）

堆栈指令是 FX 系列中新增的基本指令，用于多重输出电路，为编程带来了便利。在 FX 系列 PLC 中有 11 个存储单元，它们专门用来存储程序运算的中间结果，被称为栈存储器。

（1）MPS（进栈指令）将运算结果送入栈存储器的第一段，同时将先前送入的数据依次移到栈的下一段。

（2）MRD（读栈指令）将栈存储器的第一段数据（最后进栈的数据）读出且该数据继续保存在栈存储器的第一段，栈内的数据不发生移动。

（3）MPP（出栈指令）将栈存储器的第一段数据（最后进栈的数据）读出且该数据从栈中消失，同时将栈中其他数据依次上移。

堆栈指令的使用如图 4-9 和图 4-10 所示，其中，图 4-9a 为一层栈，进栈后的信息可无限使用，最后一次使用 MPP 指令弹出信号；图 4-9b 为二层栈，它用了两个栈单元。

堆栈指令的使用说明：

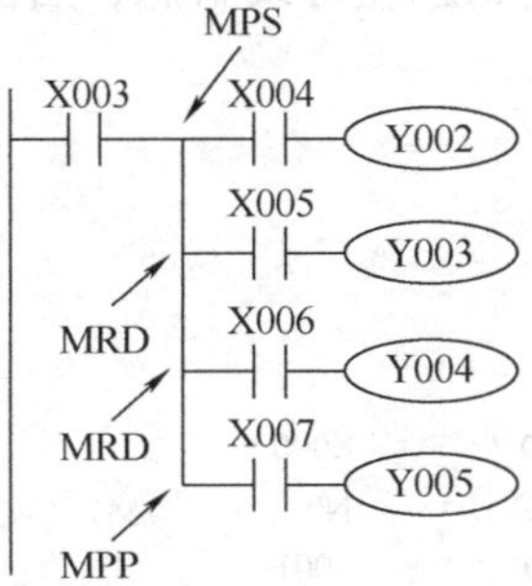


```
0  LD   X003
1  MPS
2  AND  X004
3  OUT  Y002
4  MRD
5  AND  X005
6  OUT  Y003
7  MRD
8  AND  X006
9  OUT  Y004
10 MPP
11 AND  X007
12 OUT  Y005
```

a) 一层栈

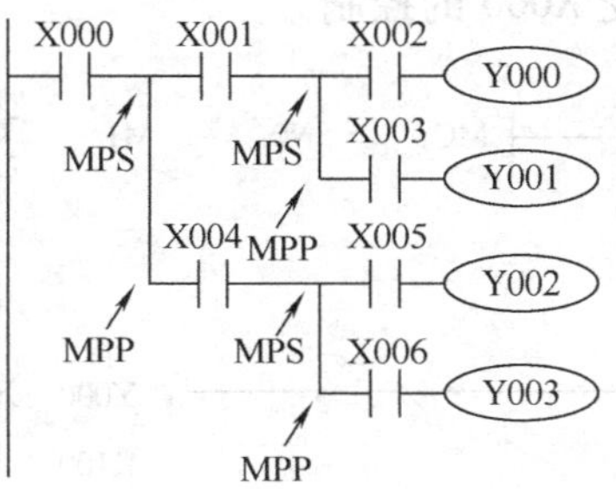


```
0  LD   X000
1  MPS
2  AND  X001
3  MPS
4  AND  X002
5  OUT  Y000
6  MPP
7  AND  X003
8  OUT  Y001
9  MPP
10 AND  X004
11 MPS
12 AND  X005
13 OUT  Y002
14 MPP
15 AND  X006
16 OUT  Y003
```

b) 二层栈

图 4-9　堆栈指令的使用(一)

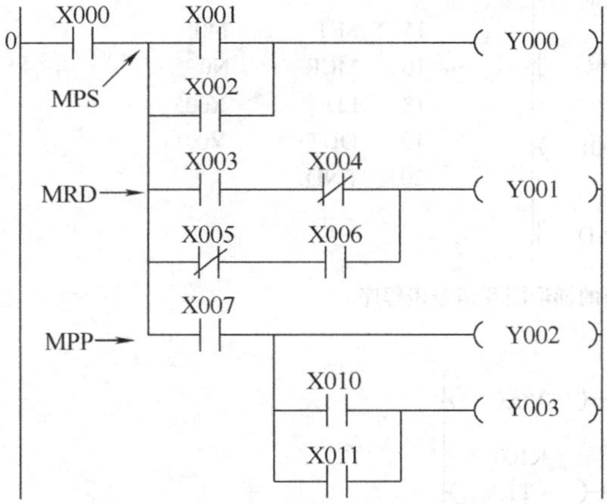


```
0   LD   X000      11  ORB
1   MPS            12  ANB
2   LD   X001      13  OUT  Y001
3   OR   X002      14  MPP
4   ANB            15  AND  X007
5   OUT  Y000      16  OUT  Y002
6   MRD            17  LD   X010
7   LD   X003      18  OR   X011
8   ANI  X004      19  ANB
9   LDI  X005      20  OUT  Y003
10  AND  X006
```

图 4-10　堆栈指令的使用(二)

1) 堆栈指令没有目标元件。

2) MPS 和 MPP 必须配对使用。

3) 由于栈存储单元只有 11 个，所以栈的层次最多 11 层。

10. 主控及主控复位指令(MC、MCR)

(1) MC(主控指令)　用于公共串联触点的连接。执行 MC 后，左母线移到 MC 触点的后面。

(2) MCR(主控复位指令)　它是 MC 指令的复位指令，即利用 MCR 指令恢复原左母线的位置。

在编程时常会出现这样的情况，多个线圈同时受一个或一组触点控制，如果在每个线圈的控制电路中都串入同样的触点，将重复进行栈操作(进栈后重复读栈)将占用很多存储单元，写出的程序会很长，如图 4-11b 所示，实质就是 X000 控制多重输出，使用主控指令就可以解决这一问题。与图 4-11b 等效的程序如图 4-11a 所示，使用了“MC N0 M1”后，左边母线下控制的四行程序和输出(多重输出)实际上都在 X000 的控制之下，左边的母线并不是原来意义的母线，而是受主控触点 X000 控制下的“特殊母线”，其中 N0 表示嵌套等级，在无嵌套结构中 N0 的使用次数无限制；利用“MCR N0”恢复到原左母线状态，后面 X005 控制的程序就不再受 X000 的控制。

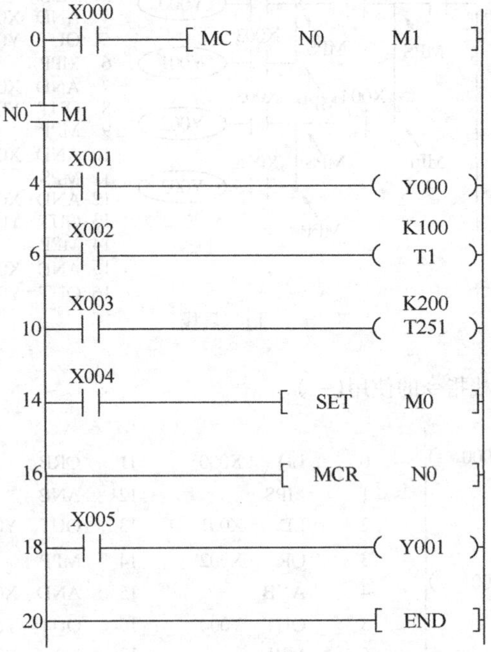

0	LD	X000	
1	MC	N0	M1
4	LD	X001	
5	OUT	Y000	
6	LD	X002	
7	OUT	T1	K100
10	LD	X003	
11	OUT	T251	K200
14	LD	X004	
15	SET	M0	
16	MCR	N0	
18	LD	X005	
19	OUT	Y001	
20	END		

a) 主控指令的梯形图及指令表程序

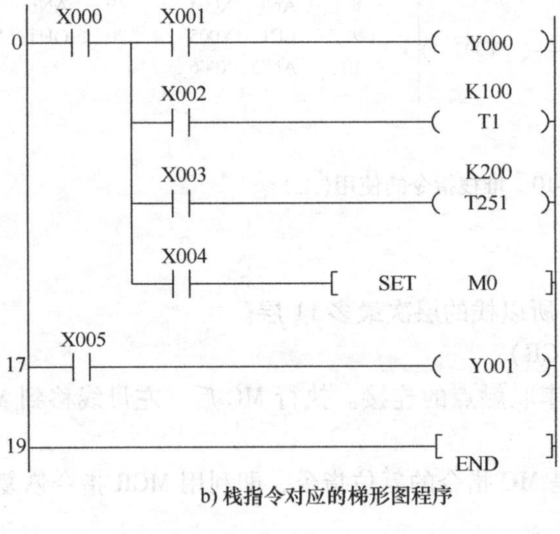

b) 栈指令对应的梯形图程序

图 4-11　主控指令的程序及对应栈指令梯形图程序

MC、MCR 指令的使用说明：

1）MC、MCR 指令的目标元件为 Y 和 M，但不能用特殊辅助继电器。MC 占 3 个程序步，MCR 占 2 个程序步。

2）主控触点在梯形图中与一般触点垂直。主控触点是与左母线相连的常开触点，是控制一组电路的总开关。与主控触点相连的触点必须用 LD 或 LDI 指令。

3）MC 指令的输入触点断开时，在 MC 和 MCR 之内的积算定时器、计数器、用 SET/

RST 指令驱动的元件保持其之前的状态不变。非积算定时器和计数器，用 OUT 指令驱动的元件将复位。

4）在一个 MC 指令区内若再使用 MC 指令称为嵌套，嵌套级数最多为 8 级，编号按 N0 ~ N7 顺序增大，每级的返回用对应的 MCR 指令，从编号大的嵌套级开始复位。

11. 取反指令(INV)

INV 指令执行后将原来的运算结果取反。取反指令的使用如图 4-12 所示，如果 X000 断开，则 Y000 为 ON，否则 Y000 为 OFF。使用时应注意 INV 不能像指令表的 LD、LDI、LDP、LDF 那样与母线连接，也不能像指令表中的 OR、ORI、ORP、ORF 指令那样单独使用。

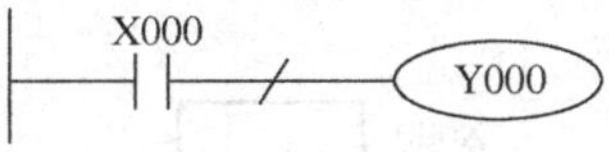


```
0  LD   X000
1  INV
2  OUT  Y000
```

图 4-12　取反指令的使用

12. 置位与复位指令 SET、RST

置位指令 SET、复位指令 RST 的指令属性见表 4-7。

表 4-7　置位指令 SET、复位指令 RST 的指令属性

助记符	逻辑功能	电路功能	操作元件	步　数
SET	置位	线圈保持接通	Y、M、S	Y、M:1 S、特 M:2
RST	复位	线圈保持断开	Y、M、S、T、C、D、V、Z、	Y、M:1 S、T、C、特 M:2 D、V、Z、特 D:3

1）SET 指令的作用是使被操作的目标元件置位并保持。

2）RST 指令使被操作的目标元件复位并保持清零状态。

置位与复位指令的使用如图 4-13 所示。当 X000 常开触点接通时，Y000 变为 ON 状态并一直保持该状态，即使 X000 断开 Y000 的 ON 状态仍维持不变；只有当 X001 的常开触点闭合时，Y000 才变为 OFF 状态并保持，这时即使 X001 常开触点断开，Y000 也仍为 OFF 状态。

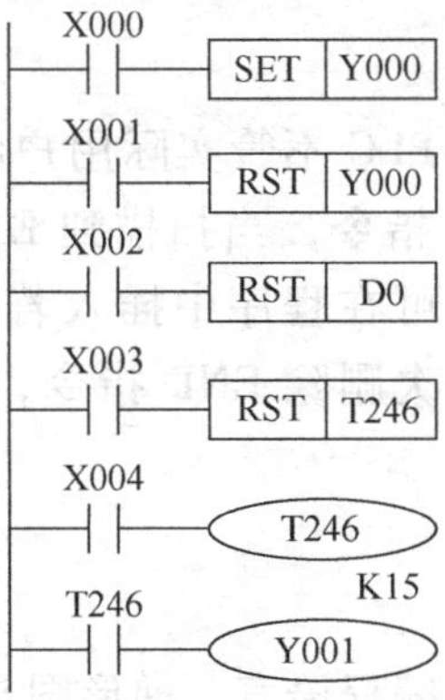


```
0  LD   X000
1  SET  Y000
2  LD   X001
3  RST  Y000
4  LD   X002
5  RST  D0
6  LD   X003
7  RST  T246
8  LD   X004
9  OUT  T246
        K15
12 LD   T246
13 OUT  Y001
```

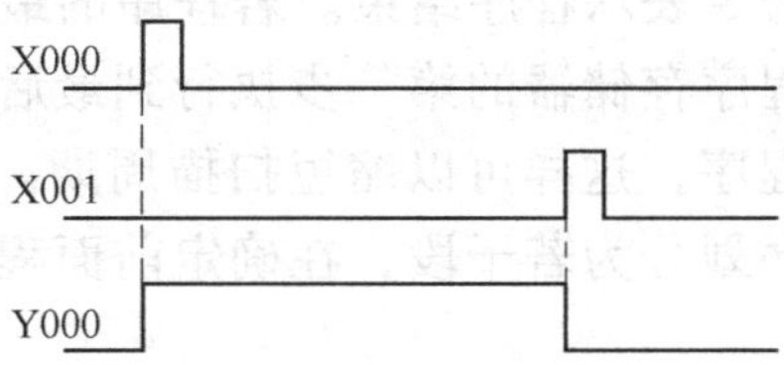

图 4-13　置位与复位指令的使用

SET、RST 指令的使用说明：

1）SET 指令的目标元件为 Y、M、S，RST 指令的目标元件为 Y、M、S、T、C、D、V、Z。RST 指令常被用来对 D、Z、V 的内容清零，还用来复位积算定时器和计数器。

2）对于同一目标元件，SET、RST 可多次使用，顺序也可随意，但最后执行者有效。

13. 脉冲输出指令（PLS、PLF）

（1）PLS（上升沿脉冲输出指令）　在输入信号上升沿产生一个扫描周期的脉冲输出。

（2）PLF（下降沿脉冲输出指令）　在输入信号下降沿产生一个扫描周期的脉冲输出。

脉冲输出指令的使用如图 4-14 所示，利用脉冲输出指令检测到信号的边沿，通过置位和复位命令控制 Y000 的状态。

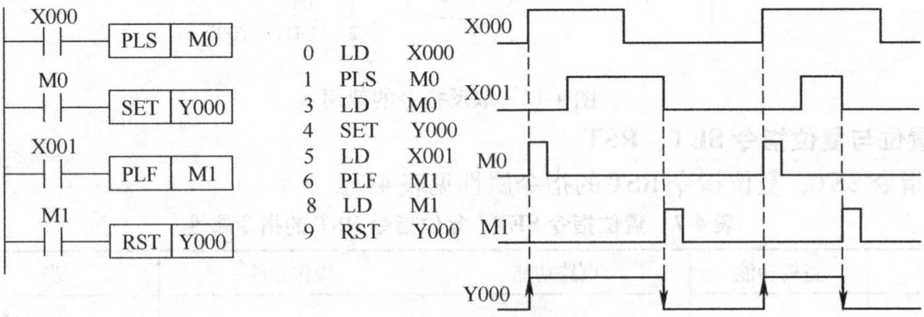

图 4-14　脉冲输出指令的使用

PLS、PLF 指令的使用说明：

1）PLS、PLF 指令的目标元件为 Y 和 M。

2）使用 PLS 时，仅在驱动输入为 ON 后的第一个扫描周期内目标元件 ON，如图 4-14 所示，M0 仅在 X000 的常开触点由断到通时的一个扫描周期内为 ON；使用 PLF 指令时只是利用输入信号的下降沿驱动，其他与 PLS 相同。

14. 空操作指令（NOP）

NOP 指令不执行操作，但占一个程序步。执行 NOP 时并不做任何事，有时可用 NOP 指令短接某些触点或用 NOP 指令将不要的指令覆盖。当 PLC 执行了清除用户存储器操作后，用户存储器的内容全部变为空操作指令。

15. 程序结束指令（END）

END 指令表示程序结束。若程序的最后不写 END，则 PLC 不管实际用户程序多长，都从用户程序存储器的第一步执行到最后一步；若有 END 指令，当扫描到 END 时，则结束执行程序，这样可以缩短扫描周期。在程序调试时，可在程序中插入若干 END 指令，将程序划分为若干段，在确定前面程序段无误后，依次删除 END 指令，直至调试结束。

4.1.2　FX 系列可编程序控制器编程的基本原则

梯形图是使用最多的图形编程语言，被称为 PLC 的第一编程语言。梯形图与继电器—接触器控制系统的电路图很相似，具有直观易懂的优点，很容易被工厂电气技术人员掌握，特别适用于开关量逻辑控制。梯形图的设计称为编程。

1. 基本概念

（1）软继电器　PLC梯形图中的某些编程元件沿用了继电器这一名称，如输入继电器、输出继电器及内部辅助继电器等，但是它们不是真实的物理继电器，而是一些存储单元(软继电器)。每一软继电器与PLC存储器中映像寄存器的一个存储单元相对应。该存储单元如果为“1”状态，则表示梯形图中对应软继电器的线圈“通电”，其常开触点接通，常闭触点断开，称这种状态是该软继电器的“1”或“ON”状态；如果该存储单元为“0”状态，对应软继电器的线圈和触点的状态与上述的相反，称该软继电器为“0”或“OFF”状态。使用中也常将这些“软继电器”称为编程元件。

（2）能流　如图4-15所示，触点X001、X002接通时，有一个假想的“概念电流”或“能流”(Power Flow)从左向右流动，这一方向与执行用户程序时的逻辑运算的顺序是一致的。能流只能从左向右流动。利用能流这一概念，可以帮助我们更好地理解和分析梯形图。图4-15a中可能有两个方向的能流流过触点X005(经过触点X001、X005、X004或经过触点X003、X005、X002)，这不符合能流只能从左向右流动的原则，因此应改为如图4-15b所示的梯形图。

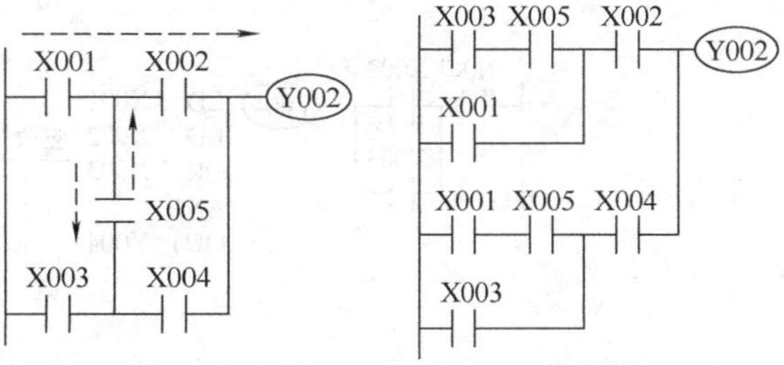

a) 错误的梯形图　　b) 正确的梯形图

图4-15　梯形图

（3）母线　梯形图两侧的垂直公共线称为母线(Bus bar)。在分析梯形图的逻辑关系时，为了借用继电器电路图的分析方法，可以想象左右两侧母线(左母线和右母线)之间有一个左正右负的直流电源电压，母线之间有“能流”从左向右流动。右母线可以不画出。

（4）梯形图的逻辑解算　根据梯形图中各触点的状态和逻辑关系，求出与图中各线圈对应的编程元件的状态，称为梯形图的逻辑解算。梯形图中逻辑解算是按从左至右、从上到下的顺序进行的。梯形图中前面的逻辑解算的结果，马上可以被后面的逻辑解算所利用。逻辑解算是根据输入映像寄存器中的值来确定，而不是根据解算瞬时外部输入触点的状态来确定的。

2. 梯形图设计规则

尽管梯形图与继电器—接触器电路图在结构形式、元件符号及逻辑控制功能等方面类似，但它们又有许多不同之处，梯形图具有自己的编程规则。

1）每一逻辑行总是起于左母线，然后是触点的连接，最后终止于线圈或右母线(右母线可以不画出)。

注意：*左母线与线圈之间一定要有触点，而线圈与右母线之间则不能有任何触点。*

2）梯形图中的触点可以任意串联或并联，但继电器线圈只能并联而不能串联。

3）触点的使用次数不受限制。

4）一般情况下，在梯形图中同一线圈只能出现一次。如果在程序中，同一线圈使用了两次或多次，则称为双线圈输出。对于双线圈输出，有些PLC将其视为语法错误，绝对不允许，有些PLC则将前面的输出视为无效，只有最后一次输出有效，而有些PLC，在含有跳转指令或步进指令的梯形图中允许双线圈输出。

5）对于不可编程梯形图必须经过等效变换，变成可编程梯形图。

6）有几个串联电路相并联时，应将串联触点多的回路放在上方，如图 4-16a 所示。在有几个并联电路相串联时，应将并联触点多的回路放在左方，如图 4-16b 所示。这样所编制的程序简洁明了，语句较少。

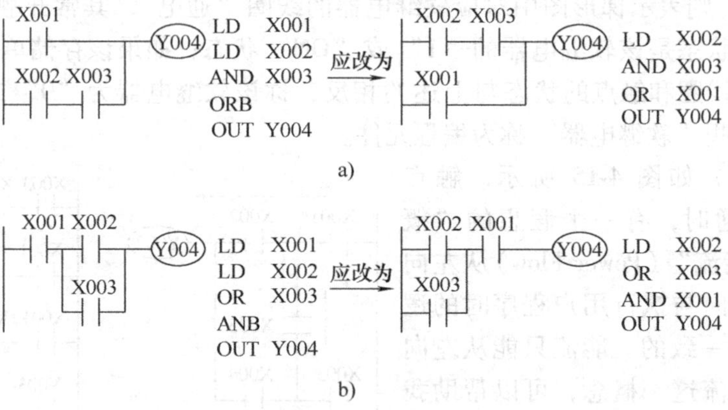

图 4-16 梯形图简化

另外，在设计梯形图时输入继电器的触点状态最好按输入设备全部为常开触点进行设计更为合适，不易出错。建议用户尽可能用输入设备的常开触点与 PLC 输入端连接，如果某些信号只能用常闭触点输入，可先按输入设备为常开触点来设计，然后将梯形图中对应的输入继电器触点取反（常开触点改成常闭触点、常闭触点改成常开触点）。

3. 输入信号的最高频率问题

PLC 输入信号的 ON 和 OFF 的时间，必须比 PLC 的扫描周期长。这样才能保证信号的变化被输入继电器所识别。如：考虑输入滤波的响应延迟 10ms，扫描时间 10ms，则输入的 ON 或 OFF 时间至少为 20ms。

注意：高速计数器的计数频率较高，它们的输入信号的频率受两方面的限制：一是全部高速计数器的处理时间，因它们采用中断方式，所以计数器用的越少，则可计数频率就越高；二是输入端的响应速度，不同高速计数器的速度不同，而且高速计数器的输入口是特定的，如 FX2N PLC 的 C235 所对应的高速计数输入口为 X000、C236 所对应的高速计数输入口为 X001，它们的最高频率为 60kHz，要详细了解其他高速计数器的最高频率可查看用户手册。随着电子技术的发展，高速计数器的频率也会越来越高。

4.1.3 典型基本梯形图经验设计方法

在 PLC 发展的初期，沿用了设计继电器—接触器电路图的方法来设计梯形图程序，即在已有的一些典型梯形图的基础上，根据被控对象对控制的要求，不断地修改和完善梯形图。有时需要多次反复地调试和修改梯形图，不断地增加中间编程元件和触点，最后才能得到一个较为满意的结果。这种方法没有普遍的规律可以遵循，设计所用的时间、设计的质量与编程者的经验有很大的关系，所以有人把这种设计方法称为经验设计法。它可以用于逻辑关系较简单的梯形图程序设计。

用经验设计法设计 PLC 程序时，大致可以按下面几步来进行：分析控制要求、选择控制原则；设计主令元件和检测元件，确定输入/输出设备；设计执行元件的控制程序；检查修改和完善程序。

PLC应用程序往往是一些典型的控制环节和基本单元电路的组合，熟练掌握这些典型环节和基本单元电路，可以使程序的设计变得简单。下面介绍一些常见的典型单元梯形图程序。

（1）具有自锁、联锁功能的程序

1）具有自锁功能的程序。利用自身的常开触点使线圈持续保持通电即“ON”状态的功能称为自锁。图4-17所示为起保停程序与时序图，其梯形图即为典型的具有自锁功能的梯形图，图中，X001为起动信号，X002为停止信号。

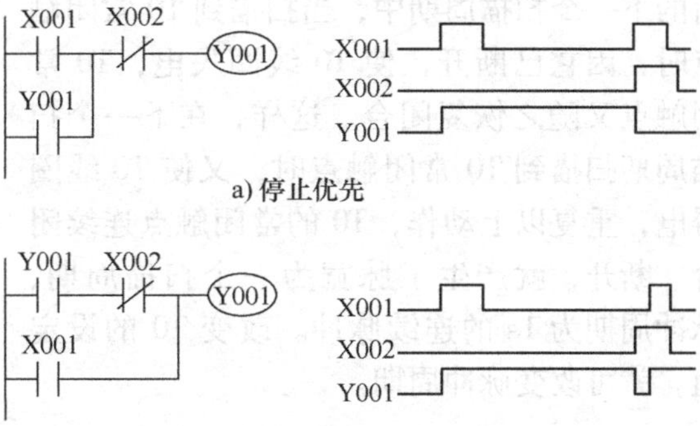

图4-17　起保停程序与时序图

图4-17a为停止优先程序，即当X001和X002同时接通，则Y001断开。图4-17b为起动优先程序，即当X001和X002同时接通，则Y001接通。起保停程序也可以用置位(SET)和复位(RST)指令来实现。在实际应用中，起动信号和停止信号可能由多个触点组成的串、并联电路提供。

2）具有联锁功能的程序。利用两个或多个常闭触点来保证线圈不会同时通电的功能成为“联锁”。三相异步电动机的正反转控制电路即为典型的联锁电路，如图4-18所示。其中，KM1和KM2分别是控制正转运行和反转运行的交流接触器。

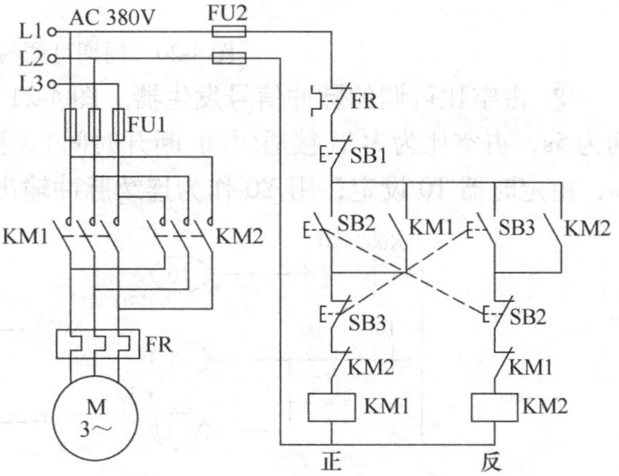

图4-18　三相异步电动机的正反转控制电路

图4-19所示为用PLC控制三相异步电动机正反转的I/O接线图和梯形图。实现正反转控制功能的梯形图由两个起保停的梯形图再加上两者之间的联锁触点构成。

应该注意的是，虽然在梯形图中已经有了软继电器的联锁触点（X001与X000、Y001与Y000），但在I/O接线图的输出电路中还必须使用KM1、KM2的常闭触点进行硬件联锁，因为PLC软继电器联锁只相差一个扫描周期，而外部硬件接触器触点的断开时间往往大于一个扫描周期，来不及响应，且触点的断开时间一般较闭合时间长。例如Y000虽然断开，可能KM1的触点还未断开，在没有外部硬件联锁的情况下，KM2的触点可能接通，引起主电路短路，因此必须采用软硬件双重联锁。采用了双重联锁，同时也避免因接触器KM1或KM2的主触点熔焊引起电动机主电路短路。

（2）定时器应用程序

1）产生脉冲的程序。

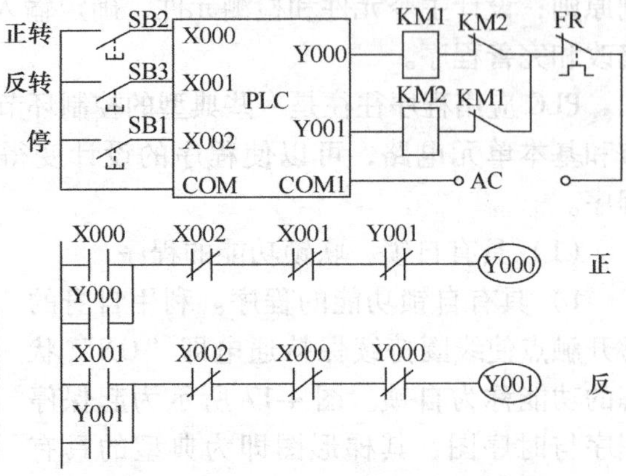

图4-19　用PLC控制三相异步电动机正反转的I/O接线图和梯形图

① 周期可调的脉冲信号发生器。图4-20为周期可调的脉冲信号发生器，当X000常开触点闭合后，第一次扫描到T0常闭触点时，它是闭合的，于是T0线圈得电，经过1s的延时，T0常闭触点断开，T0常闭触点断开后的下一个扫描周期中，当扫描到T0常闭触点时，因它已断开，使T0线圈失电，T0常闭触点又随之恢复闭合。这样，在下一个扫描周期扫描到T0常闭触点时，又使T0线圈得电，重复以上动作，T0的常闭触点连续闭合、断开，就产生了脉宽为一个扫描周期、脉冲周期为1s的连续脉冲。改变T0的设定值，就可改变脉冲周期。

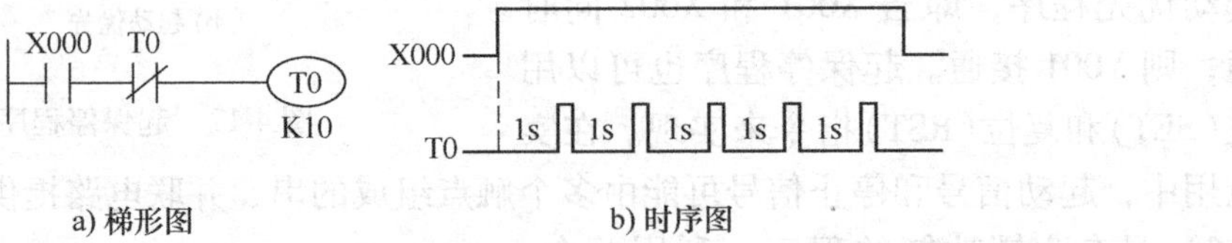

图4-20　周期可调的脉冲信号发生器

② 占空比可调的脉冲信号发生器。图4-21为占空比可调的脉冲信号发生器，其脉冲周期为5s，占空比为3:2（接通时间:断开时间）。接通时间3s，由定时器T1设定，断开时间为2s，由定时器T0设定，用Y0作为连续脉冲输出端。

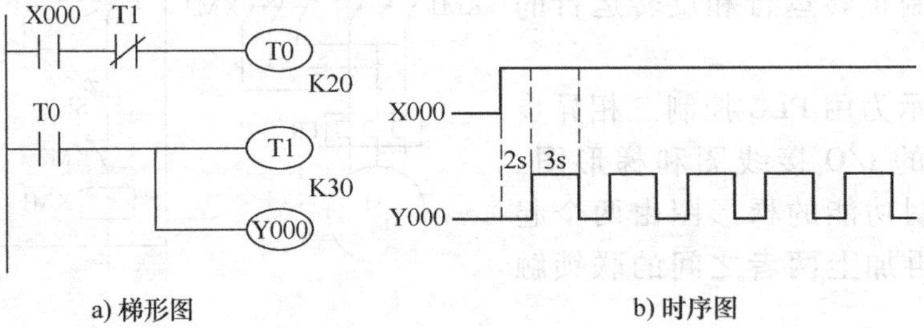

图4-21　占空比可调的脉冲信号发生器

2）断电延时动作的程序。大多数PLC的定时器均为接通延时定时器，即定时器线圈通电后开始延时，待定时时间到，定时器的常开触点闭合、常闭触点断开。在定时器线圈断电时，定时器的触点立刻复位。

图4-22为断电延时动作的程序。当X013接通时，M0线圈接通并自锁，Y003线圈通电，这时T13由于X013常闭触点断开而没有接通定时；当X013断开时，X013的常闭触点恢复闭合，T13线圈得电，开始定时。经过10s延时后，T13常闭触点断开，使M0复位，Y003线圈断电，从而实现从输入信号X013断开，经10s延时后，输出信号Y003才断开的

延时功能。

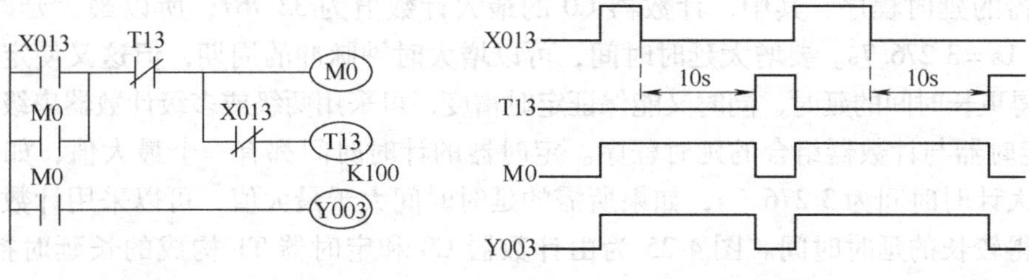

a) 梯形图　　b) 时序图

图 4-22　断电延时动作的程序

3）定时器组合的延时程序。一般 PLC 的一个定时器的延时时间都较短，如 FX 系列 PLC 中一个 0.1s 定时器的定时范围为 0.1～3 276.7s，如果需要延时时间更长的定时器，可采用多个定时器串级使用来实现长时间延时，如图 4-23 所示。定时器串级使用时，其总的定时时间为各定时器定时时间之和。如图 4-23 为长延时程序。

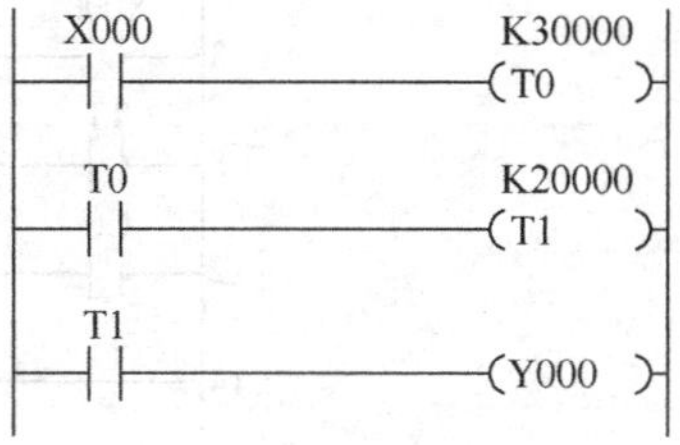

图 4-23　长延时程序

（3）计数器应用程序

1）应用计数器的延时程序。用时钟脉冲信号作为计数器的计数输入信号，计数器就可以实现定时功能，时钟脉冲信号的周期与计数器的设定值相乘就是定时时间。时钟脉冲信号可以由 PLC 内部特殊继电器产生（如 FX 系列 PLC 的 M8011、M8012、M8013 和 M8014 等），也可以由连续脉冲发生程序产生，还可以由 PLC 外部时钟电路产生。

图 4-24 所示为采用计数器实现延时的程序，由 M8012 产生周期为 0.1s 时钟脉冲信号。当起动信号 X015 闭合时，M2 得电并自锁，M8012 时钟脉冲加到 C0 的计数输入端。当 C0 累计到 18000 个脉冲时，计数器 C0 动作，C0 常开触点闭合，Y005 线圈接通，Y005 的触点动作。从 X015 闭合到 Y005 动作的延时时间为 $18000 \times 0.1s = 1800s$。延时误差和精度主要由时钟脉冲信号的周期决定，要提高定时精度，就必须用周期更短的时钟脉冲作为计数信号。

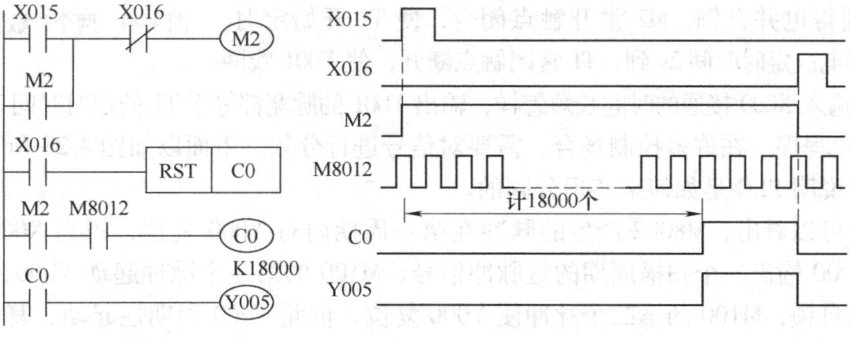

a) 梯形图　　b) 时序图

图 4-24　应用一个计数器的延时程序

延时程序最大延时时间受计数器的最大计数值和时钟脉冲的周期限制，图 4-24 为应用一个计数器的延时程序，其中，计数器 C0 的最大计数值为 32 767，所以最大延时时间为：32 767 ×0. 1s =3 276. 7s。要增大延时时间，可以增大时钟脉冲的周期，但这又使定时精度下降。为获得更长时间的延时，同时又能保证定时精度，可采用两级或多级计数器串级计数。

2）定时器与计数器组合的延时程序。定时器的计时时间都有一个最大值，如 100ms 的定时器最大计时时间为 3 276. 7s，如果所需的延时时间大于最大值，可以采用计数器与定时器配合获得较长的延时时间。图 4-25 为由计数器 C0 和定时器 T1 构成的长延时控制程序，当 X000 保持接通后，经过 5h(0. 1s ×18 000 ×10 =18 000s)延时，Y000 才接通。

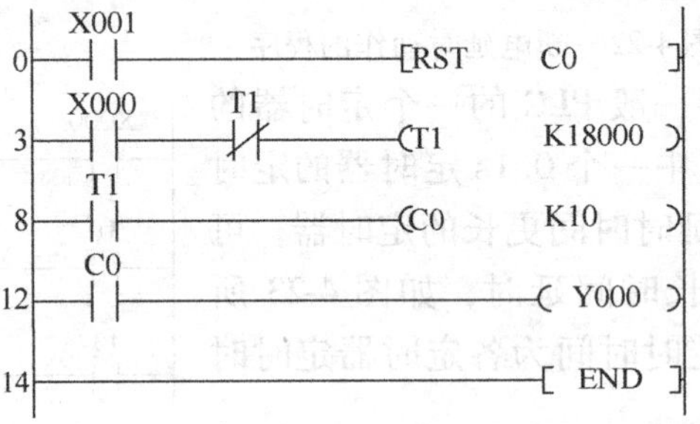

图 4-25　由计数器 C0 和定时器 T1 构成的长延时控制程序

3）计数器级联程序。计数器计数值范围的扩展，可以通过多个计数器级联组合的方法来实现。图 4-26 为两个计数器级联程序。X001 每通/断一次，C60 计数 1 次，当 X001 通/断 50 次时，C60 的常开触点接通，C61 计数 1 次，与此同时 C60 另一对常开触点使 C60 复位，重新从零开始对 X001 的通/断进行计数，每当 C60 计数 50 次时，C61 计数 1 次，当 C61 计数到 40 次时，X001 总计通/断 50 ×40 =2 000 次，C61 常开触点闭合，Y031 接通。可见本程序计数值为两个计数器计数值的乘积。

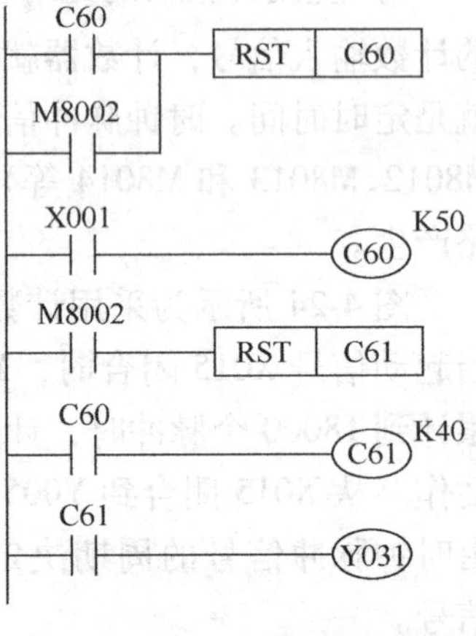

图 4-26　两个计数器级联程序

（4）其他典型应用程序

1）单脉冲程序。图 4-27 为单脉冲程序，从给定信号(X000)的上升沿开始产生一个脉宽一定的脉冲信号(Y001)。当 X000 接通时，M2 线圈得电并自锁，M2 常开触点闭合，使 T1 开始定时、Y001 线圈得电。定时时间 2s 到，T1 常闭触点断开，使 Y001 线圈断电。无论输入 X000 接通的时间长短怎样，输出 Y001 的脉宽都等于 T1 的定时时间 2s。

2）分频程序。在许多控制场合，需要对信号进行分频。下面以如图 4-28 所示的二分频程序为例来说明 PLC 是如何来实现分频的。

从图中可以看出，M8002 产生的脉冲在第一周期内对 Y000 复位，每当 X000 有上升沿信号时，M100 输出一个扫描周期的短脉冲信号，M100 的第一个脉冲起动 Y000，Y000 依靠其自锁触点自锁，M100 的第二个脉冲使 Y000 复位，依此 Y000 周期性起动、复位，就形成了分频控制电路。

除了以上介绍的几种基本程序外，还有很多这样的程序，在此不再一一列举，它们都是组成较复杂的 PLC 应用程序的基本环节。

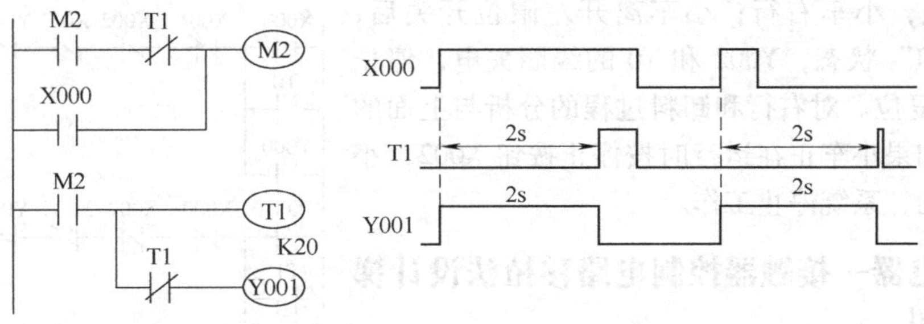

a) 梯形图　　b) 时序图

图 4-27　单脉冲程序

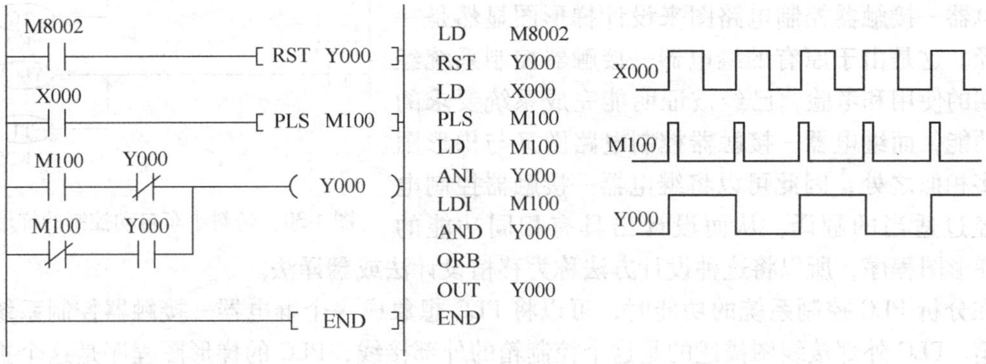

a) 梯形图　　b) 波形图

图 4-28　二分频程序

4.1.4　梯形图经验设计方法举例

下面介绍送料小车自动控制的梯形图程序设计。

（1）被控对象对控制的要求　图 4-29 为送料小车自动控制示意图，送料小车在限位开关 X004 处装料，20s 后装料结束，开始右行，碰到 X003 后停下来卸料，25s 后左行，碰到 X004 后又停下来装料，这样不停地循环工作，直到按下停止按钮 X002。按钮 X000 和 X001 分别用来起动小车右行和左行。

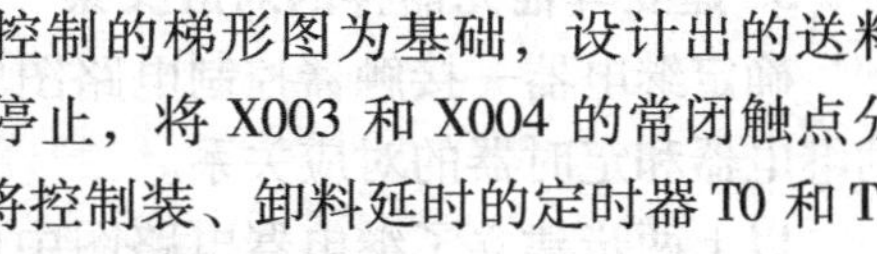

图 4-29　送料小车自动控制示意图

（2）程序设计思路　以众所周知的电动机正反转控制的梯形图为基础，设计出的送料小车自动控制的梯形图如图 4-30 所示。为使小车自动停止，将 X003 和 X004 的常闭触点分别与 Y000 和 Y001 的线圈串联。为使小车自动起动，将控制装、卸料延时的定时器 T0 和 T1 的常开触点，分别与手动起动右行和左行的 X000、X001 的常开触点并联，并用两个限位开关对应的 X004 和 X003 的常开触点分别接通装料、卸料电磁阀和相应的定时器。

（3）程序分析　设小车在起动时是空车，按下左行起动按钮 X001，Y001 得电，小车开始左行，碰到左限位开关时，X004 的常闭触点断开，使 Y001 失电，小车停止左行，X004 的常开触点接通，使 Y002 和 T0 的线圈得电，开始装料和延时；20s 后 T0 的常开触点闭合，使Y000得电，小车右行；小车离开左限位开关后，X004变为“0”状态，Y002和T0的线圈失电，停止装料，T0被复位。对右行和卸料过程的分析与上面的基本相同。如果小车正在运行时按停止按钮X002，小车将停止运动，系统停止工作。

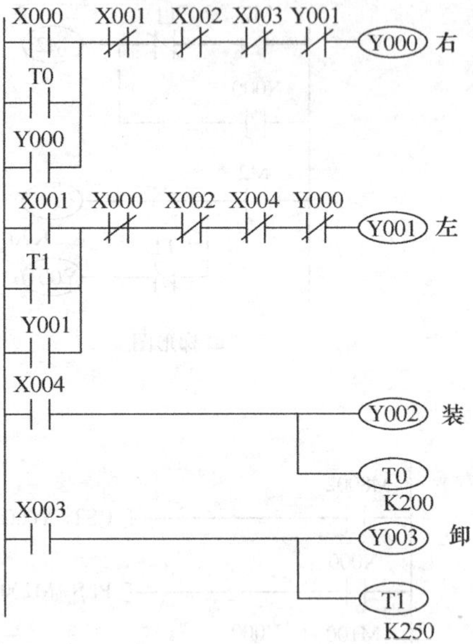

图4-30　送料小车自动控制的梯形图

4.1.5　继电器—接触器控制电路移植法设计梯形图

PLC控制取代继电器—接触器控制已是大势所趋，如果用PLC改造继电器—接触器控制系统，根据原有的继电器—接触器控制电路图来设计梯形图显然是一条捷径。这是由于原有的继电器—接触器控制系统经过长期的使用和考验，已经被证明能完成系统要求的控制功能，而继电器—接触器控制电路图又与梯形图有很多相似之处，因此可以将继电器—接触器控制电路图经过适当的翻译，从而设计出具有相同功能的PLC梯形图程序，所以将这种设计方法称为移植设计法或翻译法。

在分析PLC控制系统的功能时，可以将PLC想象成一个继电器—接触器控制系统中的控制箱。PLC外部接线图描述的是这个控制箱的外部接线，PLC的梯形图程序是这个控制箱内部的线路图，PLC输入继电器和输出继电器是这个控制箱与外部联系的中间继电器，这样就可以用分析继电器—接触器控制电路图的方法来分析PLC控制系统。

我们可以将输入继电器的触点想象成对应的外部输入设备的触点，将输出继电器的线圈想象成对应的外部输出设备的线圈。外部输出设备的线圈除了受PLC的控制外，可能还会受外部触点的控制。用上述的思想就可以将继电器—接触器控制电路图转换为功能相同的PLC外部接线图和梯形图。

1. 分析原有系统的工作原理

了解被控设备的工艺过程和机械的动作情况，根据继电器—接触器控制电路图分析和掌握控制系统的工作原理。

2. PLC的I/O分配

确定系统的输入设备和输出设备，进行PLC的I/O分配，画出PLC外部接线图。

3. 建立其他元器件的对应关系

确定继电器—接触器控制电路图中的中间继电器、时间继电器等各器件与PLC中的辅助继电器和定时器的对应关系。

以上两步建立了继电器电路图中所有的元器件与PLC内部编程元件的对应关系，对于移植设计法而言，这非常重要。在这过程中应该处理好以下几个问题：

1）继电器—接触器控制电路中的执行元件应与PLC的输出继电器对应，如交直流接触器、电磁阀、电磁铁及指示灯等。

2）继电器电路中的主令电器应与PLC的输入继电器对应，如按钮、位置开关及选择开关等。热继电器的触点可作为PLC的输入，也可接在PLC外部电路中，主要是看PLC的输入点是否富裕。注意处理好PLC内、外触点的常开和常闭的关系。

3）继电器电路中的中间继电器与PLC的辅助继电器对应。

4）继电器电路中的时间继电器与PLC的定时器或计数器对应，但要注意：时间继电器有通电延时型和断电延时型两种，而定时器只有通电延时型一种。

4. 设计梯形图程序

根据上述的对应关系，将继电器电路图翻译成对应的准梯形图，再根据梯形图的编程规则将准梯形图转换成结构合理的梯形图。对于复杂的控制电路可划整为零，先进行局部的转换，最后再综合起来。对于复杂的程序或者不够优化的程序，可以进行优化。下面以电动机Y-△减压起动控制电路梯形图程序设计为例进行介绍。其继电器—接触器控制电路如图4-31所示。

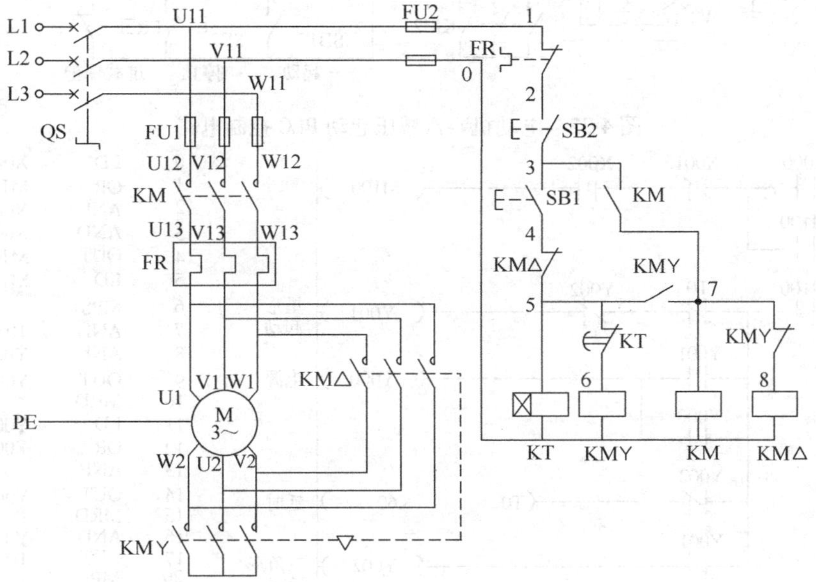

图4-31　电动机Y-△减压起动控制电路

控制要求如下：当按下起动按钮SB1时，电动机Y联结起动，6s后自动转为△联结运行。当按下停上按钮SB2时，电动机停机。

1）三相交流电动机Y-△减压起动PLC控制电路如图4-32所示，控制程序如图4-33所示。

2）三相交流电动机Y-△减压起动控制电路I/O分配见表4-8。

表4-8　I/O分配表

输入(I)			输出(O)		
输入继电器	输入元件	作用	输出继电器	输出元件	作用
X000	SB1	起动按钮	Y000	接触器KM1	电源接触
X001	SB2	停止按钮	Y001	接触器KM2	Y联结起动
X002	FR	热继电器	Y002	接触器KM3	△联结运行

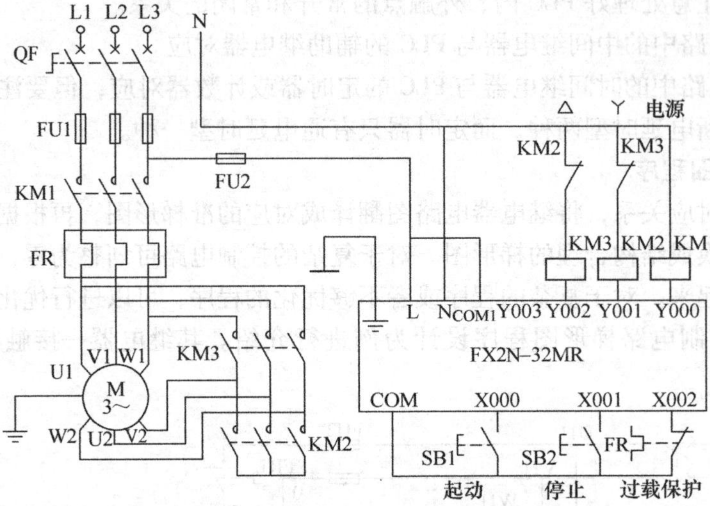

图 4-32 电动机Y-△减压起动 PLC 控制电路

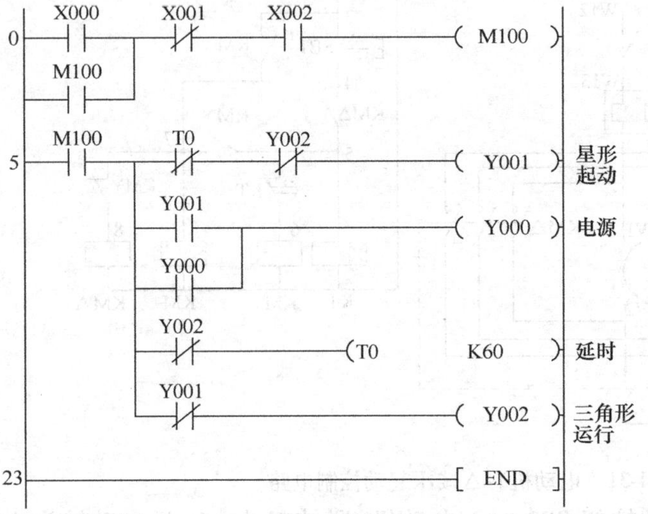

a) 梯形图

0	LD	X000	
1	OR	M100	
2	ANI	X001	
3	AND	X002	
4	OUT	M100	
5	LD	M100	
6	MPS		
7	ANI	T0	
8	ANI	Y002	
9	OUT	Y001	
10	MRD		
11	LD	Y001	
12	OR	Y000	
13	ANB		
14	OUT	Y000	
15	MRD		
16	ANI	Y002	
17	OUT	T0	K60
20	MPP		
21	ANI	Y001	
22	OUT	Y002	
23	END		

b) 指令表

图 4-33 电动机Y-△减压起动控制程序

4.2 实训项目

4.2.1 项目 1 传送带顺序起、停 PLC 控制系统的设计

1. 项目任务

按下起动按钮，传送带 3 开始运行，运行 5s 后传送带 2 开始运行，传送带 2 运行 5s 后

传送带1开始运行。按下停止按钮，传送带1停止，传送带1停止5s后传送带2停止，传送带2停止5s后传送带3停止。传送带示意图如图4-34所示。

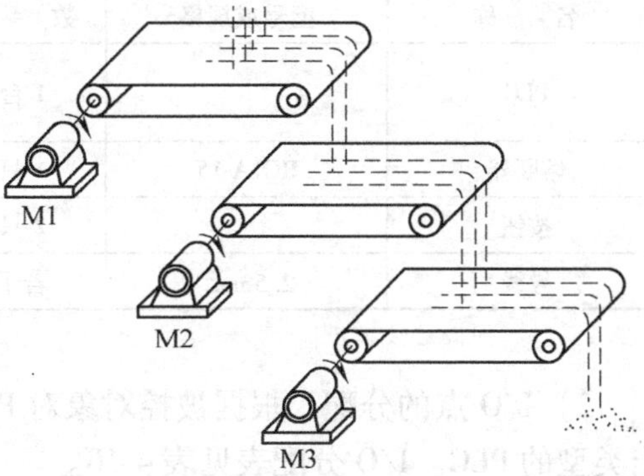

图4-34　传送带示意图

2. 项目技能点和知识点

（1）技能点

1）能够实现对传送带的顺序控制的软件编程。

2）能够完成PLC控制电路的接线。

3）能对PLC控制系统实现离线调试和在线监控调试。

（2）知识点

1）掌握PLC的编程软件的使用。

2）掌握PLC的定时器等元件和基本指令的使用。

3）理解顺序控制的编程原理。

4）掌握简单的经验法PLC编程。

3. 项目实施

（1）知识点、技能点的学习和训练　思考：

1）能否实现PLC的定时器的多种方式的定时？

2）如何使用PLC编程软件进行梯形图、指令表的编写及程序的读写操作？

3）如何操作使用PLC？如何连接PLC外部输入、输出电路？

4）如何进行程序的离线调试和在线监控和调试？

行动：试试看，能完成以下任务吗？

① 按下起动按钮通过PLC实现流水灯Y000、Y001、Y002按顺序亮2s、灭2s，按下停止按钮停止。

② 使用基本指令编写洗手间小便池冲水系统控制程序。控制要求是当来人时，光电开关使X000接通2s后控制冲水系统冲水(Y000为ON)3s，人走后控制冲水系统冲水4s。

（2）明确项目工作任务

1）思考：项目工作任务是什么？

2）行动：根据系统控制和操作要求，逐项分解工作任务，完成项目任务分析。分析任务及所要求达到的技术指标和工艺要求。

（3）确定系统控制方案

1）思考：系统采用什么主控制器？采用什么控制策略？选择什么样的控制方案？完成项目需要哪些设备？

2）行动：小组成员共同研讨，制定系统总体控制方案，绘制系统工作流程图及系统结构框图，根据技术工艺指标确定系统的评价标准。

（4）PLC控制系统硬件的设计

1）收集相关PLC控制器、开关、按钮等设备资料，完善项目设备表见表4-9。

表4-9　项目设备表

名　称	型号或规格	数　量	名　称	型号或规格	数　量
PLC		1台	一般电工工具	螺钉旋具、测电笔、万用表、剥线钳等	1套
熔断器	RC1A-15	1只	低压断路器	DZ15	3只
按钮		2只	三相异步电动机M	Y-100L2-4	3只
导线	2.5mm^2	若干	交流接触器	CJ20-20	3只

2）I/O点的分配。根据被控对象对PLC系统的功能要求和所需要的I/O点数，选择适当类型的PLC。I/O分配表见表4-10。

表4-10　I/O分配表

输入(I)			输出(O)		
元件	功能	信号地址	元件	功能	信号地址
按钮SB1	传送带起动	X000	传送带1		Y000
按钮SB2	传送带停止	X001	传送带2		Y001
FR1	过载保护	X002	传送带3		Y002
FR2	过载保护	X003			
FR3	过载保护	X004			

3）绘制出主电路和PLC控制系统(I/O)电气接线图，并按系统接线图连接好系统。

（5）程序设计

1）根据被控对象的工艺条件和控制要求，设计梯形图。

2）进行程序的语法检查，无误后进行仿真调试。

（6）系统安装、接线及综合调试软硬件

1）按系统接线图对PLC控制系统进行安装和接线，同时在硬件上也要注意系统的安全和保护措施。

2）PLC通电，通过编程软件将PLC置于非运行状态，并将程序下载到PLC。

3）通过编程软件将PLC置于运行(RUN)状态，给出输入信号，观察PLC输入输出指示灯状态和通过计算机编程软件监控程序中各触点、输出的状态是否正确，对PLC控制系统的硬件和PLC编程软件联合进行监控调试，发现问题应对软硬件进行修改，直到系统完善为止。

（7）编写系统技术文件和完善过程资料　编制一份系统操作使用说明书，并完善过程资料。

（8）项目考核及总结

1）思考：整个项目任务完成得怎么样？有何收获和体会？还有哪些需要改进的地方？对自己有何评价？并进行总结和成果展示。

2）行动：填写考核表，与同学、教师共同完成本次项目的考核工作。整理上述步骤中所编写的过程材料，完成项目训练报告。

4.2.2　项目2　液体混合装置的PLC控制系统的设计

1. 项目任务

设计一个用PLC控制的液体混合装置的控制系统，如图4-35所示。

初始状态，Y001、Y002、Y003以及M、H状态均为OFF，液位传感器L1、L2、L3状态均为OFF。

按下起动按钮SB1，开始注入液体A，当液面高度达到L2时，停止注入液体A，开始注入液体B，当液面上升到L1时，停止注入液体，开始搅拌10s，10s后继续搅拌，同时加热5s，5s后停止搅拌，继续加热8s。8s后停止加热，同时放出混合液体C，当液面降至L3时，继续放2s，2s后停止放出液体，同时重新注入液体A，开始下一次混合。按下停止按钮SB2，在完成当前的混合任务后，返回初始状态。

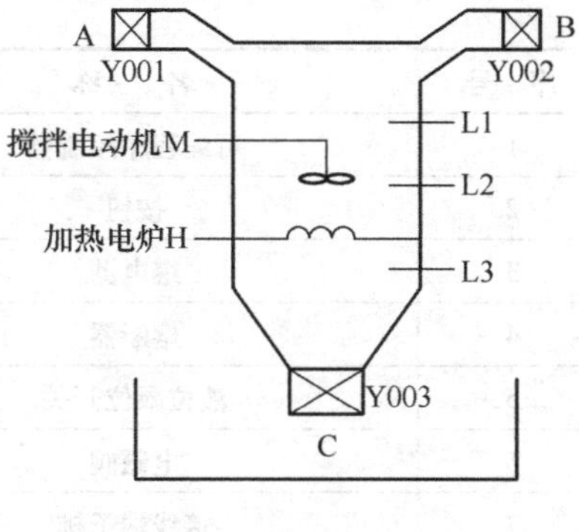

图4-35　液体混合装置

2. 项目技能点和知识点

（1）技能点

1）能够实现对液体混合装置控制系统的PLC控制的软、硬件设计。

2）能够完成PLC控制电路的接线。

3）能对PLC控制系统实现离线调试和在线监控调试。

（2）知识点

1）掌握PLC的编程软件的使用。

2）掌握PLC的定时器等元件和基本指令的使用。

3）掌握基本单元电路的使用。

4）掌握经验法的PLC编程。

3. 项目实施

（1）知识点、技能点的学习和训练　思考：

1）液体混合装置的工作过程是如何实现的？

2）什么是双线圈输出？如何避免双线圈输出？

3）如何连接PLC外部输入、输出电路？

行动：试试看，能完成以下任务吗？

① 用PLC编程实现楼梯间的一路灯的两地控制系统的设计。

② 用PLC编程实现客厅的大灯的控制。要求：按钮按下第一次起动白灯，第二次起动黄灯，第三次起动蓝灯，第四次起动红灯，第五次全起动，第六次关闭所有灯。

（2）明确项目工作任务

1）思考：项目工作任务是什么？

2）行动：根据系统控制和操作要求，逐项分解工作任务，完成项目任务分析。分析任务及所要求达到的技术指标和工艺要求。

（3）确定系统控制方案

1）思考：系统采用什么主控制器？采用什么控制策略？完成项目需要哪些设备？

2）行动：小组成员共同研讨，制定系统总体控制方案，绘制系统工作流程图及系统结构框图，根据技术工艺指标确定系统的评价标准。

（4）PLC 控制系统硬件的设计

1）收集相关 PLC 控制器、开关、按钮等设备资料，完善项目设备表，见表 4-11。

表 4-11　项目设备表

序　号	名　　称	型　号	数　量	备　注
1	可编程序控制器			
2	按钮			
3	继电器			
4	熔断器			
5	液位限位开关			
6	电磁阀			
7	接线端子排			
8	液位传感器			
9	电动机			

2）输入/输出的点分配。根据被控对象对 PLC 系统的功能要求和所需要的 I/O 点数，选择适当类型的 PLC。I/O 分配表见表 4-12。

表 4-12　I/O 分配表

输入(I)			输出(O)		
元件	功能	信号地址	元件	功能	信号地址
按钮 SB1	起动按钮	X000	阀门 Y001	注入液体 A	Y000
按钮 SB2	停止按钮	X001	阀门 Y002	注入液体 B	Y001
液位传感器 L1	检测液位 1	X002	阀门 Y003	排出混合液体	Y002
液位传感器 L2	检测液位 2	X003	搅拌 M	搅拌	Y003
液位传感器 L3	检测液位 3	X004	加热 H	加热	Y004

3）绘制出 PLC 控制系统(I/O)电气接线图。

（5）程序设计

1）根据被控对象的工艺条件和控制要求，设计梯形图。

2）进行程序的语法检查，无误后进行仿真调试。

（6）系统安装、接线及综合调试软硬件

1）按系统接线图对 PLC 控制系统进行安装和接线，同时在硬件上也要注意系统的安全和保护措施。

2）PLC 通电，通过编程软件将 PLC 置于非运行状态，并将程序下载到 PLC。

3）通过编程软件将 PLC 置于运行(RUN)状态，给出输入信号，观察 PLC 输入输出指示灯状态和通过计算机编程软件监控程序中各触点、输出的状态是否正确，对 PLC 控制系统的硬件和 PLC 编程软件联合进行监控调试，发现问题应对软硬件进行修改，直到系统完善为止。

（7）项目考核及总结

1）思考：整个项目任务完成得怎么样？有何收获和体会？项目有没有创新的地方？有没有需要完善和改进的地方？对自己有何评价？

2）行动：按照任务书的要求，填写考核表，与同学、教师共同完成本次项目的考核工作。整理上述步骤中所编写的材料，完成项目训练报告。

4.2.3 项目3 十字路口交通灯的PLC控制系统的设计

1. 项目任务

设计一个用PLC控制的十字路口交通灯的控制系统，实现十字路口交通灯的控制。

控制系统具有手动和自动两种工作方式：

1）手动运行时，两方向的黄灯同时闪动，周期是1s。

2）自动运行时，按一下起动按钮，交通灯系统按图4-36所示要求开始工作(绿灯闪烁的周期为1s)，按一下停止按钮，所有灯都熄灭。

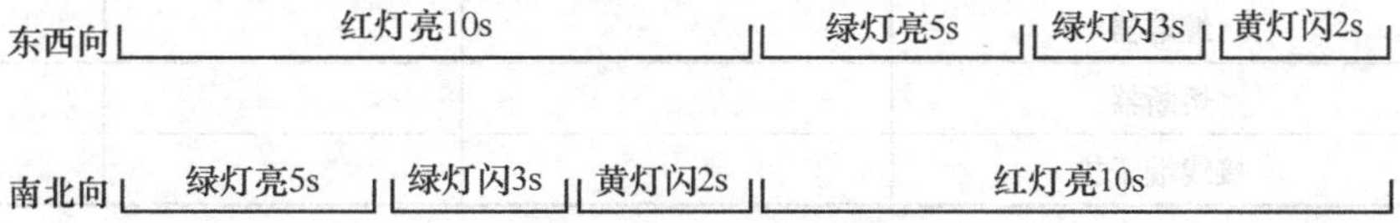

图4-36 交通灯系统

2. 项目技能点和知识点

（1）技能点

1）能够实现对十字路口的交通灯控制系统的PLC控制的软、硬件设计。

2）能够完成PLC控制电路的接线。

3）能对PLC控制系统实现离线调试和在线监控调试。

（2）知识点

1）掌握PLC的编程软件的使用。

2）掌握PLC的定时器等元件和基本指令的使用。

3）掌握基本单元电路的使用。

4）掌握经验法的PLC编程。

3. 项目实施

（1）知识点、技能点的学习和训练 思考：

1）交通灯控制的工作过程是如何实现的？

2）定时器的振荡定时和顺序定时是如何实现的？

3）如何连接PLC外部输入、输出电路？

行动：试试看，能完成以下任务吗？

① 用PLC单独编程实现手动工作方式，让两方向的黄灯同时闪动，周期是1s；

② 用PLC单独编程实现自动工作方式东西方向的交通灯控制。

（2）明确项目工作任务

1）思考：项目工作任务是什么？

2）行动：根据系统控制和操作要求，逐项分解工作任务，完成项目任务分析，分析任务及所要求达到的技术指标和工艺要求。

（3）确定系统控制方案

1）思考：系统采用什么主控制器？采用什么控制策略？完成项目需要哪些设备？

2）行动：小组成员共同研讨，制定系统总体控制方案，绘制系统工作流程图及系统结构框图，根据技术工艺指标确定系统的评价标准。

（4）PLC 控制系统硬件的设计

1）收集相关 PLC 控制器、开关、按钮等设备资料，完善项目设备表，见表 4-13。

表 4-13　项目设备表

序　号	名　称	型　号	数　量	备　注
1	可编程序控制器			
2	按钮			
3	开关			
4	指示灯			
5	继电器			
6	熔断器			
7	接线端子排			

2）输入/输出的点分配。根据被控对象对 PLC 系统的功能要求和所需要的 I/O 点数，选择适当类型的 PLC。I/O 分配表见表 4-14。

表 4-14　I/O 分配表

输入(I)			输出(O)		
元件	功能	信号地址	元件	功能	信号地址
开关	手动、自动切换	X000	南北绿灯	信号指示	Y000
按钮 SB1	自动方式起动	X001	南北黄灯	信号指示	Y001
按钮 SB2	自动方式停止	X002	南北红灯	信号指示	Y002
			东西绿灯	信号指示	Y003
			东西黄灯	信号指示	Y004
			东西红灯	信号指示	Y005

3）绘制出 PLC 控制系统(I/O)电气接线图。

（5）程序设计

1）根据被控对象的工艺条件和控制要求，设计梯形图。

2）进行程序的语法检查，无误后进行仿真调试。

（6）系统安装、接线及综合调试软硬件

1）按系统接线图对 PLC 控制系统进行安装和接线，同时在硬件上也要注意系统的安全和保护措施。

2）PLC 通电，通过编程软件将 PLC 置于非运行状态，并将程序下载到 PLC。

3）通过编程软件将PLC置于运行(RUN)状态，给出输入信号，观察PLC输入输出指示灯状态和通过计算机编程软件监控程序中各触点、输出的状态是否正确，对PLC控制系统的硬件和PLC编程软件联合进行监控调试，发现问题应对软硬件进行修改，直到系统完善为止。

（7）编写系统技术文件　编制一份系统操作使用说明书。

（8）项目考核及总结

1）思考：整个项目任务完成得怎么样？有何收获和体会？有没有需要完善和改进的地方？设计有无创新？对自己有何评价？

2）行动：按照任务书的要求，填写考核表，与同学、教师共同完成本次项目的考核工作。整理上述步骤中所编写的材料，完成项目训练报告。

思考练习题

1. 编写出以下图4-37～图4-40所示梯形图对应的指令表。

（1）

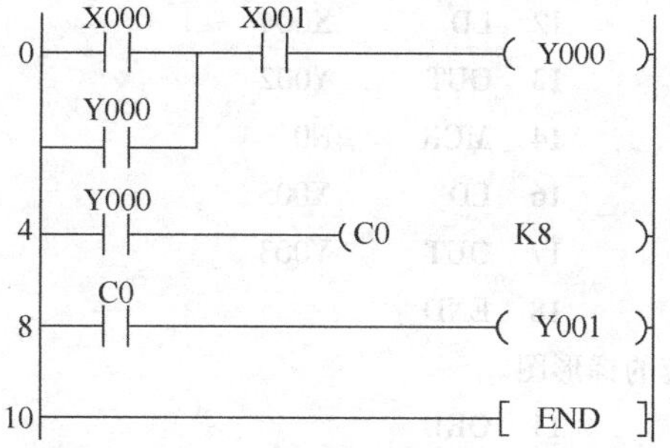

图4-37　梯形图(一)

（2）

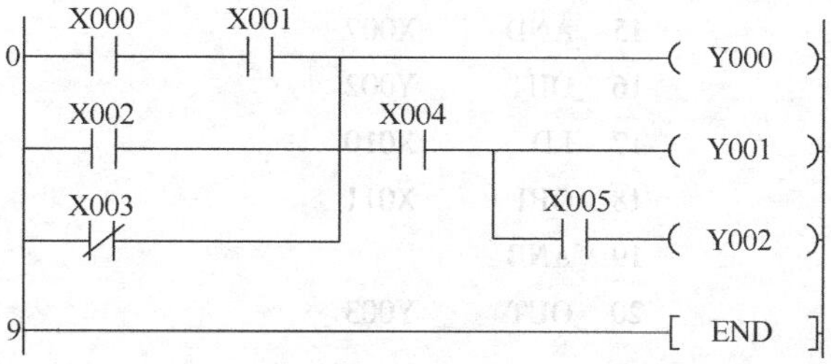

图4-38　梯形图(二)

（3）

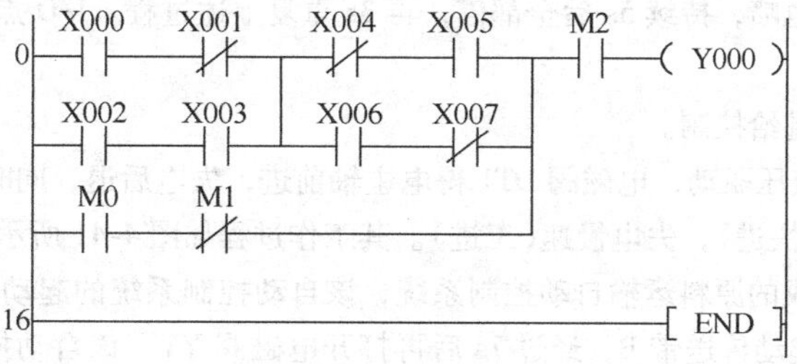

图4-39　梯形图(三)

(4)

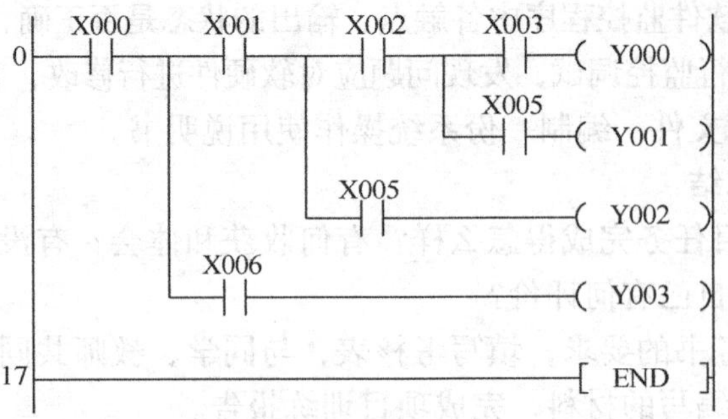

图 4-40 梯形图(四)

2. 编写出以下指令表对应的梯形图。

(1)

0	LD	X000	9	OUT	T0 K10
1	OUT	Y000	12	LD	X004
2	LD	X000	13	OUT	Y002
3	MC	N0 M0	14	MCR	N0
6	LD	X002	16	LD	X005
7	OUT	Y000	17	OUT	Y003
8	LD	X001	18	END	

(2) 请写出以下指令表对应的梯形图。

0	LD	X000	11	ORB	
1	MPS		12	ANB	
2	LD	X001	13	OUT	Y001
3	OR	X002	14	MPP	
4	ANB		15	AND	X007
5	OUT	Y000	16	OUT	Y002
6	MRD		17	LD	X010
7	LDI	X003	18	ORI	X011
8	AND	X004	19	ANB	
9	LD	X005	20	OUT	Y003
10	ANI	X006			

3. 设计喷泉电路的 PLC 控制梯形图程序。

要求：喷泉有 A、B、C 三组喷头。起动后，A 组先喷 5s，后 B、C 同时喷，5s 后 B 停，再 5s 后 C 停，而 A、B 又喷，再 2s 后 C 也喷，持续 5s 后全部停，再 3s 重复上述过程。I/O 点：A(Y000)，B(Y001)，C(Y002)，起动信号 X000。

4. 设计钻床主轴多次进给控制。

要求：该钻床进给由液压驱动，电磁阀 DT1 得电主轴前进，失电后退，同时，还用电磁阀 DT2 控制前进及后退速度，得电快速(快进)，失电慢速(工进)。其工作过程如图 4-41 所示。

5. 现有两组传送带组成的原料运输自动控制系统，该自动控制系统的起动顺序为：盛料斗 D 中无料，先起动传送带 A，5s 后再起动传送带 B，经过 7s 后再打开电磁阀 YV，该自动控制系统停机的顺序恰好与起动顺序相反。试完成梯形图设计。

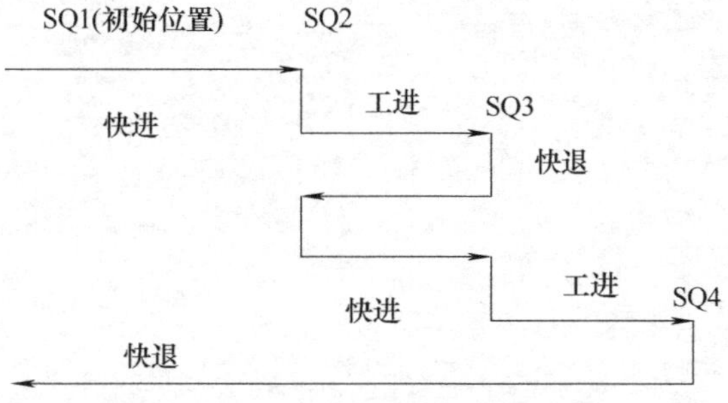

图 4-41　钻床主轴多次进给控制示意图

6. 设计一个对鼓风机与引风机控制的电路程序。要求：(1)开机时首先起动引风机，引风机指示灯亮，10s 后自动起动鼓风机，鼓风机指示灯亮；(2)停机时同时停止；设开机输入信号由 X000 实现，关机由 X001 实现，鼓风机起动控制和指示控制由 Y001 和 Y002 实现，引风机起动控制与指示灯控制由 Y003 和 Y004 实现。

5 学习情境

PLC 控制系统顺序控制法的编程和应用

【知识目标】

1. 掌握顺序功能图的编制规则，能根据控制系统绘制顺序功能图。
2. 掌握 STL 指令的使用方法。
3. 掌握"起保停"的顺序功能图的编程。
4. 掌握"以转换为中心"的顺序功能图的编程。
5. 掌握 PLC 控制系统多种工作方式编程。

【能力目标】

1. 能够根据控制要求绘制控制系统顺序功能图。
2. 能够根据控制要求应用基本指令实现 PLC 控制系统的编程。
3. 能正确连接 PLC 系统的电器电路。
4. 能合理分配 I/O 地址，绘制 PLC 控制接线图。
5. 能够按照顺序功能图通过不同的编程方法来灵活设计 PLC 程序。
6. 能够使用 SFC 进行 PLC 的编程。

5.1 知识链接

5.1.1 顺序控制法概述

经验设计方法对于一些简单控制系统的设计比较奏效，这种设计方法主要是依靠设计人员的经验进行设计。对于复杂的系统，经验设计方法一般设计周期长，不易掌握，系统交付使用后，维修困难。所以经验设计方法对设计人员的要求比较高，特别是要求设计者有一定的实践经验，对工业控制系统和工业上常用的各种典型环节比较熟悉，对于初学者来说也不易掌握。下面介绍顺序控制设计法。

如果一个控制系统可以分解成几个独立的控制动作，且这些动作必须严格按照一定的先后次序执行，这样的控制系统称为顺序控制系统，也称为步进控制系统。在工业控制领域中，顺序控制系统的应用很广，尤其在机械行业，通常利用顺序控制实现加工的自动循环。

所谓顺序控制设计法就是针对顺序控制系统的一种专门的设计方法。这种设计方法很容易被初学者接受，对于有经验的工程师，也会提高设计的效率，程序的调试、修改和阅读也很方便。PLC的设计者们为顺序控制系统的程序编制提供了大量通用和专用的编程元件，开发了专门供编制顺序控制程序用的功能图，使这种先进的设计方法成为当前PLC程序设计的主要方法。

5.1.2 顺序控制设计法的设计步骤

下面介绍采用顺序控制设计法进行程序设计的基本步骤及内容。

1. 步的划分

顺序控制设计法最基本的思想是将系统的一个工作周期划分为若干个顺序相连的阶段，这些阶段称为步，并且用编程元件(辅助继电器M或状态器S)来代表各步。如图5-1a所示，步是根据PLC输出状态的变化来划分的，在任何一步之内，各输出状态不变，但是相邻步之间输出状态是不同的。步的这种划分方法使代表各步的编程元件与PLC各输出状态之间有着极为简单的逻辑关系。

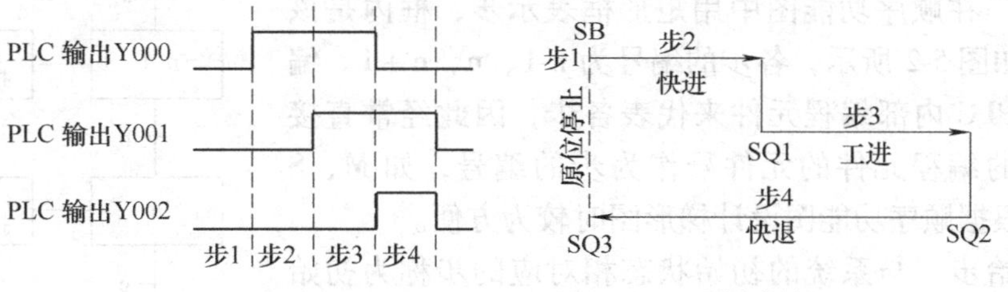

a) 划分方法一　　b) 划分方法二

图5-1　步的划分

步也可根据被控对象工作状态的变化来划分，但被控对象工作状态的变化应该是由PLC输出状态变化引起的。如图5-1b所示，某液压滑台的整个工作过程可划分为停止(原位)、快进、工进、快退四步。但这四步的状态改变都必须是由PLC输出状态的变化引起的，否则就不能这样划分，如从快进转为工进时，PLC输出无变化，那么快进和工进只能算一步。而如果从快进转换到工进时，PLC的输出发生了变化，便成为从“快进步”转换到“工进步”了。

2. 转换条件的确定

使系统由当前步转入下一步的信号称为转换条件。转换条件可能是外部输入信号，如按钮、指令开关及限位开关的接通/断开等；也可能是PLC内部产生的信号，如定时器、计数器触点的接通/断开等；也可能是若干个信号的与、或、非的逻辑组合。例如，图5-1b所示的 SB、SQ1、SQ2、SQ3 均为转换条件。

顺序控制设计法用转换条件控制代表各步的编程元件，让它们的状态按一定的顺序变化，然后用代表各步的编程元件去控制各输出继电器。

3. 顺序功能图的绘制

根据以上分析和被控对象的工作内容、步骤、顺序和控制要求画出顺序功能图。绘制顺序功能图是顺序控制设计法中最为关键的一个步骤。绘制顺序功能图的具体方法将在后文详细介绍。

4. 梯形图的编制

根据顺序功能图，按某种编程方式写出梯形图程序，有关编程方式将在后文介绍。如果 PLC 支持顺序功能图语言，则也可直接使用该顺序功能图作为最终程序。

5.1.3 顺序功能图的绘制

顺序功能图(Sequential Function Chart,SFC)也叫状态流程图(简称状态图)，是描述控制系统的控制过程、功能和特性的一种图形，也是设计 PLC 的顺序控制程序的有力工具。它已成为一种通用的技术语言，可供不同专业的人员之间进行技术交流之用。1993 年 5 月公布的 PLC 标准(IEC1131)中，顺序功能图被定为 PLC 位居首位的编程语言，顺序功能图主要由步序、有向连线、转换及转换条件和动作(或命令)组成。各个 PLC 厂家都开发了相应的顺序功能图，各国家也都制定了顺序功能图的国家标准。

图 5-2 所示为顺序功能图的一般形式。

1. 步与动作

(1) 步　在顺序功能图中用矩形框表示步，框内是该步的编号。如图 5-2 所示，各步的编号为 n-1、n、n+1。编程时一般用 PLC 内部编程元件来代表各步，因此经常直接用代表该步的编程元件的元件号作为步的编号，如 M、S 等，这样在根据顺序功能图设计梯形图时较为方便。

(2) 初始步　与系统的初始状态相对应的步称为初始步。初始状态一般是系统等待起动命令的相对静止的状态。初始步用双线框表示，每一个顺序功能图至少应该有一个初始步。

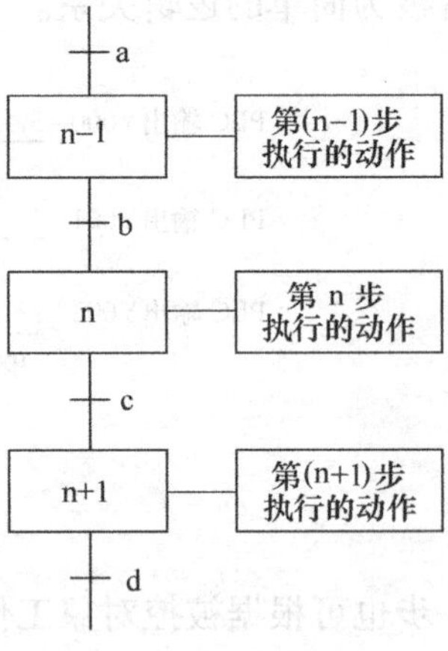

图 5-2　顺序功能图的一般形式

(3) 动作　一个控制系统可以划分为被控系统和施控系统，如在数控车床系统中，数控装置是施控系统，而车床是被控系统。对于被控系统，在某一步中要完成某些动作，对于施控系统，在某一步中则要向被控系统发出某些命令，在顺序功能图中将动作或命令都统称为动作，并用矩形框中的文字或符号表示，该矩形框应与相应的步的符号相连。如果某一步有几个动作，可以用如图 5-3 所示的两种画法来表示，但是图中并不隐含这些动作之间的任何顺序。

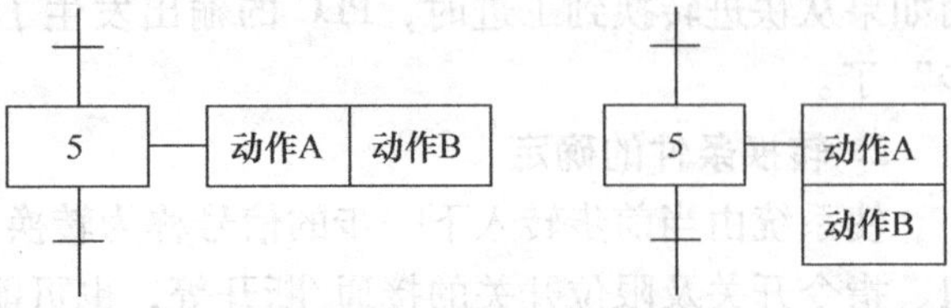

图 5-3　多个动作的表示

(4) 活动步　当系统正处于某一步

时，该步处于活动状态，称该步为活动步。步处于活动状态时，相应的动作被执行。若为保持型动作，则该步不活动时继续执行该动作；若为非保持型动作，则指该步不活动时动作也停止执行。在顺序功能图中，保持型的动作应该用文字或助记符标注，而非保持型动作则不做标注。

2. 有向连线、转换与转换条件

（1）有向连线　在顺序功能图中，随着时间的推移和转换条件的实现，将会发生步的活动状态的顺序进展，这种进展按有向连线规定的路线和方向进行。在画顺序功能图时，将代表各步的框按它们成为活动步的先后次序顺序排列，并用有向连线将它们连接起来。活动状态的进展方向习惯上是从上到下或从左到右，在这两个方向上，有向连线上的箭头可以省略，如果不是上述的方向，应在有向连线上用箭头注明进展方向。

（2）转换　转换是用有向连线上与有向连线垂直的短线来表示，转换将相邻两步分隔开。步的活动状态的进展是由转换的实现来完成的，并与控制过程的发展相对应。

（3）转换条件　转换条件是与转换相关的逻辑条件，转换条件可以用文字语言、布尔代数表达式或图形符号标注在表示转换的短线的旁边。转换条件X和$\overline{X}$分别表示在逻辑信号X为“1”状态和“0”状态时转换实现，符号X↑和X↓分别表示当X从0→1状态和从1→0状态时转换实现。使用最多的转换条件的表示方法是布尔代数表达式，如转换条件$(X000+X003)\cdot\overline{C0}$。

3. 顺序功能图的基本结构

（1）单序列　单序列是由一系列相继激活的步组成，每一步的后面仅接有一个转换，每一个转换的后面只有一个步，如图5-4a所示。

（2）选择序列　选择序列的开始称为分支，如图5-4b所示，转换符号只能标在水平连线之下。如果步5是活动的，并且转换条件h=1，则由步5→步8进行转移；如果步5是活动的，并且k=1，则由步5→步10进行转移。选择序列在转移时一般只允许选择一个序列。选择序列的跳步，如图5-4c所示。如果步13是活动步，并且转换条件x=1，则由步13→步14进行转移，如果步13是活动步，并且转换条件w=1，则由步13→步16进行转移，跳过了步14和步15。

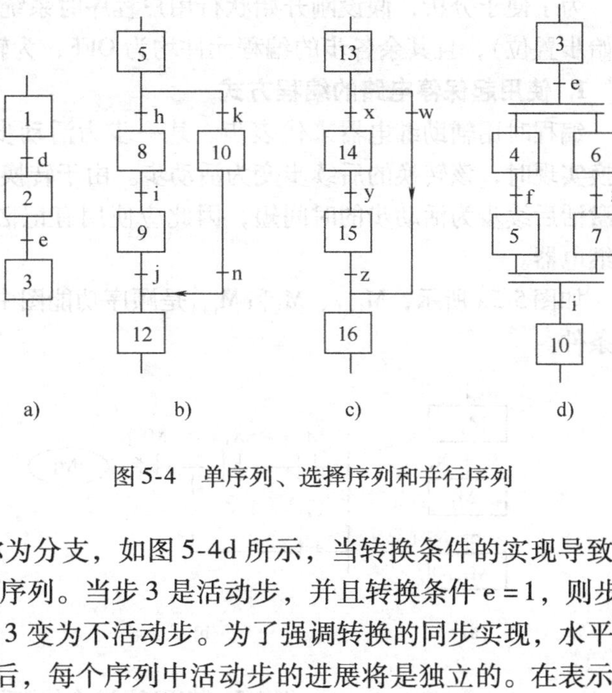

图5-4　单序列、选择序列和并行序列

（3）并行序列　并行序列的开始称为分支，如图5-4d所示，当转换条件的实现导致几个序列同时激活时，这些序列称为并行序列。当步3是活动步，并且转换条件e=1，则步4和步6这两步同时变为活动步，同时步3变为不活动步。为了强调转换的同步实现，水平连线用双线表示，步4、步6被同时激活后，每个序列中活动步的进展将是独立的。在表示同步的水平双线之上，只允许有一个转换符号。并行序列的合并：必须步5和步7都变成活动步并且条件i=1才能转移到步10。

4. 绘制顺序功能图的注意事项

1）两个步绝对不能直接相连，必须用一个转换将它们隔开。

2）两个转换也不能直接相连，必须用一个步将它们隔开。

3）顺序功能图中的初始步一般对应于系统等待起动的初始状态，初始步可能没有输出处于 ON 状态，但初始步是必不可少的。

4）自动控制系统应能多次重复执行同一工艺过程，因此在顺序功能图中一般应有由步和有向连线组成的闭环。系统在单周期操作时，应在完成一次工艺过程的全部操作之后，从最后一步返回到初始步并系统停留在初始状态；在连续循环工作方式时，应从最后一步返回到下一个工作周期开始运行的第一步。

5）在顺序功能图中，只有当某一步的前级步是活动步时，该步才有可能变成活动步。如果用没有断电保持功能的编程元件代表各步，则 PLC 进入 RUN 工作方式时，所有代表步的元件均处于 OFF 状态，必须用初始化脉冲 M8002 的常开触点作为转换条件，将初始步预置为活动步，否则因顺序功能图中没有活动步，系统将无法工作。如果系统有自动、手动两种工作方式，由于顺序功能图是用来描述自动工作过程的，则还应在系统由手动工作方式进入自动工作方式时，用一个适当的信号将初始步置为活动步。

5.1.4 顺序控制设计法中梯形图的编程方式

梯形图的编程方式是指根据顺序功能图设计出梯形图的方法。为了适应各厂家的 PLC 在编程元件、指令功能和表示方法上的差异，下面主要介绍起保停、以转换为中心的编程方式及使用 STL 指令的编程方式。

为了便于分析，假设刚开始状行用户程序时系统已处于初始步(用初始化脉冲 M8002 将初始步置位)，且其余各步的编程元件均为 OFF，为转换的实现做好了准备。

1. 使用起保停电路的编程方式

编程时用辅助继电器来代表步。某一步为活动步时，对应的辅助继电器为“1”状态，转换实现时，该转换的后续步变为活动步。由于转换条件大都是短信号，即它存在的时间比它激活后续步为活动步的时间短，因此应使用有记忆(保持)功能的电路来控制代表步的辅助继电器。

如图 5-5a 所示，M_{i-1}、M_i和 M_{i+1}是顺序功能图中顺序相连的三步，X_i 是步 M_i 之前的转换条件。

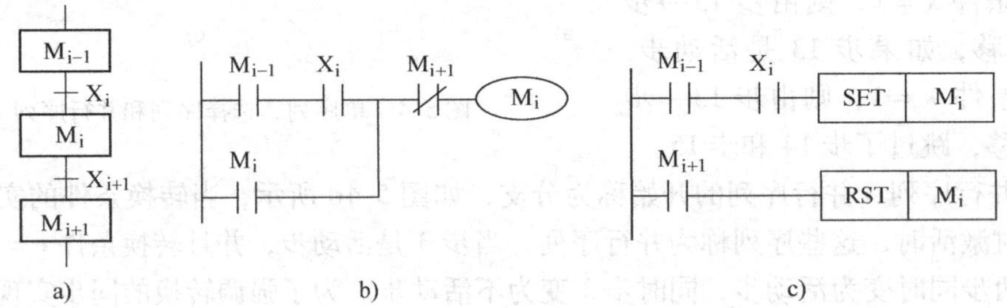

图 5-5　使用通用指令的编程方式示意图

编程的关键是找出它的起动条件和停止条件。根据转换实现的基本规则，转换实现的条件是它的前级步为活动步，并且满足相应的转换条件，所以步 M_i 变为活动步的条件是 M_{i-1} 为活动步，并且转换条件 $X_i=1$。在梯形图中则应将 M_{i-1} 和 X_i 的常开触点串联后作为控制 M_i 的起动电路，如图5-5b所示。当 M_i 和 X_{i+1} 均为“1”状态时，步 M_{i+1} 变为活动步，这时步 M_i 应变为不活动步，因此可以将 $M_{i+1}=1$ 作为使 M_i 变为“0”状态的条件，即将 M_{i+1} 的常闭触点与 M_i 的线圈串联。也可用SET、RST指令来实现该功能，如图5-5c所示。

这种编程方式仅仅使用与触点和线圈有关的指令，任何一种PLC的指令系统都有这一类指令，所以称为使用通用指令的编程方式，可以适用于任意型号的PLC。

(1) 单序列的起保停电路的编程　图5-6是某小车运动的示意图、顺序功能图和用起保停电路设计的梯形图。

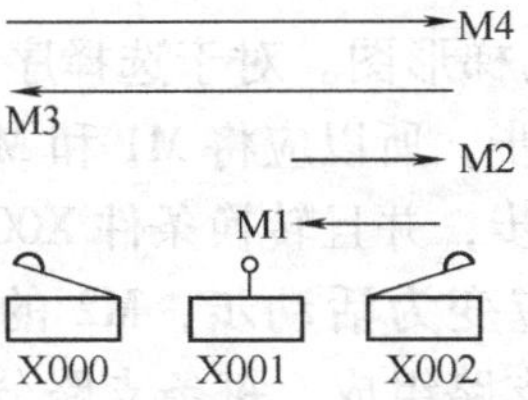

a) 小车运行示意图

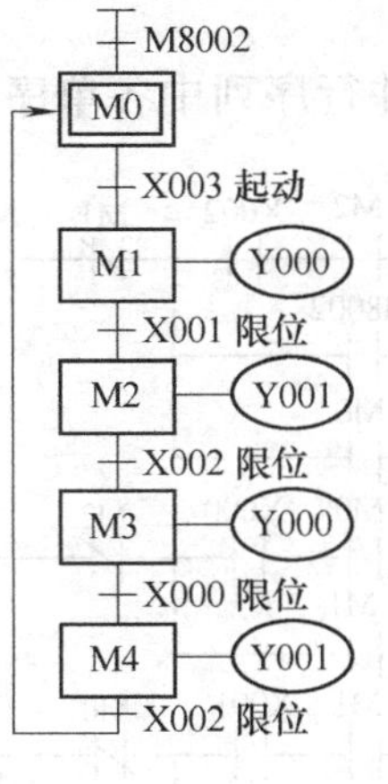

a) 顺序功能图

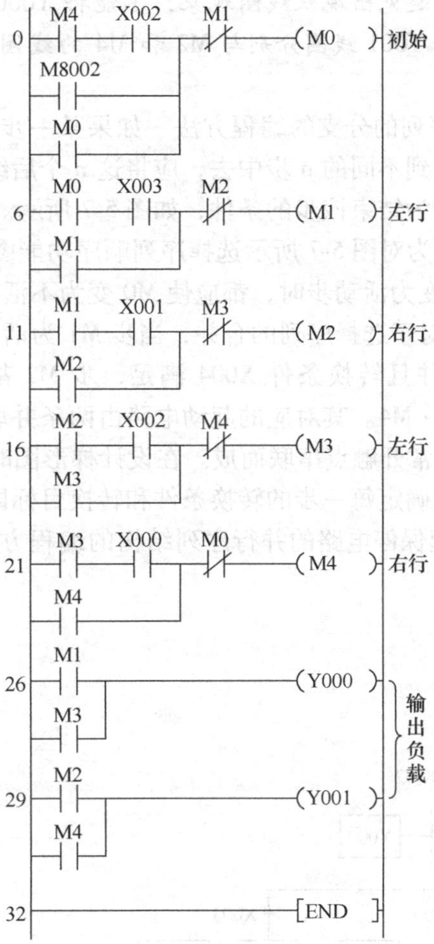

b) 梯形图

图5-6　单序列的起保停电路的编程

设小车在初始位置时停在右边，限位开关X002为ON；按下起动按钮X003后，小车向左运动，碰到限位开关X001时，变为右行；返回限位开关X002处变为左行，碰到限位开关X000时，变为右行，返回起始位置后停止运动。

一个工作周期可以分为一个初始步和4个运动步，分别用M0～M4来代表这5步。起动按钮 X003、限位开关 X000 ~ X002 的常开触点是各步间的转换条件。图 5-6b 为该系统的顺序功能图。

根据上述的编程方法和顺序功能图，很容易画出图 5-6c 所示的梯形图。如图 5-6c 中步 M1 的前级步为 M0，该步前面的转换条件为 X003，所以 M1 的起动电路由 M0 和 X003 的常开触点串联而成，起动电路还并联了 M1 的自保持触点；步 M1 的后续步是 M2，所以应将 M2 的常闭触点与 M1 的线圈串联，作为控制 M1 的停止电路，M2 为 ON 时，其常闭触点断开，使 M1 的线圈断电。

PLC 开始运行时应将 M0 置为 ON，否则系统无法工作，所以将执行特殊功能的 M8002 的常开触点与 M0 的起动电路(由 M4 和 X002 的常开触点串联而成)并联。

注意：为了避免出现双线圈现象，不能将 Y000 线圈分别与 M1 和 M3 的线圈直接并联输出，也不能将 Y001 线圈分别与 M2 和 M4 的线圈直接并联输出，可以最后用触点进行并联输出。

(2) 选择序列的分支的编程方法　如果某一步的后面有一个由 n 条分支组成的选择序列，该步可能转到不同的 n 步中去，应将这 n 个后续步对应的辅助继电器的常闭触点与该步的线圈串联，作为结束该步的条件，如图 5-7 所示。

图 5-8 所示为对图 5-7 所示选择序列顺序功能图的梯形图。对于选择序列的分支，当后续步 M1 或 M3 变为活动步时，都应使 M0 变为不活动步，所以应将 M1 和 M3 的常闭触点与 M0 线圈串联。对于选择序列的合并，当步 M1 为活动步，并且转换条件 X001 满足，或者步 M3 为活动步，并且转换条件 X004 满足，步 M2 都应变为活动步，M2 的起动条件应为：M1 · X001 + M3 · M4。其对应的起动电路由两条并联支路组成，每条支路分别由 M1、X001 和 M3、X004 的常开触点串联而成。在设计梯形图时，其实没有必要特别留意选择序列的处理，只要正确地确定每一步的转换条件和转换目标即可。

(3) 使用起保停电路的并行序列结构的编程方法　并行序列中各单序列的第一步应同

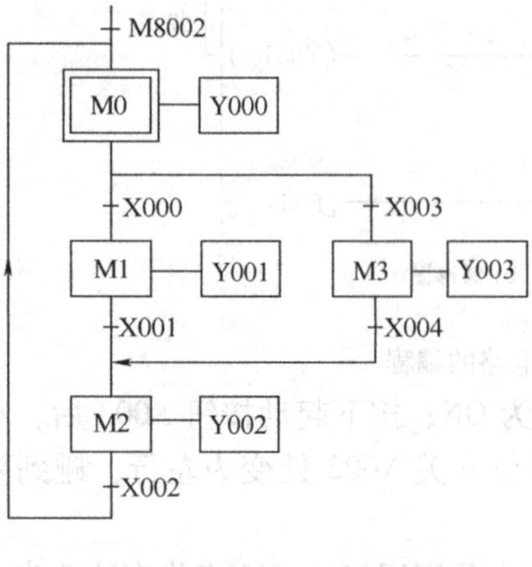

图 5-7　选择序列顺序功能图

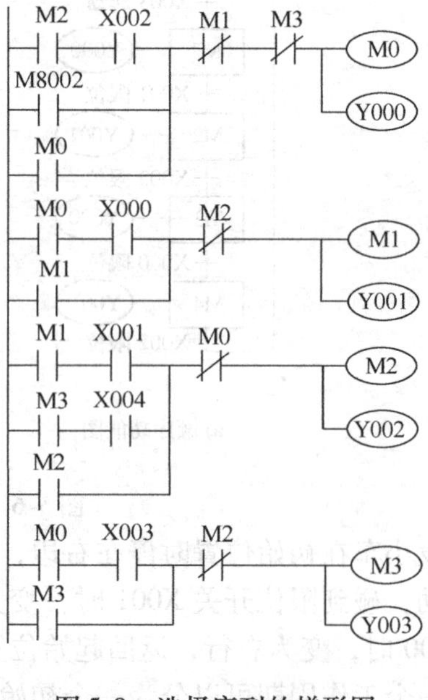

图 5-8　选择序列的梯形图

时变为活动步，对控制这些步的起动、保持、停止电路使用同样的起动电路，可以实现这一要求。图5-9a中M1之后有一个并行序列的分支，当步M1为活动步且转换条件X001满足时，步M2和步M4同时变为活动步，即M1和X001的常开触点串联电路同时作为控制步M2和步M4的起动电路。

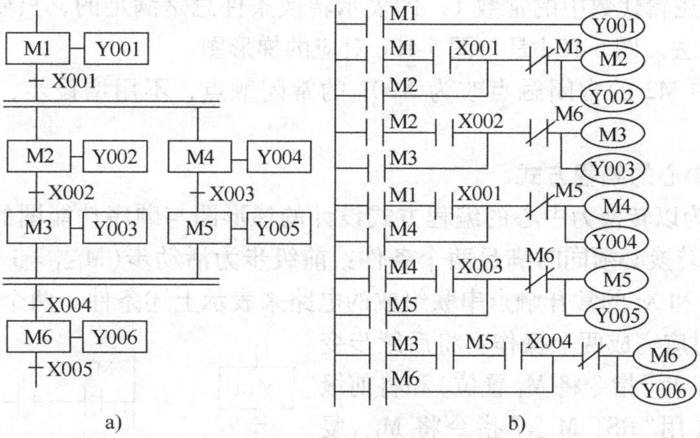

图5-9 并行序列起保停编程的梯形图

使用起保停电路的编程时应该注意：如果在顺序功能图中存在仅由两步组成的小闭环，如图5-10a所示，用起保停电路设计的梯形图不能正常工作。如在M2和X002均为ON时，

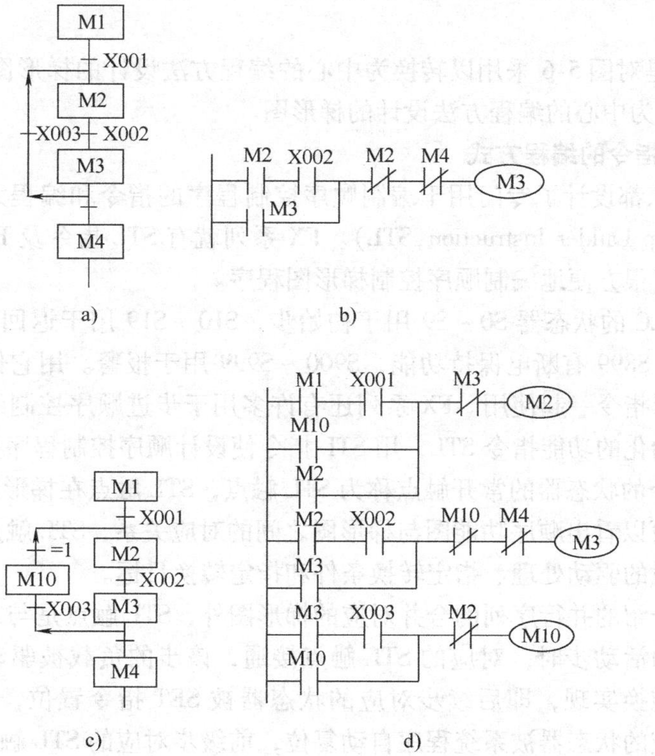

图5-10 仅有两步的小闭环的处理

M3 的起动电路接通，但是这时与它串联的 M2 的常闭触点却是断开的，如图 5-10 b 所示，所以 M3的线圈不能通电。

出现上述问题的根本原因在于步 M2 既是步 M3 的前级步，又是它的后续步。在小闭环中增设一步就可以解决这一问题，如图 5-10c 所示，这一步没有什么操作，它后面的转换条件“ =1”相当于逻辑代数中的常数 1，即表示转换条件总是满足的，只要进入步 M10，将马上转换到步 M2 去。图 5-10d 是与图 5-10c 对应的梯形图。

将图 5-10b 中 M2 的常闭触点改为 X003 的常闭触点，不用增设步，也可以解决上述问题。

2. 以转换为中心的编程方式

图 5-11 所示为以转换为中心的编程方式设计的梯形图与顺序功能图的对应关系。图中要实现 M_i 对应的转换必须同时满足两个条件：前级步为活动步($M_{i-1}=1$)和转换条件满足($X_i=1$)。用 M_{i-1}和 X_i 的常开触点串联组成的电路来表示上述条件。两个条件同时满足时，该电路接通，此时应完成两个操作：将后续步变为活动步(用“SET M_i”指令将 M_i 置位)和将前级步变为不活动步(用“RST M_{i-1}”指令将 M_{i-1} 复位)。这种编程方式与转换实现的基本规则之间有着严格的对应关系，用它编制复杂的顺序功能图的梯形图时，更能显示出它的优越性。不同序列的编程，只需对照顺序功能图的工作原理和流程即可。

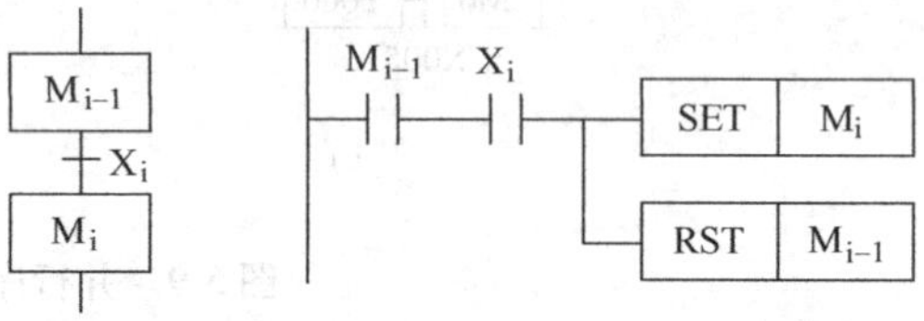

图 5-11　以转换为中心的编程方式

图 5-12 所示是对图 5-6 采用以转换为中心的编程方法设计的梯形图。图 5-13 所示是对图 5-7 采用以转换为中心的编程方法设计的梯形图。

3. 使用 STL 指令的编程方式

许多 PLC 厂家都设计了专门用于编制顺序控制程序的指令和编程元件，如三菱公司的步进梯形指令(Step Ladder Instruction, STL)。FX 系列就有 STL 指令及 RET 复位指令，利用这两条指令，可以很方便地编制顺序控制梯形图程序。

FX2N 系列 PLC 的状态器 S0 ~ S9 用于初始步，S10 ~ S19 用于返回原点，S20 ~ S499 为通用状态，S500 ~ S899 有断电保持功能，S900 ~ S999 用于报警。用它们编制顺序控制程序时，应与步进梯形指令一起使用。FX 系列还有许多用于步进顺序控制编程的特殊辅助继电器以及使状态初始化的功能指令 STL，用 STL 指令使设计顺序控制程序更加方便。

使用 STL 指令的状态器的常开触点称为 STL 触点，STL 触点在梯形图中的元件符号如图 5-14 所示。图中可以看出顺序功能图与梯形图之间的对应关系，STL 触点驱动的电路块具有三个功能：对负载的驱动处理、指定转换条件和指定转换目标。

除了后面要介绍的并行序列的合并对应的梯形图外，STL 触点是与左侧母线相连的常开触点，当某一步为活动步时，对应的 STL 触点接通，该步的负载被驱动，当该步后面的转换条件满足时，转换实现，即后续步对应的状态器被 SET 指令置位，后续步变为活动步，同时与前级步对应的状态器被系统程序自动复位，前级步对应的 STL 触点断开。

使用 STL 指令时应该注意以下一些问题：

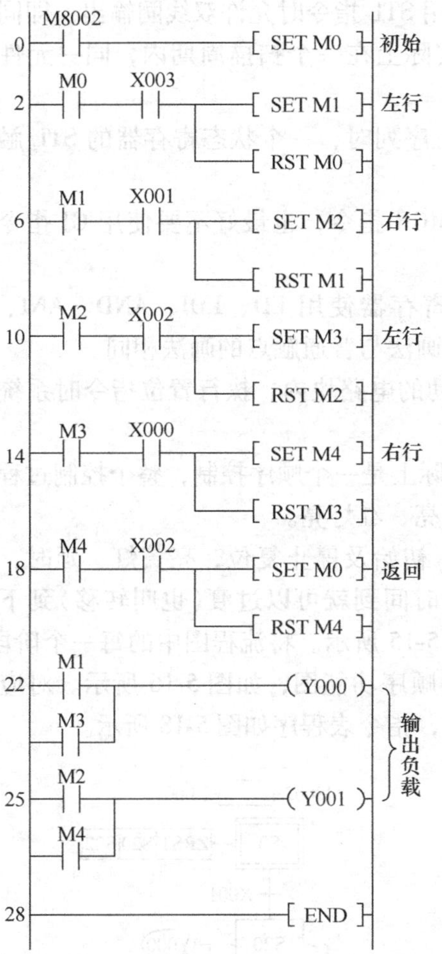

图5-12 以转换为中心的编程(一)

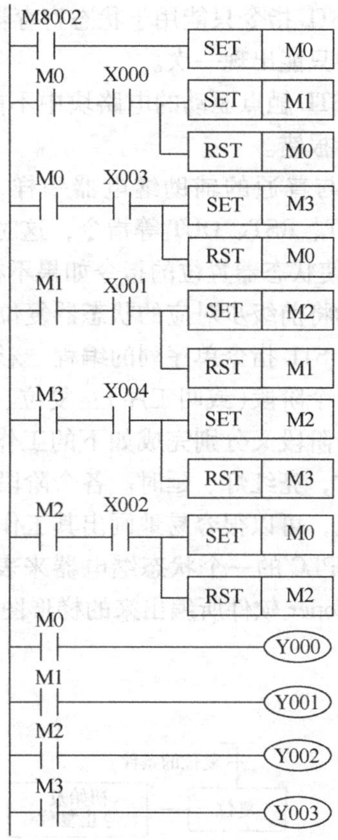

图5-13 以转换为中心的编程(二)

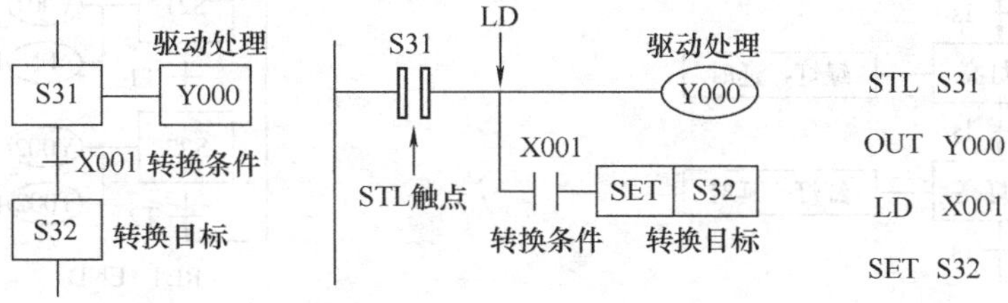

图5-14 STL触点在梯形图中的元件符号

1）与STL触点相连的触点应使用LD或LDI指令，即LD点移到STL触点的右侧，直到出现下一条STL指令或出现RET指令，RET指令使LD点返回左侧母线。各个STL触点驱动的电路一般放在一起，最后一个电路结束时一定要使用RET指令。

2）STL触点可以直接驱动或通过别的触点驱动Y、M、S、T等元件的线圈，STL触点也可以使Y、M、S等元件置位或复位。

3）STL触点断开时，CPU不执行它驱动的电路块，即CPU只执行活动步对应的程序。在没有并行序列时，任何时候只有一个活动步，因此大大缩短了扫描周期。

4）由于 CPU 只执行活动步对应的电路块，使用 STL 指令时允许双线圈输出，即同一元件的几个线圈可以分别被不同的 STL 触点驱动。实际上在一个扫描周期内，同一元件的几条 OUT 指令中最多只有一条被执行。

5）STL 指令只能用于状态寄存器，在没有并行序列时，一个状态寄存器的 STL 触点在梯形图中只能出现一次。

6）STL 触点驱动的电路块中不能使用 MC 和 MCR 指令，也最好不要使用 CJ 指令，否则程序会报错。

7）与普通的辅助继电器一样，可以对状态寄存器使用 LD、LDI、AND、ANI、OR、ORI、SET、RST、OUT 等指令，这时状态器触点的画法与普通触点的画法相同。

8）使状态器置位的指令如果不在 STL 触点驱动的电路块内，执行置位指令时系统程序不会自动将前级步对应的状态器复位。

（1）STL 指令单序列的编程　彩灯循环点亮实际上是一个顺序控制，整个控制过程可分为如下 4 个阶段(或叫工序)：复位、黄灯亮、绿灯亮、红灯亮。

每个阶段又分别完成如下的工作(也叫动作)：初始及停止复位，亮黄灯、延时，亮绿灯、延时，亮红灯、延时。各个阶段之间只要延时时间到就可以过渡(也叫转移)到下一阶段，因此，可以很容易地画出其工作流程图，如图 5-15 所示。将流程图中的每一个阶段(或工序)用 PLC 的一个状态继电器来表示，可转化为顺序功能图，如图 5-16 所示。对应的用 GX-Developer 软件所编出来的梯形图如图 5-17 所示，指令表程序如图 5-18 所示。

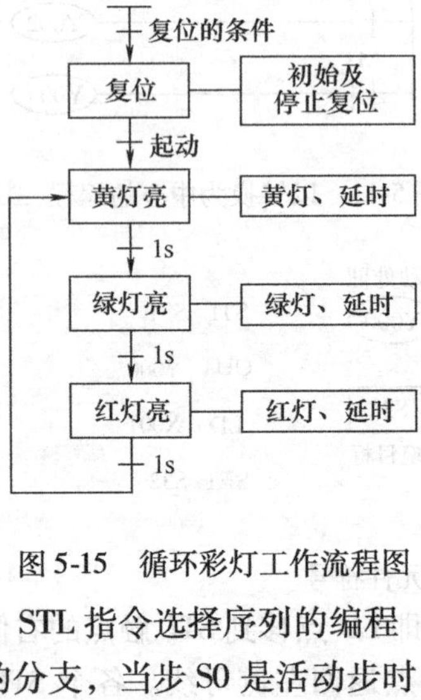

图 5-15　循环彩灯工作流程图

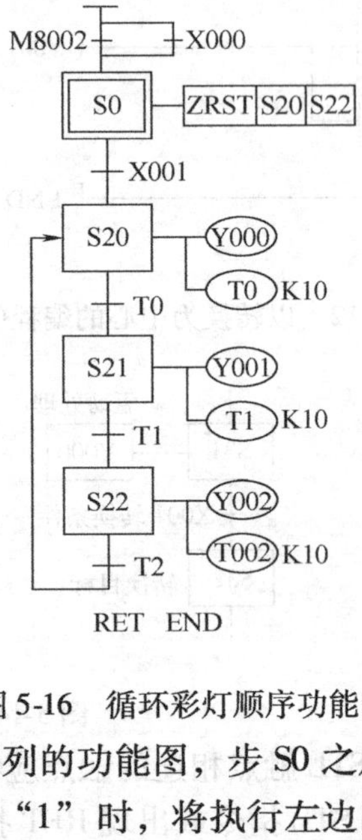

图 5-16　循环彩灯顺序功能图

（2）STL 指令选择序列的编程　图 5-19 所示为选择序列的功能图，步 S0 之后有一个选择序列的分支，当步 S0 是活动步时，且转换条件 X000 为“1”时，将执行左边的序列；当转换条件 X003 为“1”状态时，将执行右边的序列。步 S32 之前有一个由两条支路组成的选择序列的合并，当 S31 为活动步且转换条件 X001 得到满足时，或者 S33 为活动步且转换条件 X004 得到满足时，都将使步 S32 变为活动步，同时系统程序使上一活动步变为不活动步。

图 5-20 所示为对图 5-19 采用 STL 指令编写的梯形图。对于选择序列的分支，步 S0 之后

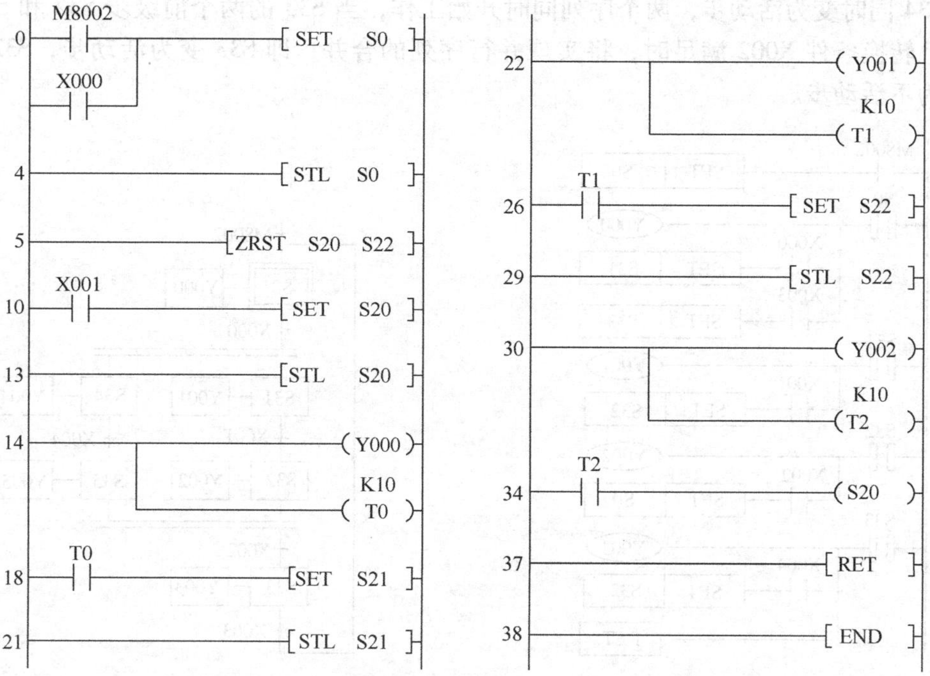

图 5-17　循环彩灯 STL 指令编写的梯形图

0	LD	M8002		14	OUT	Y000		27	SET	S22	
1	OR	X000		15	OUT	T0	K10	29	STL	S22	
2	SET	S0		18	LD	T0		30	OUT	Y002	
4	STL	S0		19	SET	S21		31	OUT	T2	K10
5	ZRST	S20	S22	21	STL	S21		34	LD	T2	
10	LD	X001		22	OUT	Y001		35	OUT	S20	
11	SET	S20		23	OUT	T1	K10	37	RET		
13	STL	S20		26	LD	T1		38	END		

图 5-18　循环彩灯 STL 指令编写的指令表程序

的转换条件为 X000 和 X003，可能分别进行到步 S31 和 S33，所以在 S0 的 STL 触点开始的电路块中，有分别由 X000 和 X003 作为置位条件的两条支路。对于选择序列的合并，由 S31 和 S33 的 STL 触点驱动的电路块中的转换目标均为 S32。

（3）使用 STL 指令并行序列的编程　图 5-21 所示为包含并行序列的顺序功能图。由 S31、S32 和 S34、S35 组成的两个序列是并行工作的，设计梯形图时应保证这两个序列同时开始和同时结束，即两个序列的第一步 S31 和 S34 应同时变为活动步，两个序列的最后一步 S32 和 S35 应同时变为不活动步。并行序列的分支的处理是很简单的，当步 S0 是活动步并且转换条件 X000 = 1 时，步

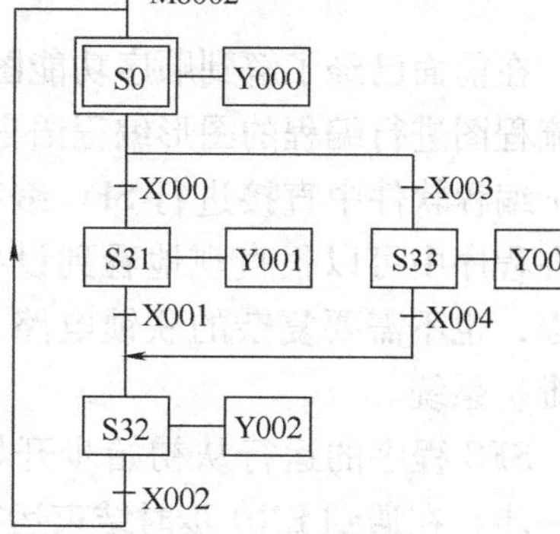

图 5-19　选择序列的功能图

S31 和 S34 同时变为活动步，两个序列同时开始工作，当 S33 的两个前级步 S32 和 S35 均为活动步且转换条件 X002 满足时，将实现并行序列的合并，即 S33 变为活动步，S32 和 S35 同时变为不活动步。

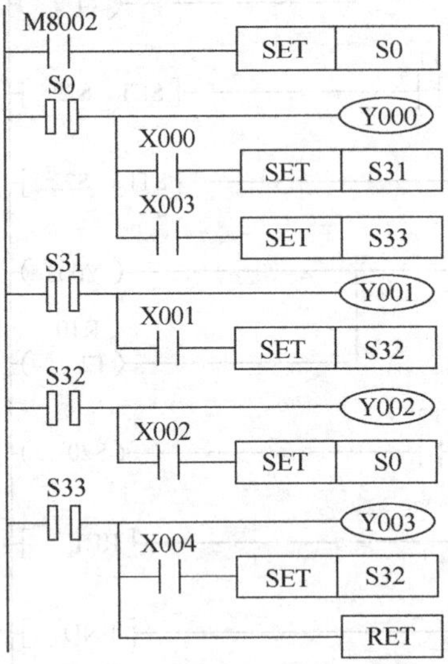

图 5-20　选择序列的梯形图

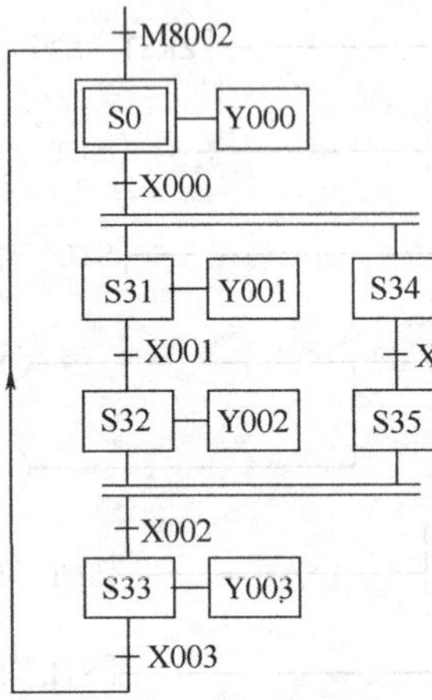

图 5-21　包含并行序列的顺序功能图

图 5-22 所示是对图 5-21 采用 STL 指令编写的梯形图。对于并行序列的分支，当 S0 的 STL 触点和 X000 的常开触点均接通时，S31 和 S34 被同时置位，系统程序将前级步 S0 变为不活动步；对于并行序列的合并，用 S32、S35 的 STL 触点和 X002 的常开触点组成的串联电路使 S33 置位。在图 5-22 中，S32 和 S35 的 STL 触点出现了两次，如果不涉及并行序列的合并，同一状态器的 STL 触点只能在梯形图中使用一次，当梯形图中再次使用该状态器时，只能使用该状态器的一般的常开触点和 LD 指令。另外，FX 系列 PLC 规定串联的 STL 触点的个数不能超过 8 个，换句话说，一个并行序列中的序列数不能超过 8 个。

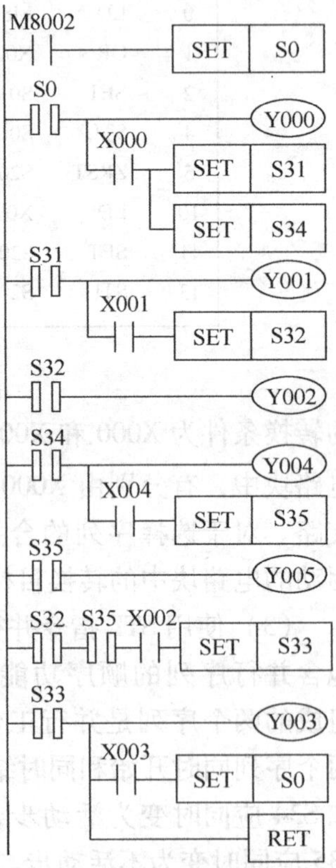

图 5-22　并行序列的梯形图

5.1.5　在 GX Developer 编程软件中进行 SFC 编程

在前面已经了解到顺序功能图(SFC)是一种新颖的、按照工艺流程图进行编程的图形编程语言。三菱 PLC 可以在 GX Developer 编程软件中直接进行 SFC 编程，这样使编程更加方便，同时在程序中可以很直观地看到设备的动作顺序，编程的规律性较强，也不需要复杂的联锁电路，工程技术人员也更容易设计和维护系统。

SFC 程序的运行从初始步开始，每次转换条件成立时执行下一步、在遇到 END 步时结束运行。

下面以自动闪烁信号的编程来介绍在三菱 PLC 编程软件

GX Developer中怎样编制顺序功能图，控制要求如下：PLC 上电后，Y000、Y001 以 1s 为周期交替闪烁。本例的梯形图和指令表如图 5-23 所示。

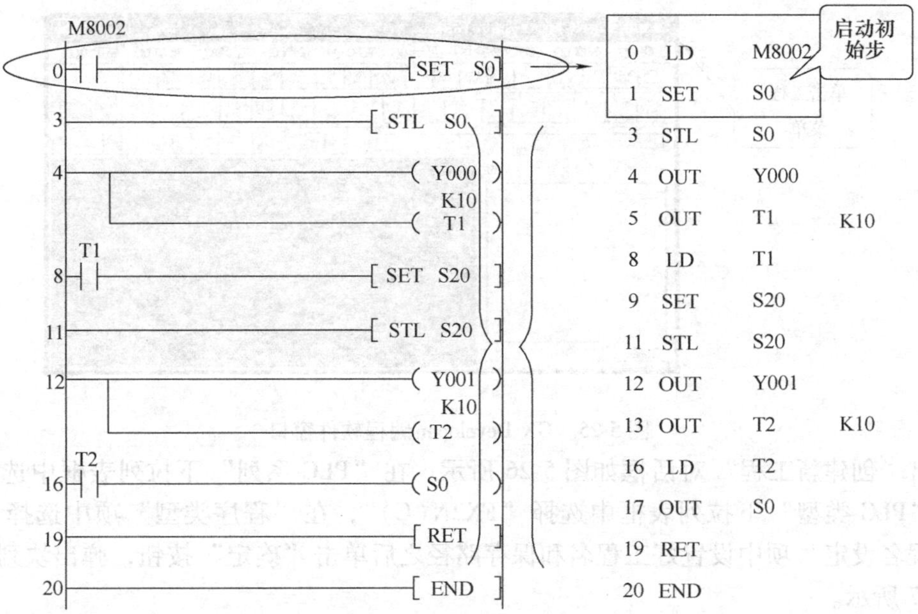

图 5-23　顺序功能梯形图和指令表程序

图 5-24 表示一个完整的顺序功能程序，由初始状态、方向线、转移条件和转移方向组成。在 SFC 程序中初始状态必须是有效的，所以要有启动初始状态的条件，本例中梯形图的第一行表示启动初始步，在 SFC 程序中启动初始步要用梯形图，我们将就具体的程序输入过程进行说明。

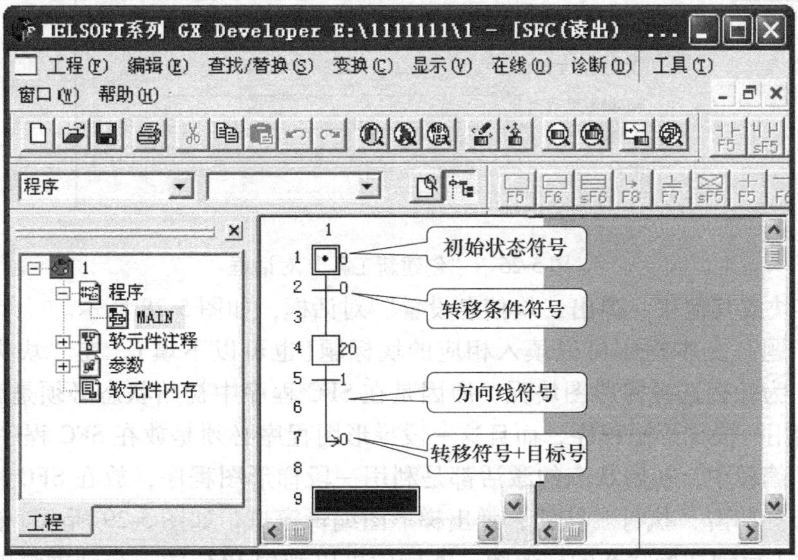

图 5-24　顺序功能 SFC 程序

起动 GX Developer 编程软件，单击“工程”菜单，单击创“建新工程”菜单项或单击“新建工程”按钮 🗋，如图 5-25 所示。

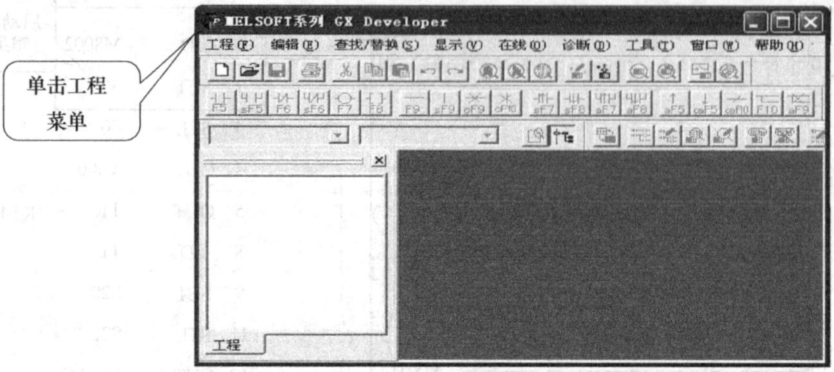

图 5-25　GX Developer 编程软件窗口

弹出“创建新工程”对话框如图 5-26 所示。在“PLC 系列”下拉列表框中选择“FXCPU”，“PLC 类型”下拉列表框中选择“FX2N(C)”，在“程序类型”项中选择“SFC”，在“工程名设定”项中设置好工程名和保存路径之后单击“确定”按钮，弹出块列表窗口，如图 5-27 所示。

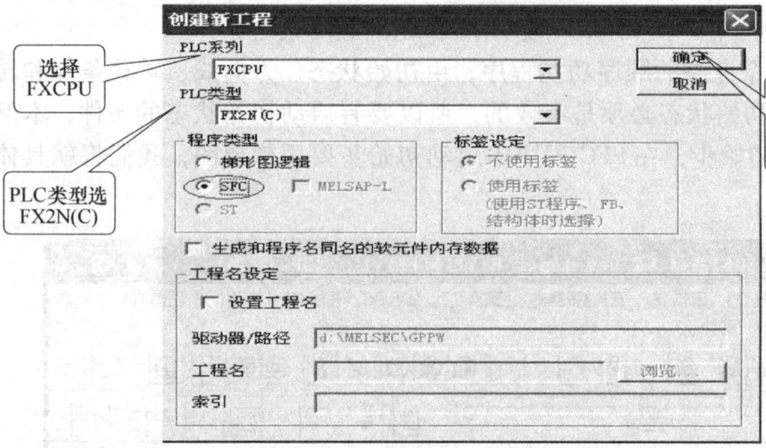

图 5-26　“创建新工程”对话框

双击第零块或其他块，弹出“块信息设置”对话框，如图 5-28 所示。

在“块标题”文本框中可以填入相应的块标题(也可以不填)，在“块类型”中选择“梯形图块”，为什么选择梯形图块呢？原因是在 SFC 程序中初始状态必须是激活的，而激活的方法是利用一段梯形图程序，而且这一段梯形图程序必须是放在 SFC 程序的开头部分，在以后的 SFC 编程中，初始状态的激活都是利用一段梯形图程序，放在 SFC 程序的第一部分(即第一块)。单击“执行”按钮，弹出梯形图编辑窗口，如图 5-29 所示。在右边梯形图编辑窗口中输入启动初始状态的梯形图，本例中可以利用 PLC 的一个辅助继电器 M8002 的上电脉冲使初始状态生效。在梯形图编辑窗口中单击第零行进行初始化梯形图的输入，如图 5-30 所示，输入完成单击“变换”菜单，选择“变换”项或按“F4”快捷键，完成梯形图的变换。图 5-31 为梯形图输入完毕窗口。

图 5-27　块列表窗口

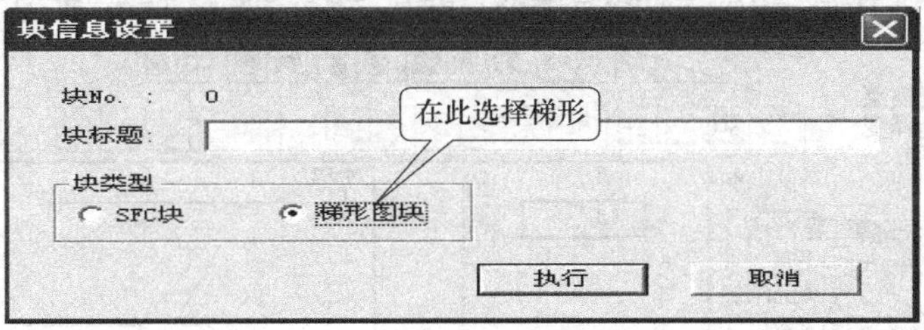

图 5-28　块信息设置对话框

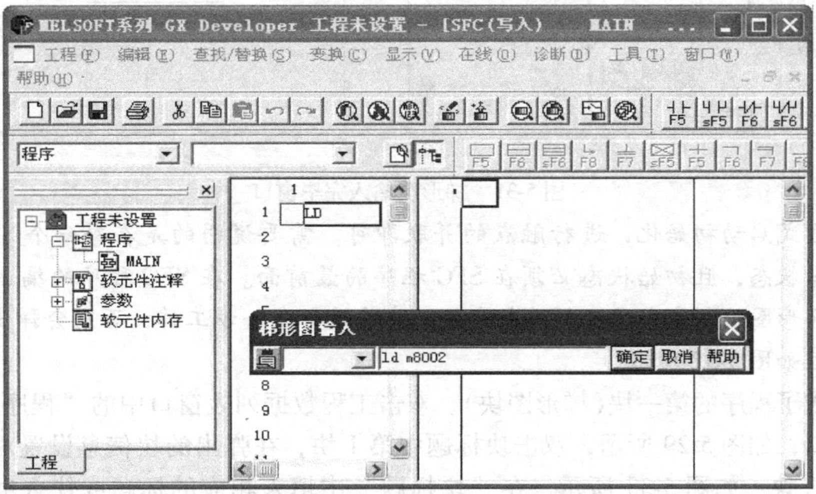

图 5-29　SPC 初始状态的编程

注意：如果想使用其他方式启动初始状态，只需要改动上图中的启动脉冲 M8002 即可，

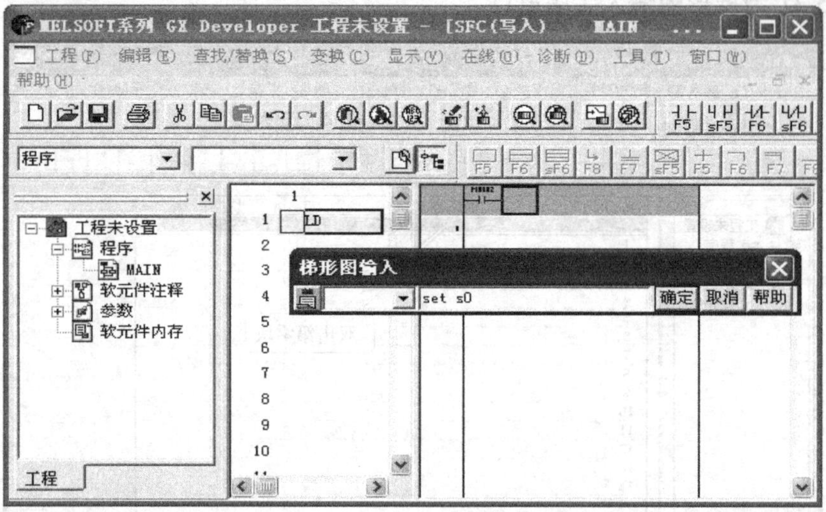

图 5-30　初使化梯形图的输入

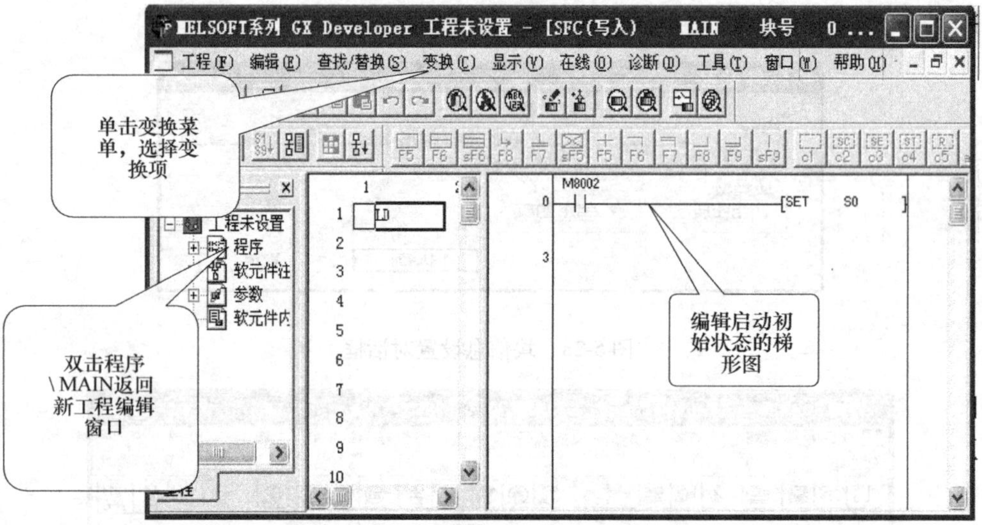

图 5-31　梯形图输入完毕窗口

如果有多种方式启动初始化，进行触点的并联即可。需要说明的是在每一个 SFC 程序中至少有一个初始状态，且初始状态必须在 SFC 程序的最前面。在 SFC 程序的编制过程中每一个状态中的梯形图编制完成后必须进行变换，才能进行下一步工作，否则会弹出梯形图未变换提示对话框如图 5-32 所示。

以上完成了程序的第一块(梯形图块)，双击工程数据列表窗口中的“程序→MAIN”返回块列表窗口，如图 5-29 所示，双击块标题中第 1 块，在弹出的块信息设置对话框中，块类型选择 SFC 块，如图 5-33 所示，在“块标题”中填入相应的标题或什么也不填，单击“执行”按钮，弹出 SFC 程序编辑窗口，进行初始步的编程，如图 5-34 所示。在 SFC 程序编辑窗口中光标变成空心矩形，双击初始步，并编写好初始步的输出。在本例中可以用 S0 的输出 Y000 及 T1 定时 1s。有时初始步可以不输出，或者用来初始化，复位工作步。

图5-32　梯形图未变换提示

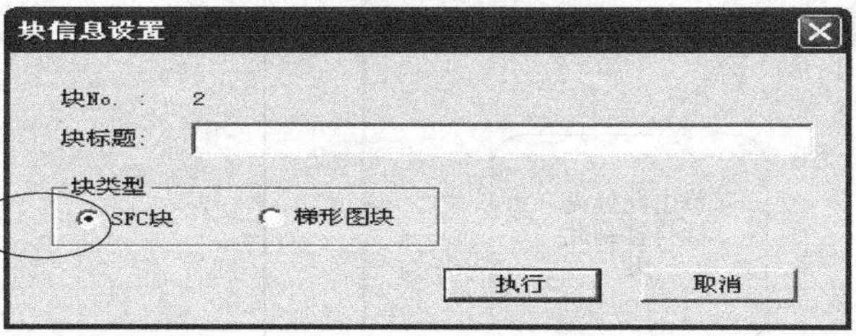

图5-33　块信息设置

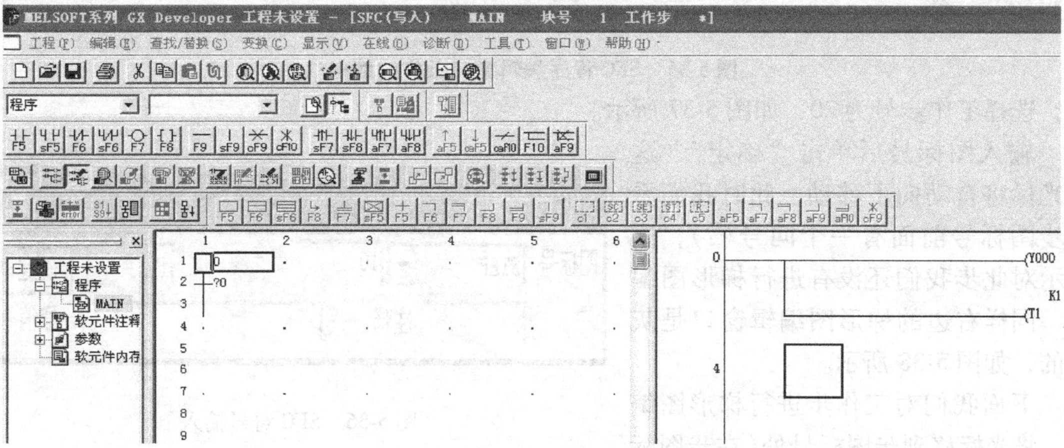

图5-34　初始步的编程

说明：在SFC程序中每一个状态或转移条件都是以SFC符号的形式出现在程序中的，每一种SFC符号都对应有图标和图标号。

下面我们输入使状态发生转移的条件，在SFC程序编辑窗口将光标移到第一个转移条件符号处，如图5-35所示，在右侧梯形图编辑窗口输入使状态转移的梯形图。

从图中可以看出，T1触点驱动的不是线圈，而是TRAN符号，意思是表示转移(Transfer)，在SFC程序中所有的转移用TRAN表示，不可以用SET-S□语句表示，这一点请注意。在这里梯形图的编辑不再赘述，编辑完一个条件后按“F4”快捷键变换，变换后梯形图由原来的灰色变成亮白色，再看SFC程序编辑窗口中前面的问号(?)不见了。

下面我们输入下一个工作步，在左侧的SFC程序编辑窗口中把光标下移到方向线底端，单击工具栏中的工具按钮 F5 或单击“F5”快捷键弹出SFC符号输入对话框，如图5-36所

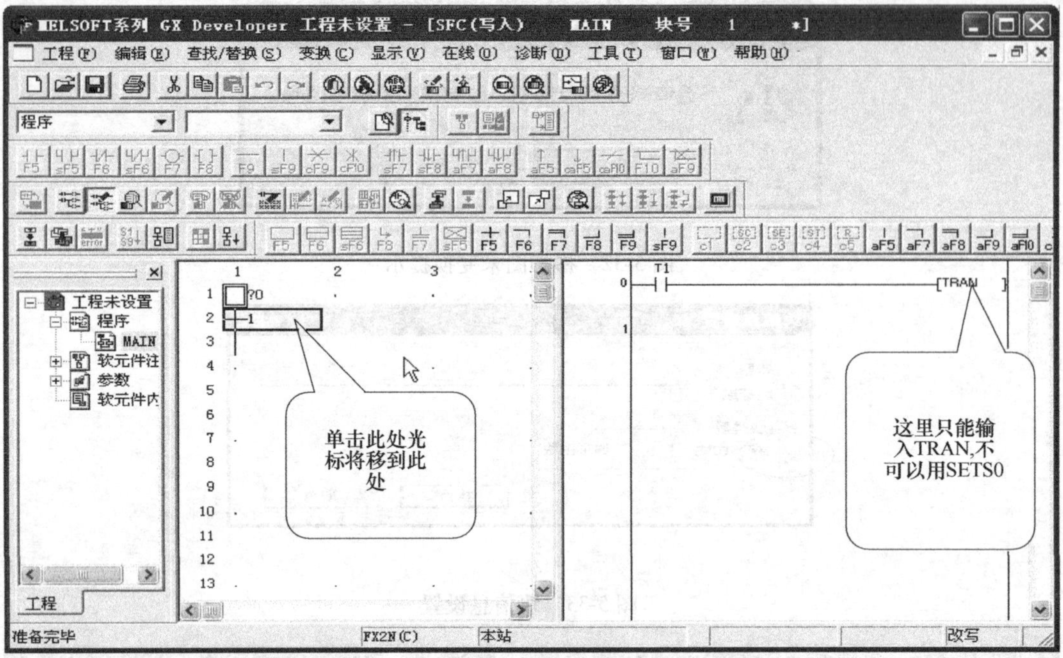

图 5-35　SFC 程序编辑窗口条件的编程

示，选择工作步号为 20，如图 5-37 所示。

输入图标号后单击“确定”，这时光标将自动向下移动，此时我们看到步图标号前面有一个问号(?)，这表示对此步我们还没有进行梯形图编辑，同样右边的梯形图编辑窗口是灰色的，如图 5-38 所示。

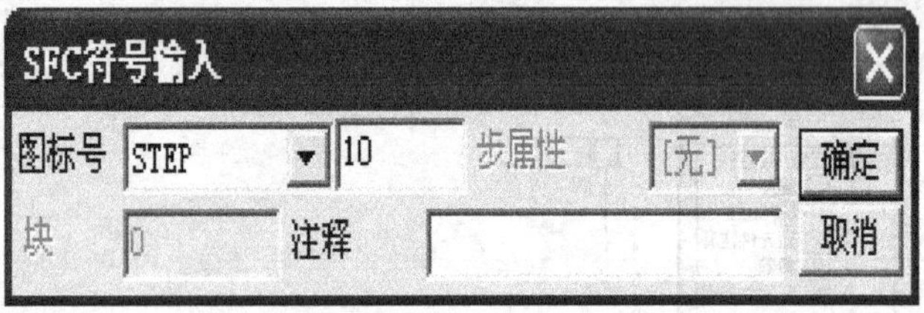

图 5-36　SFC 符号输入

下面我们对工作步进行梯形图编程，将光标移到步图标号处(在步图标

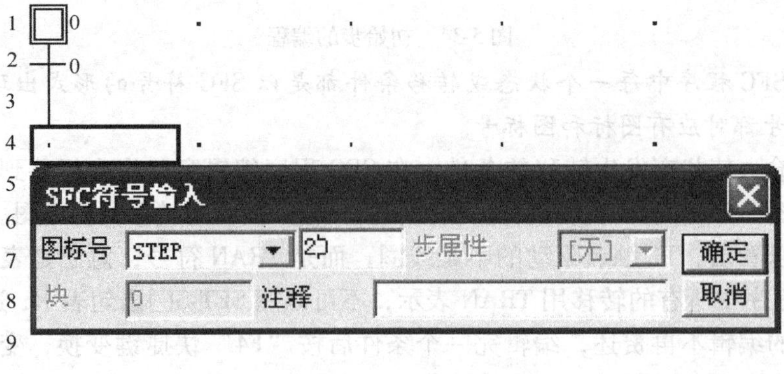

图 5-37　工作步号的选择

号处单击)，此时再看右边的窗口呈可编辑状态，在右侧的梯形图编辑窗口中输入梯形图，此处的梯形图是指程序运行到此工作步时要驱动哪些输出线圈。本例中我们要求工作步 20 驱动

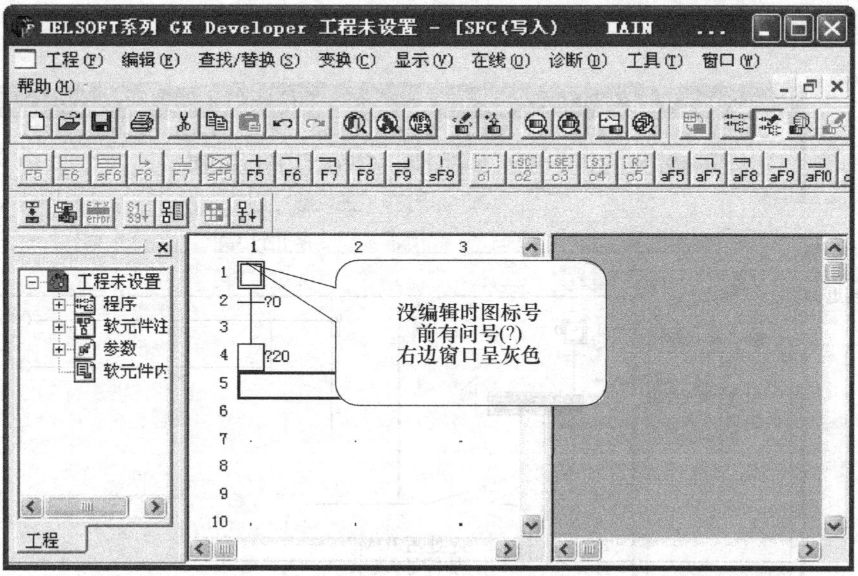

图5-38　步的编辑

输出线圈Y001以及T2线圈，程序如图5-39所示。用相同的方法把控制系统的一个周期编辑完后，最后要求系统能周期性地工作，所以在SFC程序中要有返回原点的图标号。在SFC程序中，用F8(JUMP)加目标号进行返回操作，如图5-39所示。输入方法是把光标移到方向线的最下端按“F8”快捷键或者单击F8按钮，在弹出的对话框中填入跳转的目的步号，单击“确定”按钮。

如果在程序中有选择分支也要用“JUMP” + “标号”来表示，此用法可以自己尝试编写，在此我们只是编写了单序列的SFC程序。

当输入完跳转图标号后，在SFC编辑窗口中，我们可以看到有跳转返回的步图标号的框中多了一个小黑点儿，这说明此工作步是跳转返回的目标步，这为我们阅读SFC程序提供了方便。所有的SFC程序编辑完后，单击变换按钮，进行SFC程序的变换(编译)。如果在变换时弹出块信息设置对话框直接单击“执行”按钮即可。程序变换后，我们就可以对程序进行仿真实验或将程序写入PLC进行调试了。如果想观看SFC程序对应的顺序控制梯形图，我们可以这样做：单击“工程中的”编辑数据下的“改变程序类型”，进行数据变换，如图5-40所示。

变换后我们可以看到由SFC程序变换成的梯形图程序如图5-41所示。

以上介绍了使用GX Developer编程软件对单序列的SFC程序的编程方法，通过学习基本了解了SFC程序中状态符号的输入方法。在SFC程序中仍然需要进行梯形图的设计，SFC程序中所有的状态转移用TRAN表示，这一点一定要注意区别，只要明白了TRAN的用法后，你就会觉得SFC程序的设计并不复杂，同样的道理，选择序列跟单序列编写方法几乎差不多，并行序列在同一条件启动的时候选择双水平线，并行序列的合并也类似，并行序列的编写如图5-42所示。

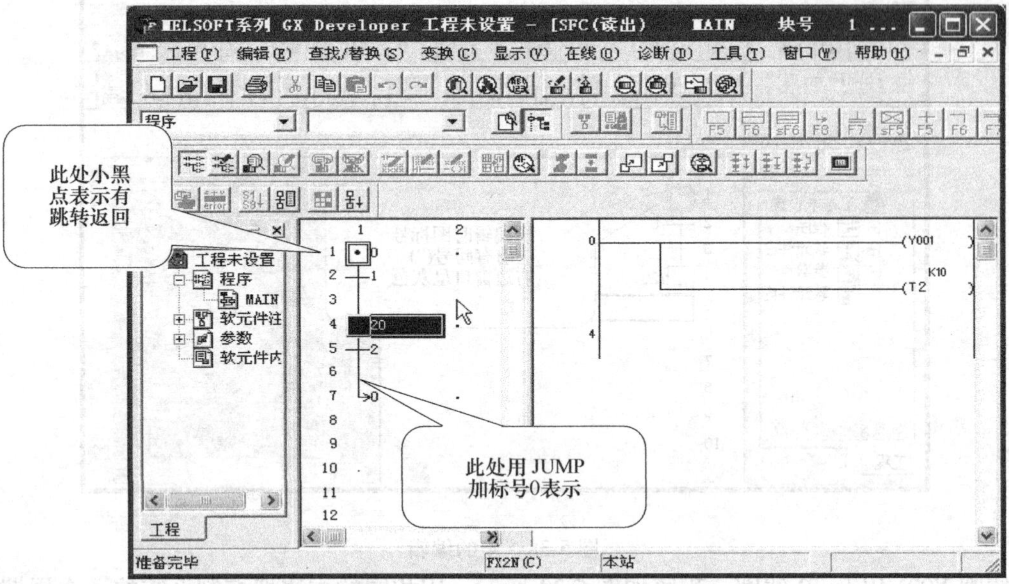

图 5-39　完整的 SFC 程序

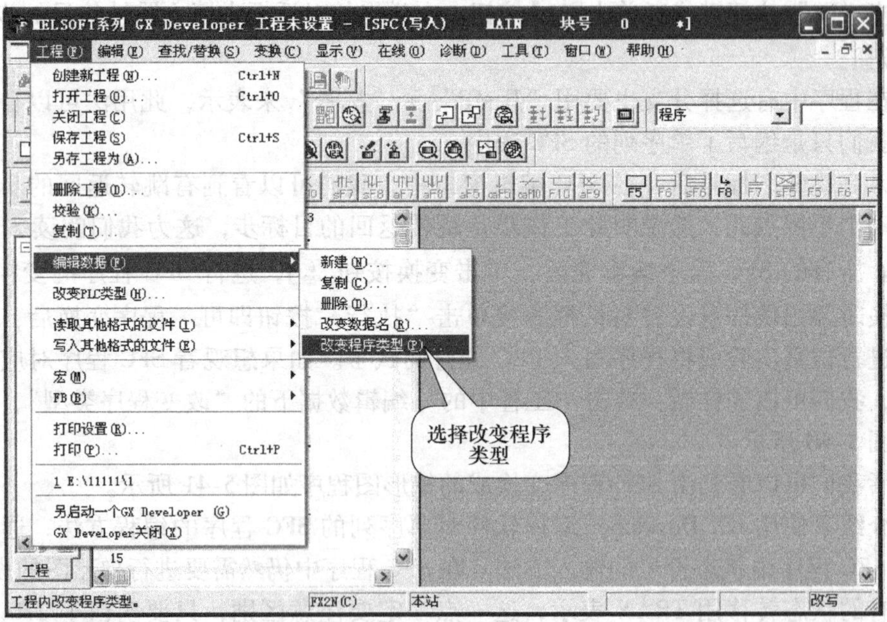

图 5-40　数据变换

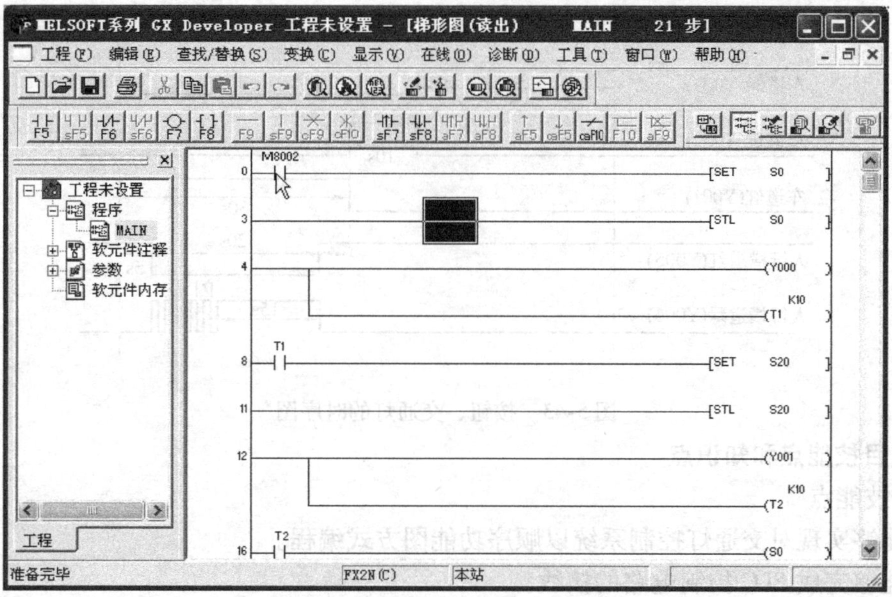

图5-41　变换后的梯形图

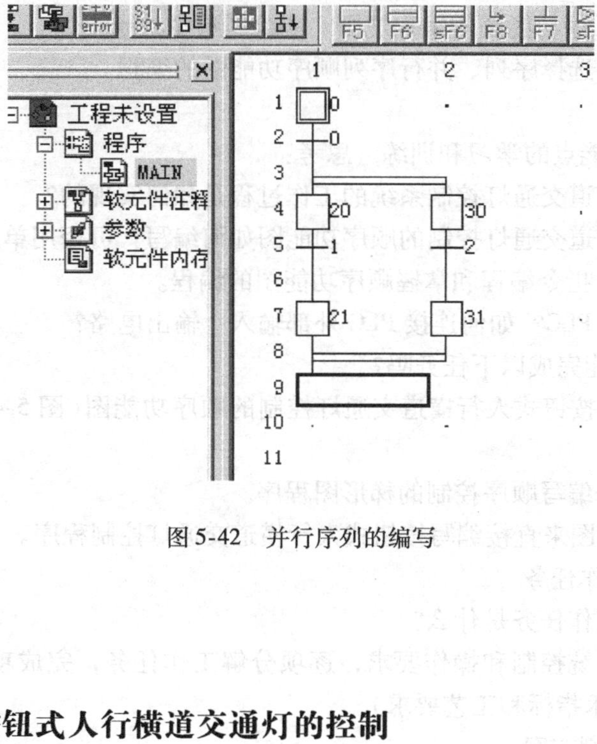

图5-42　并行序列的编写

5.2　实训项目

5.2.1　项目1　按钮式人行横道交通灯的控制

1. 项目任务

设计一个按钮式人行横道交通灯的控制程序，人行横道和车道的按钮、交通灯的时序图如图5-43所示。

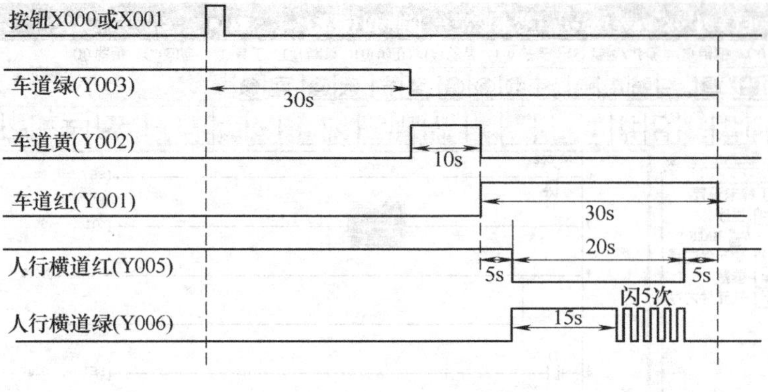

图 5-43　按钮、交通灯的时序图

2. 项目技能点和知识点

（1）技能点

1）能够实现对交通灯控制系统以顺序功能图方式编程。

2）能够完成 PLC 控制电路的接线。

3）能对 PLC 控制系统实现离线调试和在线监控调试。

（2）知识点

1）掌握 PLC 的顺序功能图的编程规则，能绘制顺序功能图。

2）掌握单序列、选择序列、并行序列顺序功能图的编程。

3. 项目实施

（1）知识点、技能点的学习和训练　思考：

1）按钮式人行横道交通灯控制系统的工作过程是如何实现的？

2）按钮式人行横道交通灯控制的顺序功能图如何编写？可否用单序列来编写？

3）如何使用 STL 指令编程和掌握顺序功能图的编程。

4）如何操作使用 PLC？如何连接 PLC 外部输入、输出电路？

行动：试试看，能完成以下任务吗？

① 用单序列编写按钮式人行横道交通灯控制的顺序功能图(图 5-44 为参考的双序列顺序功能图)。

② 使用 STL 指令编写顺序控制的梯形图程序。

③ 通过顺序功能图来直接编写按钮式人行横道交通灯控制程序。

（2）明确项目工作任务

1）思考：项目工作任务是什么？

2）行动：根据系统控制和操作要求，逐项分解工作任务，完成项目任务分析(分析任务及所要求达到的技术指标和工艺要求)。

（3）确定系统控制方案

1）思考：系统采用什么主控制器？采用什么控制策略？完成项目需要哪些设备？

2）行动：小组成员共同研讨，制定系统总体控制方案，绘制系统工作流程图及系统结构框图。

（4）PLC 控制系统硬件设计

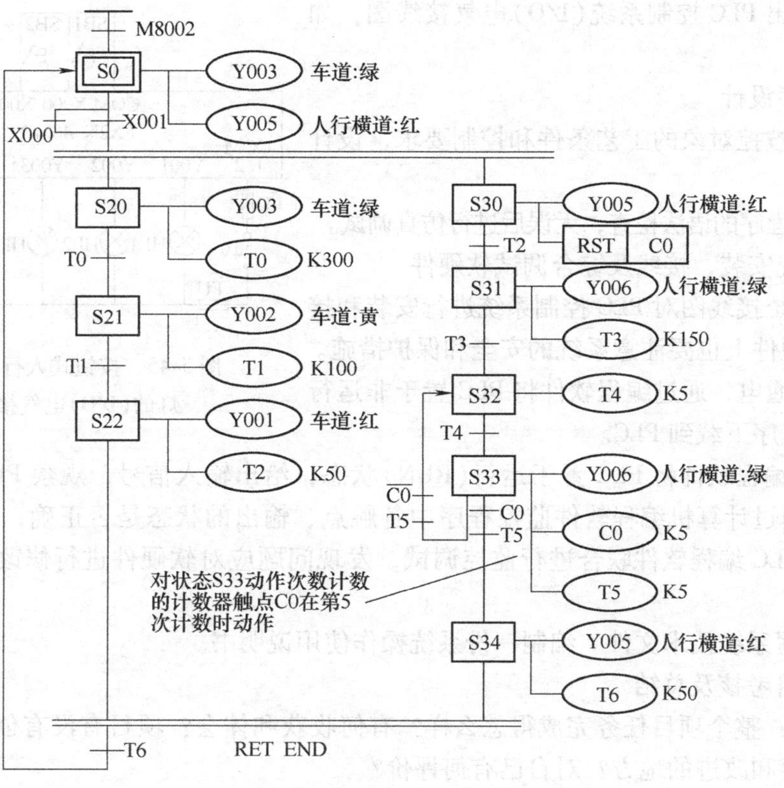

图 5-44 交通灯的顺序功能图

1）收集相关 PLC 控制器、开关、按钮等设备资料，完善项目设备表，见表 5-1。

表 5-1 项目设备表

序　号	名　称	型　号	数　量	备　注
1	可编程序控制器			
2	按钮			
3	指示灯			
4	熔断器			
5	接线端子排			

2）I/O 点的分配。

根据被控对象对 PLC 系统的功能要求和所需要的 I/O 点数，选择适当类型的 PLC。I/O 分配表见表 5-2。

表 5-2 I/O 分配表

输入(I)			输出(O)		
元件	功能	信号地址	元件	功能	信号地址
按钮 SB1	人行道按钮 1	X000	车道红灯	信号指示	Y001
按钮 SB2	人行道按钮 2	X001	车道黄灯	信号指示	Y002
			车道绿灯	信号指示	Y003
			人行道红灯	信号指示	Y005
			人行道绿灯	信号指示	Y006

3）绘制出 PLC 控制系统（I/O）电气接线图，如图 5-45 所示。

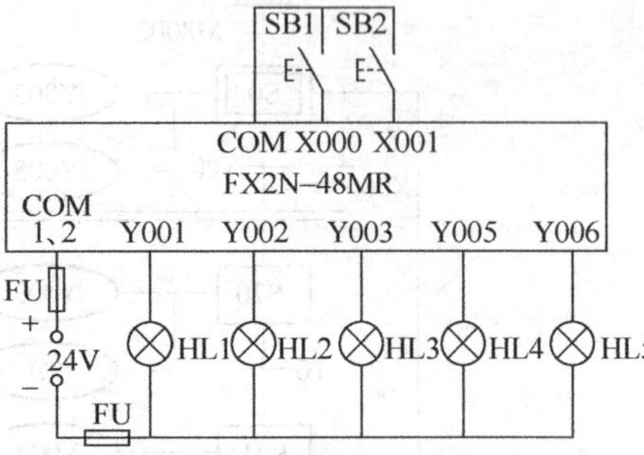

图 5-45　按钮式人行横道交通灯的（I/O）电气接线图

（5）程序设计

1）根据被控对象的工艺条件和控制要求，设计梯形图。

2）进行程序的语法检查，无误后进行仿真调试。

（6）系统安装、接线及综合调试软硬件

1）按系统接线图对 PLC 控制系统进行安装和接线，同时在硬件上也要注意系统的安全和保护措施。

2）PLC 通电，通过编程软件将 PLC 置于非运行状态，并将程序下载到 PLC。

3）通过编程软件将 PLC 置于运行（RUN）状态，给出输入信号，观察 PLC 输入输出指示灯状态和通过计算机编程软件监控程序中各触点、输出的状态是否正确，对 PLC 控制系统的硬件和 PLC 编程软件联合进行监控调试，发现问题应对软硬件进行修改，直到系统完善为止。

（7）编写系统技术文件　编制一份系统操作使用说明书。

（8）项目考核及总结

1）思考：整个项目任务完成得怎么样？有何收获和体会？项目有没有创新的地方？有没有需要完善和改进的地方？对自己有何评价？

2）行动：按照任务书的要求，填写考核表，与同学、教师共同完成本次项目的考核工作。整理上述步骤中所编写的材料，完成项目训练报告。

5.2.2　项目 2　大小球分拣控制系统的设计

1. 项目任务

在生产过程中，经常要对流水线上的产品进行分拣，图 5-46 是用于分拣大、小球的机械装置。机械装置工作顺序如下：

机械手在左限位及上限位位置并且不吸球状态为原点条件，满足原点条件的前提下，按下起动按钮后机械臂下降，根据球（当碰铁压着的是大球时，未碰到限位开关 SQ2，则 SQ2 不动作；如果碰铁压着的是小球，则 SQ2 动作，以此判断是大球还是小球）大小不一样按以下不同流程工作：如果是大球→把球吸住→上升→至上限位（SQ3 动作）→右行→至大球的右限位（SQ5 动作）→下行→至下限位（SQ2 动作）→释放大球→上升→至上限位（SQ3 动作）→左行→至左限位（SQ1 动作回到原点）；如果是小球→把球吸住→上升→至上限位（SQ3 动作）→右行→至小球的右限位（SQ4 动作）→下行→至下限位（SQ2 动作）→释放→上升→至上限位（SQ3 动作）→左行→至左限位（SQ1 动作回到原点）。以上流程对应的顺序功能图如图 5-47 所示。

机械装置左、右移分别由 Y004、Y003 控制，上升、下降分别由 Y002、Y000 控制，将球吸住由 Y001 控制。抓球和释放球的时间均为 1s。

2. 项目技能点和知识点

（1）技能点

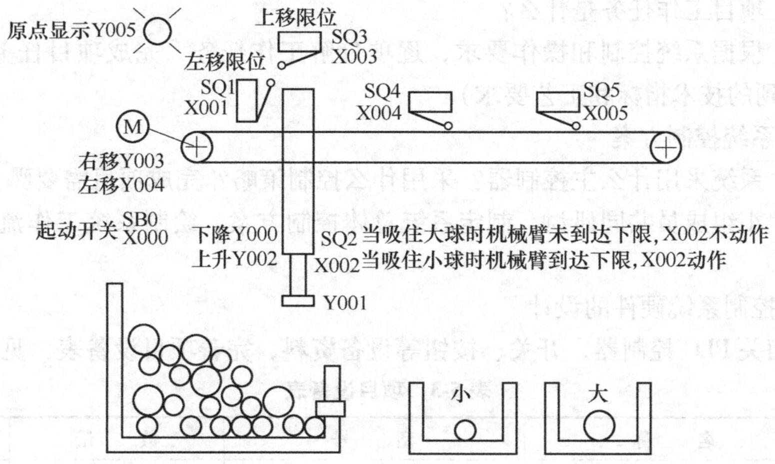

图5-46 大、小球分拣操作系统示意图

1）能够根据控制要求完成大小球分拣控制系统的顺序功能图的编写。

2）能够完成PLC控制电路的接线。

3）能对PLC控制系统实现离线调试和在线监控调试。

（2）知识点

1）掌握PLC的顺序功能图的编程规则，能绘制顺序功能图。

2）掌握单序列、选择序列顺序功能图的编程。

3）掌握STL指令的编程方法。

3. 项目实施

（1）知识点、技能点的学习和训练

思考：

1）大小球分拣控制系统工作过程是如何实现的？

2）大小球分拣控制系统顺序功能图如何编写？

3）如何使用STL指令的编程方法来完成顺序控制的梯形图编程？

4）如何分配I/O，如何连接PLC外部输入、输出电路？

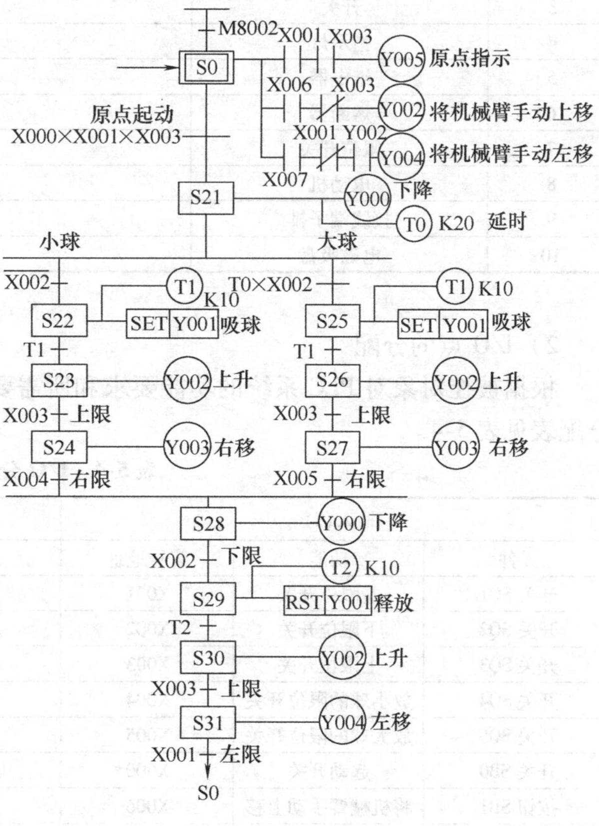

图5-47 大、小球分拣控制系统顺序功能图

行动：试试看，能完成以下任务吗？

① 编写大小球分拣控制系统的顺序功能图程序。

② 使用STL指令编写顺序控制的梯形图程序。

（2）明确项目工作任务

1）思考：项目工作任务是什么？

2）行动：根据系统控制和操作要求，逐项分解工作任务，完成项目任务分析（分析任务及所要求达到的技术指标和工艺要求）。

(3) 确定系统控制方案

1）思考：系统采用什么主控制器？采用什么控制策略？完成项目需要哪些设备？

2）行动：小组成员共同研讨，制定系统总体控制方案，绘制系统工作流程图及系统结构框图。

(4) PLC 控制系统硬件的设计

1）收集相关 PLC 控制器、开关、按钮等设备资料，完善项目设备表，见表 5-3。

表 5-3 项目设备表

序号	名称	型号	数量	备注
1	可编程序控制器			
2	按钮			
3	开关			
4	指示灯			
5	继电器			
6	熔断器			
7	限位开关			
8	电动机			
9	接线端子排			
10	电磁吸盘			

2）I/O 点的分配

根据被控对象对 PLC 系统的功能要求和所需要的 I/O 点数，选择适当类型的 PLC。I/O 分配表见表 5-4。

表 5-4 I/O 分配表

输入(I)			输出(O)		
元件	功能	信号地址	元件	功能	信号地址
开关 SQ1	左限位开关	X001	机械臂	下降	Y000
开关 SQ2	下限位开关	X002	机械臂	上升	Y002
开关 SQ3	上限位开关	X003	机械臂	右移	Y003
开关 SQ4	放小球的限位开关	X004	机械臂	左移	Y004
开关 SQ5	放大球的限位开关	X005	机械臂	停留原点指示灯	Y005
开关 SB0	起动开关	X000	电磁吸盘	吸住铁球	Y001
按钮 SB1	将机械臂手动上移	X006			
按钮 SB2	将机械臂手动左移	X007			

3）绘制出大、小球分拣 PLC 控制系统（I/O）电气接线图，如图 5-48 所示。

(5) 程序设计

1）根据被控对象的工艺条件和控制要求，设计梯形图。

2）进行程序的语法检查，无误后进行仿真调试，直到程序无误为止。

（6）系统安装、接线及综合调试软硬件

1）按系统接线图对PLC控制系统进行安装和接线，同时在硬件上也要注意系统的安全和保护措施。

2）PLC通电，通过编程软件将PLC置于非运行状态，并将程序下载到PLC。

3）通过编程软件将PLC置于运行（RUN）状态，给出输入信号，观察PLC输入输出指示灯状态和通过计算机编程软件监控程序中各触点、输出的状态是否正确，对PLC控制系统的硬件和PLC编程软件联合进行监控调试，发现问题应对软硬件进行修改，直到系统完善为止。

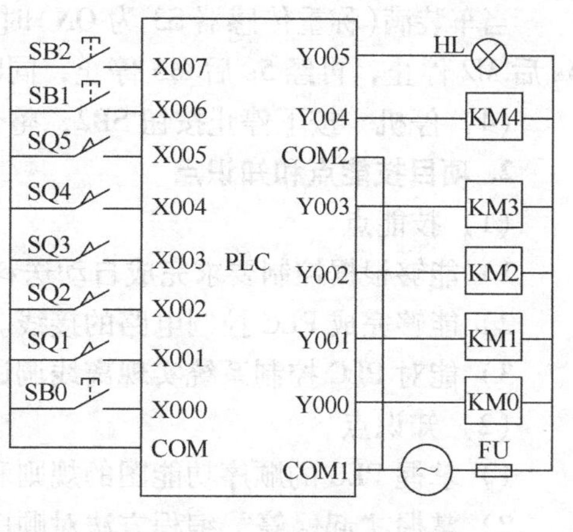

图5-48　大、小球分拣PLC控制系统（I/O）电气接线图

（7）编写系统技术文件　编制一份系统操作使用说明书。

（8）项目考核及总结

1）思考：整个项目任务完成得怎么样？有何收获和体会？项目有没有创新的地方？有没有需要完善和改进的地方？对自己有何评价？

2）行动：按照任务书的要求，填写考核表，与同学、教师共同完成本次项目的考核工作。整理上述步骤中所编写的材料，完成项目训练报告。

5.2.3　项目3　自动送料装车模拟控制系统的设计

1. 项目任务

通过按钮、开关、指示灯模拟自动送料装车模拟控制系统的运行过程，用PLC完成模拟控制系统的设计。自动送料装车系统由三级传送带、料箱、料位检测与送料、车位和吨位检测等环节组成，示意图如图5-49所示。

控制要求如下：

（1）初始状态　红灯HL8灭，绿灯HL7亮，表明允许汽车开进装料。料斗出料口关闭，电动机M1、M2和M3皆为停止状态。

（2）进料　如料箱中料不满（料位传感器S1为OFF），5s后进料电磁阀开启进料（灯HL1亮）；当料满（S1为ON，灯HL2亮）时，中止进料（灯HL1灭）。

（3）装车　当汽车开进到装车位置（车位传感器S2为ON）时，红灯HL8亮，绿灯HL7灭，同时起动M3（HL6亮），经5s后起动M2（HL5亮），再经5s后起动M1（HL4亮），再经5s后打开料箱（HL3为ON）出料。

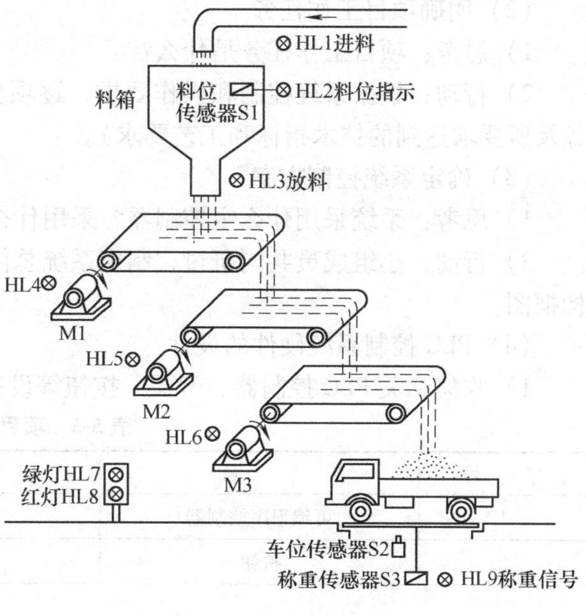

图5-49　自动送料装车系统示意图

当车装满(称重传感器 S3 为 ON)时，料箱关闭(HL3 为 OFF)，经 5s 后 M1 停止，再经 5s 后 M2 停止，再经 5s 后 M3 停止，同时红灯 HL8 灭，绿灯 HL7 亮，表明汽车可以开走。

(4) 停机　按下停止按钮 SB2，整个系统终止运行。

2. 项目技能点和知识点

(1) 技能点

1) 能够根据控制要求完成自动送料装车控制系统的顺序功能图的编写。

2) 能够完成 PLC 控制电路的接线。

3) 能对 PLC 控制系统实现离线调试和在线监控调试。

(2) 知识点

1) 掌握 PLC 的顺序功能图的规则和根据控制系统绘制顺序功能图。

2) 掌握“起保停”编程方法对顺序功能图的编程。

3) 掌握以转换为中心的编程方法的顺序功能图的编程。

3. 项目实施

(1) 知识点、技能点的学习和训练　思考：

1) 自动送料装车控制系统工作过程是如何实现的?

2) 如何编写自动送料装车控制系统顺序功能图?

3) 如何使用“起保停”的方法实现顺序功能图的编程?

4) 如何“以转换为中心”的方法实现顺序功能图的编程?

5) 如何连接 PLC 外部输入、输出电路?

行动：试试看，能完成以下任务吗?

① 自动送料装车控制系统的顺序功能图；

② 使用“起保停”的编程方法编写按钮交通灯顺序功能图的梯形图程序；

③ 使用“以转换为中心”的编程方法编写按钮交通灯顺序功能图的梯形图程序。

(2) 明确项目工作任务

1) 思考：项目工作任务是什么?

2) 行动：根据系统控制和操作要求，逐项分解工作任务，完成项目任务分析(分析任务及所要求达到的技术指标和工艺要求)。

(3) 确定系统控制方案

1) 思考：系统采用什么主控制器? 采用什么控制策略? 完成项目需要哪些设备?

2) 行动：小组成员共同研讨，制定系统总体控制方案，绘制系统工作流程图及系统结构框图。

(4) PLC 控制系统硬件的设计

1) 收集相关 PLC 控制器、开关、按钮等设备资料，完善项目设备表，见表 5-5。

表 5-5　项目设备表

序　号	名　称	型　号	数　量	备　注
1	可编程序控制器			
2	按钮			

（续）

序号	名称	型号	数量	备注
3	开关			
4	指示灯			
5	熔断器			
6	接线端子排			
7	进料电磁阀			
8	料位传感器			
9	称重传感器			
10	电动机			

2）I/O点的分配

根据被控对象对PLC系统的功能要求和所需要的I/O点数，选择适当类型的PLC。I/O分配表见表5-6。

表5-6 I/O分配表

输入(I)			输出(O)		
元件	功能	信号地址	元件	功能	信号地址
按钮SB2	停止	X000	指示灯HL1	进料指示	Y000
料位传感器S1	检测料位	X001	指示灯HL2	料满指示	Y001
车位传感器S2	检测车位	X002	指示灯HL3	放料指示	Y002
称重传感器S3	检测重量	X003	电动机M1及指示灯HL4	传送带M1及指示	Y003
			电动机M2及指示灯HL5	传达带M2及指示	Y004
			电动机M3及指示灯HL6	传送带M3及指示	Y005
			指示灯HL7	绿灯	Y006
			指示灯HL8	红灯	Y007
			指示灯HL9	车满	Y010

3）绘制出PLC控制系统(I/O)电气接线图。

（5）程序设计

1）根据被控对象的工艺条件和控制要求，设计梯形图。

2）进行程序的语法检查，无误后进行仿真调试，直到程序无误为止。

（6）系统安装、接线及综合调试软硬件

1）按系统接线图对PLC控制系统进行安装和接线，同时在硬件上也要注意系统的安全和保护措施。

2）PLC通电，通过编程软件将PLC置于非运行状态，并将程序下载到PLC。

3）通过编程软件将PLC置于运行(RUN)状态，给出输入信号，观察PLC输入输出指示灯状态和通过计算机编程软件监控程序中各触点、输出的状态是否正确，对PLC控制系统的硬件和PLC编程软件联合进行监控调试，发现问题应对软硬件进行修改，直到系统完善为止。

（7）编写系统技术文件　编制一份系统操作使用说明书。

（8）项目考核及总结

1）思考：整个项目任务完成得怎么样？有何收获和体会？项目有没有创新的地方？有没有需要完善和改进的地方？对自己有何评价？

2）行动：按照任务书的要求，填写考核表，与同学、教师共同完成本次项目的考核工作。整理上述步骤中所编写的材料，完成项目训练报告。

5.2.4　项目4　机械手PLC控制系统的设计

1. 项目任务

设计一个机械手的PLC控制系统，其工作示意图如图5-50所示，将工件从A点移到B点。其控制要求如下：

1）手动操作：每个动作均能单独操作，用于将机械手复归至原点位置。

2）连续运行：在原点位置按起动按钮时，机械手按图5-51所示连续工作一个周期。一个周期的工作过程如下：原点→下降→夹紧（时间2s）→上升→右移→下降→放松（时间2s）→上升→左移到原点。

说明：① 原点位机械夹钳处于夹紧位，机械手处于左上角位。

② 机械夹钳为有电放松，无电夹紧。

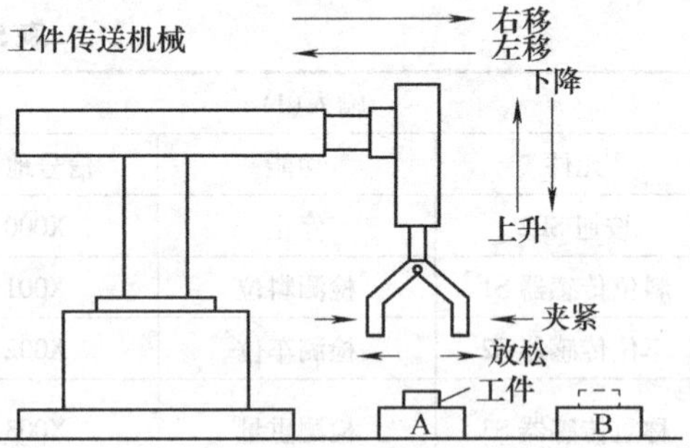

图5-50　机械手工作示意图

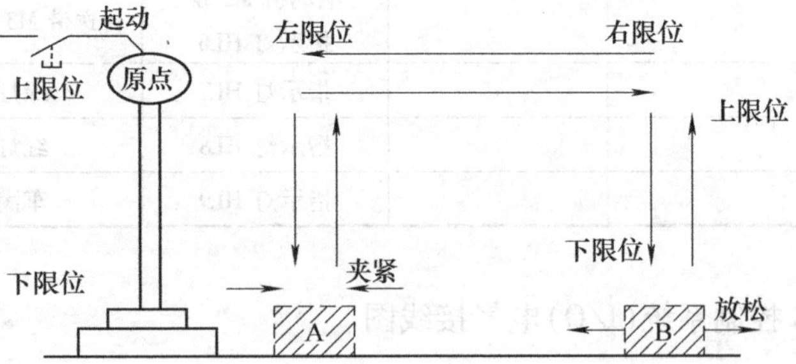

图5-51　机械手连续运行示意图

2. 项目技能点和知识点

（1）技能点

1）能够根据控制要求完成机械手控制系统的顺序功能图的编写。

2）能够完成PLC控制电路的接线。

3）能对PLC控制系统实现离线调试和在线监控调试。

（2）知识点

1）掌握PLC的顺序功能图的编程规则，能根据控制系统绘制顺序功能图。

2）掌握STL指令对顺序功能图的编程方法和SFC的直接编程方法。

3）了解PLC控制系统多种工作方式的编程。

3. 项目实施

（1）知识点、技能点的学习和训练思考：

1）机械手控制系统工作过程是如何实现的？

2）如何编写机械手控制系统顺序功能图？

3）如何使用STL指令完成顺序控制的梯形图编程？

4）如何通过SFC来直接编写大小球分拣控制系统的PLC程序？

5）如何分配I/O，如何连接PLC外部输入、输出电路？

行动：试试看，能完成以下任务吗？

① 在GX-Developer编程软件中编写机械手控制系统的顺序功能图程序，参考顺序功能图程序如图5-52所示。

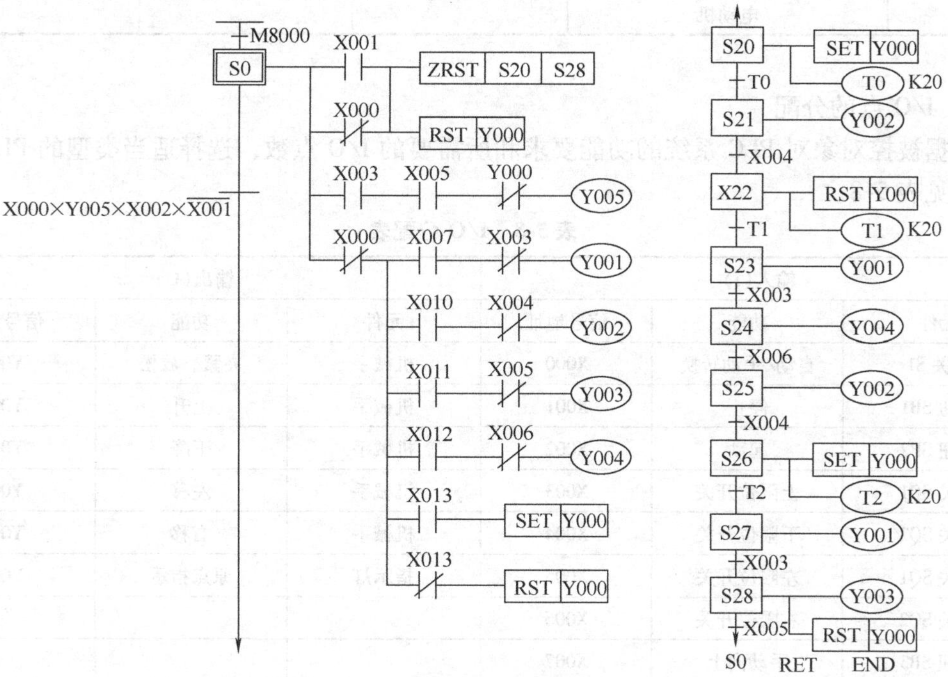

图5-52　机械手控制系统顺序功能图

② 使用STL指令编写顺序功能图的梯形图程序。

（2）明确项目工作任务

1）思考：项目工作任务是什么？

2）行动：根据系统控制和操作要求，逐项分解工作任务，完成项目任务分析（分析任务及所要求达到的技术指标和工艺要求）。

（3）确定系统控制方案

1）思考：系统采用什么主控制器？采用什么控制策略？完成项目需要哪些设备？

2）行动：小组成员共同研讨，制定系统总体控制方案，绘制系统工作流程图及系统结构框图。

（4）PLC 控制系统硬件的设计

1）收集相关 PLC 控制器、开关、按钮等设备资料，完善项目设备表，见表 5-7。

表 5-7　项目设备表

序　号	名　称	型　号	数　量	备　注
1	可编程序控制器			
2	按钮			
3	开关			
4	指示灯			
5	继电器			
6	熔断器			
7	接线端子排			
8	限位开关			
9	电动机			

2）I/O 点的分配

根据被控对象对 PLC 系统的功能要求和所需要的 I/O 点数，选择适当类型的 PLC。I/O 分配表见表 5-8。

表 5-8　I/O 分配表

输入(I)			输出(O)		
元件	功能	信号地址	元件	功能	信号地址
开关 S1	自动/手动转换	X000	机械手	夹紧、放松	Y000
按钮 SB1	停止	X001	机械手	上升	Y001
按钮 SB2	起动	X002	机械手	下降	Y002
开关 SQ1	上限位开关	X003	机械手	左移	Y003
开关 SQ2	下限位开关	X004	机械手	右移	Y004
开关 SQ1	左限位开关	X005	指示灯	原点指示	Y005
开关 SQ2	右限位开关	X006			
按钮 SB3	手动向上	X007			
按钮 SB4	手动向下	X010			
按钮 SB5	手动左移	X011			
按钮 SB6	手动右移	X012			
开关 S2	夹紧/放松	X013			

3）绘制出 PLC 控制系统(I/O)电气接线图，如图 5-53 所示。

（5）程序设计

1）根据被控对象的工艺条件和控制要求，设计梯形图。

2）进行程序的语法检查，无误后进行仿真调试，直到程序无误为止。

（6）系统安装、接线及综合调试软硬件

1）按系统接线图对 PLC 控制系统进行安装和接线，同时在硬件上也要注意系统的安全和保护措施。

2）PLC 通电，通过编程软件将 PLC 置于非运行状态，并将程序下载到 PLC。

3）通过编程软件将 PLC 置于运行(RUN)状态，给出输入信号，观察 PLC 输入输出指示灯状态和通过计算机编程软件监控程序中各触点、输出的状态是否正确，对 PLC 控制系统的硬件和 PLC 编程软件联合进行监控调试，发现问题应对软硬件进行修改，直到系统完善为止。

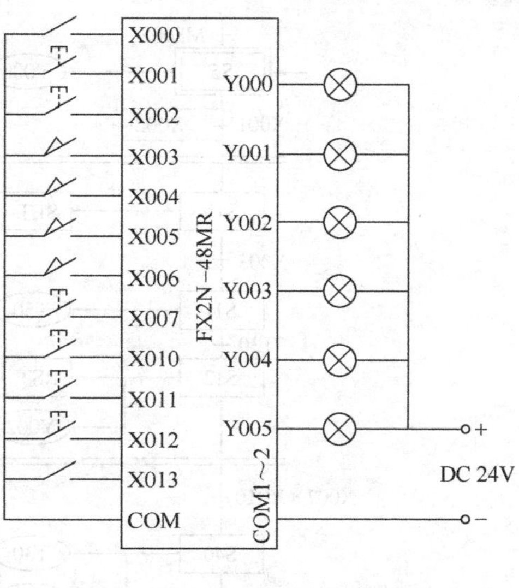

图 5-53　机械手(I/O)接线图

(7) 编写系统技术文件　编制一份系统操作使用说明书。

(8) 项目考核及总结

1）思考：整个项目任务完成得怎么样？有何收获和体会？项目有没有创新的地方？有没有需要完善和改进的地方？对自己有何评价？

2）行动：按照任务书的要求填写考核表，与同学、教师共同完成本次项目的考核工作。整理上述步骤中所编写的材料，完成项目训练报告。

思考练习题

1. 什么是步、初始步、转移、转移条件、负载？

2. 根据图 5-54 所示的选择序列的顺序功能图，编写指令表程序。

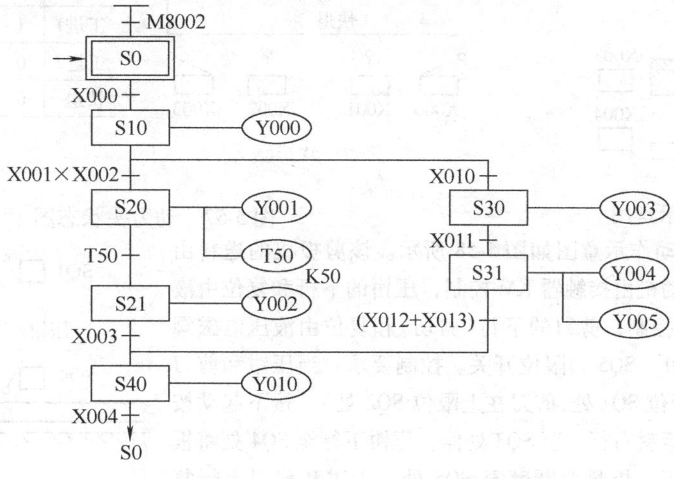

图 5-54　选择序列的顺序功能图

3. 根据图 5-55 所示的并列序列的顺序功能图，编写指令表程序。

4. 粉末冶金制品压制机如图 5-56 所示。装好粉末后，按一下起动按钮 X000，冲头下行。将粉末压紧后，压力继电器 X001 接通。保压延时 5s 后，冲头上行至 X002 接通。然后模具下行至 X003 接通。取走成品后，工人按一下按钮 X005，模具上行至 X004 接通，系统返回初始状态。画出顺序功能图并设计出梯

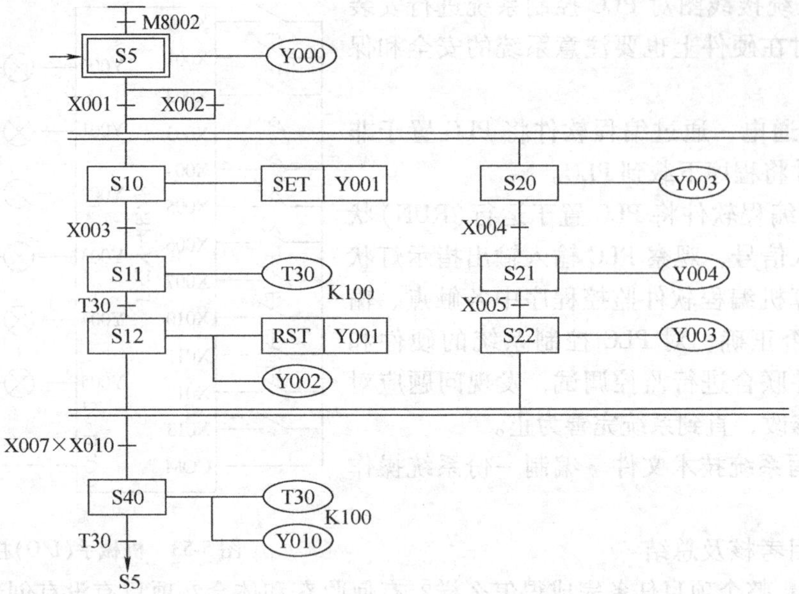

图 5-55 并行序列的顺序功能图

形图。

5. 某动力头按如图 5-57a 所示的步骤动作：快进、工进 1、工进 2、快退。输出 Y000 ~ Y003 在各步的状态如图 5-57b 所示，表中的 1、0 分别表示接通和断开。试设计该动力头系统的梯形图程序，要求设置手动、连续、单周期、单步 4 种工作方式。

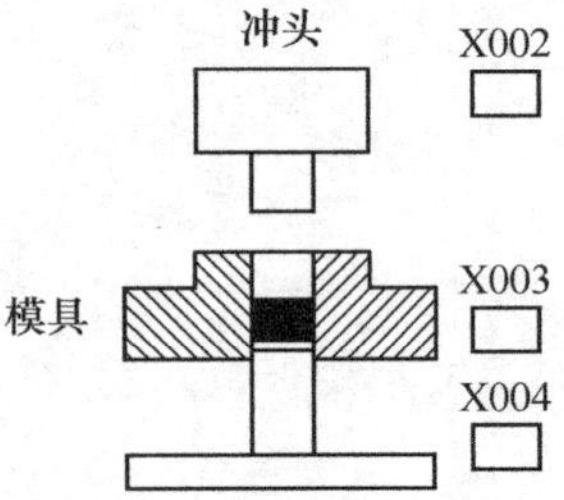

图 5-56 压制机示意图

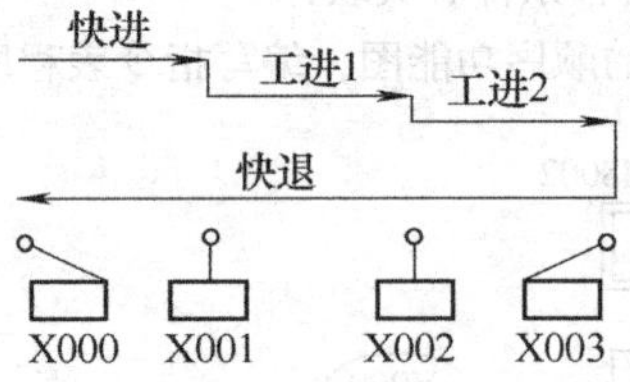

a)

	Y000	Y001	Y002	Y003
快进	0	1	1	0
工进1	1	1	0	0
工进2	0	1	0	0
快退	0	0	1	1

b)

图 5-57 动力头状态图

6. 某自动剪板机动作示意图如图 5-58 所示。该剪扳机的送料由电动机驱动，送料电动机由接触器 KM 控制，压钳的下行和复位由液压电磁阀 YV1 和 YV3 控制，剪刀的下行(剪切)和复位由液压电磁阀 YV2 和 YV4 控制。SQ1 ~ SQ5 为限位开关。控制要求：当压钳和剪刀在原位(即压钳在上限位 SQ1 处,剪刀在上限位 SQ2 处)，按下起动按钮后，电动机送料，板料右行，至 SQ3 处停，压钳下行至 SQ4 处将板料压紧，剪刀下行剪板，板料剪断落至 SQ5 处，压钳和剪刀上行复位，至 SQ1、SQ2 处回到原位，等待下次再起动。试编写该系统的顺序控制功能图。

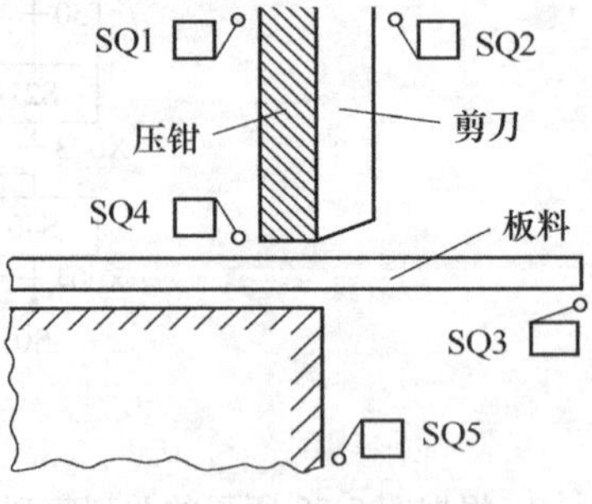

图 5-58 自动剪板机动作示意图

7. 用 PLC 对自动售汽水机进行控制，工作要求如下：

1）此售货机可投入 1 元、2 元硬币，投币口为 LS1、LS2。

2）当投入的硬币总值大于等于 6 元时，汽水指示灯 HL1 亮，此时按下按钮 SB，则出水口出汽水，12s

后自动停止。

3）不找钱，不结余，下一位投币又重新开始。

试设计顺序功能图及梯形图。

8. 设计自动钻床控制系统的PLC程序。控制要求：

1）按下起动按钮，系统进入起动状态。

2）当光电传感器检测到有工件时，工作台开始旋转，此时由计数器控制其旋转角度（计数器计满2个数）。

3）工作台旋转到位后，夹紧装置开始夹工件，一直到夹紧限位开关闭合为止。

4）工件夹紧后，主轴电动机开始向下运动，一直运动到工作位置（由下限位开关控制）为止。

5）主轴电动机到位后，开始进行加工，定时5s。

6）5s后，主轴电动机回退，夹紧电动机后退（分别由后限位开关和上限位开关来控制）。

7）接着工作台继续旋转，由计数器控制其旋转角度（计数器计满2个）。

8）旋转电动机到位后，开始卸工件，由计数器控制（计数器计满5个）。

9）卸工件装置回到初始位置。

10）如再有工件到来，循环上述过程。

11）按下停车按钮，系统立即停车。

试设计程序完成上述控制要求。

6 学习情境

PLC 控制系统功能指令的编程和应用

【知识目标】

1. 掌握功能指令的基本格式，掌握常用功能指令的梯形图、功能及使用注意事项。
2. 掌握常用功能指令在程序设计中的应用。
3. 掌握传送、运算、变换及程序控制等功能指令的应用。
4. 掌握传送与比较、四则运算与逻辑运算、循环移位及数据处理等功能指令的应用。
5. 掌握高速处理、便利指令、外部设备、I/O 处理、浮点操作、时钟运算、格雷码转换及触点比较等功能指令的应用。

【能力目标】

1. 能够通过编程软件实现功能指令的编程。
2. 能够根据控制要求灵活应用功能指令实现 PLC 控制系统的编程。
3. 能根据 PLC 编程手册中功能指令的说明来应用功能指令编程。
4. 能合理分配 I/O 地址，绘制 PLC 控制接线图。
5. 能够根据功能指令的特点灵活设计 PLC 程序。

6.1 知识链接

可编程序控制器的基本指令是基于继电器、定时器及计数器类软元件，主要用于逻辑处理的指令，作为工业控制计算机，PLC 仅有基本指令是远远不够的。现代工业控制在许多场合需要数据处理，因而 PLC 制造商逐步在 PLC 中引入功能指令(Functional Instruction)也称为应用指令(Applied Instruction)，用于实现数据的传送、运算、转换及程序控制等功能，这使得可编程序控制器成了真正意义上的工业控制计算机。功能指令分为程序控制、传送与比较、四则运算与逻辑运算、循环移位、数据处理、高速处理、便利指令、外部设备I/O处理、浮点操作、时钟运算、格雷码转换及触点比较等基本类型。FX2N系列可编程序控制器指令数量达到128种298条(见附录B)，下面仅对比较常用的功能指令做详细介绍，其余的指令读者可参阅FX系列PLC编程手册。

6.1.1 功能指令的类型及使用要素

FX系列可编程序控制器的功能指令依据应用不同可分为数据处理类、程序流程类、特种应用类及外部设备类指令。由于功能指令主要解决的是数据处理任务，其中数据处理类指令种类多、数量大、使用频繁，又可分为传送比较、四则运算与逻辑运算、移位及编解码等细目；程序流程类指令主要用于程序的结构及流程控制，含子程序、中断、跳转及循环等指令；外部设备类指令含一般的输入/输出口设备指令及专用外部设备指令两大类，专用外部设备是指与主机配接的应用单元及专用通信单元等；特种应用类指令是机器的一些特殊应用，如高速计数器或模仿一些专用机械或专用电气设备应用的指令等。

与基本指令不同的是，功能指令中不含表达梯形图符号间相互关系的成分，而是直接表达指令要做什么。FX2N系列PLC在梯形图中一般是使用应用框来表示功能指令的，如图6-1所示。应用框中分栏表示指令的名称、相关数据或数据的存储地址。这种表达方式的优点是直观，稍具有计算机程序知识的人就可以理解指令的应用意义。图6-1中指令的意义是：当M8002接通时，十进制常数245将被送到数据寄存器D501中去。使用应用指令需注意指令的要素，现以加法指令作为说明，图6-2及表6-1给出了加法指令的表示形式及要素。

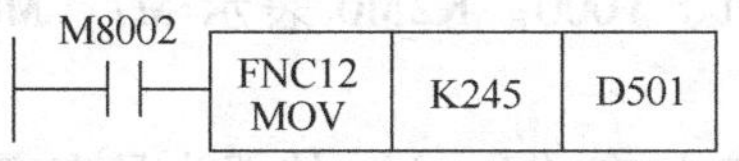

图6-1 功能指令的梯形图形式

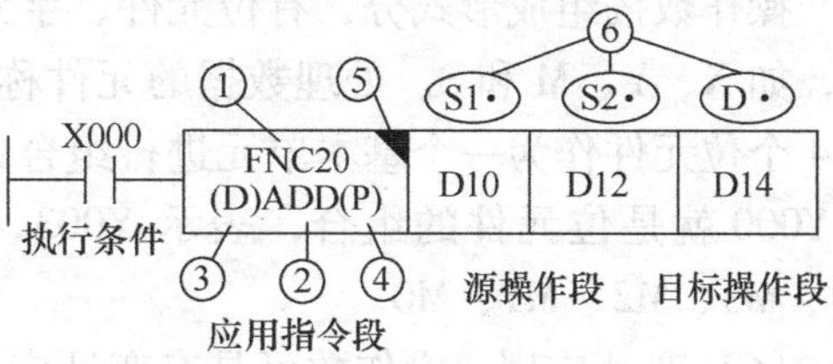

图6-2 功能指令的表示形式及要素

表6-1 加法指令的要素

指令名称	指令代码	助记符	操作数			程序步
			S1(·)	S2(·)	D(·)	
加法	FNC20(16/32)	ADD (D)ADD(P)	K、H KnX、KnY、KnM、KnS T、C、D、V、Z		KnY、KnM、KnS T、C、D、V、Z	ADD、ADDP指令为7步 DADD、DADDP指令为13步

图6-2及表6-1中应用指令的要素及意义如下。

(1) 应用指令编号 每条应用指令都有一定的编号，在使用简易编程器的场合，输入应用指令时，首先输入的就是应用指令编号。图6-2中的①就是应用指令编号。

(2) 助记符　应用指令的助记符是该指令的英文缩写词。如加法指令“ADDITION”简写为 ADD，采用这种方式很容易通过编程器进行指令的编程和将指令输入 PLC。图 6-2 中的②就是应用指令的助记符。

(3) 数据长度　应用指令依处理数据的长度分为 16 位指令和 32 位指令，其中 32 位指令用数据长度符号(D)表示，无数据长度符号(D)符号的为 16 位指令。图 6-2 中的③为数据长度符号。

(4) 执行形式　应用指令有脉冲执行型和连续执行型。指令中标有(P)的为脉冲执行型，见图 6-2 中④，脉冲执行型指令在执行条件满足时仅执行一个扫描周期。

这点对数据处理有很重要的意义。如一条加法指令，在脉冲执行时，只将加数和被加数做一次加法运算；而连续执行型加法运算指令在执行条件满足时，每一个扫描周期都要相加一次，使目的操作数内容变化。需要注意，脉冲执行型指令在指令标示栏中用“◥”警示，见图 6-2 中的⑤。

(5) 操作数　操作数是指令应用中所涉及或产生的数据。操作数分为源操作数、目标操作数及其他操作数。源操作数是指令执行后不改变其内容的操作数，用[S(·)]表示；目标操作数是指令执行后将改变其内容的操作数，用[D(·)]表示；其他操作数用 m 与 n 表示。其他操作数常用来表示常数或者对源操作数和目标操作数作出补充说明，表示常数时，K 为十进制，H 为十六进制。在一条指令中，源操作数、目标操作数及其他操作数都可能不止一个，也可以一个都没有，当某种操作数较多时，可用标号区别，如[S1(·)]、[S2(·)]。操作数必须要符合 PLC 用户手册的使用规范，由于不同指令对参与操作的元件类型有一定的限制操作数的取值也有范围限制，如果不注意就会出错或不能使用。正确选取操作数类型，对正确使用指令有很重要的意义。操作数见图 6-2 中的⑥。

操作数按组成形式分，有位元件、字元件和常数。只处理 ON/OFF 状态的元件称为位元件，如 X、Y、M 和 S。处理数据的元件称为字元件，如 T、C 和 D 等。位元件的组合就是由 4 个位元件作为一个基本单元进行组合，通常的表现形式为 KnM□、KnS□、KnY□，如 K1Y000 就是位元件的组合，表示 Y003、Y002、Y001、Y000。K2M0 表示 M7、M6、M5、M4、M3、M2、M1、M0。

(6) 变址应用　操作数可具有变址应用。操作数旁加有“(·)”的即为具有变址应用的操作数，如[S(·)]、[D(·)]等。

(7) 程序步数　程序步数为执行该指令所需的步数。应用指令的应用指令编号和助记符占一个程序步，每个操作数占 2 个或 4 个程序步(16 位操作数是 2 个程序步,32 位操作数是 4 个程序步)。因此，一般 16 位指令为 7 个程序步，32 位指令为 13 个程序步。在了解以上要素以后，就可以通过查阅手册了解应用指令的用法了。图 6-2 所示的应用指令编号为 FNC 20、是 32 位加法指令，脉冲执行型。当其执行条件 X000 置 1 时，数据寄存器 D10 和 D12 内的数据相加，结果存入 D14 中。

6.1.2　传送、比较类指令及应用

FX2N 系列可编程序控制器的传送、比较类指令包含有比较指令、区间比较指令、传送与移位传送指令、取反指令、块传送指令、多点传送指令、数据交换指令、BCD 码转换指令、BIN 转换指令共十条，是数据处理类程序中使用十分频繁的指令。

1. 比较指令

该指令的名称、指令代码、助记符、操作数及程序步见表6-2。

表6-2　比较指令的要素

指令名称	指令代码（位数）	助记符	操作数			程序步
			S1(·)	S2(·)	D(·)	
比较	FNC 10 (16/32)	CMP (D)CMP(P)	K、H KnX、KnY、KnM、KnS T、C、D、V、Z		Y、M、S	CMP、CMPP指令为7步 DCMP、DCMPP指令为13步

比较指令CMP是将源操作数S1(·)与S2(·)的数据进行比较，在其大小符合比较条件时，目标操作数D(·)动作，如图6-3所示。数据比较是进行代数值大小比较(即带符号比较)，所有的源数据均按二进制处理。当比较指令的操作数不完整(若只指定一个或两个操作数)，或者指定的操作数不符合要求(例如把X、D、T、C指定为目标操作数)，或者指定的操作数的元件号超出了允许范围等情况，用比较指令就会出错。目标软元件指定为M0时，M0、M1、M2将自动被占用，如要清除比较结果，可采用复位指令(RST)或区间复位指令(ZRST)复位，如图6-4所示。

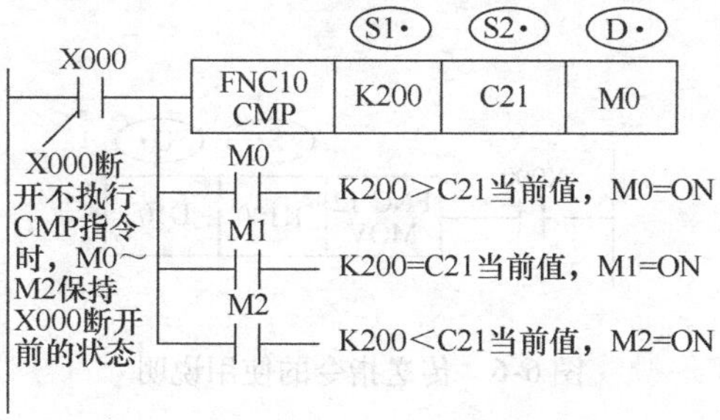

图6-3　CMP指令使用说明

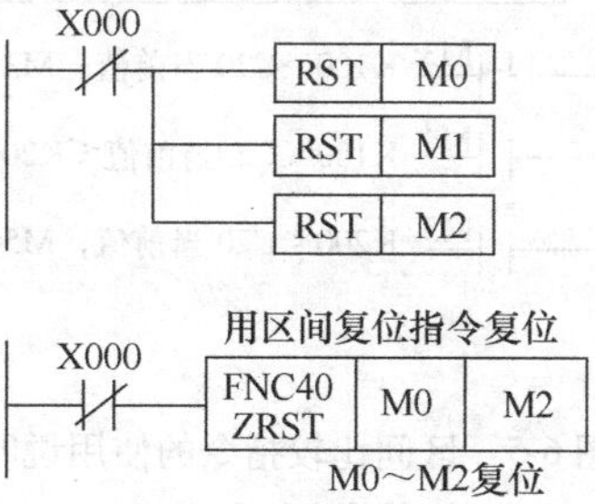

图6-4　比较结果复位

2. 区间比较指令　该指令的名称、指令代码、助记符、操作数及程序步见表6-3。

表6-3　区间比较指令的要素

指令名称	指令代码（位数）	助记符	操作数				程序步
			S1(·)	S2(·)	S(·)	D(·)	
区间比较	FNC 11 (16/32)	ZCP (D)ZCP(P)	K、H KnX、KnY、KnM、KnS T、C、D、V、Z			Y、M、S	ZCP、ZCPP指令为9步 DZCP、DZCPP指令为17步

图6-5是区间比较指令ZCP的使用说明。该指令是将一个数据S(·)与上、下两个源操作数S1(·)和S2(·)间的数据进行代数比较(即带符号比较)，对应目标操作数中M3、M4、M5软元件动作。S1(·)的内容应小于或等于S2(·)，若S1(·)内容比S2(·)内容大，则S2(·)则被视为与S1(·)一样大，如在S1(·)=K100，S2(·)=K90时，则S2(·)将被看作K100进行运算。在X000断开时，ZCP指令不执行，M3～M5保持X000断

开前的状态，在不执行指令清除比较结果时，可采用图 6-4 所示方法进行比较结果复位。

3. 传送指令

（1）传送指令说明及梯形图表示方法　该指令的名称、指令代码、助记符、操作数及程序步见表 6-4。

表 6-4　传送指令的要素

指令名称	指令代码（位数）	助记符	操作数 S(·)	操作数 D(·)	程序步
传送	FNC 12 (16/32)	MOV (D)MOV(P)	K、H KnX、KnY、KnM、KnS T、C、D、V、Z	KnX、KnM、KnS T、C、D、V、Z	MOV、MOVP 指令为 5 步 DMOV、DMOVP 指令为 9 步

传送指令 MOV 的使用说明如图 6-6 所示。当 X000 为 ON 指令执行时，源操作数 S(·) 中的常数 K100 自动转换成二进制数传送到目标操作软元件 D10 中；当 X000 断开指令不执行时，D10 中数据保持不变。

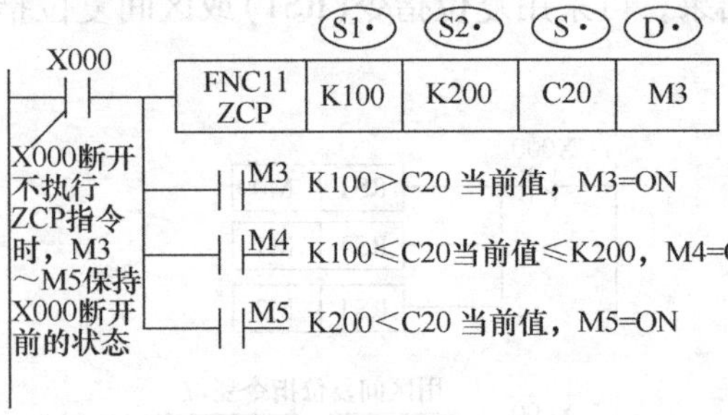

图 6-5　区间比较指令的使用说明

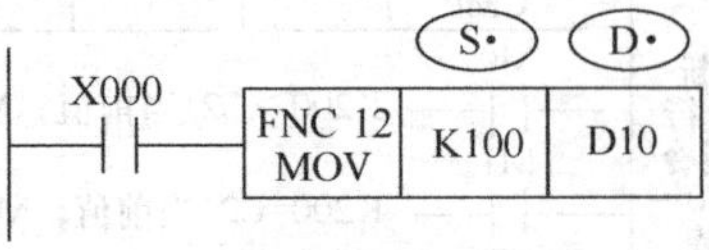

图 6-6　传送指令的使用说明

（2）传送指令应用举例

1）定时器的定值。

① 定时器、计数器当前值读出，如图 6-7 所示。图中，X001 为 ON 时，将 T1 当前值转换成二进制数传送到 D21 中。

② 图 6-8 是定时器、计数器设定值的间接设定。在图中，X002 为 ON 时，将 K100 自动转换成二进制数传送到 D10 中，D10 中的数值作为 T20 的时间设定常数，定时器延时 10s。

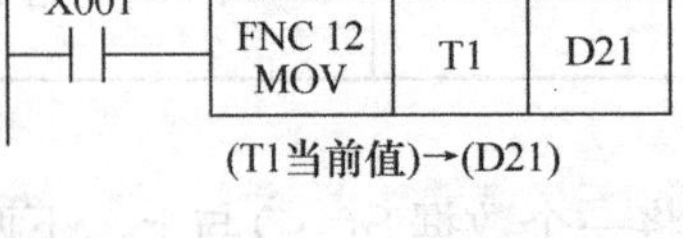

图 6-7　定时器、计数器当前值读出

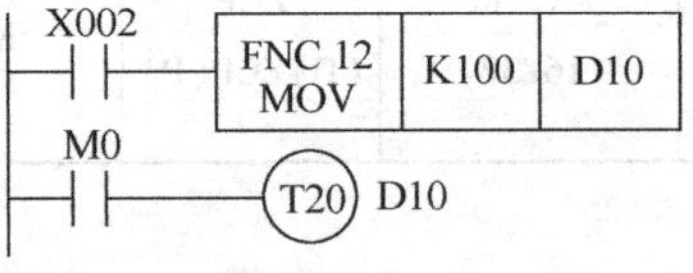

图 6-8　定时器、计数器设定值间接设定

2）位软元件的传送，可用图 6-9 中的 MOV 指令来表示 6-9a 中的顺序控制程序。

3）图 6-10 是 32 位数据的传送。DMOV 指令常用于运算结果以 32 位传送的应用指令（如 MUL）以及 32 位的数值或 32 位的高速计数器的当前值等的传送。

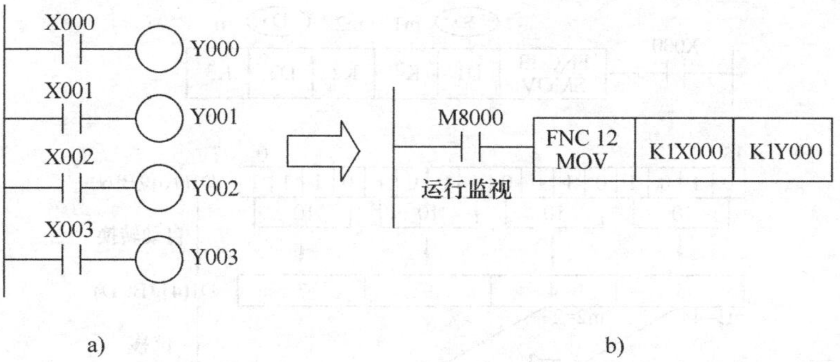

图6-9 位软元件的传送

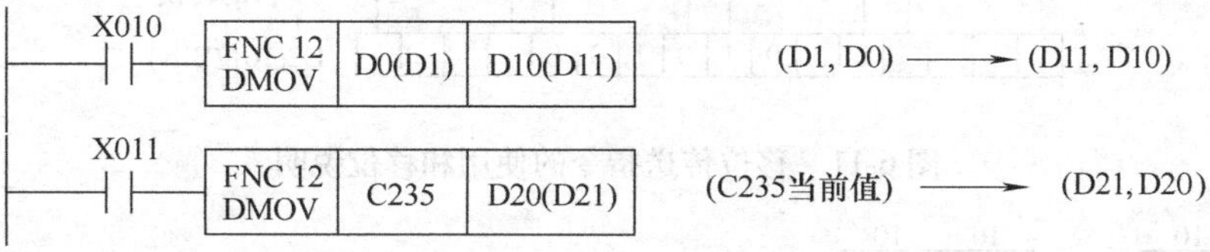

图6-10 32位数据的传送

4. 移位传送指令

（1）移位传送指令说明及梯形图表示方法　该指令的名称、指令代码、助记符、操作数及程序步见表6-5。

表6-5 移位传送指令的要素

指令名称	指令代码（位数）	助记符	操作数					程序步
			S(·)	m1	m2	D(·)	n	
移位传送	FNC 13（16）	SMOV SMOV(P)	KnX、KnY、KnM、KnS、T、C、D、V、Z	K、H = 1～4	K、H = 1～4	KnY、KnM、KnS T、C、D、V、Z	K、H = 1～4	SMOV、SMOVP 指令为11步

SMOV指令是进行数据分配与合成的指令。该指令是将源操作数中二进制(BIN)码自动转换为BCD码，按源操作数中指定的起始位号m1和移位的位数m2向目标操作数指定的起始位n进行移位传送，目标操作数中未被移位传送的BCD位，数值不变，然后再自动转换成二进制(BIN)码，移位传送指令的使用和移位说明如图6-11所示。源操作数为负以及BCD码的值超过9999都将出现错误。

（2）移位传送指令的应用　图6-12是三位BCD码数字开关与不连续的输入端连接实现数据的组合。由图中程序可知，数字开关经X020～X027输入的2位BCD码自动以二进制形式存入D2中的低八位；而数字开关经X000～X003输入的1位BCD码自动以二进制存入D1中低四位；通过移位传送指令将D1中最低位的BCD码传送到D2中的第3位，并自动以二进制存入D2，实现了数据组合。

5. 取反指令

该指令的名称、指令代码、助记符、操作数及程序步见表6-6。

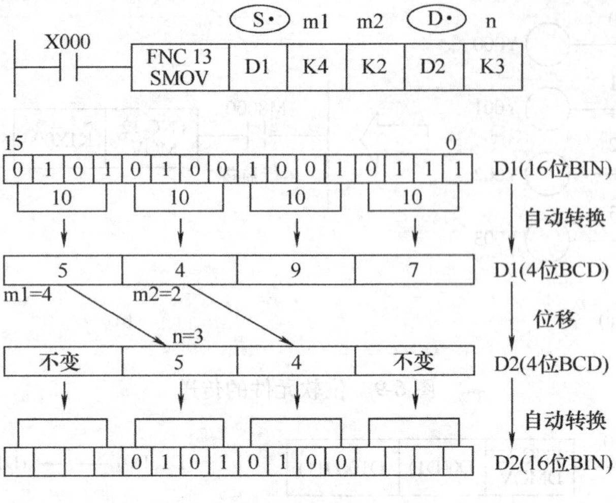

图 6-11　移位传送指令的使用和移位说明

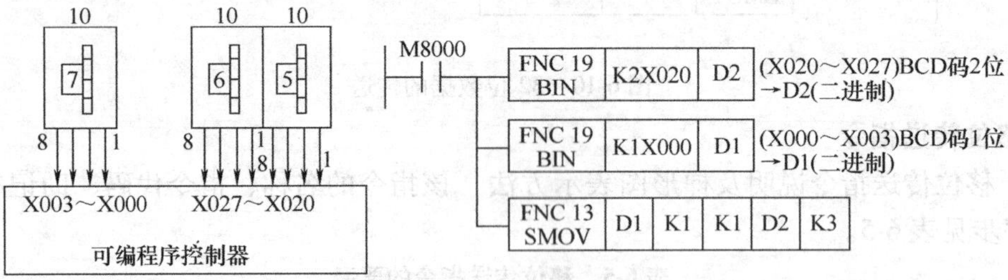

图 6-12　数字开关的数据组合

表 6-6　取反指令的要素

指令名称	指令代码（位数）	助记符	操作数 S(·)	操作数 D(·)	程序步
取反	FNC 14 (16/32)	CML (D)CML(P)	K、H KnX、KnY、KnM、KnS T、C、D、V、Z	KnY、KnM、KnS T、C、D、V、Z	CML、CMLP 指令为 5 步 DCML、DCMLP 指令为 9 步

该指令的使用说明如图 6-13 所示，其功能是将源操作数的各位取反（0→1，1→0）后向目标操作数传送。若将常数 *K* 用于源操作数，则自动进行二进制转换。该指令常用于可编程序控制器进行逻辑取反输出的情况。

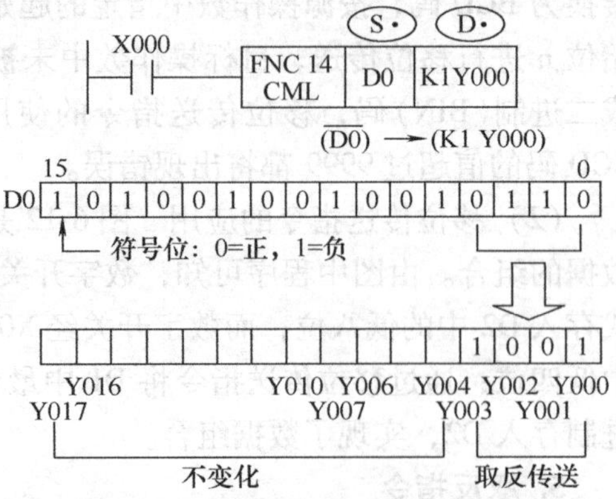

图 6-13　取反指令的使用说明

6. 块传送指令

该指令的名称、指令代码、助记符、操作数及程序步见表 6-7。BMOV 指令是从源操作数指定的软元件开始的 n 点数据传送到指定的目标操作数开始的 n 点软元件，如果元件号超出允许的元件号范围，数据仅传送到允许的范围内，如图6-14所示。

表6-7　块传送指令的要素

指令名称	指令代码（位数）	助记符	操作数			程序步
			S(·)	D(·)	n	
块传送	FNC 15（16）	BMOV BMOV(P)	KnX、KnY、KnM、KnS T、C、D	KnY、KnM、KnS T、C、D	K、H≤512	BMOV、BMOVP指令为7步

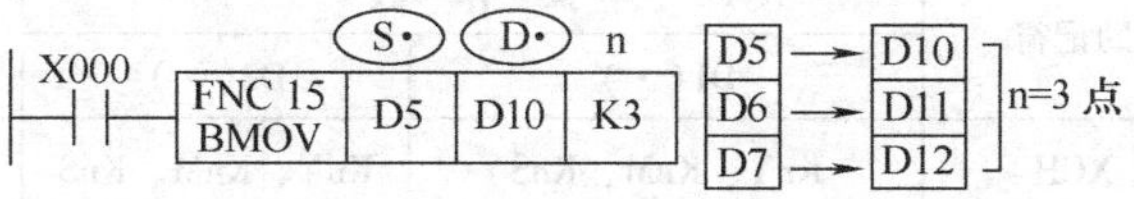

图6-14　块传送指令的使用说明

在传送的源操作数地址与目标操作数地址号范围重叠的场合，为了防止源操作数没有传送就被改写，PLC自动确定传送顺序，如图6-15中的①～③顺序和③～①顺序。

在具有位指定的位元件的场合，源操作数与目标操作数要采用相同的位数，如图6-16所示。

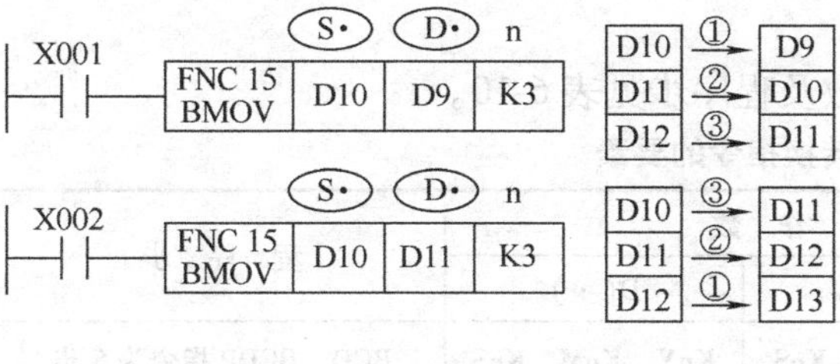

图6-15　块传送指令的传送顺序

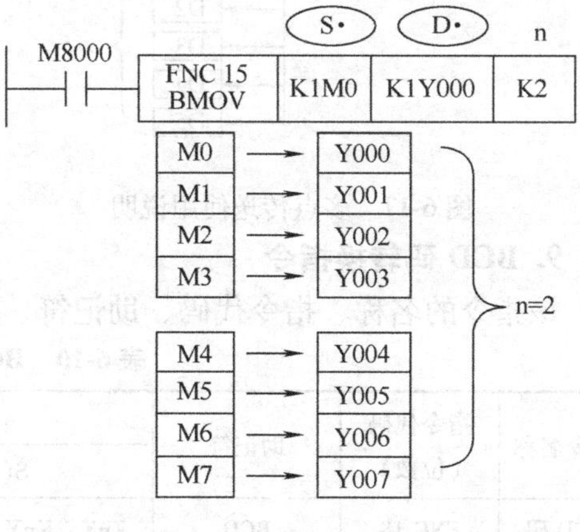

图6-16　块传送指令的使用说明

7. 多点传送指令

该指令的名称、指令代码、助记符、操作数及程序步见表6-8。

表6-8　多点传送指令的要素

指令名称	指令代码（位数）	助记符	操作数			程序步
			S(·)	D(·)	n	
多点传送	FNC 16（16/32）	FMOV (D)FMOV(P)	K、H、KnX、KnY、KnM、KnS T、C、D、V、Z	KnX、KnM、KnS、T、C、D	K、H≤512	FMOV、FMOVP指令为7步 DFMOV、DFMOVP指令为13步

FMOV指令是将源操作数指定的软元件的内容向目标操作数指定的起始软元件的n点软

元件传送，n 点软元件的内容都一样。在图 6-17 中，当 X000 接通时，K10 传送到 D1 ~ D5 中。如果目标操作数指定的软元件号超出允许的元件号范围，数据仅传送到允许的范围内。

8. 数据交换指令

该指令的名称、指令代码、助记符、操作数及程序步见表 6-9。XCH 指令是在指定的目标软元件间进行数据交换，使用说明如图 6-18 所示。在指令执行前，目标元件 D10 和 D11 中的数据分别为 100 和 130；当 X000 由 OFF→ON 时，数据交换指令 XCHP 执行后，目标元件 D10 和 D11 中的数据分别为 130 和 100，即 D10 和 D11 中的数据进行了交换。

表 6-9　数据交换指令的要素

指令名称	指令代码（位数）	助记符	操作数		程序步
			D1(·)	D2(·)	
数据交换	FNC 17 (16/32)	XCH (D)XCH(P)	KnY、KnM、KnS T、C、D、V、Z	KnY、KnM、KnS T、C、D、V、Z	XCH、XCHP 指令为 5 步 DXCH、DXCHP 指令为 9 步

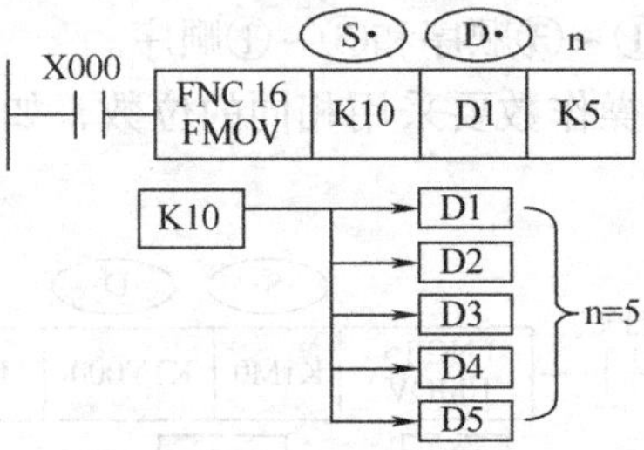

图 6-17　多点传送使用说明

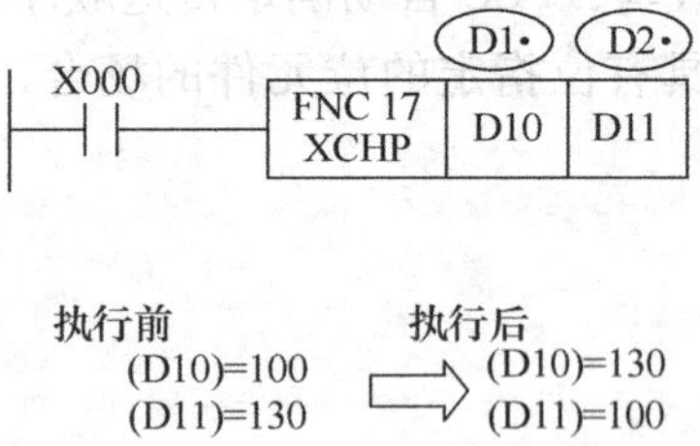

图 6-18　数据交换指令使用说明

9. BCD 码转换指令

该指令的名称、指令代码、助记符、操作数及程序步见表 6-10。

表 6-10　BCD 码转换指令的要素

指令名称	指令代码（位数）	助记符	操作数		程序步
			S(·)	D(·)	
BCD 码转换	FNC 18 (16/32)	BCD (D)BCD(P)	KnX、KnY、KnM、KnS T、C、D、V、Z	KnY、KnM、KnS T、C、D、V、Z	BCD、BCDP 指令为 5 步 DBCD、DBCDP 指令为 9 步

BCD 码转换指令是将源元件中的二进制数转换成 BCD 码传送到目标元件中，BCD 码转换指令使用说明如图 6-19 所示。当 X000 为 ON 时，源元件 D12 中的二进制转换成 BCD 码传送到目标元件 Y000 ~ Y007 中。该指令可用于驱动七段显示器。如果是 16 位操作，转换的 BCD 码若超出 0 ~ 9999 范围，将会出错；如果是 32 位操作，转换结果超出 0 ~ 99999999 的范围，将会出错。

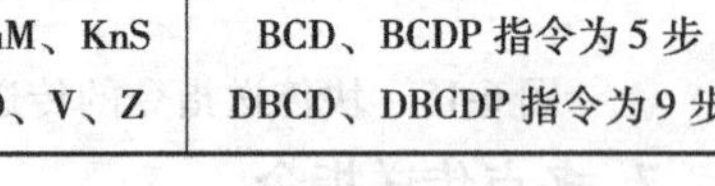

图 6-19　BCD 码转换指令使用说明

10. BIN 转换指令

该指令的名称、指令代码、助记符、操作数及程序步见表 6-11。

表 6-11　BIN 转换指令的要素

指令名称	指令代码（位数）	助记符	操作数		程序步
			S(·)	D(··)	
BIN 转换	FNC 19 (16/32)	BIN (D)BIN(P)	KnX、KnY、KnM、KnS T、C、D、V、Z	KnY、KnM、KnS T、C、D、V、Z	BIN、BINP 指令为5步 DBIN、DBINP 指令为9步

BIN 转换指令是将源元件中 BCD 码转换成二进制数送到目标元件中。源数据范围：16 位操作为 0～9999；32 位操作为 0～99999999。BIN 转换指令的使用如图 6-20 所示，当 X010 接通时，源元件 X000～X007 中 BCD 码转换成二进制数送到目标元件 D12 中去。如果源数据不是 BCD 码时，M8067 为 ON(运算错误)，M8068(运算错误锁存)为 OFF，系统不工作。

图 6-20　BIN 转换指令使用说明

6.1.3　传送、比较类指令的基本用途及应用实例

传送、比较类指令，特别是传送指令，是应用指令中使用最频繁的指令。下面讨论它们的基本用途及应用举例。

1. 传送、比较类指令的基本用途

(1) 用于获得程序的初始工作数据　一个控制程序总是需要初始数据，获得初始数据的方法很多，如可以借助输入端口上连接的外部器件，使用传送指令读取这些器件上的数据并传送到内部单元；也可以采取程序设置向内部单元传送立即数；还可以在程序开始运行时，通过初始化程序将存储在机内某个地方的一些运算数据传送到工作单元等。

(2) 用于机内数据的存取管理　在数据运算过程中，机内的数据传送是必不可少的。运算可能要涉及不同的工作单元，运算数据需在它们之间传送；运算中可能产生一些中间数据，需要传送到适当的地方暂时存放；有时机内的数据需要备份保存，也要找地方把这些数据存储妥当。总之，对一个涉及数据运算的程序，数据存取管理是很重要的。

此外，二进制和 BCD 码的转换在数据存取管理中也是很重要的。

(3) 用于将运算处理结果向输出端口传送　运算处理结果总是需要通过输出来实现对执行器件的控制，或者输出数据用于显示，或者作为其他设备的工作数据等。对于输出口连接的离散执行器件，可将运算处理结果视为整体的数据单元，按各输出端口的目标状态向离散执行器件传送一定的数据，可实现对这些器件的控制。

(4) 比较指令用于建立控制点　控制现场常常需要将某个物理量的量值或变化区间作为控制点的情况。如温度低于多少度就打开电热器，速度高于或低于一个区间就报警等。比较指令作为一个控制“阀门”，常出现在工业控制程序中。

2. 传送、比较类指令的应用举例

1) 用程序构成一个闪光信号灯。改变输入口的置数开关可以改变闪光频率(即信号灯亮的时间为 t,熄灭时间为 t)。设定开关 4 个，分别接于 X000～X003，X010 为起停开关，信号灯接于 Y000。梯形图如图 6-21 所示。图中第一行为变址寄存器清零，上电时完成。第二行从输入端口读入设定开关数据，变址综合后的数据(K8＋Z)送到寄存器 D0 中，作为定时器T0的设定值，并和第三行配合产生D0时间间隔的脉冲。

2）简易定时控制器。应用计数器与比较指令，构成24h可设定定时时间的定时控制，梯形图如图6-22所示。X000为起停开关；X001为15min快速调整与试验开关，每15min为一设定单位，24h共96个时间单位；X002为格数设定的快速调整与试验开关。时间设定值为钟点数的4倍。若定时控制器作如下控制：①早上6:30，电铃（Y000）每秒响一次，响六次后自动停止。②9:00～17:00，起动住宅报警系统（Y001）。③晚上6:00开园内照明（Y002接通）。④晚上10:00关园内照明（Y002断开）。使用时，在0:00时起动定时器。

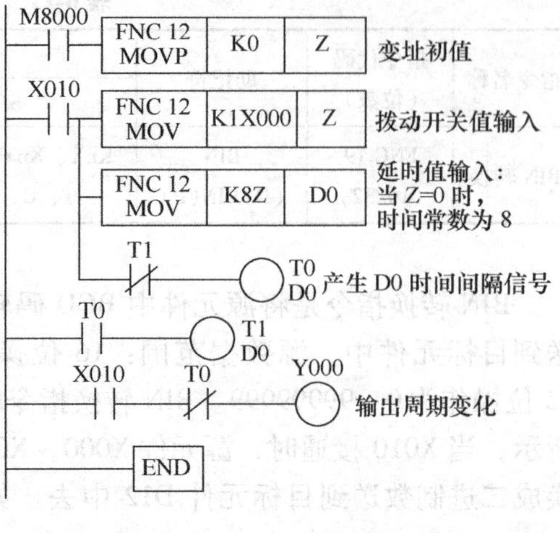

图6-21 闪光频率可改变的闪光信号灯

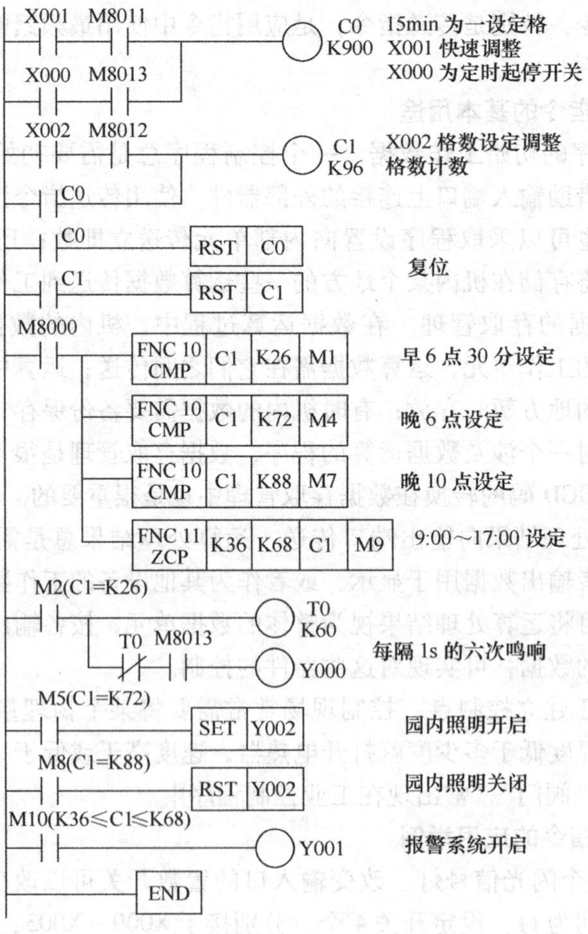

图6-22 定时控制器梯形图及说明

6.1.4　算术和逻辑运算指令及应用

算术和逻辑运算指令是基本运算指令，可完成四则运算或逻辑运算，并可通过运算实现数据的传送、变位及其他控制功能。可编程序控制器有整数四则运算和实数四则运算两种，前者指令较简单，参加运算的数据只能是整数，而实数运算是浮点运算，是一种高精确度的运算。FX2N系列可编程序控制器除有BIN的整数运算指令外，还具有BIN浮点运算的专用四则运算指令。

1. 二进制加法指令

该指令的名称、指令代码、助记符、操作数及程序步见表6-12。

表6-12　加法指令的要素

指令名称	指令代码（位数）	助记符	操作数			程序步
			S1(·)	S2(·)	D(·)	
加法	FNC 20 (16/32)	ADD (D)ADD(P)	K、H KnX、KnY、KnM、KnS T、C、D、V、Z		KnY、KnM、KnS T、C、D、V、Z	ADD、ADDP指令为7步 DADD、DADDP指令为13步

ADD指令是将指定的源元件中的二进制数相加，结果送到指定的目标元件中去。ADD指令的使用说明如图6-23所示。

当执行条件X000为ON时，(D10)+(D12)→(D14)。运算是代数运算，如5+(-8)=-3。ADD加法指令有3个常用标志辅助寄存器：M8020为零标志，M8021为借位标志，M8022进位标志。如果运算结果为0，则M8020置1；如果运算结果超过32 767(16位)或2 147 483 647(32位)，则M8022置1；如果运算结果小于-32 767(16位)或-2 147 483 647(32位)，则M8021置1。在32位运算中，被指定的起始字元件是低16位元件，而下一个字元件则为高16位元件，如D0(D1)。源操作数和目标操作数可以用相同的元件号，若源操作数和目标操作数元件号相同而采用连续执行型的ADD、DADD指令时，加法的结果在每个扫描周期都会改变。若指令采用脉冲执行型时，如图6-24所示，每当X001从OFF→ON变化时，D0的数据加1，这与INCP指令的执行结果相似，其不同之处在于用ADD指令时，零标志辅助寄存器、借位标志辅助寄存器、进位标志辅助寄存器将按上述方法置位。

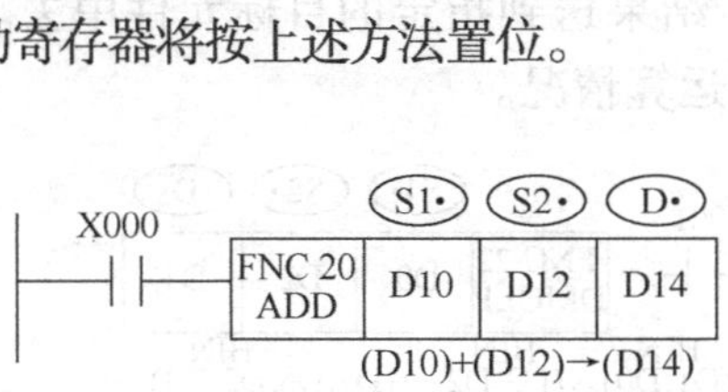

图6-23　二进制加法指令使用说明(一)

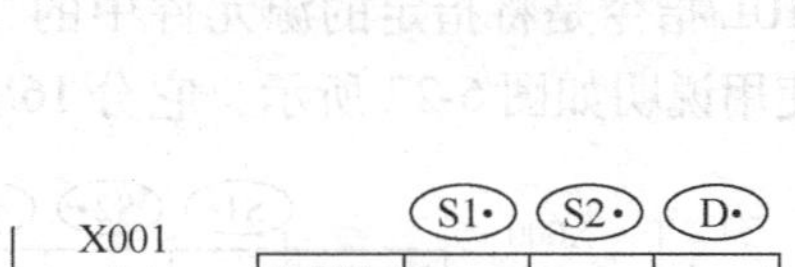

图6-24　二进制加法指令使用说明(二)

2. 二进制减法指令

该指令的名称、指令代码、助记符、操作数及程序步见表6-13。

表 6-13　二进制减法指令的要素

指令名称	指令代码（位数）	助记符	操作数			程序步
			S1(·)	S2(·)	D(·)	
减法	FNC 21 (16/32)	SUB (D)SUB(P)	K、H KnX、KnY、KnM、KnS T、C、D、V、Z		KnY、KnM、KnS T、C、D、V、Z	SUB、SUBP 指令为 7 步 DSUB、DSUBP 指令为 13 步

SUB 指令是将指定的源元件中的二进制数相减，结果送到指定的目标元件中去。SUB 指令的说明如图 6-25 所示，当执行条件 X000 为 ON 时，(D10)-(D12)→(D14)。运算是代数运算，如 5 - (-8) = 13。各种标志辅助寄存器的动作、32 位运算中软元件的指令方法、连续执行型和脉冲执行型的差异等均与上述加法指令相同。图 6-26 所示是 32 位减法指令的使用说明，与后面讲述的减 1 指令相似，但采用减法指令实现减 1，零位、借位等标志辅助寄存器可能动作。

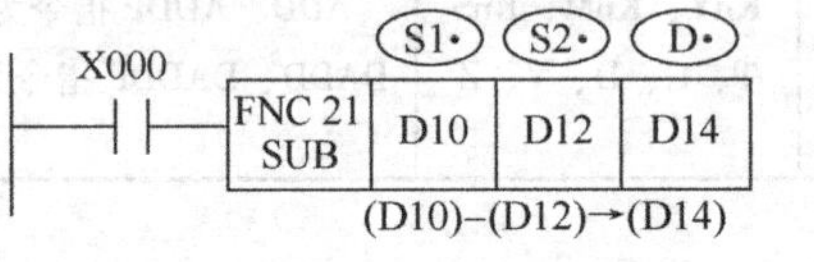

图 6-25　二进制减法指令使用说明(一)

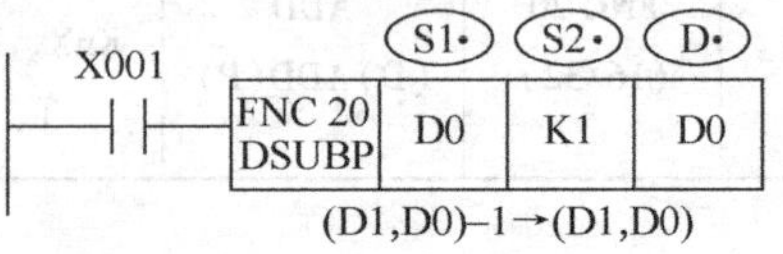

图 6-26　二进制减法指令使用说明(二)

3. 二进制乘法指令

该指令的名称、指令代码、助记符、操作数及程序步见表 6-14。

表 6-14　二进制乘法指令的要素

指令名称	指令代码（位数）	助记符	操作数			程序步
			S1(·)	S2(·)	D(·)	
乘法	FNC 22 (16/32)	MUL (D)MUL(P)	K、H KnX、KnY、KnM、KnS T、C、D、Z		KnY、KnM、KnS T、C、D、(Z) 限 16 位	MUL、MULP 指令为 7 步 DMUL、DMULP 指令为 13 步

MUL 指令是将指定的源元件中的二进制数相乘，结果送到指定的目标元件中去。MUL 指令使用说明如图 6-27 所示，它分 16 位和 32 位两种运算情况。

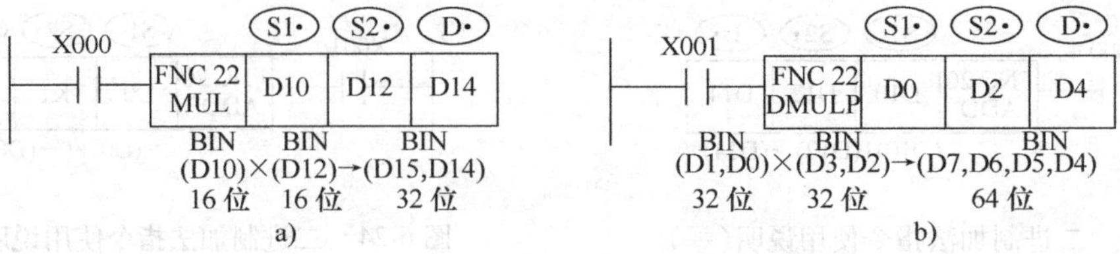

图 6-27　二进制乘法指令使用说明

16 位运算如图 6-27a 所示，当执行条件 X000 为 ON 时，(D10) × (D12)→(D15,D14)。源操作数是 16 位，目标操作数是 32 位。若令(D10) = 8、(D12) = 9，则[D15,D14] = 72。最高

位为符号位，0 为正，1 为负。32 位运算如图 6-27b 所示，当执行条件 X001 由 OFF→ON 时，(D1,D0)×(D3,D2)→(D7,D6,D5,D4)。源操作数是 32 位，目标操作数是 64 位。若令(D1,D0)=238，(D3,D2)=189 时，(D7,D6,D5,D4)=44 982。同样最高位为符号位，0 为正，1 为负。如将位组合元件用于目标操作数时，限于 K 的取值，只能得到低 32 位的结果，不能得到高 32 位的结果。这时，应将数据移入字元件再进行计算。用字元件作目标操作数时，也不能对作为运算结果的 64 位数据进行成批监视，在这种场合下，建议采用浮点运算。Z 不能在 32 位运算中作为目标元件的指定，只能在 16 位运算中作为目标元件的指定。

4. 二进制除法指令

该指令的名称、指令代码、助记符、操作数及程序步见表 6-15。

表 6-15　二进制除法指令的要素

指令名称	指令代码(位数)	助记符	操作数			程序步
			S1(·)	S2(·)	D(·)	
除法	FNC 23 (16/32)	DIV (D)DIV(P)	K、H KnX、KnY、KnM、KnS T、C、D、Z		KnY、KnM、KnS T、C、D、(Z) 限16位	DIV、DIVP 指令为 7 步 DDIV、DDIVP 指令为 13 步

DIV 指令是将指定的源元件中的二进制数相除，S1(·)为被除数，S2(·)为除数，商送到指定的目标元件 D(·)中去，余数送到目标元件 D(·)+1 的元件中。DIV 指令使用说明如图 6-28 所示，它也分 16 位和 32 位两种运算情况。图 6-28a 是 16 位运算，当执行条件 X000 为 ON 时，(D0)÷(D2)→(D4)。若令(D0)=19，(D2)=3 时，商(D4)=6，余数(D5)=1。

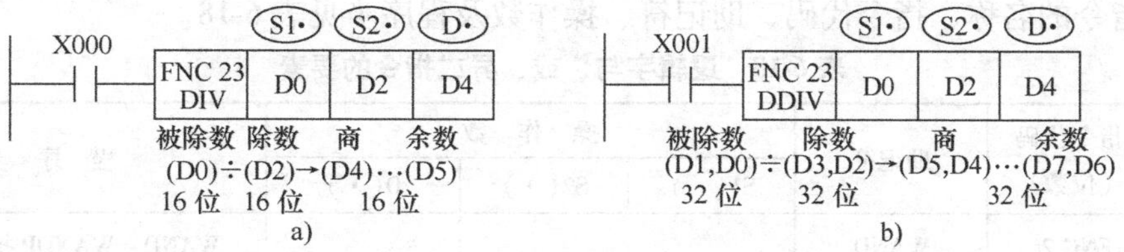

图 6-28　二进制除法指令使用说明

图 6-28b 是 32 位运算。当执行条件 X001 由 OFF→ON 时，(D1 、D0)÷(D3、D2)，商在(D5 、D4)，余数在(D7 、D6)中。商与余数的二进制最高位是符号位，0 为正，1 为负。被除数或除数中有一个为负数时，商为负数，被除数为负数时，余数为负数。

5. 二进制加 1 指令

该指令的名称、指令代码、助记符、操作数及程序步见表 6-16。

表 6-16　二进制加 1 指令的要素

指令名称	指令代码(位数)	助记符	操作数	程序步
			D(·)	
加 1	FNC 24 (16/32)	INC (D)INC(P)	KnY、KnM、KnS T、C、D、V、Z	INC、INCP 指令为 3 步 DINC、DINCP 指令为 5 步

加1指令的说明如图6-29所示。当X000由OFF→ON变化时，由D(·)指定的元件D10中的二进制数自动加1。若采用连续执行型加1指令时，每个扫描周期都加1。16位运算时，+32 767再加上1则变为-32 768，但标志辅助寄存器不动作。同样，在32位运算时，+2 147 483 647再加1就变为-2 147 483 648，标志辅助寄存器不动作。

图6-29 加1指令使用说明

6. 二进制减1指令

该指令的名称、指令代码、助记符、操作数及程序步见表6-17。

表6-17 二进制减1指令的要素

指令名称	指令代码（位数）	助记符	操作数 D(·)	程序步
减1	FNC 25 (16/32)	DEC (D)DEC(P)	KnY、KnM、KnS T、C、D、V、Z	DEC、DECP指令为3步 DDEC、DDECP指令为5步

减1指令的使用说明如图6-30所示，当X001由OFF→ON变化时，由D(·)指定的元件D10中的进二进制数自动减1。若用连续执行型减1指令时，每个扫描周期都减1。在16位运算时，-32 768再减1就变为+32 767，但标志辅助寄存器不动作。同样在32位运算时，-2 147 483 648再减1就变为+2 147 483 647，标志辅助寄存器不动作。

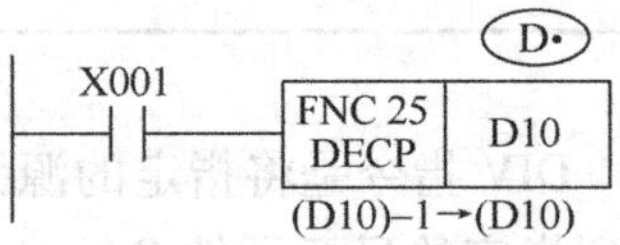

图6-30 减1指令使用说明

7. 逻辑字与、或、异或指令

该类指令的名称、指令代码、助记符、操作数及程序步见表6-18。

表6-18 逻辑字与、或、异或指令的要素

指令名称	指令代码（位数）	助记符	操作数 S1(·)	操作数 S2(·)	操作数 D(·)	程序步
逻辑字与	FNC 26 (16/32)	WAND (D)WAND(P)	K、H KnX、KnY、KnM、KnS T、C、D、V、Z		KnY、KnM、KnS、T、C、D、V、Z	WAND、WANDP指令为7步 DWAND、DWANDP指令为13步
逻辑字或	FNC 27 (16/32)	WOR (D)WOR(P)				WOR、WORP指令为7步 DWOR、DWORP指令为13步
逻辑字异或	FNC 28 (16/32)	WXOR (D)WXOR(P)				WXOR、WXORP指令为7步 DWXOR、DWXORP指令为13步

逻辑字与指令的使用说明如图6-31a所示，当X000为ON时，S1(·)指定的源元件D10和S2(·)指定的源元件D12内数据按各位对应进行逻辑字与运算，结果存于D(·)指定的目标元件D14中。逻辑字或指令的使用说明如图6-31b所示，当X001为ON时，S1(·)指定的源元件D10和S2(·)指定的源元件D12内数据按各位对应进行逻辑字或运算，结果存于D(·)指定的目标元件D14中。逻辑字异或指令的使用说明如图6-31c所示。当X002为ON时，S1(·)指定的源元件D10和S2(·)指定的源元件D12内数据按各位对

应进行逻辑字异或运算，结果存于 D(·)指定的目标元件 D14 中。

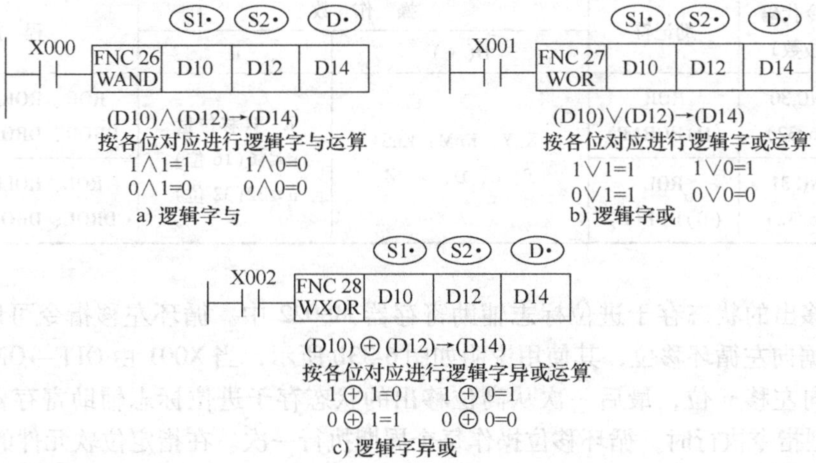

图 6-31　逻辑字与、或、异或指令使用说明

8. 求补码指令

该指令的名称指令代码、助记符、操作数及程序步见表 6-19。

表 6-19　求补码指令的要素

指令名称	指令代码（位数）	助记符	操作数 D(·)	程序步
求补码	FNC 29 (16/32)	NEG (D)NEG(P)	KnY、KnM、KnS T、C、D、V、Z	NEG、NEGP 指令为 3 步 DNEG、DNEGP 指令为 5 步

求补指令仅对负数求补码，其使用说明如图 6-32 所示，当 X000 为 ON 时，由 D(·)指定的元件 D10 中的二进制负数按位取反后加 1，求得的补码存入原来的元件 D10 内。若使用的是连续执行型求补码指令时，则在各个扫描周期都执行求补运算。

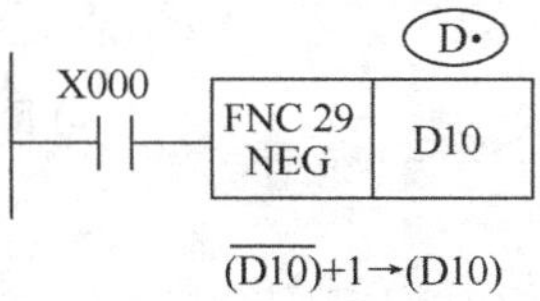

图 6-32　求补码指令的使用说明

6.1.5　循环与移位指令及应用

FX2N 系列可编程序控制器循环与移位指令有循环移位、位移位、字移位及先入先出 FIFO 指令等十种。其中循环移位分为带进位循环及不带进位的循环；位或字移位有左移和右移之分；FIFO 分为写入和读出。从指令的功能来说，循环移位是指数据在本字节或双字内的移位，是一种环型移位；而非循环移位是线性的移位，数据移出部分将丢失，移入部分从其他数据获得。移位指令可用于数据的 2 倍乘处理，形成新数据，或形成某种控制开关。字移位和位移位不同，它可用于字数据在存储空间中的位置调整等功能。先入先出 FIFO 指令可用于数据的管理。

1. 循环右移和循环左移指令

该类指令的名称、指令代码、助记符、操作数及程序步见表 6-20。

表 6-20 循环右移、左移指令的要素

指令名称	指令代码（位数）	助记符	操作数 D(·)	操作数 n	程序步
循环右移	FNC 30 (16/32)	ROR (D)ROR(P)	KnY、KnM、KnS T、C、D、V、Z	K、H 移位量 n≤16(16 位) n≤32(32 位)	ROR、RORP 指令为 5 步 DROR、DRORP 指令为 9 步
循环左移	FNC 31 (16/32)	ROL (D)ROL(P)			ROL、ROLP 指令为 5 步 DROL、DROLP 指令为 9 步

从低位移出的状态存于进位标志辅助寄存器 M8022 中。循环左移指令可以使 16 位数据、32 位数据向左循环移位，其使用说明如图 6-33b 所示，当 X001 由 OFF→ON 时，D(·)内各位数据向左移 n 位，最后一次从高位移出的状态存于进位标志辅助寄存器 M8022 中。用连续执行型指令执行时，循环移位操作每个周期执行一次。在指定位软元件的场合下，只有 K4(16 位指令)或 K8(32 位指令)有效。如 K4Y000，K8M0。

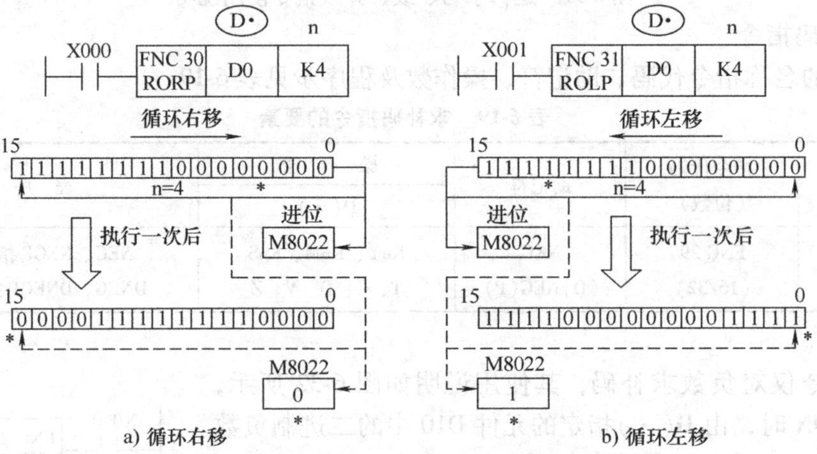

图 6-33 循环移位指令使用说明

2. 带进位循环右移、左移指令

该类指令的名称、指令代码、助记符、操作数及程序步见表 6-21。

表 6-21 带进位循环右移、左移指令的要素

指令名称	指令代码（位数）	助记符	操作数 D(·)	操作数 n	程序步
带进位循环右移	FNC 32 (16/32)	RCR (D)RCR(P)	KnY、KnM、KnS T、C、D、V、Z	K、H 移位量 n≤16(16 位) n≤32(32 位)	RCR、RCRP 指令为 5 步 DRCR、DRCRP 指令为 9 步
带进位循环左移	FNC 33 (16/32)	RCL (D)RCL(P)			RCL、RCLP 指令为 5 步 DRCL、DRCLP 指令为 9 步

带进位循环右移指令可以带进位使 16 位数据、32 位数据向右循环移位，其使用说明如图 6-34a 所示。当 X000 由 OFF→ON 时，M8022 驱动之前的状态首先被移入 D(·)，且

D(·)内各位数据向右移n位，最后一次从低位移出的状态存于进位标志辅助寄存器M8022中。

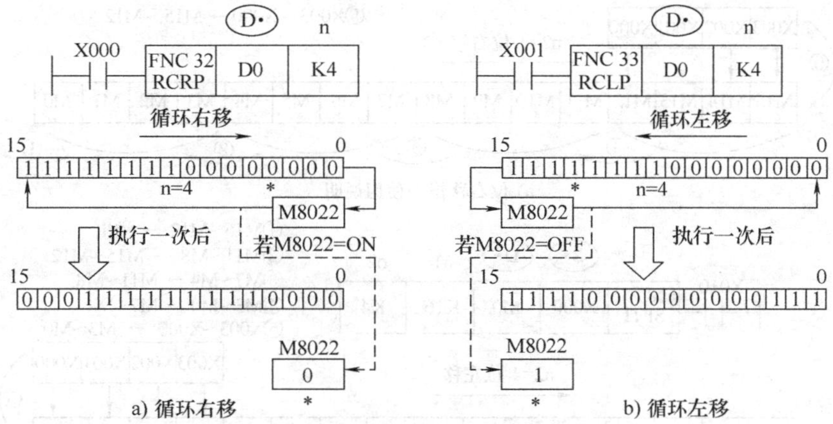

图6-34 带进位循环移位指令使用说明

带进位循环左移指令可以带进位使16位数据、32位数据向左循环移位，其使用说明如图6-34b所示，当X001由OFF→ON时，M8022驱动之前的状态首先被移入D(·)，且D(·)内各位数据向左移n位，最后一次从高位移出的状态存于进位标志辅助寄存器M8022中。用连续执行型指令执行时，带进位循环移位操作每个周期执行一次。在指定位软元件的场合下，只有K4(16位指令)或K8(32位指令)有效。如K4Y001，K8M0。

3. 位右移、位左移指令

该类指令的名称、指令代码、助记符、操作数及程序步见表6-22。

表6-22 位移位指令的要素

指令名称	指令代码(位数)	助记符	操作数				程序步
			S(·)	D(·)	n1	n2	
位右移	FNC 34 (16)	SFTR SFTR(P)	X、Y、M、S	Y、M、S	K、H n2≤n1≤1024		SFTR、SFTRP指令为9步
位左移	FNC 35 (16)	SFTL SFTL(P)					SFTL、SFTLP指令为9步

位移位指令是对D(·)所指定的n1个位元件连同S(·)所指定的n2个位元件的数据右移或左移n2位，其说明如图6-35所示。如，对于图6-35a的位右移指令的梯形图，当X010为ON时，D(·)内(M0～M15)16位数据连同S(·)内(X000～X003)4位元件的数据向右移4位，(X000～X003)4位数据从D(·)的高位端移入，而D(·)的低位M0～M3数据移出(溢出)。若图中n2=1，则每次只进行1位移位。同理，对于图6-35b的位左移指令的梯形图移位原理也类同。用脉冲执行型指令执行时，X000由OFF→ON变化时指令执行一次，进行n2位移位；而用连续执行型指令执行时，移位操作是每个扫描周期执行一次，使用该指令时必须加以注意。

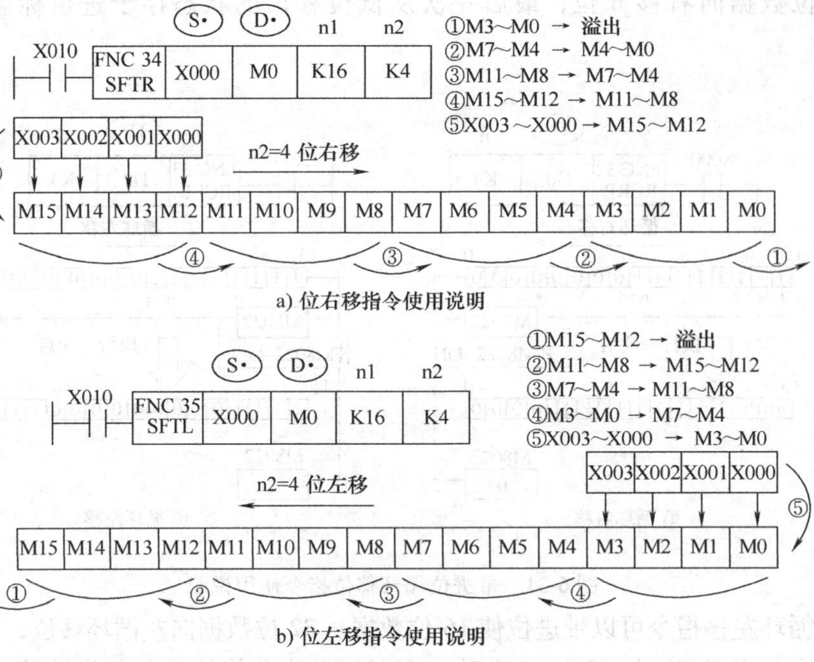

a) 位右移指令使用说明

b) 位左移指令使用说明

图 6-35 位移位指令使用说明

4. 字右移、字左移指令

该类指令的名称、指令代码、助记符、操作数及程序步见表 6-23。

表 6-23 字移位指令的要素

指令名称	指令代码（位数）	助记符	操作数 S(·)	操作数 D(·)	操作数 n1	操作数 n2	程序步
字右移	FNC 36（16）	WSFR WSFR(P)	KnX、KnY、KnM、KnS T、C、D	KnY、KnM、KnS T、C、D	K、H n2≤n1≤512		WSFR、WSFRP 指令为 9 步
字左移	FNC 37（16）	WSFL WSFL(P)					WSFL、WSFLP 指令为 9 步

字移位指令是对 D(·)所指定的 n1 个字元件连同 S(·)所指定的 n2 个字元件右移或左移 n2 个字数据，其使用说明如图 6-36 所示。如对于图 6-36a 的字右移指令的梯形图，当 X000 由 OFF→ON 时，D(·)内(D10～D25)16 个字数据连同 S(·)内(D0～D3)4 个字数据向右移 4 个字，(D0～D3)4 个字数据从 D(·)的高字端移入，而(D10～D13)4 个字数据从 D(·)的低端移出(溢出)。图 6-36b 为字左移指令使用说明，原理类同。用脉冲执行型指令执行时，X000 由 OFF→ON 变化时指令执行一次，进行 n2 位移位；若用连续执行型指令执行时，移位操作是每个扫描周期执行一次，必须加以注意。

5. 循环与移位指令应用

流水灯光控制：某灯光招牌有 L1～L8 八个灯接于 K2Y000，要求当 X000 为 ON 时，灯先以正序每隔 1s 轮流点亮，当 Y007 亮后，停 2s；然后以反序每隔 1s 轮流点亮，当 Y000 再亮后，停 2s，重复上述过程。当 X001 为 ON 时，停止工作。梯形图如图 6-37 所示，分析见梯形图右边文字说明。

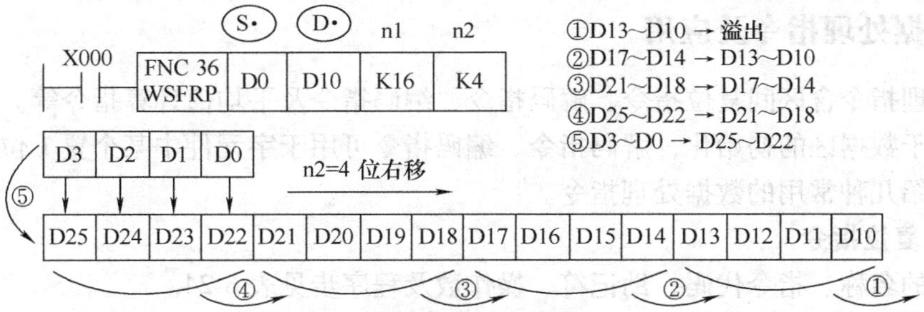

a)字右移指令使用说明

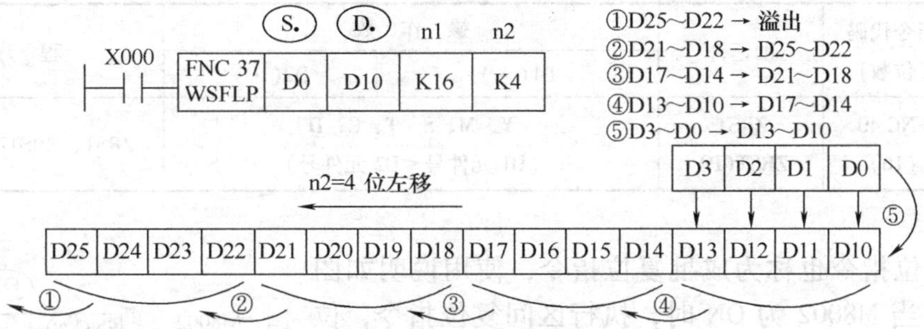

b) 字左移指令使用说明

图 6-36　字移位指令使用说明

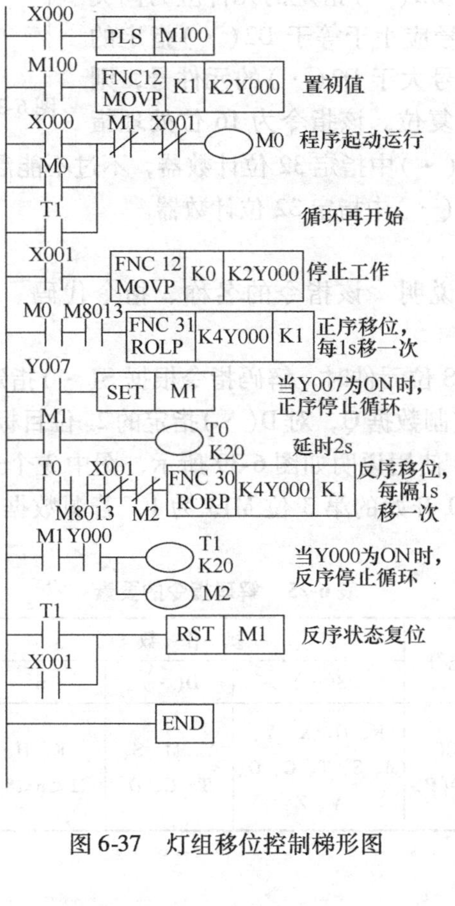

图 6-37　灯组移位控制梯形图

6.1.6 数据处理指令及应用

数据处理指令含区间复位指令、解码指令、编码指令及平均值计算指令等。其中区间复位指令可用于数据区的初始化，解码指令、编码指令可用于字元件中某个置 1 位的位码的译编。下面介绍几种常用的数据处理指令。

1. 区间复位指令

该指令的名称、指令代码、助记符、操作数及程序步见表 6-24。

表 6-24 区间复位指令的要素

指令名称	指令代码（位数）	助记符	操作数		程序步
			D1(·)	D2(·)	
区间复位	FNC 40 (16)	ZRST ZRST(P)	Y、M、S、T、C、D (D1 元件号≤D2 元件号)		ZRST、ZRSTP 指令为 5 步

区间复位指令也称为成批复位指令，使用说明如图 6-38 所示，当 M8002 为 ON 时，执行区间复位指令，位元件 M500 ~ M599 复位、字元件 C235 ~ C255 复位、状态元件 S0 ~ S127 复位。

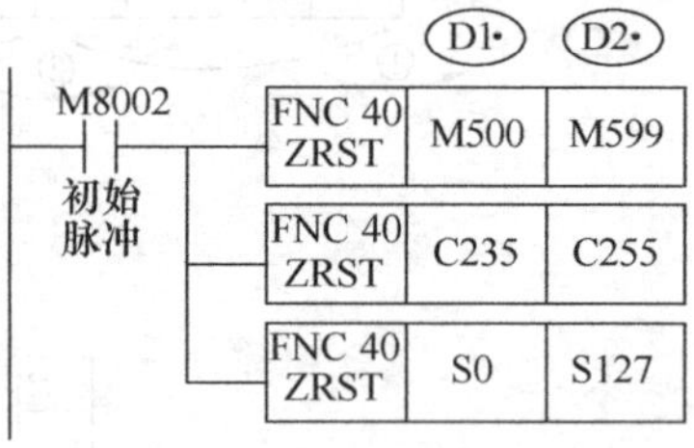

图 6-38 区间复位指令的使用说明

目标操作数 D1(·)和 D2(·)指定的元件应为同类元件，D1(·)指定的元件号应小于等于 D2(·)指定的元件号，若 D1(·)的元件号大于 D2(·)的元件号，则只有 D1(·)指定的元件被复位。该指令为 16 位处理指令，但是可在 D1(·)、D2(·)中指定 32 位计数器，不过不能混合指定，即不能在 D1(·)中指定 16 位计数器，在 D2(·)中指定 32 位计数器。

2. 解码指令

(1) 解码指令的使用说明　该指令的名称、指令代码、助记符、操作数及程序步见表 6-25。

当 D(·)是 Y、M、S 位元件时，解码指令根据 S(·)指定的源元件起始地址的 n 位连续的位元件所表示的十进制数据 Q，对 D(·)指定的 2^n 位目标元件的第 Q 位(不含目标元件本身)置 1，其他位置 0，使用说明如图 6-39 所示，图中 3 个连续源元件数据十进制数据 $Q = 2^1 + 2^0 = 3$，因此从 M10 开始的第 3 位 M13 为 1，若源数据 Q = 0，则第 0 位(即 M10)为 1。

表 6-25 解码指令的要素

指令名称	指令代码（位数）	助记符	操作数			程序步
			S(·)	D(·)	n	
解码	FNC 41 (16)	DECO DECO(P)	K、H、X、Y、 M、S、T、C、D、 V、Z	Y、M、S、 T、C、D	K、H 1≤n≤8	DECO、DECOP 指令为 5 步

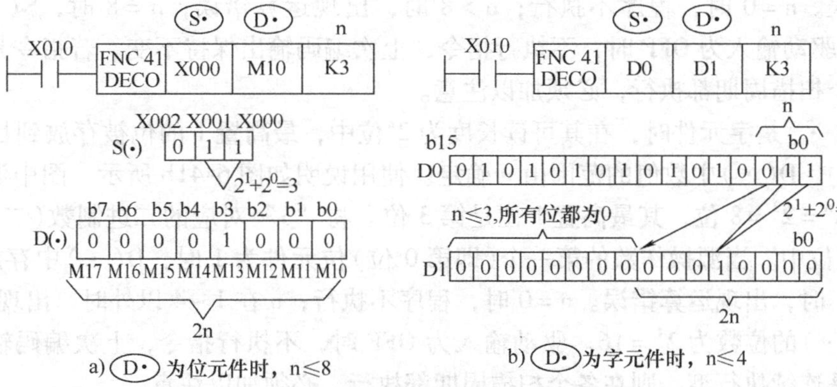

图 6-39　解码指令的使用说明

若 n = 0 时，程序不执行；n 在 1 ~ 4 以外时，出现运算错误；若 n≤4 时，则在 D(·)是 $2^4=16$ 位范围解码；若 n≤3 时，在 D(·)的 $2^3=8$ 位范围解码，高 8 位均为 0。驱动输入为 OFF 时，不执行指令，上一次解码输出置 1 的位保持不变。若指令是连续执行型，则在各个扫描周期都执行，必须注意。

（2）解码指令的应用　DECO 指令应用如图 6-40 所示，解码指令根据 D0 低 4 位中所存储的数值，对 D(·)指定的 $2^4=16$ 位辅助继电器 M0 ~ M15 中 M14 置 1。在 D0 中存储 0 ~ 15 的数值，取 n = 4，则与 D0(0 ~ 15)的数值对应，M0 ~ M15 中总有相应 1 个 M 接通。n 在 K1 ~ K8 间变化，则可以与 0 ~ 255 的数值对应，可以接通 M0 ~ M255 中一个。但是为此解码所需的目标软元件范围被占用，务必要注意，不要与其他控制重复使用。

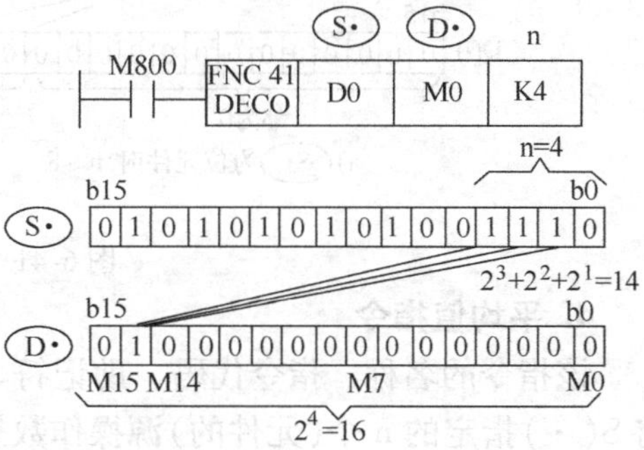

图 6-40　辅助寄电器的选用

3. 编码指令

该指令的名称、指令代码、助记符、操作数及程序步见表 6-26。

表 6-26　编码指令的要素

指令名称	指令代码（位数）	助记符	操作数			程序步
			S(·)	D(·)	n	
解码	FNC 41 (16)	ENCO ENCO(P)	K、H、X、Y、M、S、T、C、D、V、Z	Y、M、S、T、C、D	K、H 1≤n≤8	ENCO、ENCOP 指令为 5 步

1）当 S(·)是位元件时，以源操作数 S(·)指定的位元件为首地址、长度为 2n 的位元件中，指令将最高位置 1 的位号存放到目标 D(·)指定的元件中，D(·)指定元件中数值的范围由 n 确定。使用说明如图 6-41a 所示，图中源元件的长度位为 2^n（此时 $n=3, 2^3=8$）位，即 M10 ~ M17，其最高置 1 位是 M13 即第 3 位，将“3”对应的二进制数存放到 D10 的低 3 位中。当源操作数的第一个(即第 0 位)位元件为 1，则 D(·)中存放 0；当源操作数中无 1，

出现运算错误。n=0 时，程序不执行；n>8 时，出现运算错误；n=8 时，S(·)中位数为 $2^8=256$。驱动输入为 OFF 时，不执行指令，上次编码输出保持不变。若指令是连续执行型，则在各个扫描周期都执行，必须加以注意。

2）当 S(·)是字元件时，在其可读长度为 2^n 位中，最高置 1 的位被存放到目标 D(·)指定的元件中，D(·)中数值的范围由 n 确定。使用说明如图 6-41b 所示，图中源字元件的可读长度为 $2^n=2^3=8$ 位，其最高置 1 位是第 3 位。将“3”对应的二进制数(二进制)存放到 D1 的低 3 位中。当源操作数的第一个(即第 0 位)位元件为 1 时，D(·)中存放 0；当源操作数中无 1 时，出现运算错误。n=0 时，程序不执行；n 在 1~4 以外时，出现运算错误，n=4 时，S(·)的位数为 $2^4=16$。驱动输入为 OFF 时，不执行指令，上次编码输出保持不变。若指令是连续执行型，则在各个扫描周期都执行，必须加以注意。

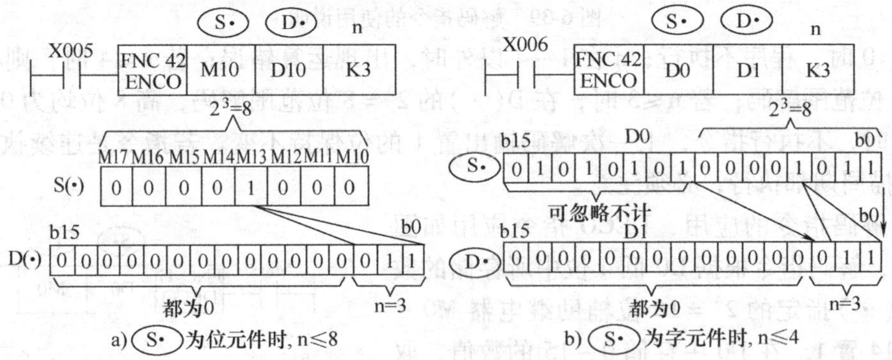

图 6-41　编码指令的使用说明

4. 平均值指令

该指令的名称、指令代码、助记符、操作数及程序步见表 6-27。平均值指令 MEAN 是将 S(·)指定的 n 个(元件的)源操作数据的平均值(用 n 除代数和)存入目标操作数 D(·)中，舍去余数。MEAN 指令的说明如图 6-42 所示。

表 6-27　平均值指令的要素

指令名称	指令代码(位数)	助记符	操作数			程序步
			S(·)	D(·)	n	
平均值	FNC 45 (16/32)	MEAN (D)MEAN(P)	KnX、KnY、KnM、KnS、T、C、D	KnY、KnM、KnS、T、C、D、V、Z	K、H 1-64	MEAN、MEANP 指令为 7 步 DMEAN、DMEANP 指令为 13 步

如 n 超出元件规定地址号范围时，n 值自动减小。n 在 1~64 以外时，会发生错误。

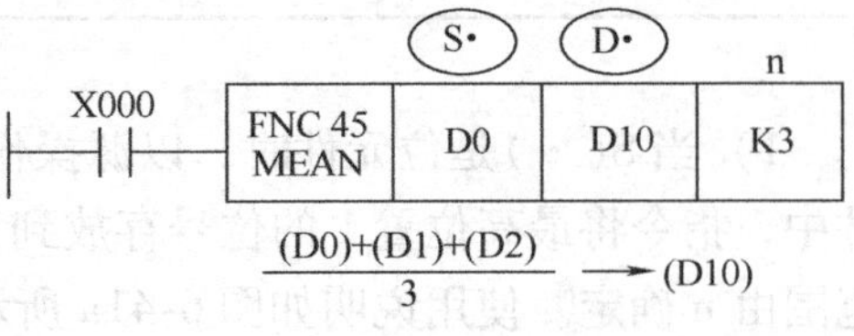

图 6-42　平均值指令的使用说明

5. 数据处理指令应用举例

用解码指令实现单按钮分别控制 5 台电动机的起停。按钮按数次，最后一次保持 1s 以上后，则电动机号码与按数相同的电动机运行，再按按钮，该电动机停止，5 台电动机接于 Y001~Y005，梯形图如图 6-43 所示。输入电动机编号的按钮接于X000，电动机号数使用加1指令记录在K1M10中，解码指令DECO将K1M10中的数据解读并令M0～M7中相应的位元件置1，M9及T0用于输入数字确认及停车复位控制。

如，按钮连续按三次，最后一次保持1s以上，则M10～M12中为011(BIN)，通过解码，使M0～M7中相应的M3为1，则接于Y003上的电动机运行，再按一次X000，则M9为1，T0和M10～M12复位，电动机停车。

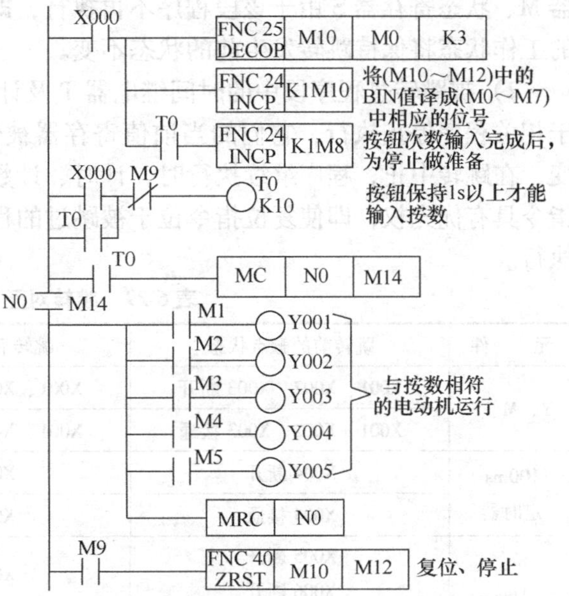

图6-43　单按钮分别控制5台电动机的起停

6.1.7　程序流程类应用指令及应用

程序流程类应用指令共有十条，应用指令编号为FNC00～FNC09，它们在程序中的作用是条件执行与优先处理，主要与顺序控制程序的控制流程有关。

1. 条件跳转指令与应用

(1) 条件跳转指令说明　该指令的代码、助记符、操作数及程序步见表6-28。跳转指令在梯形图中使用的情况如图6-44所示。图中跳转指针P8、P9分别对应“CJ　P8”及“CJ　P9”两条跳转指令。

表6-28　条件跳转指令要素

指令名称	指令代码(位数)	助记符	操作数 D(·)	程序步
条件跳转	FNC 00 (16)	CJ CJ(P)	P0～P127 P63即是END所在步，不需要标记	CJ和CJ(P)为3步 标号P为1步

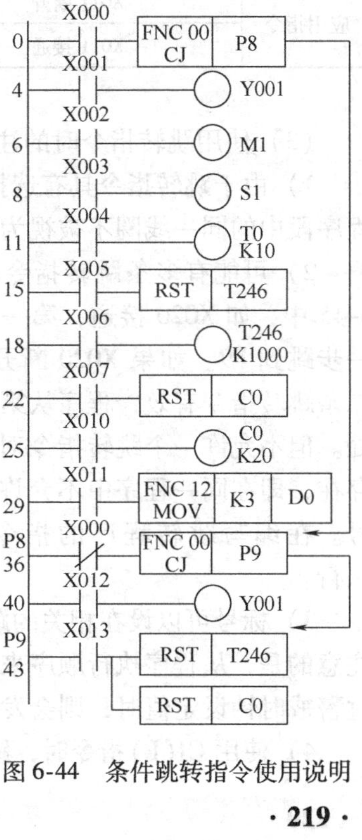

图6-44　条件跳转指令使用说明

跳转指令执行的意义是在满足跳转条件之后的各个扫描周期中，PLC将不再扫描执行跳转指令与指针标号PN之间的程序，即跳到以指针标号PN为入口的程序段中执行，直到跳转的条件不再满足，跳转停止进行。在图6-44中，当X000置1，跳转指令“CJ　P8”执行条件满足，程序从“CJ　P8”指令处跳转至P8(36号地址)处，因X000常闭触点断开，仅执行40号地址开始的最后三行程序。

(2) 跳转对元器件状态的影响　表6-29给出了图6-44中跳转发生前后元器件的状态的变化，反映出了条件跳转指令对程序执行结果的影响。从表中可能看到以下两点。

1) 处于被跳转过程序段中的输出继电器Y、辅助继电器 M、状态寄存器 S 由于该段程序不再执行，即使梯形图中涉及的工作条件发生变化，它们的工作状态将保持跳转发生前的状态不变。

2）被跳转过程序段中的时间继电器 T 及计数器 C，无论其是否具有掉电保持功能，由于相关程序停止执行，它们的当前值寄存器被锁定，跳转发生后其计时值、计数值保持不变，在跳转中止，程序继续执行时，计时、计数将继续进行。另外，计时器、计数器的复位指令具有优先权，即使复位指令位于被跳过的程序段中，当执行条件满足时，复位工作也将执行。

表 6-29　跳转对元器件状态的影响

元　件	跳转前的触点状态	跳转后的触点状态	跳转过程中线圈的动作
Y、M、S	X001、X002、X003 断开	X001、X002、X003 接通	Y001、M1、S1 断开
	X001、X002、X003 接通	X001、X002、X003 断开	Y001、M1、S1 接通
100ms 定时器	X004 断开	X004 接通	定时器不动作
	X004 接通	X004 断开	定时中断，X000 断开后继续计时
1ms 定时器	X005 断开 X006 断开	X006 接通	定时器不动作
	X005 断开 X006 接通	X006 断开	定时器停止，X000 断开后继续计数
计数器	X007 断开 X010 断开	X010 接通	计数器不动作
	X007 断开 X010 接通	X010 断开	计数器停止，X000 断开后继续计数
应用指令	X011 断开	X011 接通	除 FNC52 ~ FNC59 之外的其他应用指令不执行
	X011 接通	X011 断开	

（3）使用跳转指令时的注意事项

1）由于跳转指令具有选择程序段的功能，在同一程序且位于因跳转而不会被同时执行程序段中的同一线圈不被视为双线圈。

2）可能有多条跳转指令使用同一指针标号。图 6-45 中，如 X020 接通，第一条跳转指令有效，从这一步跳到 P9。如果 X020 断开，而 X021 接通，则第二条跳转指令有效，程序从第二条跳转指令处跳到 P9 处。但不允许一个跳转指令对应两个指针标号的情况存在，即在同一程序中不允许存在两个相同的指针标号。在编写跳转程序的指令表时，指针标号需占一行。

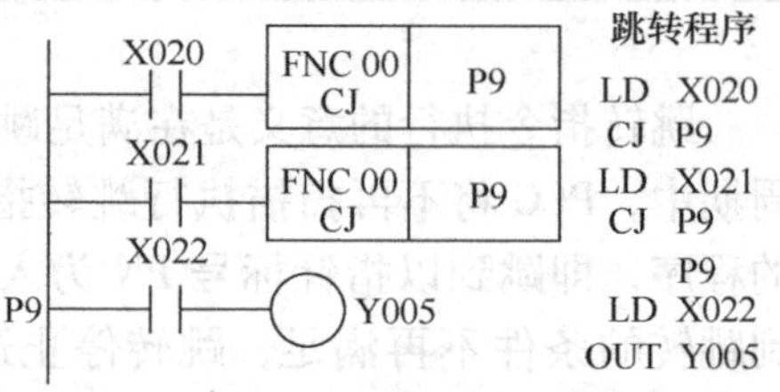

图 6-45　两条跳转指令使用同一指针标号

3）标号可以设在相关的跳转指令之后，也可以设在跳转指令之前，如图 6-46 所示。应注意的是，从程序执行顺序来看，如果 X024 接通约 200ms 以上，造成该程序的执行时间超过警戒时钟设定值时，则会发生监视定时器出错。

4）使用 CJ(P)指令时，跳转只执行一个扫描周期，但若用辅助继电器 M8000 作为跳转指令的工作条件，跳转就成为无条件跳转。

（4）跳转指令的应用及实例　跳转指令可用来选择执行一定的程序段，在工业控制中经常使用。如同一套设备在不同的条件下，有两种工作方式，需运行两套不同的程序时可使用跳转指令。常见的手动、自动工作状态的转换即是这样一种情况。这就要在程序中编排两段程序，一段用于手动，一段用于自动。然后设立一个手动/自动转换开关对程序段进行选择。图6-47即为一段手动/自动转换，程序图中输入继电器X025为手动/自动转换开关，当X025置1时，执行自动工作方式，置0时执行手动工作方式。

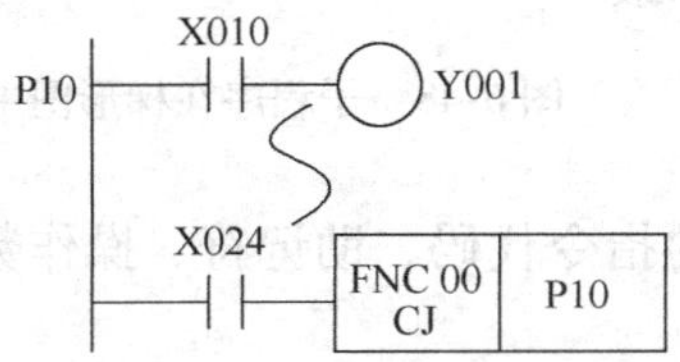

图6-46　指针标号可以设在跳转指令之前

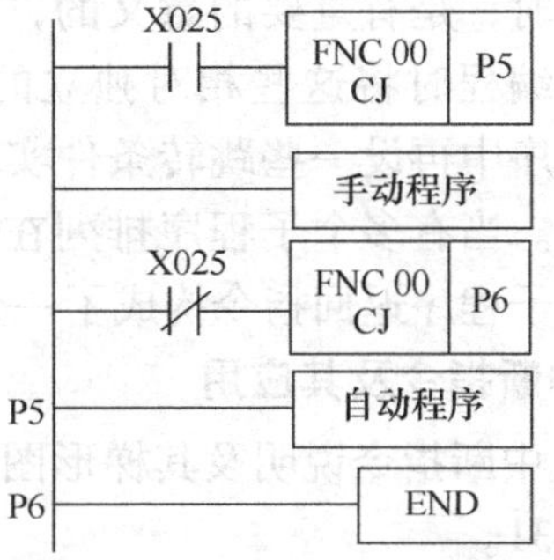

图6-47　手动/自动转换程序

2. 子程序指令及应用

（1）子程序指令的使用说明及其梯形图表示方法　该指令的指令代码、助记符、操作数及程序步见表6-30。

子程序是为一些特定的控制目的编制的相对独立的程序。为了区别于主程序，规定在程序编排时，将主程序排在前边，子程序排在后边，并以主程序结束指令FEND(FNC 06)将这两部分分开。

表6-30　子程序指令使用要素

指令名称	指令代码（位数）	助记符	操作数 D(·)	程序步
子程序调用	FNC 01 (16)	CALL CALL(P)	指针P0～P62，P64～P127嵌套5级	3步，指令标号1步
子程序返回	FNC 02	SRET	无可用软元件	1步

子程序指令在梯形图中的表示如图6-48所示。图中，子程序调用指令CALL安排在主程序段中，X001是子程序执行的条件，当X001置1时，执行指针标号为P10的子程序一次。P10子程序安排在主程序结束指令FEND之后，指针标号P10和子程序返回指令SRET之间的程序构成P10子程序的内容，当执行到返回指令SRET①时，返回主程序。若主程序带有多个子程序或子程序中嵌套子程序时，子程序可依次列在主程序结束指令之后，并以不同的标号相区别。如图6-48第一个子程序又嵌套第二个子程序，当第一个子程序执行中X030为1时，调用指针标号P11开始的第二个子程序，执行到SRET②返回第一个子程序断点处继续执行。这样的子程序内调用指令可达4次，整个程序嵌套可多达5次。在编写调用子程序的指令时，标号需占一行。

（2）子程序的执行过程及在程序编制中的意义　我们再分析一下子程序执行的过程。在图 6-48 中，若调用指令改为非脉冲执行型指令“CALL P10”，当 X001 置 1 并保持不变时，每当程序执行到该指令时，都转去执行 P10 子程序，遇到 SRET 指令即返回原断点继续执行该行程序；而在 X001 置 0 时，程序的扫描就仅在主程序中进行。子程序的这种执行方式对有多个控制功能且需依一定的条件有选择地实现时，是有重要的意义的，它可以使程序的结构简洁明了。编程时将这些相对独立的功能都设置成子程序，而在主程序中再设一些跳转条件实现对这些子程序的控制就可以了。当有多个子程序排列在一起时，指针标号和最近的一个子程序返回指令构成了一个子程序。

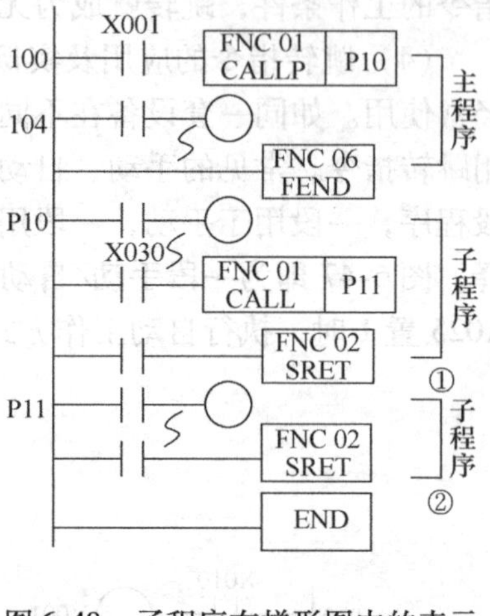

图 6-48　子程序在梯形图中的表示

3. 中断指令及其应用

（1）中断指令说明及其梯形图表示方法　该指令的指令代码、助记符、操作数及程序步见表 6-31。

表 6-31　中断指令使用要素

指令名称	指令代码	助记符	操作数 D	程序步
中断返回指令	FNC 03	IRET	无	1 步
允许中断指令	FNC 04	EI	无	1 步
禁止中断指令	FNC 05	DI	无	1 步

中断是计算机所特有的一种工作方式，指主程序的执行过程中，中断主程序的执行去执行中断子程序。和前面所谈到过的子程序一样，中断子程序也是为某些特定的控制功能而设定的。和普通子程序的不同点是，这些特定的控制功能都有一个共同的特点，即要求响应时间小于 PLC 的扫描周期，FX2N 系列可编程序控制器有三类中断源，输入中断、定时器中断和计数器中断。为了区别不同的中断及在程序中表明不同中断子程序的入口，规定了中断指针标号(在编写中断子程序的指令表时，标号需占一行)。FX2N 系列可编程序控制器中断指针 I 的地址编号不可重复使用。输入中断信号从输入端子送入，可用于机外突发随机事件引起的中断。定时器中断是机内中断，使用定时器引出，多用于周期性工作场合。计数器中断是利用机内高速计数器的比较结果引起中断的。由于中断的控制是脱离程序的扫描执行结构的，多个突发事件出现时处理也必须有个秩序，这就是中断优先权。FX2N 系列 PLC 一共可安排 15 个中断，其优先权由中断号的大小决定，号数小的中断优先权高。由于外部中断号整体上小于定时器中断，即外部中断的优先权较高。由于中断子程序是为一些特定的随机事件而设计的，在主程序的执行过程中，就有可能结合不同的程序段中 PLC 所要完成工作的性质决定能否响应中断，对可以响应中断的程序段用允许中断指令 EI 及禁止中断指令 DI 标示出来(EI 指令与 DI 指令间的程序段为允许中断程序段)。如在程序的任何地方都可以响应中断，称为全程中断。另外，如果机器安排的中断比较多，而这些中断又不一定需同时响应

时，还可以通过特殊辅助继电器 M8050～M8059 实现中断的选择，这些特殊辅助继电器和15个中断的对应关系见表6-32。按系统规定，当这些辅助继电器通过控制信号被置1时，其对应的中断被封锁。

表6-32　特殊辅助继电器与中断对应关系

地址号·名称	动作·功能	地址号·名称	动作·功能
M8050(输入中断) I00□禁止	FNC 04(EI)指令执行后，即使允许中断，当M805□为ON，也会禁止相应的I□□□的中断(□为0～8)。中断的具体用法参照用户手册。如输入中断M8050为ON时，I00□中断禁止	M8055(输入中断) I50□禁止	FNC 04(EI)指令执行后，即使允许中断，当M805□为ON，也会禁止相应的I□□□的中断(□为0～8)。中断的具体用法参照用户手册。如输入中断M8050为ON时，I00□中断禁止
M8051(输入中断) I10□禁止		M8056(定时中断) I6□□禁止	
M8052(输入中断) I20□禁止		M8057(定时中断) I7□□禁止	
M8053(输入中断) I30□禁止		M8058(定时中断) I8□□禁止	
M8054(输入中断) I40□禁止		M8059 计数器中断停止	I010～I060的中断禁止

中断指令的梯形图表示如图6-49所示，从图中可以看出，中断程序作为一种子程序安排在主程序结束指令FEND之后，主程序允许中断指令EI及禁止中断指令DI间的一个区间表示可以开放中断的程序段。主程序带有多个中断子程序时，中断指针标号和与其最近的一处中断返回指令构成一个中断子程序。FX2N型可编程序控制器可实现不多于二级的中断嵌套。另外，一次中断请求，中断程序一般仅能执行一次。

（2）中断指令的执行过程及应用实例

1）外部中断子程序。图6-50是带有外部输入中断子程序的梯形图。在主程序执行过程中，特殊辅助继电器M8050为0时，指针标号为I001的中断子程序允许执行，该中断在输入口X000送入上升沿信号时执行，上升沿信号出现一次，该中断执行一次，执行完毕后即返回主程序。中断子程序的内容为秒时钟脉冲继电器M8013驱动Y012工作。作为执行结果

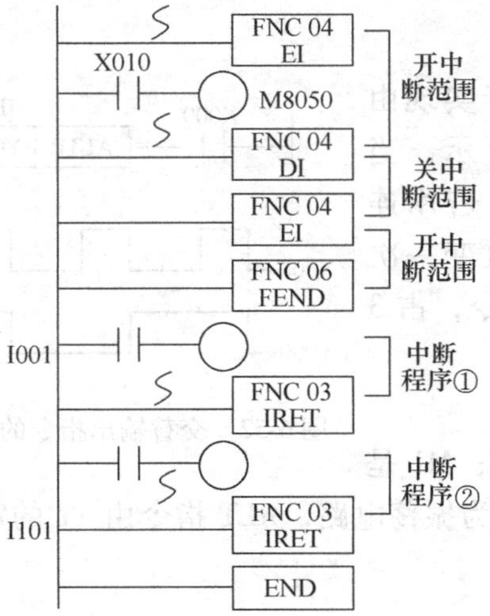

图6-49　中断指令在梯形图中的表示

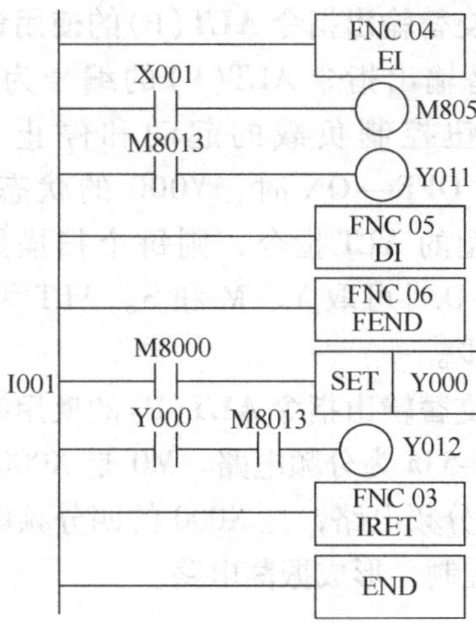

图6-50　外部输入中断子程序

的 Y012 的状态，视 M8013 上升沿出现时的状态而定，即 M8012，为 1 时 Y012 为 1，M8013 为 0 时 Y012 为 0。外部中断常用来引入发生频率高于机器扫描频率的外部控制信号，或用于处理需快速响应的信号。如可控整流装置的控制中，取自同步变压器的触发同步信号可经专用输入端子引入可编程序控制器作为中断源，并以此信号作为移相角的计算起点。

2）时间中断子程序。图 6-51 为时间中断程序，用这段程序可以更清楚地了解时间中断的工作原理。中断指针标号 I610 的中断序号为 6，时间周期为 10ms 的定时器中断。从梯形图的程序来看，每执行一次中断程序将向数据存储器 D0 中加 1，当加到 1000 时，M2 为 ON 使 Y002 置 1，为了验证中断程序执行的正确性，在主程序中设有时间继电器 T0，设定值为 100，并用此时间继电器控制输出端 Y001，这样当 X001 由 ON 变为 OFF 并经历 10s 后，Y001 及 Y002 应同时置 1。

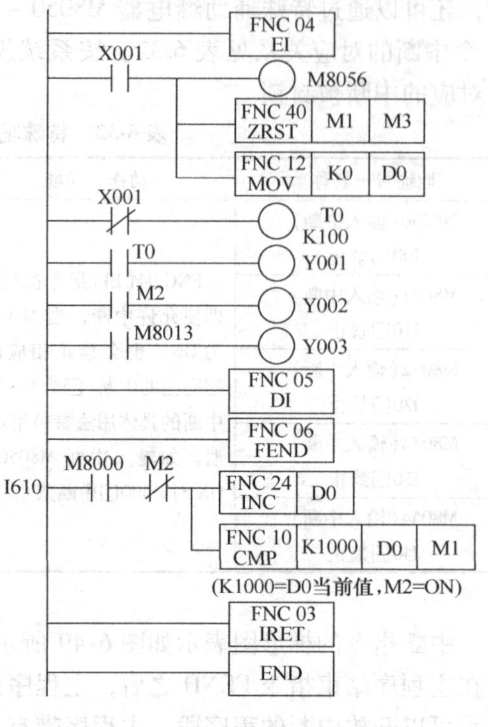

图 6-51　定时器中断子程序

6.1.8　方便类应用指令及应用

FX 系列共有 10 条方便指令：初始化指令 IST(FNC 60)、数据搜索指令 SER(FNC 61)、绝对值式凸轮顺控指令 ABSD(FNC 62)、增量式凸轮顺控指令 INCD(FNC 63)、示教定时器指令 TIMR(FNC 64)、特殊定时器指令 STMR(FNC 65)、交替输出指令 ALT(FNC 66)、斜坡信号指令 RAMP(FNC 67)、旋转工作台控制指令 ROTC(FNC 68)和数据排序指令 SORT(FNC 69)。以下仅对交替输出指令加以介绍。

1. 交替输出指令 ALT(P)的使用说明

交替输出指令 ALT(P)的编号为 FNC 66，用于实现由一个按钮控制负载的起动和停止。如图 6-52 所示，当 X000 由 OFF→ON 时，Y000 的状态将改变一次。若用连续执行型的 ALT 指令，则每个扫描周期 Y000 均改变一次状态。[D.]可取 Y、M 和 S。ALT 为 16 位运算指令，占 3 个程序步。

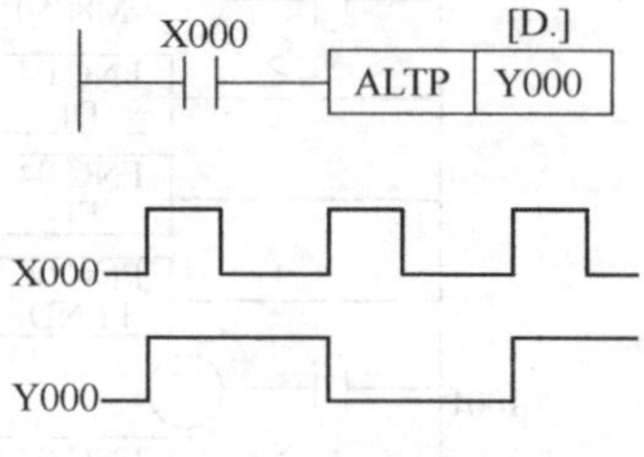

图 6-52　交替输出指令的使用

2. 交替输出指令 ALT(P)的使用举例

图 6-53a 为分频电路。M0 是 X000 的二分频电路；M1 是 M0 的二分频电路，是 X000 的四分频电路。图 6-53b 为振荡电路，ALT 指令由 T1 的定时脉冲进行控制，形成振荡电路。

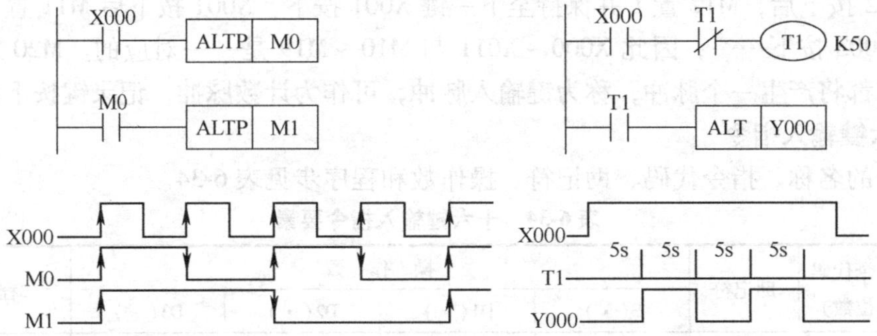

a) 分频电路　　b) 振荡电路

图 6-53　分频电路和振荡电路

6.1.9　外部设备 I/O 指令及应用

FX2N 系列可编程控制器备有可与外部设备交换数据的外部设备 I/O 指令。这类指令可以通过最少量的程序和外部布线，实现复杂的控制。此外，为了控制特殊功能单元、特殊功能模块，还有对它们缓冲区数据进行读写的 FROM、TO 指令，外部设备 I/O 指令共有十条，指令代码为 FNC 70 ~ FNC 79，下面对这类指令进行介绍。

1. 十键输入指令

该指令的名称、指令代码、助记符、操作数和程序步见表 6-33。

表 6-33　十键输入指令要素

指令名称	指令代码（位数）	助记符	操作数			程序步
			S(·)	D1(·)	D2(·)	
十键输入	FNC 70（16/32）	TKY（D）TKY	X、Y、M、Z（用 10 个连号元件）	KnY、KnM、KnS、T、C、D、V、Z	Y、M、S（10 个连号元件）	TKY 指令为 7 步 DTKY 指令为 13 步

图 6-54c 中还给出了与 X000 ~ X011 对应的辅助继电器 M10 ~ M19 的动作情况。

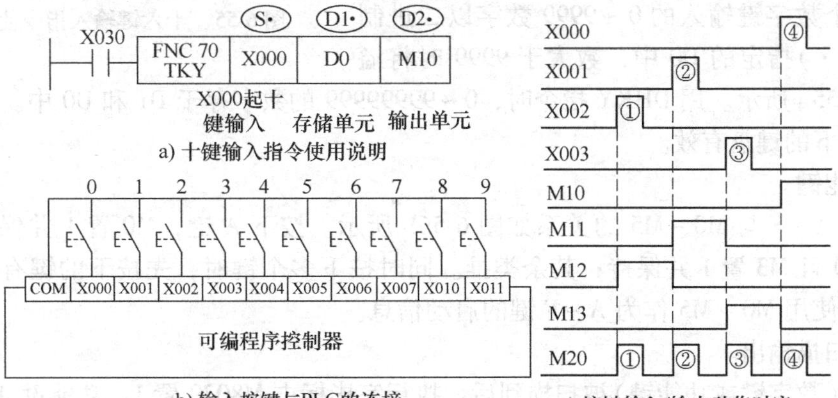

a) 十键输入指令使用说明

b) 输入按键与PLC的连接　　c) 按键输入/输出动作时序

图 6-54　十键输入指令使用说明

当 X002 按下后，M12 置 1 并保持至下一键 X001 按下，X001 按下后 M11 置 1 并保持到下一个键 X003 按下……，因此 X000～X011 与 M10～M19 是一一对应的。M20 对于任何一个键按下，都将产生一个脉冲，称为键输入脉冲，可作为计数脉冲，记录键按下的次数。

2. 十六键输入指令

该指令的名称、指令代码、助记符、操作数和程序步见表 6-34。

表 6-34 十六键输入指令要素

指令名称	指令代码（位数）	助记符	操作数				程序步
			S(·)	D1(·)	D2(·)	D3(·)	
十六键输入	FNC 71 (16/32)	HKY (D)HKY	X 4 个连号元件	Y 4 个连号元件	T、C、D V、Z	Y、M、S 8 个连号元件	HKY 指令为 9 步 DHKY 指令为 17 步

十六键输入指令是使用十六键键盘输入数字及功能信号的指令。HKY 指令在梯形图中的表示如图 6-55a 所示，其中 S(·)指定 4 个连号的输入元件，D1(·)指定 4 个连号的扫描输出元件，D2(·)指定存储键输入信号的元件，D3(·)指定 8 个连号的读出元件。键盘与 PLC 的连接如图 6-55b所示。由图可知，键盘 16 个键采用矩阵连接方式分为四组和 PLC 输入口相连，指令中指定输入元件即是指定连接键盘的 4 个连号的输入口，指定输出元件即是指定 Y 起始地址号开始的 4 个连续的晶体管输出单元，它们可用于扩展输入口的端口号，存储元件是指数字键入数据的存储单元，读出元件一般是与功能键相对应的机内辅助存储器。十六键分为数字和功能键。

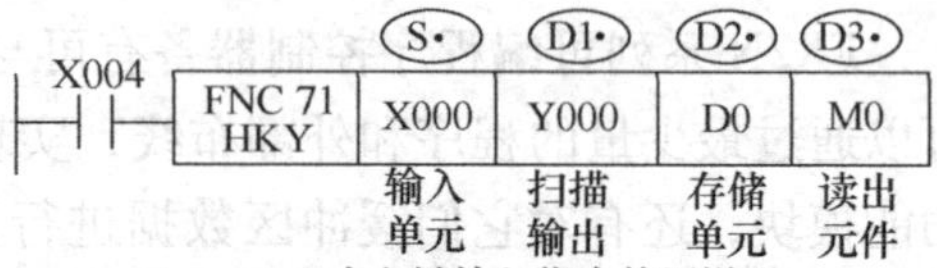

a) 十六键输入指令使用说明

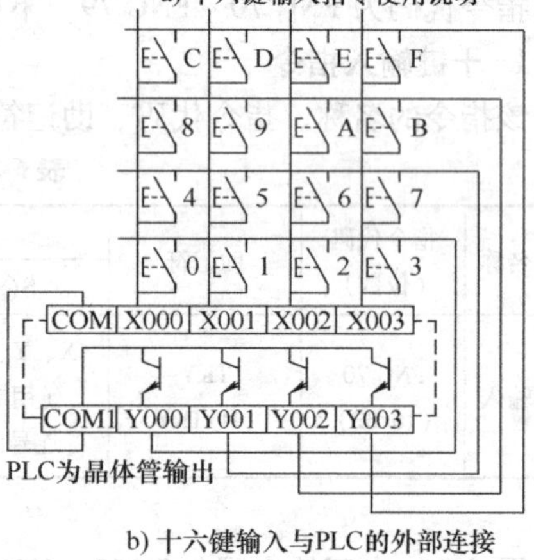

b) 十六键输入与PLC的外部连接

图 6-55 十六键输入指令使用说明

1）数字键。

从 10 个数字键输入的 0～9999 数字以二进制码存于 D2(·)指定的 D0 中，数大于 9999 时将溢出，如图 6-55a 所示。用 DHKY 指令时，0～99999999 的数字存于 D1 和 D0 中。多个键同时按下时先按下的键盘有效。

2）功能键。

功能键 A～F 与 M0～M5 的关系如图 6-56b 所示。按下 A 键，M0 置 1 并保持；按下 D 键，M0 置 0 且 M3 置 1 并保持；其余类推。同时按下多个键时，先按下的键有效。在应用程序中，可使用 M0～M5 作为 A～F 键的启动信息。

3）键扫描输出。

按下键(数字键或功能键)被扫描到后，执行完毕标志 M8029 置 1。功能键 A～F 的任一个键被按下期间，M6 置 1(不保持)；数字键 0～9 的任一个键被按下期间，M7 置 1(不保持)。如图 6-55 所示，当 X004 变为 OFF 时，D0 保持不变，M0～M7 全部为 OFF。十六键输入指令扫描全部 16 键需要扫描 8 次，一般情况需 8 个扫描周期，即执行所需的时间取决于程序的执行速度。同时，执行速度将受相应的输入时间限制。如果扫描时间太长，则应该设置一个时间中断来加快键输入信息的采集。当使用时间中断程序后，必须要使输入端在执行 HKY 前及输出端在执行 HKY 后能重新工作，这一过程可以用输入/输出刷新指令 REF 来完成。时间中断的设置时间要稍长于输入端重新工作的时间。对于普通输入，要设置 15ms 或更长一些，对高速输入设置 10ms 较好。图 6-57 是十六键指令 HKY 使用时间中断程序来加速输入响应的梯形图，若预先将具有数据处理功能的 M8167 置 1，可将 0～F 的十六进制数据原封不动地写入 D(·)。HKY 指令在程序中只能用一次，只适用于晶体管输出的可编程序控制器。

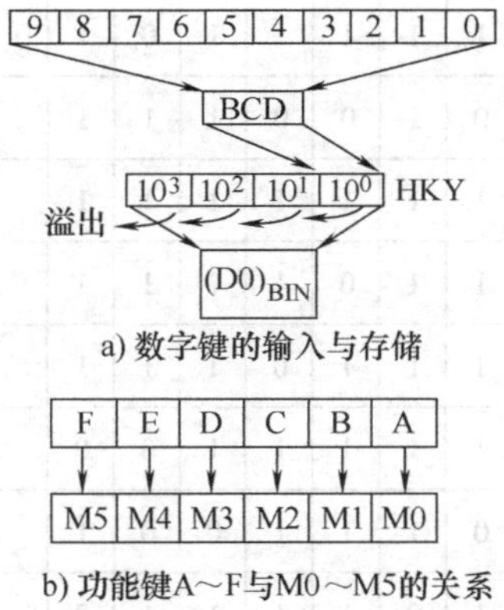

图 6-56　数字键和功能键的输入与存储的关系

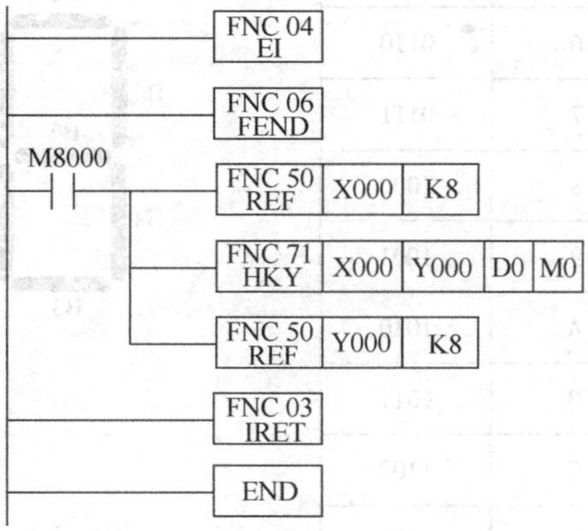

图 6-57　HKY 指令使用时间中断

3. 七段码译码指令

该指令的名称、指令代码、助记符、操作数和程序步见表 6-35。

表 6-35　七段码译码指令的要素

指令名称	指令代码（位数）	助记符	操作数		程序步
			S(·)	D(·)	
七段码译码	FNC 73（16）	SEGD SEGD(P)	K、H KnX、KnY、KnM、KnS T、C、D、V、Z	KnY、KnM、KnS T、C、D、V、Z	SEGD、SEGDP 指令为 5 步

七段码译码指令是驱动 1 位七段码显示器显示 16 进制数据的指令，使用说明如图 6-58 所示。其中 S(·)指定的软元件存储待显示数据，该元件低 4 位(只用低四位)存放的是待显示的十六进制数，译码后的七段码存于 D(·)指定元件的低 8 位中，高 8 位保持不变。译码表见表 6-36。

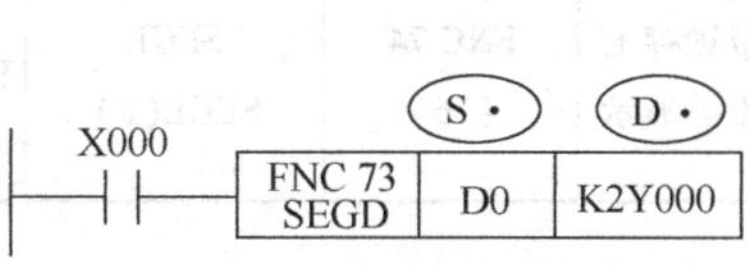

图 6-58　七段码译码指令使用说明

表 6-36　七段码译码表

S(·)		7 段码组合数字	D(·)								显示数据
16 进制	2 进制		B7	B6	B5	B4	B3	B2	B1	B0	
0	0000	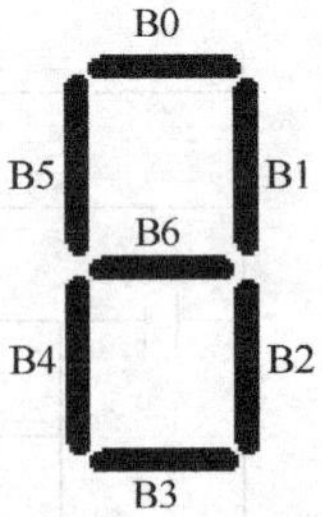	0	0	1	1	1	1	1	1	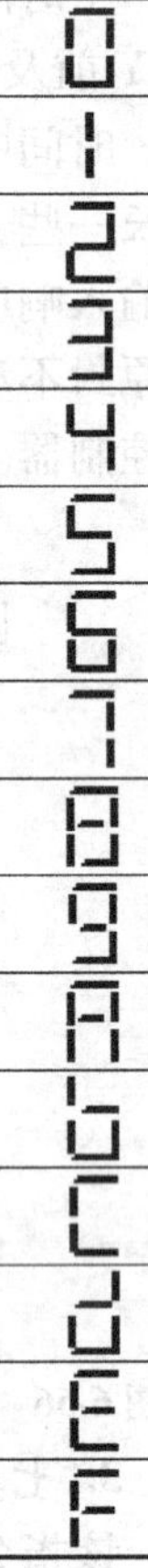
1	0001		0	0	0	0	0	1	1	0	
2	0010		0	1	0	1	1	0	1	1	
3	0011		0	1	0	0	1	1	1	1	
4	0100		0	1	1	0	0	1	1	0	
5	0101		0	1	1	0	1	1	0	1	
6	0110		0	1	1	1	1	1	0	1	
7	0111		0	0	1	0	0	1	1	1	
8	1000		0	1	1	1	1	1	1	1	
9	1001		0	1	1	0	1	1	1	1	
A	1010		0	1	1	1	0	1	1	1	
B	1011		0	1	1	1	1	1	0	0	
C	1100		0	0	1	1	1	0	0	1	
D	1101		0	1	0	1	1	1	1	0	
E	1110		0	1	1	1	1	0	0	1	
F	1111		0	1	1	1	0	0	0	1	

表 6-36 中，B0 是位元件的起始号(例如 Y000)或字元件的最后位。

4. 带锁存七段码显示指令

该指令的名称、指令代码、助记符、操作数和程序步见表 6-37。

表 6-37　带锁存七段码显示指令的要素

指令名称	指令代码(位数)	助记符	操作数			程序步
			S(·)	D(·)	n	
带锁存七段码显示	FNC 74 (16)	SEGL SEGL(P)	K、H、KnX、KnY、KnM、KnS、T、C、D、V、Z	Y	K、H n = 0 ~ 7	SEGL、SEGLP 指令为 5 步

该指令是驱动四位一组或二组带锁存七段码显示的指令，在程序中指令可以使用两次，指令使用说明如图 6-59 所示，执行图 6-59a 所示指令时，若是四位一组锁存显示(n = 0 ~ 3)，则将 S(·)指定的 D0 中二进制数自动转换成四位一组的 BCD 码(即 8421 码)，按 D(·)指定的

第 2 个四位 Y004 ~ Y007 的选通信号，依次从 D(·)指定的目标元件的第 1 个四位 Y000 ~ Y003 输出，锁存于七段码显示器的锁存器中进行显示；若是四位二组锁存显示(n = 4 ~ 7)，则将 S(·)指定的 D0 中数据向 D(·)指定的第 1 个四位 Y000 ~ Y003(第一组)输出，D1 中数据向 D(·)指定的第 3 个四位 Y010 ~ Y013(第二组)输出显示，Y004 ~ Y007 输出的选通信号两组显示器共用。图 6-59b 是 PLC 与四位二组带锁存七段码显示器的连接。

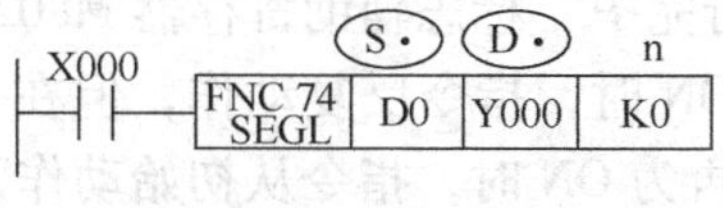

a) 带锁存七段码显示指令使用说明

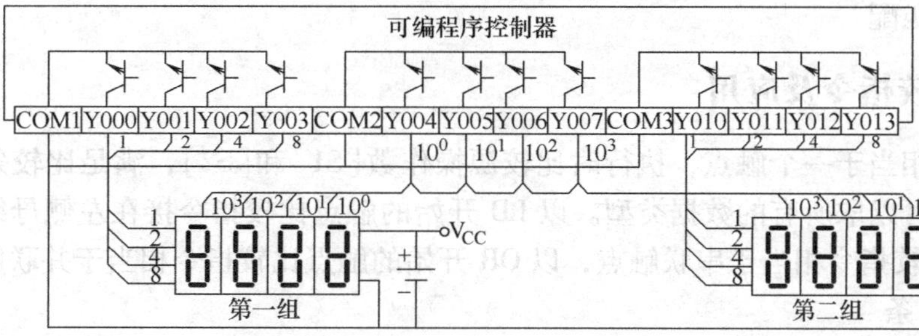

b) 带锁存七段码显示器与PLC的连接

图 6-59 带锁存七段码显示指令的使用说明及与 PLC 的连接

指令中参数 n 应根据 PLC 的晶体管输出的正负逻辑、七段码显示器接收数据的逻辑以及四位一组控制或四位二组控制来选择号码。若 PLC 的输出晶体管为 PNP 型、内部逻辑为 1 时，输出信号为高电平，称为输出正逻辑；若 PLC 的输出晶体管为 NPN 型、内部逻辑为 1 时，输出信号则为低电平，称为输出负逻辑。七段码显示器接收数据和选通脉冲信号的逻辑见表 6-38。

表 6-38 七段码显示器逻辑

区 分	正 逻 辑	负 逻 辑
数据输入	以高电平变为 BCD 码	以低电平变为 BCD 码
选通脉冲信号	以高电平保持锁存的数据	以低电平保持锁存的数据

根据 PLC 的输出正负逻辑与七段码显示器的正负逻辑是否一致，参数 n 可以按表 6-39 来进行选取。

表 6-39 带锁存的七段码显示指令中参数 n 的选择

数据输入	选通脉冲信号	参数 n		数据输入	选通脉冲信号	参数 n	
		四位一组	四位二组			四位一组	四位二组
一致	一致	0	4	不一致	一致	2	6
	不一致	1	5		不一致	3	7

若已知 PLC 输出为负逻辑，七段码显示器的数据输入为负逻辑、选通脉冲信号为正逻

辑，且是四位一组，则可知数据输入一致，与选通脉冲信号不一致，应选取 n=1；若是四位二组，应选取 n=5。使用七段码译码指令的注意事项如下：

① 指令进行四位一组或二组进行显示，需要 12 个运算周期时间。为了执行一系列显示，要求 PLC 的扫描周期(即运算周期)在 10ms 以上，不足 10ms 时，应使用恒定扫描模式，用 10ms 以上的扫描周期定时运行。

② 四位数输出结束后，“执行完毕”标志辅助寄存器 M8029 动作。

③ 指令的驱动条件 X000 为 ON 时，指令反复动作，但在一系列动作过程中，若 X000 变为 OFF，指令动作中断，X000 再为 ON 时，指令从初始动作开始。

④ FX2N 系列 PLC 晶体管输出为 ON 时，电平约为 1.5V，使用的七段码显示器应与此相应的输出电压相匹配。

6.1.10 触点比较指令及应用

触点比较指令相当于一个触点，执行时比较源操作数[S1]和[S2]，满足比较条件则触点闭合，源操作数可以取所有的数据类型。以 LD 开始的触点比较指令接在左侧母线上，以 AND 开始的触点比较指令相当于串联触点，以 OR 开始的触点比较指令相当于并联触点。触点比较指令共有 18 条

1. 触点比较指令使用说明

(1) LD 触点比较指令　该类指令的助记符、代码及导通条件见表 6-40。

表 6-40　LD 触点比较指令

功能指令代码	助记符	导通条件	非导通条件	功能指令代码	助记符	导通条件	非导通条件
FNC 224	(D)LD=	[S1.]=[S2.]	[S1.]≠[S2.]	FNC 228	(D)LD< >	[S1.]≠[S2.]	[S1.]=[S2.]
FNC 225	(D)LD>	[S1]>[S2.]	[S1.]≤[S2.]	FNC 229	(D)LD≤	[S1.]≤[S2.]	[S1.]>[S2.]
FNC 226	(D)LD<	[S1.]<[S2.]	[S1.]≥[S2.]	FNC 230	(D)LD≥	[S1.]≥[S2.]	[S1.]<[S2.]

图 6-60 所示为 LD= 指令的使用，当计数器 C10 的当前值为 200 时驱动 Y010。其他 LD 触点比较指令在此不一一说明。

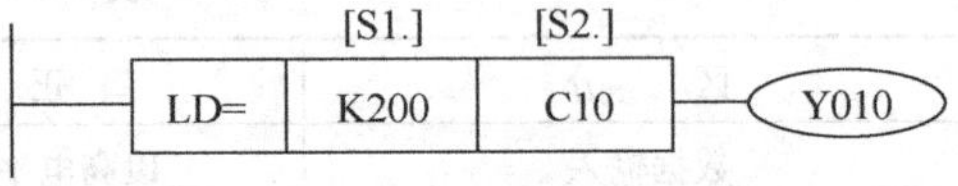

图 6-60　LD= 指令的使用

(2) AND 触点比较指令　该类指令的助记符、代码及导通条件见表 6-41。

表 6-41　AND 触点比较指令

功能指令代码	助记符	导通条件	非导通条件	功能指令代码	助记符	导通条件	非导通条件
FNC 232	(D)AND=	[S1.]=[S2.]	[S1.]≠[S2.]	FNC 236	(D)AND< >	[S1.]≠[S2.]	[S1.]=[S2.]
FNC 233	(D)AND>	[S1]>[S2.]	[S1.]≤[S2.]	FNC 237	(D)AND≤	[S1.]≤[S2.]	[S1.]>[S2.]
FNC 234	(D)AND<	[S1.]<[S2.]	[S1.]≥[S2.]	FNC 238	(D)AND≥	[S1.]≥[S2.]	[S1.]<[S2.]

图 6-61 所示为 AND= 指令的使用，当 X000 为 ON 且计数器 C10 的当前值为 200 时，驱动 Y010。

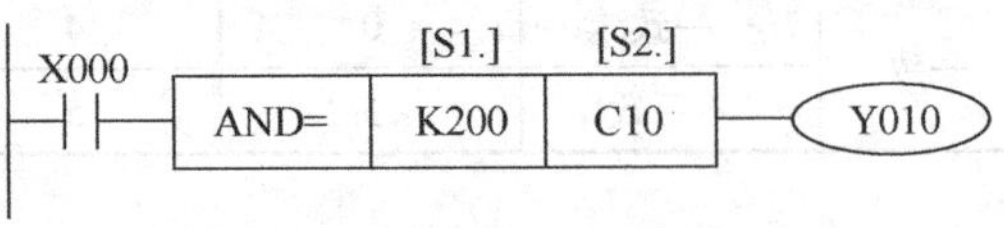

图 6-61　AND= 指令的使用

(3) OR 触点比较指令　该类指令的助记符

符、代码及导通条件见表 6-42。

表 6-42　OR 触点比较指令

功能指令代码	助记符	导通条件	非导通条件	功能指令代码	助记符	导通条件	非导通条件
FNC 240	(D)OR =	[S1.] = [S2.]	[S1.] ≠ [S2.]	FNC 244	(D)OR < >	[S1.] ≠ [S2.]	[S1.] = [S2.]
FNC 241	(D)OR >	[S1] > [S2.]	[S1.] ≤ [S2.]	FNC 245	(D)OR≤	[S1.] ≤ [S2.]	[S1.] > [S2.]
FNC 242	(D)OR <	[S1.] < [S2.]	[S1.] ≥ [S2.]	FNC 246	(D)OR≥	[S1.] ≥ [S2.]	[S1.] < [S2.]

OR = 指令的使用如图 6-62 所示，当 X001 处于 ON 或计数器的当前值为 200 时，驱动 Y000。

触点比较指令源操作数可取任意数据类型。16 位运算占 5 个程序步，32 位运算占 9 个程序步。

2. 触点比较指令使用注意事项和举例

（1）使用注意事项　触点比较指令的助记符是由文字符（如 LD、AND、OR）和数学关系符（如 <、=、>）两部分组成的，但在梯形图中，触点比较指令助记符的文字符部分并不会出现，而只会出现数学关系符，以上所示梯形图中的触点比较指令的助记符（如“LD =、AND >、OR =”等）实际上是不会完整地出现的，梯形图的真实的情形如图 6-63 所示。

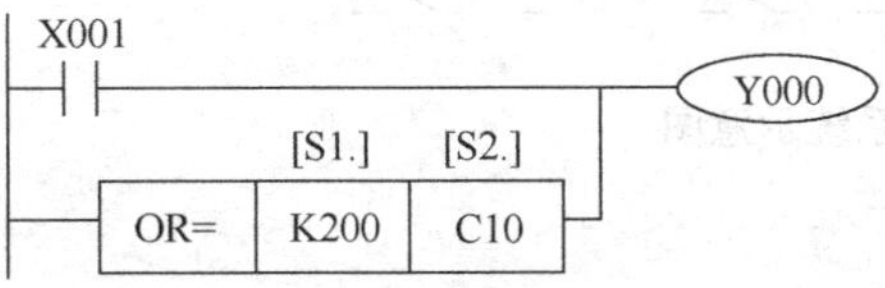

图 6-62　OR = 指令的使用

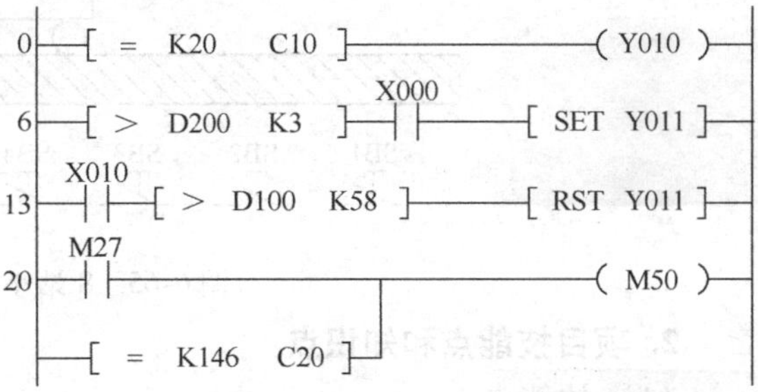

图 6-63　梯形图的编程

（2）使用举例　某植物园对 A、B 两种植物进行灌溉，控制要求如下：A 类植物需要定时灌溉，要求在早上 6：00 到 6：30 之间，晚上 23：00 到 23：30 之间灌溉。B 类植物需要每隔一天的晚上 23：00 灌溉一次，每次 10min。程序如图 6-64 所示。

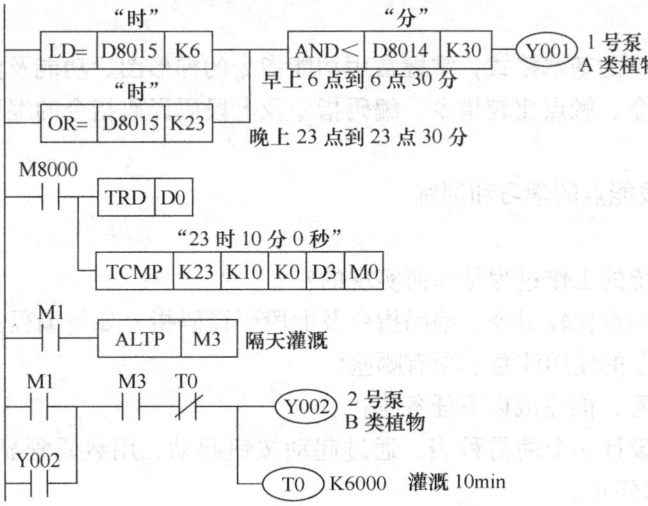

图 6-64　植物灌溉系统的触点比较指令的编程

6.2 实训项目

6.2.1 项目1 8站小车呼叫系统的设计

1. 项目任务

用功能指令设计一个8站小车呼叫的控制系统。

其控制要求如下：小车所停位置号小于呼叫号时，小车右行至呼叫号处停车；小车所停位置号大于呼叫号时，小车左行至呼叫号处停车，小车所停位置号等于呼叫号时，小车原地不动；小车运行时呼叫无效；具有左行、右行定向指示和原点不动指示；具有小车行走位置的七段数码管显示。8站小车呼叫系统示意图如图6-65所示。

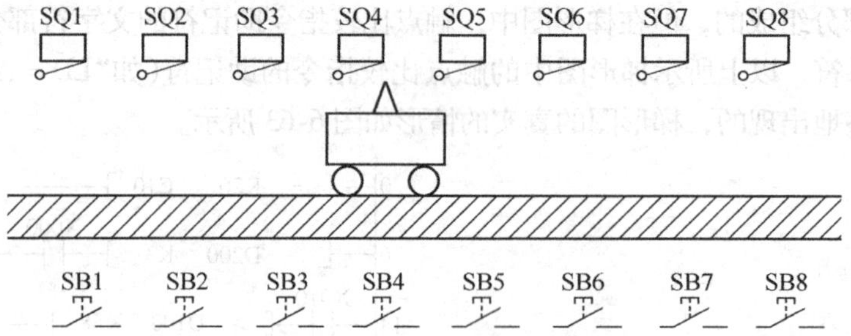

图6-65 8站小车呼叫系统示意图

2. 项目技能点和知识点

（1）技能点

1）能够利用功能指令实现PLC对8站小车呼叫系统的编程。

2）能够根据功能指令的特点灵活设计PLC程序。

3）能合理分配I/O地址，绘制PLC控制接线图，能够完成PLC控制电路的接线。

4）能对PLC控制系统实现离线调试和在线监控调试。

（2）知识点

1）掌握功能指令的基本格式，掌握常用功能指令的梯形图、功能及使用注意事项。

2）掌握比较指令、触点比较指令、编码指令及七段码译码指令的编程。

3. 项目实施

（1）知识点、技能点的学习和训练

1）思考：

① 小车呼叫系统的工作过程是如何实现的？

② 比较指令、触点比较指令、编码指令及七段码译码指令如何编程？

③ 常用功能指令的使用注意事项有哪些？

2）行动：试试看，能完成以下任务吗？

① 用功能指令设计一个简易秒表，通过起动按钮起动，用数码管显示0～9，10s后继续循环，按停止按钮停止。

② 通过触点比较指令来编写学习情境四中的实训项目3十字路口交通灯的自动程序。

（2）明确项目工作任务

1）思考：项目工作任务是什么？

2）行动：根据系统控制和操作要求，逐项分解工作任务，完成项目任务分析（分析任务及所要求达到的技术指标和工艺要求）。

（3）确定系统控制方案

1）思考：系统采用什么主控制器？采用什么控制策略？完成项目需要哪些设备？

2）行动：小组成员共同研讨，制定系统总体控制方案，绘制系统工作流程图及系统结构框图。

（4）PLC控制系统硬件的设计

1）收集相关PLC控制器、开关、按钮等设备资料，完善项目设备表，见表6-43。

表6-43 项目设备表

序号	名称	型号	数量	备注
1	可编程序控制器			
2	按钮			
3	限位开关			
4	电动机			
5	继电器			
6	熔断器			
7	接线端子排			
8	指示灯			
9	数码管			

2）I/O点的分配

根据被控对象对PLC系统的功能要求和所需要的I/O点数，选择适当类型的PLC。I/O分配表见表6-44。

表6-44 I/O分配表

输入(I)			输出(O)		
元件	功能	信号地址	元件	功能	信号地址
按钮SB1	定位呼叫	X000	小车	前进	Y000
按钮SB2	定位呼叫	X001	小车	后退	Y001
按钮SB3	定位呼叫	X002	指示灯	前进指示	Y004
按钮SB4	定位呼叫	X003	指示灯	后退指示	Y005
按钮SB5	定位呼叫	X004	数码管	数码管驱动	Y010
按钮SB6	定位呼叫	X005	数码管	数码管驱动	Y011
按钮SB7	定位呼叫	X006	数码管	数码管驱动	Y012
按钮SB8	定位呼叫	X007	数码管	数码管驱动	Y013
开关SQ1	限位	X010	数码管	数码管驱动	Y014
开关SQ2	限位	X011	数码管	数码管驱动	Y015
开关SQ3	限位	X012	数码管	数码管驱动	Y016
开关SQ4	限位	X013			

（续）

输入(I)			输出(O)		
元件	功能	信号地址	元件	功能	信号地址
开关 SQ5	限位	X014			
开关 SQ6	限位	X015			
开关 SQ7	限位	X016			
开关 SQ8	限位	X017			

3）绘制出 PLC 控制系统(I/O)电气接线图。

（5）程序设计

1）根据被控对象的工艺条件和控制要求，设计 8 站小车呼叫系统梯形图，参照梯形图如图 6-66 所示。

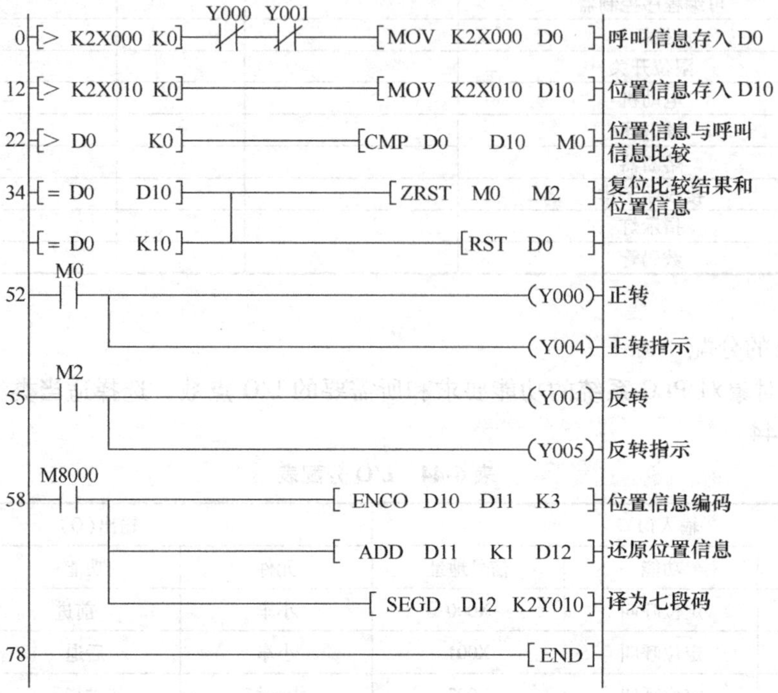

图 6-66　8 站小车呼叫系统梯形图

2）进行程序的语法检查，无误后进行仿真调试。

（6）系统安装、接线及综合调试软硬件

1）按系统接线图对 PLC 控制系统进行安装和接线，同时在硬件上也要注意系统的安全和保护措施。

2）PLC 通电，通过编程软件将 PLC 置于非运行状态，并将程序下载到 PLC。

3）通过编程软件将 PLC 置于运行(RUN)状态，给出输入信号，观察 PLC 输入输出指示灯状态和通过计算机编程软件监控程序中各触点、输出的状态是否正确，对 PLC 控制系统的硬件和 PLC 编程软件联合进行监控调试，发现问题应对软硬件进行修改，直到系统完善为止。

（7）编写系统技术文件 编制一份系统操作使用说明书。

（8）项目考核及总结

1）思考：整个项目任务完成得怎么样？有何收获和体会？对自己有何评价？

2）行动：填写考核表，与同学、教师共同完成本次项目的考核工作。整理上述步骤中所编写的材料，完成项目训练报告。

6.2.2 项目2 五相步进电动机的模拟控制

1. 项目任务

用功能指令设计五相步进电动机模拟控制系统。步进电动机的五相分别用指示灯A、B、C、D、E来表示。

其控制要求如下：接通开关后五相步进电动机五个绕组依次自动实现如下方式的循环通电控制(每步时间为2s)：

第一步：A ~ B ~ C ~ D ~ E

第二步：A ~ AB ~ BC ~ CD ~ DE ~ EA

第三步：AB ~ ABC ~ BC ~ BCD ~ CD ~ CDE ~ DE ~ DEA

第四步：EA ~ ABC ~ BCD ~ CDE ~ DEA

切断开关步进电动机停止，五相步进电动机的模拟控制示意图如图6-67所示。

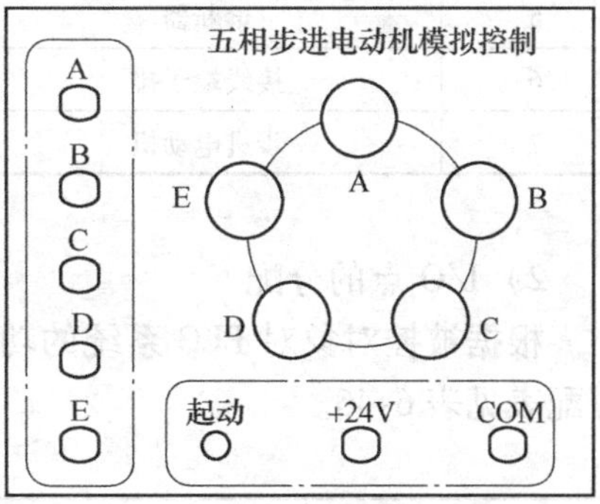

图6-67 五相步进电动机的模拟控制示意图

2. 项目技能点和知识点

（1）技能点

1）能够利用功能指令实现五相步进电动机模拟控制系统的编程。

2）能够根据功能指令的特点灵活设计PLC程序。

3）能合理分配I/O地址，绘制PLC控制接线图，能够完成PLC控制电路的接线。

4）能对PLC控制系统实现离线调试和在线监控调试。

（2）知识点

1）掌握功能指令的基本格式，掌握常用功能指令的梯形图、功能及使用注意事项。

2）掌握移位指令的编程。

3. 项目实施

（1）知识点、技能点的学习和训练

1）思考：

① 五相步进电动机的工作过程是如何实现的？

② 各类移位指令如何编程？

③ 常用功能指令的使用注意事项有哪些？

2）行动：试试看，能完成以下任务吗？

① 用功能指令设计一个三相步进电动机单三拍正转的PLC控制程序。

② 用功能指令设计一个三相步进电动机三相六拍正转的 PLC 控制程序。

（2）明确项目工作任务

1）思考：项目工作任务是什么？

2）行动：根据系统控制和操作要求，逐项分解工作任务，完成项目任务分析（分析任务及所要求达到的技术指标和工艺要求）。

（3）确定系统控制方案

1）思考：系统采用什么主控制器？采用什么控制策略？完成项目需要哪些设备？

2）行动：小组成员共同研讨，制定系统总体控制方案，绘制系统工作流程图及系统结构框图。

（4）PLC 控制系统硬件的设计

1）收集相关 PLC 控制器、开关等设备资料，完善项目设备表，见表 6-45。

表 6-45 项目设备表

序号	名称	型号	数量	备注
1	可编程序控制器			
2	开关			
3	指示灯			
4	继电器			
5	熔断器			
6	接线端子排			
7	步进电动机			

2）I/O 点的分配

根据被控对象对 PLC 系统的功能要求和所需要的 I/O 点数，选择适当类型的 PLC。I/O 分配表见表 6-46。

表 6-46 I/O 分配表

输入(I)			输出(O)		
元件	功能	信号地址	元件	功能	信号地址
开关	起动、停止	X000	电动机绕组	A 相	Y000
			电动机绕组	B 相	Y001
			电动机绕组	C 相	Y004
			电动机绕组	D 相	Y005
			电动机绕组	E 相	Y005

3）绘制出 PLC 控制系统（I/O）电气接线图。

（5）程序设计　根据被控对象的工艺条件和控制要求，设计五相步进电动机模拟控制梯形图，参考梯形图如图 6-68 所示。

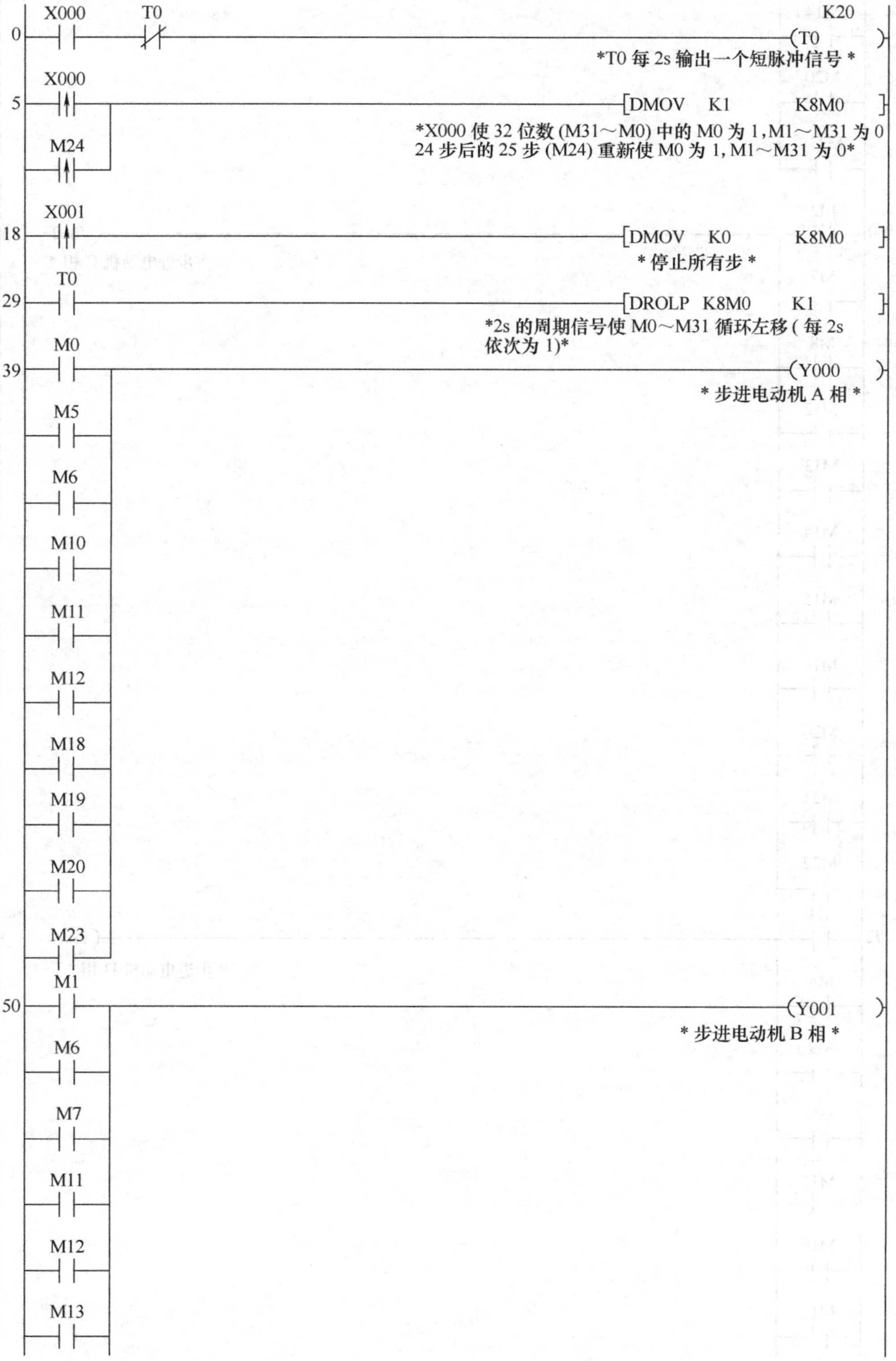

图 6-68　五相步进电动机模拟控制梯形图

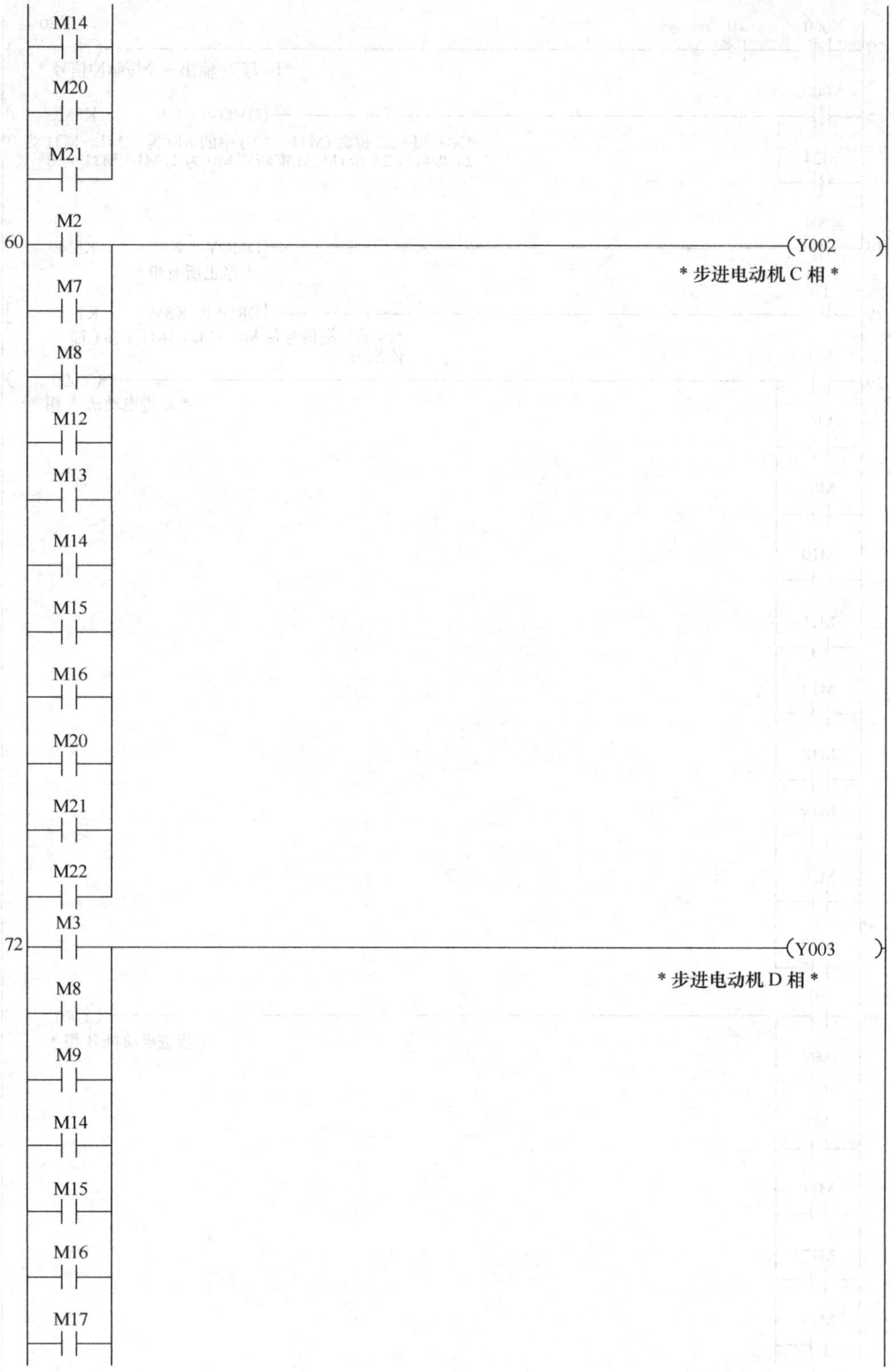

图 6-68　五相步进电动机模拟控制梯形图(续)

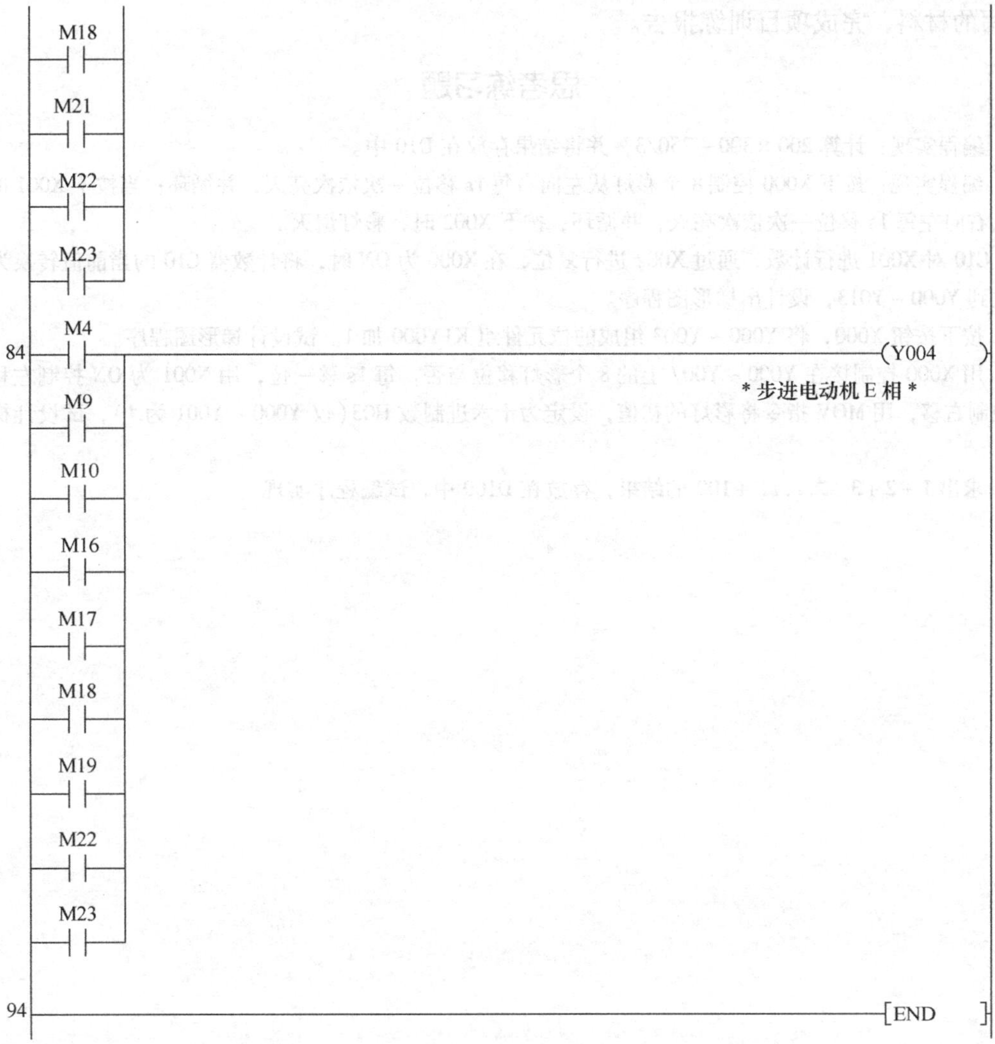

图6-68　五相步进电动机模拟控制梯形图(续)

(6) 系统安装、接线及综合调试软硬件

1) 按系统接线图对PLC控制系统进行安装和接线，同时在硬件上也要注意系统的安全和保护措施。

2) PLC通电，通过编程软件将PLC置于非运行状态，并将程序下载到PLC。

3) 通过编程软件将PLC置于运行(RUN)状态，给出输入信号，观察PLC输入输出指示灯状态和通过计算机编程软件监控程序中各触点、输出的状态是否正确，对PLC控制系统的硬件和PLC编程软件联合进行监控调试，发现问题应对软硬件进行修改，直到系统完善为止。

(7) 编写系统技术文件　编制一份系统操作使用说明书。

(8) 项目考核及总结

1) 思考：整个项目任务完成得怎么样？有何收获和体会？对自己有何评价？

2) 行动：填写考核表，与同学、教师共同完成本次项目的考核工作。整理上述步骤中所编写的材料，完成项目训练报告。

思考练习题

1. 编程实现：计算 200×300－750/3，并将结果存放在 D10 中。

2. 编程实现：按下 X000 控制 8 个彩灯从左向右每 1s 移位一次依次亮灭，并循环；当按下 X001 时 8 个彩灯从右向左每 1s 移位一次依次亮灭，并循环；按下 X002 时，彩灯熄灭。

3. C10 对 X001 进行计数，通过 X002 进行复位，在 X000 为 ON 时，将计数器 C10 的当前值转换为 BCD 码后送到 Y000～Y013，设计出梯形图程序。

4. 按下按钮 X000，将 Y000～Y003 组成的位元件组 K1Y000 加 1。试设计梯形图程序。

5. 用 X000 控制接在 Y000～Y007 上的 8 个彩灯移位与否，每 1s 移一位，用 X001 为 ON 控制左移；为 OFF 控制右移，用 MOV 指令将彩灯的初值，设定为十六进制数 H03（仅 Y000～Y001 为 1），试设计梯形图程序。

6. 求出 1＋2＋3＋...... ＋100 的结果，存放在 D100 中，试编程序实现。

7

学习情境

PLC 控制系统的通信及模拟量的控制

【知识目标】

1. 掌握功能指令的基本格式，常用功能指令的梯形图、功能及使用注意事项。
2. 掌握 PID 参数的设定。
3. 掌握外部设备、通信等功能指令的应用。
4. 掌握扩展模块的应用及模拟量的控制。
5. 掌握变频器的应用。
6. 掌握 PLC 控制系统的通信。

【能力目标】

1. 能够通过编程软件实现功能指令的编程。
2. 能够根据控制要求灵活应用功能指令实现 PLC 控制系统的编程。
3. 能根据变频器的使用手册设定变频器的参数。
4. 能合理分配 I/O 地址，绘制 PLC 控制系统接线图。
5. 能够根据控制要求实现 PLC 的通信、模拟量的控制。

7.1 知识链接

7.1.1 外部设备 I/O 指令及外围设备指令

FX2N 系列可编程序控制器备有与外部设备交换数据的外部设备 I/O 指令，这类指令可以通过少量的程序和外部布线，实现复杂的控制。此外，为了控制特殊功能单元、特殊功能模块，还有可对它们缓冲区数据进行读写的 FROM、TO 指令。上章已经介绍了部分外部设备 I/O 指令，本节继续介绍 ASCII 码转换指令、FROM 指令及 TO 指令。外围设备指令是用来实现外部设备信号读取、数据转换、通信和 PID 控制等，共有八条，本节只介绍 HEX 与 ASCII 码的相互转换指令，PID 指令、RS 指令(串行通信指令)将在后文详细介绍。

1. ASCⅡ码转换指令

该指令的名称、指令代码、助记符、操作数和程序步见表 7-1。

表 7-1 ASCⅡ码转换指令的要素

指令名称	指令代码（位数）	助 记 符	操 作 数		程 序 步
			S(·)	D(·)	
ASCII 码转换	FNC76 (16)	ASC	由微型计算机输入 0 ~ 9、A ~ Z 中的最多 8 个数字或字母	T、C、D	ASC 指令为 11 步

该指令可以将 0 ~ 9、A ~ Z 中的最多 8 个数字或字母转换为 ASCⅡ码，在应用中可以对外部设备进行出错信息的显示。在如图 7-1a 所示的程序中，将 A ~ H 这 8 个字母转换为 ASCⅡ码。执行该指令时，转换后的格式受 ASCⅡ码继电器 M8161 状态影响，当 M8161 = OFF 时，S（·）由微机输入 8 个以内的字母数字(每个字母数字为 8 位一个字节)转换为 ASCⅡ码后，存入 D（·）指定的以 D300 起始号的单元中，每个数据寄存器中存放两个字母的 ASCⅡ码；若 M8161 = ON，转换后的每个 ASCⅡ码存入数据寄存器的低 8 位，高 8 位不占用，即占一个数据存储单元，如图 7-1b 所示。

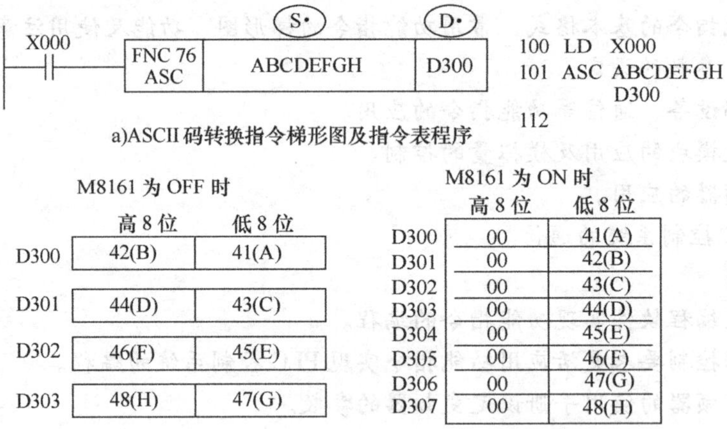

b)M8161 状态不同，存储 ASCII 码格式的区别

图 7-1 ASCⅡ码转换指令使用说明

2. 缓冲存储器(BFM)读出、写入指令(FROM、TO 指令)

（1）FROM、TO 指令使用说明 该指令的名称、指令代码、助记符、操作数和程序步见表 7-2。FX2N 系列可编程序控制器最多可连接 8 个增设的特殊功能模块，并且赋予模块编号，模块编号从最靠近基本单元开始顺序编为 NO. 0 ~ NO. 7，模块号可供 FROM、TO 指令指定对应模块工作。有些增设的特殊功能模块中有 32 个 16 位 RAM(如 4 通道 12 位模拟量输入/输出模块 FX2N-4AD、FX2N-4DA)，称为缓冲存储器(BFM)，缓冲存储器编号范围

为# 0 ~ # 31，其内容根据各特殊功能模块的控制目的而设定。

表 7-2 BFM 读出、写入指令要素

指令名称	指令代码（位数）	助记符	操作数				程序步
			m1	m2	D(·)/S(·)	n	
BFM 读出	FNC78 (16/32)	FROM (D)FROM(P)	K、H m1 = 0 ~ 7 特殊功能单元，特殊功能模块号	K、H m2 = 0 ~ 31 (BFM)号	KnY、KnM、KnS T、C、D、V、Z	n = (1 ~ 32)/32 位 n = (1 ~ 16)/16 位 传送字点数	FROM、FROMP 指令为9步 DFROM、DFROMP 指令为17步
BFM 写入	FNC-79 (16/32)	TO (D)TO(P)			K、H、KnX、KnY KnM、KnS、T、C、D、V、Z		TO、TOP 指令为9步 DTO、DTOP 指令为17步

FROM 指令具有将增设的特殊功能模块中的缓冲存储器(BFM)的内容读到可编程序控制器中的功能。16 位 BFM 读出指令梯形图如图 7-2a 所示，当驱动条件 X000 = ON 时，指令根据 m1 指定的 NO. 1 特殊功能模块，对 m2 指定的# 29 缓冲存储器(BFM)内 16 位数据读出并传送到可编程序控制器的 K4M0 中；若 X000 = OFF 时，不执行传送，传送地点的数据不变，脉冲型指令 FROMP 执行后也同样。

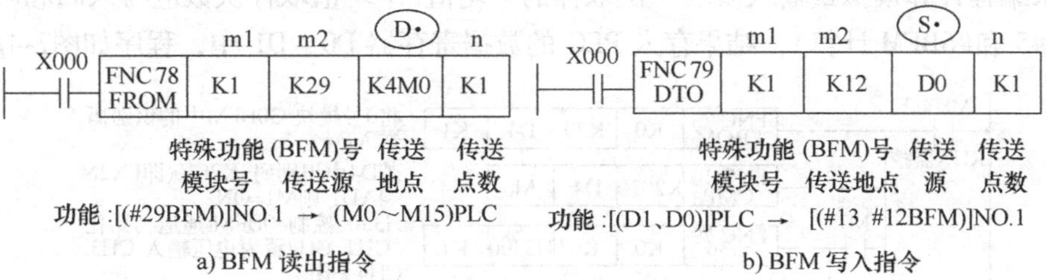

图 7-2 FROM、TO 指令使用说明

TO 指令具有从可编程序控制器将数据写入特殊功能模块的缓冲存储器(BFM)中的功能。32 位 BFM 写入指令梯形图如图 7-2b，当驱动条件 X000 为 ON 时，指令将 S（·）指定的(D1、D0)中 32 位数据写入 m1 指定的 NO. 1 特殊功能模块中的#13、#12 缓冲存储器(BFM)；当 X000 为 OFF 时，不执行写入传送，传送地点的数据不变，脉冲型指令 TOP 执行后也同样。

FROM、TO 指令，使用注意事项如下：

1）若为 16 位指令对 BFM 处理时，传送的点数 n 是点对点的单字传送。图 7-3a 是 16 位指令，n = 5 的传送示意图；若用 32 位指令对 BFM 处理时，指令中 m2 指定的起始号是低 16 位的 BFM 号，其后续号为高 16 位的 BFM 号，传送点数 n = 1，是 m2 指定的 BFM 对与目标操作数之间的双字传送。图 7-3b 是 32 位指令，n = 2 的传送示意图。16 位指令的 n = 2 与 32 位指令的 n = 1，具有相同的意义。

2）FROM、TO 指令的执行受中断允许继电器 M8028 的约束。当 M8028 为 OFF 时，FROM、TO 指令执行过程中，为自动中断禁止状态，输入中断、定时中断不能执行，此期间若发生中断，只有在 FROM、TO 指令执行完毕后才能立即执行，FROM、TO 指令在中断

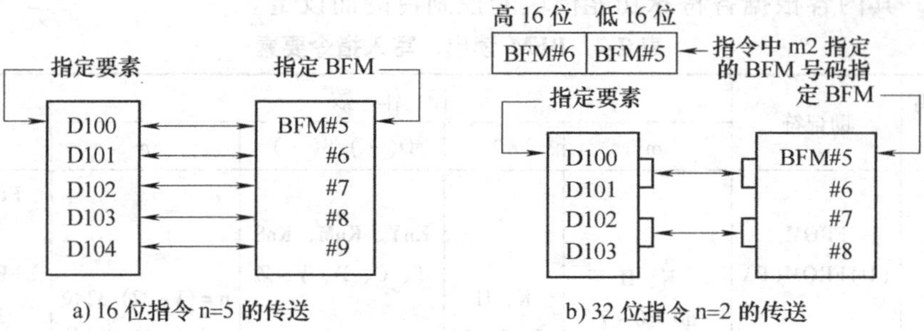

图 7-3 16 位/32 位指令对 BFM 处理时传送点 n 的意义

程序中也可以使用；当 M8028 为 ON 时，FROM、TO 指令执行过程中，发生中断时，立即执行中断，但是，在中断程序中，不能使用 FROM、TO 指令。

（2）FX2N 系列可编程序控制器的模拟量输入模块中 BFM 读、写的编程　FX2N-4AD 模拟量输入模块是特殊功能模块之一。FX2N-4AD 模块在基本单元 FX2N-64MR 的右扩展总线上的编号为 NO.0，它的 4 个通道仅开通通道 1（CH1）和通道 2（CH2）两个通道，作为电压量输入通道，#0 BFM 对 4 个通道初始化的十六进制 4 位数字为 H3300（从最低位到最高位数字分别控制通道 1 至通道 4，每位数字可由 0 ~ 3 表示，0 表示设定输入电压范围为 -10 ~ +10V，1 表示设定输入电流范围为 +4 ~ +20mA，2 表示设定输入电流范围为 -20 ~ +20mA，3 表示关闭通道）。要求编程计算模拟量输入模块 4 次取样的平均值（平均值取样次数应写入#1和#2BFM 中，平均值由#5 和#6BFM 计算），结果存入 PLC 的数据寄存器 D0、D1 中，程序如图7-4所示。

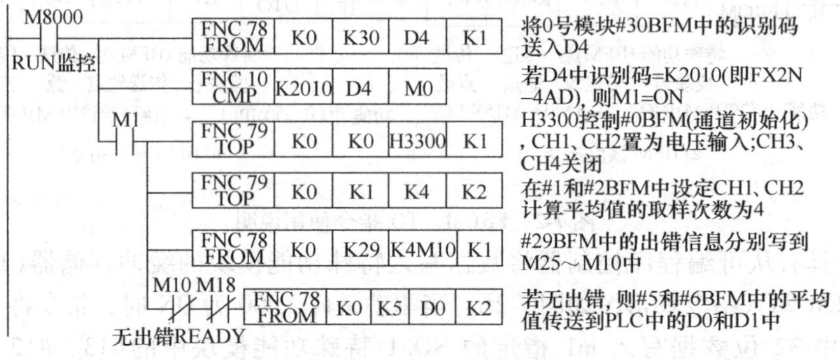

图 7-4　BFM 读/写的编程

3. HEX 与 ASCⅡ码转换指令

该指令的名称、指令代码、助记符、操作数和程序步见表 7-3。

表 7-3　HEX 与 ASCⅡ码转换指令

指令名称	指令代码（位数）	助记符	操作数 S(·)	操作数 D(·)	操作数 n	程序步
HEX→ASCⅡ转换	FNC 82 (16)	ASCI ASCI(P)	K、H、KnX、KnY KnM、KnS、T、C、D、V、Z	KnY、KnM、KnS T、C、D	K、H (1 ~256)	ASCI、ASCIP 指令为 7 步
ASCⅡ→HEX转换	FNC 83 (16)	HEX HEX(P)		KnY、KnM、KnS T、C、D、V、Z		HEX、HEXP 指令为 7 步

HEX→ASCⅡ 转换指令可将每个十六进制数转换为 8 位的 ASCⅡ码数据传送到指定单元存放；而 ASCⅡ→HEX 转换是将每个 8 位 ASCⅡ 码数据转换为 4 位十六进制数传送到指定单元存放。转换模式根据 M8161（M8161 与 RS、HEX、CCD 指令共用）状态的不同有 16 位转换模式和 8 位转换模式两种。

（1）HEX→ASCⅡ 转换指令使用说明　图 7-5 是 HEX→ASCⅡ转换指令的 16 位转换模式，n = 4 的位构成举例说明。指令的梯形图如图 7-5a 所示，指令执行时，将 S(·)指定单元的 n 个 HEX 数据分别转换成 8 位 ASCⅡ码数据，向 D(·)指定元件的高、低 8 位中传送，若 D(·)指定元件存不下 n 个 ASCⅡ码数据，则自动向 D(·) +1 元件中存放。

（2）ASCⅡ→HEX 转换指令使用说明　图 7-6 是 ASCⅡ→HEX 指令的 8 位转换模式，n = K2 的 8 位进行转换。当 X010 为 ON 时，指令将 S(·)指定的 n 个 ASCⅡ码字符分别转换成 n(n = 2) 个 4 位 HEX 数，向 D(·)指定元件中传送，若一个单元存放不下 n 个字符的 HEX 数据，则自动向 D(·) +1 元件中存放。

图 7-7 是 ASCⅡ→HEX 指令的 16 位转换模式，n = K4 的 16 位进行转换。图 7-7a 是 ASCⅡ→HEX 转换指令的梯形图，当 X010 为 ON 时，指令将 S(·)指定元件中 n 个 ASCⅡ码字符分别转换成 n(n = 4) 个的 4 位 HEX 数，向 D(·)指定元件中传送，若指定单元存不下 n 个字符的 HEX 数据，则自动向 D(·) +1 元件中存放。

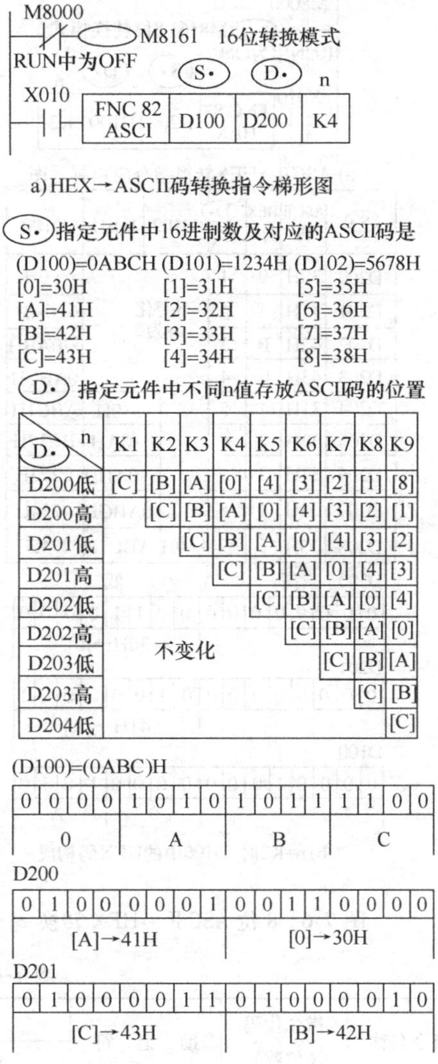

图 7-5　16 位转换模式的 HEX→ASCⅡ 转换

HEX 与 ASCⅡ码转换指令使用注意事项如下。

1）使用打印等输出 BCD 码时，在执行 ASCⅠ指令前，需要进行 BIN →BCD 转换。同理，输入数据为 BCD 码时，在 HEX 指令执行后，需要 BCD→BIN 转换。

2）在 HEX 指令中，若 S(·)指定元件中不是 ASCⅡ码，则转换出错。尤其是在 M8161 为 OFF，16 位转换模式时，S(·)的高 8 位也需要是 ASCⅡ码。

4. 校验码指令

该指令的名称、指令代码、助记符、操作数和程序步见表 7-4。

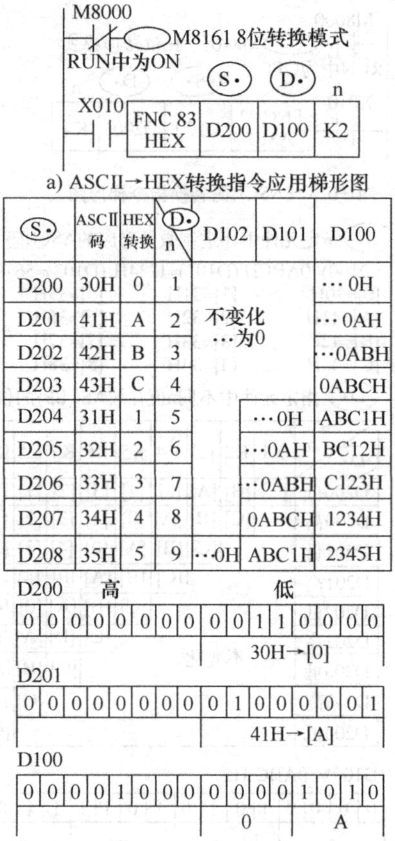

a) ASCⅡ→HEX转换指令应用梯形图

b) n=K2时, D100中的HEX码构成

图 7-6　8 位 ASCⅡ→HEX 转换

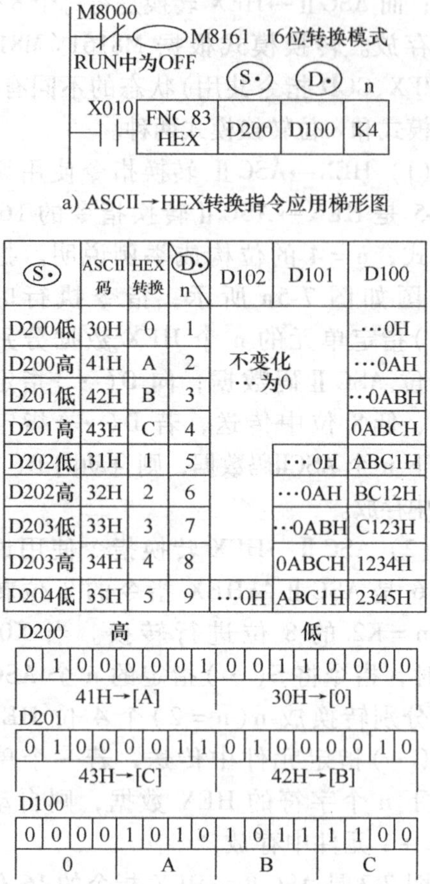

a) ASCⅡ→HEX转换指令应用梯形图

b) n=K4时, D100中的HEX码构成

图 7-7　16 位 ASCⅡ→HEX 转换

表 7-4　校验码指令的要素

指令名称	指令代码（位数）	助 记 符	操 作 数			程 序 步
			S(·)	D(·)	n	
校验码	FNC84 (16)	CCD CCD(P)	KnX、KnY、KnM KnS、T、C、D	KnM、KnS T、C、D	K、H (1～256)	CCD、CCDP 指令为 7 步

该指令可用于通信数据的校验。指令根据 M8161(M8161 与 RS,HEX,CCD 指令共用)状态的不同也有 16 位转换模式和 8 位转换模式两种校验操作。指令使用说明如图 7-8 所示，图 7-8a 为 16 位转换模式校验操作，执行指令时，以 S(·)指定元件为起始的 n 点数据，将其高低 8 位数据的总和与校验检查码分别存于 D(·)与 D(·) + 1 指定的元件中。图 7-8b 是 8 位转换模式校验操作，执行指令时，以 S(·)指定元件为起始的 n 点数据，仅将低 8 位数据的总和与校验检查码分别存于 D(·)与 D(·) + 1 指定的元件中。

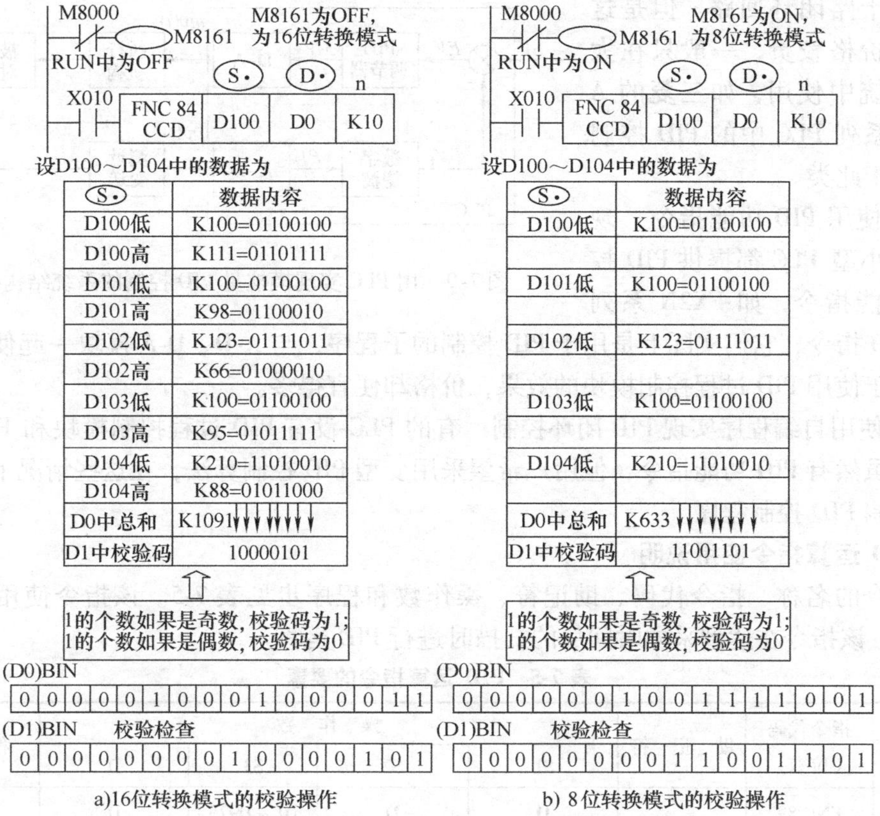

图 7-8　校验码指令使用说明

7.1.2　PID 控制

1. PID 控制的特点

在工业控制中，PID 控制(比例-积分-微分控制)得到了广泛应用，这是因为 PID 控制具有以下优点：不需要知道被控对象的数学模型。实际上对于大多数工业对象，准确的数学模型往往是无法获得的，对于这一类系统，使用 PID 控制可以得到比较满意的效果。据统计，目前 PID 控制及变型 PID 控制约占总控制回路数的 90% 左右。PID 控制器具有典型的结构，程序设计简单，参数调整方便。PID 控制有较强的灵活性和适应性，根据被控对象的具体情况，可以采用各种 PID 控制及其改进的控制方式，如 PI、PD、带死区的 PID、积分分离式 PID、变速积分 PID 控制等。随着智能控制技术的发展，PID 控制与模糊控制、神经网络控制等现代控制方法相结合，可以实现 PID 控制器的参数自整定，使 PID 控制器具有更强的实用性。

2. PLC 实现 PID 控制的方法

图 7-9 所示为采用 PLC 对模拟量实行 PID 控制的系统结构框图。用 PLC 对模拟量进行 PID 控制时，可以采用以下几种方法：

（1）使用 PID 过程控制模块　这种模块的 PID 控制程序是 PLC 生产厂家设计的，并存放在模块中，用户在使用时只需要设置一些参数即可，使用非常方便，一块模块可以控制几路甚至几十路闭环回路。但是这种模块的价格较贵，一般只在大型控制系统中使用，如三菱的 A 系列、Q 系列 PLC 中的 PID 控制模块都属于此类。

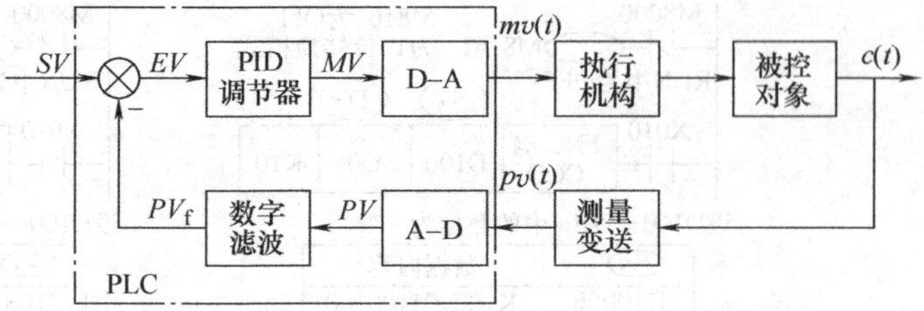

图 7-9　用 PLC 实现模拟量 PID 控制的系统结构框图

（2）使用 PID 功能指令　现在很多中小型 PLC 都提供 PID 控制用的功能指令，如 FX2N 系列 PLC 的 PID 指令，它们实际上是用于 PID 控制的子程序，与 A-D、D-A 模块一起使用，可以得到类似于使用 PID 过程控制模块的效果，价格却便宜得多。

（3）使用自编程序实现 PID 闭环控制　有的 PLC 没有 PID 过程控制模块和 PID 功能指令，有时虽然有 PID 功能指令，但用户希望采用变型 PID 控制算法，在这些情况下，用户可以自己编制 PID 控制程序。

3. PID 运算指令使用说明

该指令的名称、指令代码、助记符、操作数和程序步见表 7-5。该指令使用说明如图 7-10所示。该指令在达到采样时间后的扫描时进行 PID 运算。

表 7-5　PID 运算指令的要素

指令名称	指令代码（位数）	助记符	操作数				程序步
			S1	S2	S3	D	
PID 运算	FNC 88（16）	PID	D［目标值(SV)］	D［测定值(PV)］	D1 ~ D975［参数］	D［输出值(MV)］	PID 指令为 9 步

PID 指令是 PID 控制指令，在 PID 运算开始之前，应使用 MOV 指令将参数(见表 7-6)的设定值预先写入对应的数据寄存器中。若使用有断电保持功能的数据寄存器，则不需要重复写入。若目标操作数[D]有断电保持功能，则应使用初始化脉冲 M8002 的常开触点将其复位。

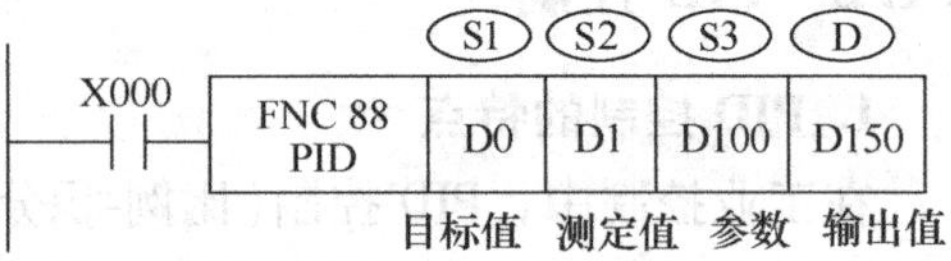

图 7-10　PID 指令使用说明

表 7-6　PID 控制参数及设定

源操作数	参　数	设定范围或说明	备　注
[S3]	采样周期(T)	1 ~ 32 767ms	不能小于扫描周期
[S3] + 1	动作方向(ACT)	Bit0：0 为正作用、1 为反作用 Bit1：0 为无输入变化量报警 1 为有输入变化量报警 Bit2：0 为无输出变化量报警 1 为有输出变化量报警	Bit3 ~ Bit15 不用
[S3] + 2	输入滤波常数(L)	0 ~ 99(%)	对反馈量的一阶惯性数字滤波环节
[S3] + 3	比例增益(K_P)	1 ~ 32 767(%)	

（续）

源操作数	参数	设定范围或说明	备注
[S3] + 4	积分时间常数(T_I)	0~32 767(×100ms)	0 与∝作同样处理
[S3] + 5	微分增益(K_D)	0~100(%)	
[S3] + 6	微分时间常数(T_D)	0~32 767(×10ms)	0 为无微分
[S3] + 7~ [S3] + 19	—	—	PID 运算占用
[S3] + 20	输入变化量(增加)报警设定值	0~32 767	由用户设定 ACT([S3] + 1) 为 K2~K7 时有效，即 ACT 的 Bit1 和 Bit2 至少有一个为 1 时才有效； 当 ACT 的 Bit1 和 Bit2 都为 0 时，[S3] + 20~[S3] + 24 无效
[S3] + 21	输入变化量(减少)报警设定值	0~32 767	
[S3] + 22	输出变化量(增加)报警设定值	0~32 767	
[S3] + 23	输出变化量(减少)报警设定值	0~32 767	
[S3] + 24	报警输出	Bit0：输入变化量(增加)超出 Bit1：输入变化量(减少)超出 Bit2：输出变化量(增加)超出 Bit3：输出变化量(减少)超出	

PID 指令可以同时多次使用，但是用于运算的[S3]、[D]的数据寄存器元件号不能重复。

PID 指令可以在定时中断、子程序、步进指令和转移指令控制的程序中使用，但是应将[S3] +7 清零(采用脉冲执行的 MOV 指令)之后才能使用。

控制参数的设定和 PID 运算中的数据出现错误时，运算错误标志 M8067 为 ON，错误代码存放在 D8067 中。

PID 指令采用增量式 PID 算法，控制算法中还综合采用了反馈量一阶惯性数字滤波、不完全微分和反馈量微分等补偿措施，使该指令比普通的 PID 算法具有更好的控制效果。

PID 控制是根据动作方向([S3] +1)的设定内容，进行正作用或反作用的 PID 运算。

PID 运算公式如下：

$$\Delta MV = K_P\left\{(EV_n - EV_{n-1}) + \frac{T_S}{T_I}EV_n + D_n\right\} \tag{7-1}$$

$$EV_n = PV_{nf} - SV(\text{正动作}) \tag{7-2}$$

$$EV_n = SV - PV_{nf}(\text{反动作}) \tag{7-3}$$

$$D_n = \frac{T_D}{T_S + \alpha_D T_D}(2PV_{nf-1} - PV_{nf} - PV_{nf-2}) + \frac{\alpha_D T_D}{T_S + \alpha_D T_D}D_{n-1} \tag{7-4}$$

$$PV_{nf} = PV_n + L(PV_{nf-1} - PV_n) \tag{7-5}$$

$$MV_n = \sum \Delta MV \tag{7-6}$$

式中，ΔMV 是本次和上一次采样时 PID 输出量的差值；MV_n 是本次采样时的 PID 输出量；EV_n 和 EV_{n-1} 分别是本次和上一次采样时的误差；SV 为设定值；PV_n 是本次采样的反馈值；

PV_{nf}、PV_{nf-1}和PV_{nf-2}分别是本次、前一次和前两次滤波后的反馈值；L是惯性数字滤波的系数；D_n和D_{n-1}分别是本次和上一次采样时的微分部分；K_P是比例增益；T_S是采样周期；T_I和T_D分别是积分时间和微分时间；α_D是不完全微分的滤波时间常数与微分时间T_D的比值。

4. PID 参数的整定

PID 控制器有 4 个主要的参数K_P、T_I、T_D和T_S需整定，无论哪一个参数选择得不合适都会影响控制效果。在整定参数时应把握住 PID 参数与系统动态、静态性能之间的关系。

在 P(比例)、I(积分)、D(微分)这三种控制作用中，比例部分与误差信号在时间上是一致的，只要误差一出现，比例部分就能及时地产生与误差成正比的调节作用，具有调节及时的特点。比例系数K_P越大，比例调节作用越强，系统的稳态精度越高，但是对于大多数系统，K_P过大会使系统的输出量振荡加剧，稳定性降低。

积分作用与当前误差的大小和误差的历史情况都有关系，只要误差不为零，控制器的输出就会因积分作用而不断变化，一直到误差消失，系统处于稳定状态时，积分部分才不再变化，因此，积分部分可以消除稳态误差，提高控制精度，但是积分作用动作缓慢，可能给系统的动态稳定性带来不良影响。积分时间常数T_I增大时，积分作用减弱，系统的动态性能(稳定性)可能有所改善，但是消除稳态误差的速度减慢。

微分部分是根据误差变化的速度，提前给出较大的调节作用。微分部分反映了系统变化的趋势，它较比例调节更为及时，所以微分部分具有超前和预测的特点。微分时间常数T_D增大时，超调量减小，动态性能得到改善，但是抑制高频干扰的能力下降。

选取采样周期T_S时，应使它远远小于系统阶跃响应的纯滞后时间或上升时间。为使采样值能及时反映模拟量的变化，T_S越小越好。但是T_S太小时，相邻两次采样的差值几乎没有什么变化，会增加 CPU 的运算工作量，所以也不宜将T_S取得过小。

7.1.3 PLC 模拟量输入/输出模块

1. 基本单元与扩展设备的连接

可编程序控制器的基本单元和外接扩展设备的连接如图 7-11 所示，扩展设备主要有扩展模块、特殊功能单元、特殊功能模块、特殊功能适配器、功能扩展板和存储盒等。基本单

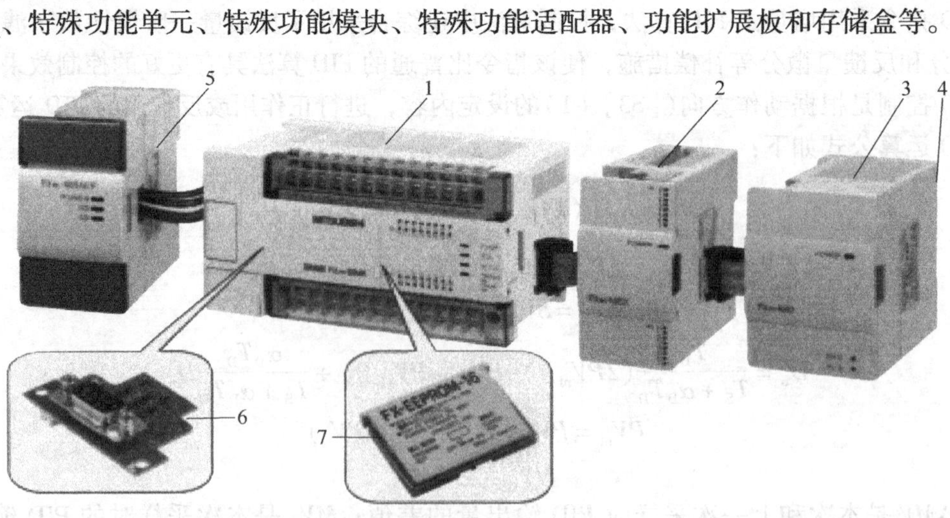

图 7-11　基本单元与扩展设备的连接示意图

元与扩展设备的说明见表 7-7。

表 7-7 基本单元与扩展设备的说明

种 类	内 容	连接内容	安装位置
1. 基本单元	具有 CPU 和内置电源的输入/输出端口附有连接电缆	输入/输出总点数为256。基本单元可以连接8个特殊功能单元和特殊功能模块，但实际上可以连接的特殊功能单元的数量和电源容量有关	基本单元右侧
2. 扩展模块	用于输入/输出扩展，从基本单元或扩展单元获得电源，内置连接电缆		
3. 特殊功能单元	用于输入特殊功能控制的扩展，内置电源，附有连接电缆		基本单元右侧
4. 特殊功能模块	用于输入特殊功能控制的扩展，无内置电源，内置连接电缆。从基本单元或扩展单元获得电源		基本单元右侧
5. 特殊功能适配器	用于输入特殊功能控制的扩展，无内置电源，从基本单元或扩展单元获得电源，不占用输入/输出点数	使用 FX-CNV-BD 型功能扩展板，可以连接一台	基本单元左侧
6. 功能扩展板	用于功能的扩展，不占用输入/输出点数	可以内置一台	内置在基本单元中
7. 存储盒、功能扩展存储器	EEPROM：最大 16000 步。RAM：最大 16000 步。EPROM：最大 16000 步	可以内置一台，可以和功能扩展板合用。安装功能扩展存储器后，可以增加变频器控制功能	内置在基本单元中

2. 模拟量输入模块 FX2N-4AD

FX 系列 PLC 常用的模拟量控制设备有模拟量扩展板（FX1N-2AD-BD、FX1N-1DA-BD）、普通模拟量输入模块（FX2N-2AD、FX2N-4AD、FX2NC-4AD、FX2N-8AD）、模拟量输出模块（FX2N-2DA、FX2N-4DA、FX2NC-4DA）、模拟量输入/输出混合模块（FX0N-3A）、温度传感器用输入模块（FX2N-4AD-PT、FX2N-4AD-TC、FX2N-8AD）及温度调节模块（FX2N-2LC）等。

（1）普通模拟量输入模块 FX2N-4AD 概述　模拟量输入模块 FX2N-4AD 为 4 通道 12 位 A-D 转换模块，其技术指标见表 7-8。

表 7-8 FX2N-4AD 的技术指标

项 目	输入电压	输入电流
模拟量输入范围	−10 ~ +10V（输入电阻 200Ω）	−20 ~ 20mA（输入电阻 250Ω）
数字输出	12 位，最大值 +2047，最小值 −2048	
分辨率	5mV	20μA
总体精度	±1%	±1%
转换速度	15ms（6ms 高速）	
隔离	模-数电路之间采用光电隔离	
电源规格	主单元提供直流 5V/30mA，外部提供直流 24V/55mA	
占用 I/O 点数	占用 8 个 I/O 点，可分配为输入或输出	
适用 PLC	FX1N，FX2N，FX2NC	

（2）FX2N-4AD 的接线图　FX2N-4AD 的接线如图 7-12 所示。

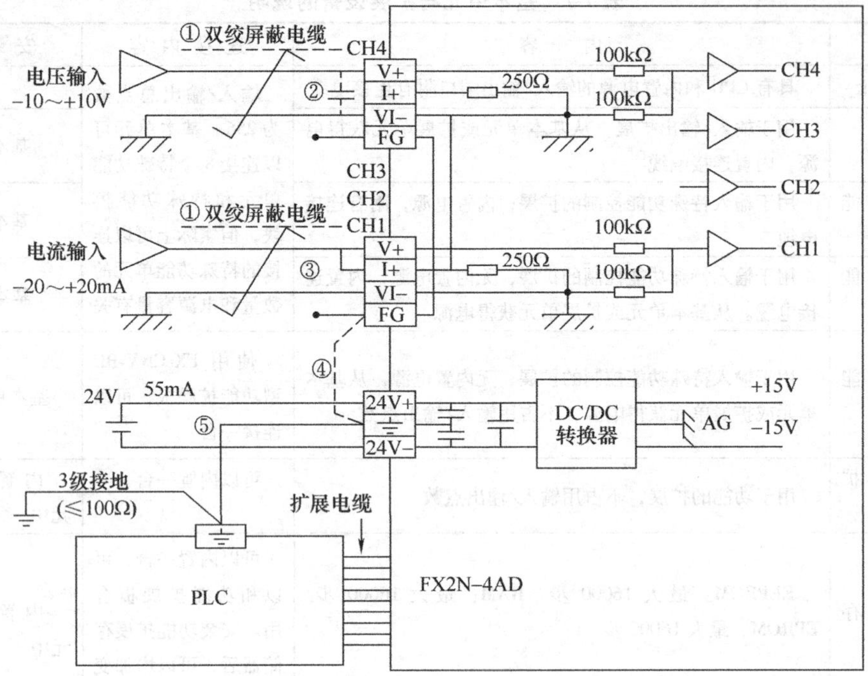

图 7-12　FX2N-4AD 接线图

（3）FX2N-4AD 使用中的注意事项

1）FX2N-4AD 通过双绞屏蔽电缆连接。电缆应远离电源线或其他可能产生电气干扰的电线。

2）如果输入有电压波动，或在外部接线中有电气干扰，可以接一个平滑电容器（0.1～0.47μF/25V）。

3）如果使用电流输入，则需将 V+端子和 I+端子连接到一起。

4）如果存在过多的电气干扰，则需将电缆屏蔽层与 FG 端连接，并连接到 FX2N-4AD 的接地端。

5）连接 FX2N-4AD 的接地端与主单元的接地端。如果可行，应在主单元使用 3 级接地。

（4）FX2N-4AD 的增益和偏移　增益决定了校正线的角度或者斜率，由数字值 1000 标识，增益示意图如图 7-13a 所示。增益是指数字量 1000 所对应的输入电压或输入电流的模拟量值，输入电压默认值为 5V，输入电流默认值为 20mA，为零增益。小增益读取数字间隔大，大增益读取数字间隔小。而偏移是指当输出为零所对应的输入的大小。当输出为零输入为负则是负偏移，当输出为零输入为正则是正偏移，当输出为零输入为零则是零偏移。

增益和偏移可以独立设置或一起设置。合理的偏移范围是 -5～+5V 或 -20～20mA，而合理的增益值是 1～15V 或 4～32mA，增益和偏移都可以用 PLC 的程序调整。调整增益和偏移时，应该将 BFM#21 的位 b1、b0 设置为 0、1，以允许调整，一旦调整完毕，这些位元件应该设为 1、0，以防止其发生变化。

FX2N-4AD 模拟量输入模块内部有一个数据缓冲寄存器区，它由 32 个 16 位的寄存器组成，编号为 BFM#0～BFM#31，其内容与作用见表 7-9。数据缓冲寄存器区内容，可以通过

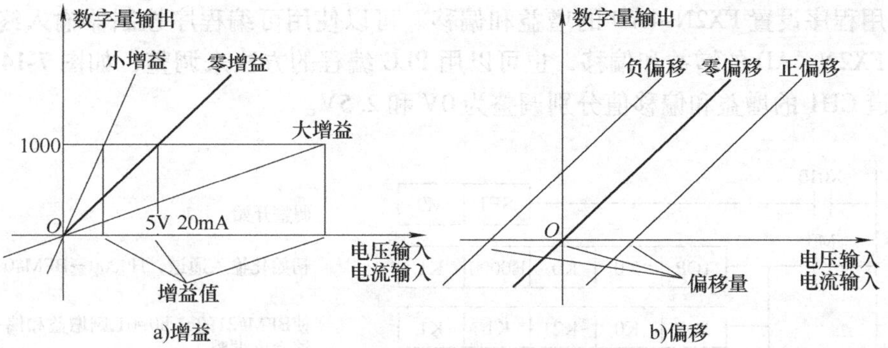

图7-13　增益及偏移示意图

PLC 的 FROM 和 TO 指令来读、写。

表7-9　FX2N-4AD 缓冲寄存器(BFM)的分配

<table>
<tr><th>BFM</th><th colspan="9">内　容</th><th>说　明</th></tr>
<tr><td>*#0</td><td colspan="9">通道初始化，默认值=H0000</td><td rowspan="27">① 带*号的缓冲寄存器(BFM)可以使用TO指令由PLC写入
② 不带*号的缓冲寄存器的数据可以使用FROM指令读入PLC
③ 在从模拟特殊功能模块读出数据之前，确保这些设置已经送入模拟特殊功能模块中，否则，将会使用模拟特殊功能模块里面以前保存的数值
④ BFM提供了利用软件调整偏移和增益的手段
⑤ 偏移(截距)：当数字输出为0时的模拟量输入值
⑥ 增益(斜率)：当数字输出为+1000时的模拟量输入值</td></tr>
<tr><td>*#1</td><td>通道1</td><td colspan="8" rowspan="4">平均值采样次数(1~4096)，用于得到平均结果，默认值为8(正常速度,高速操作可选择1)</td></tr>
<tr><td>*#2</td><td>通道2</td></tr>
<tr><td>*#3</td><td>通道3</td></tr>
<tr><td>*#4</td><td>通道4</td></tr>
<tr><td>#5</td><td>通道1</td><td colspan="8" rowspan="4">这些缓冲区为输入的平均值</td></tr>
<tr><td>#6</td><td>通道2</td></tr>
<tr><td>#7</td><td>通道3</td></tr>
<tr><td>#8</td><td>通道4</td></tr>
<tr><td>#9</td><td>通道1</td><td colspan="8" rowspan="4">这些缓冲区为输入的当前值</td></tr>
<tr><td>#10</td><td>通道2</td></tr>
<tr><td>#11</td><td>通道3</td></tr>
<tr><td>#12</td><td>通道4</td></tr>
<tr><td>#13~#14</td><td colspan="9">保留</td></tr>
<tr><td rowspan="2">#15</td><td rowspan="2">选择A-D转换速度</td><td colspan="8">如设为0，则选择正常速度，15ms/通道(默认)</td></tr>
<tr><td colspan="8">如设为1，则选择高速，6ms/通道</td></tr>
<tr><td>BFM</td><td></td><td>b7</td><td>b6</td><td>b5</td><td>b4</td><td>b3</td><td>b2</td><td>b1</td><td>b0</td></tr>
<tr><td>#16~#19</td><td colspan="9">保留</td></tr>
<tr><td>*#20</td><td colspan="9">复位到默认值和预设值。默认值为0</td></tr>
<tr><td>*#21</td><td colspan="9">调整增益、偏移。b1，b0为0、1允许，为1、0禁止</td></tr>
<tr><td>*#22</td><td>增益、偏移调整</td><td>G4</td><td>O4</td><td>G3</td><td>O3</td><td>G2</td><td>O2</td><td>G1</td><td>O1</td></tr>
<tr><td>*#23</td><td colspan="9">偏移值，默认值为0</td></tr>
<tr><td>*#24</td><td colspan="9">增益值，默认值为5000mV</td></tr>
<tr><td>#25~#28</td><td colspan="9">保留</td></tr>
<tr><td>#29</td><td colspan="9">错误状态</td></tr>
<tr><td>#30</td><td colspan="9">识别码K2010</td></tr>
<tr><td>#31</td><td colspan="9">禁用</td></tr>
</table>

（5）用程序设置 FX2N-4AD 的增益和偏移　可以使用可编程序控制器输入终端上的按钮来调整 FX2N-4AD 的增益和偏移，也可以用 PLC 编程的方法来调整，如图 7-14 所示。图中输入通道 CH1 的增益和偏移值分别调整为 0V 和 2.5V。

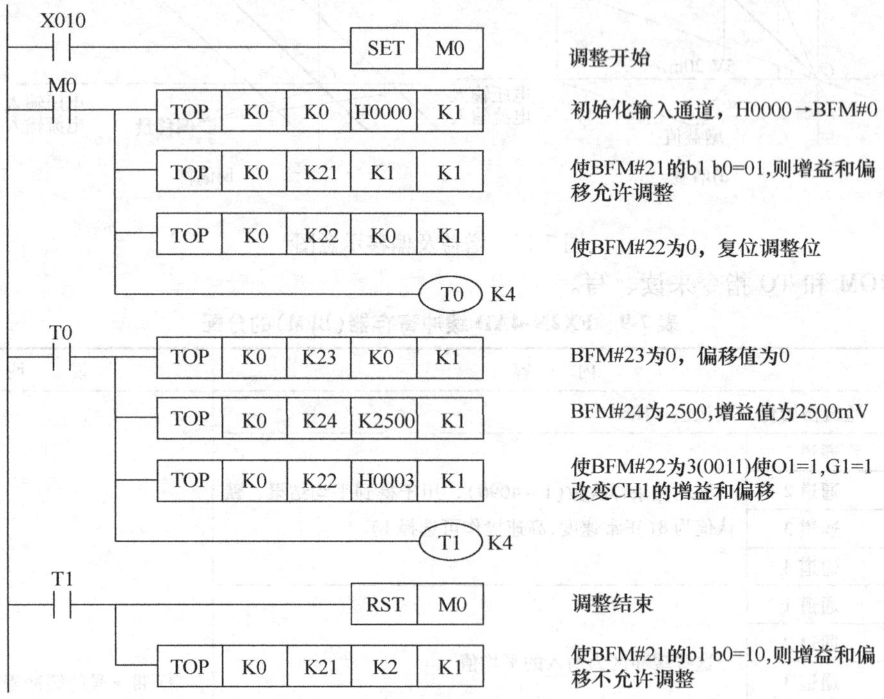

图 7-14　增益和偏移调整程序

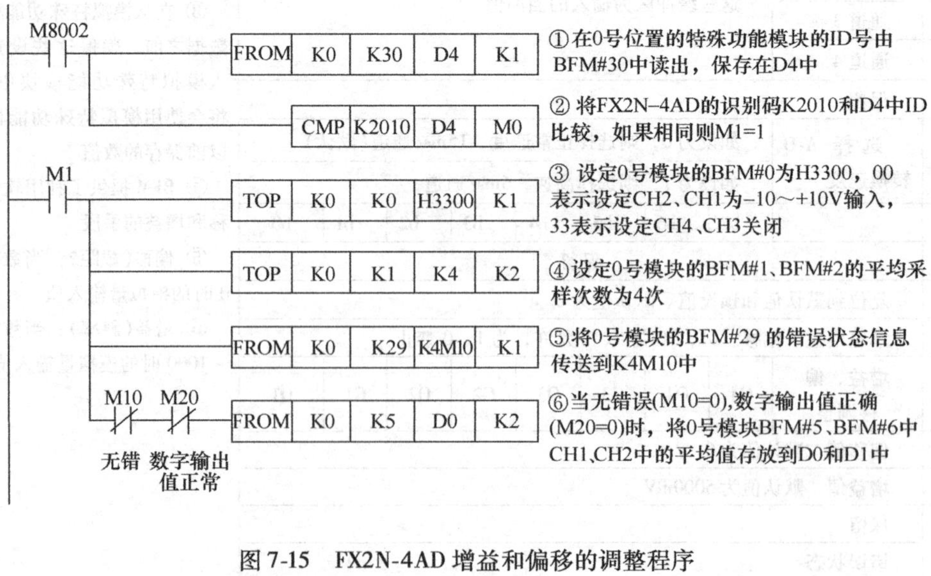

图 7-15　FX2N-4AD 增益和偏移的调整程序

注：FX2N-4AD 的识别码为 K2010，在传输/接收数据之前，可以用 FROM 指令读出特殊功能模块的识别码（ID）号，以确认对该特殊功能模块进行操作。

（6）FX2N-4AD 的编程举例　将 FX2N-4AD 安装在基本单元右边第一个位置，即 0 号模块。设置 CH1、CH2 为电压输入，平均采样次数为 4 次，CH1 中的平均值存放到 D0 中，CH2 中的平均值存放到 D1 中，用 M10 ~ M25 存放错误状态信息程序如图 7-15 所示。

3. 模拟量输出模块 FX2N-2DA

（1）FX2N-2DA 概述　FX2N-2DA 是 FX 系列 PLC 专用的模拟量输出模块。FX2N-2DA 用于将可编程序控制器中的 12 位数字量转换成模拟量输出到外部，从而控制外部电气设备。FX2N-2DA 有两个输出通道，可以输出 0 ~ 10V，0 ~ 5V 或 4 ~ 20mA 的模拟量，分辨率为 2.5mV(0 ~ 10V) 和 4μA(4 ~ 20mA)，其电压输出和电流输出可以同时使用。FX2N-2DA 占用 8 个输入或输出点，使用 FROM 和 TO 指令与 PLC 进行数据交换，数字量到模拟量的转换特性可进行调整。

（2）FX2N-2DA 的接线　FX2N-2DA 的接线如图 7-16 所示，图中，模拟量输出信号采用双绞屏蔽电缆与外部执行机构连接，电缆应远离电源线或其他可能产生电气干扰的导线。当电压输出有波动或存在大量噪声干扰时，可以接一个 0.1 ~ 0.47μF/25V 的电容。对于电压输出，应将端子 IOUT 和 COM 连接，FX2N-2DA 接地端与 PLC 主单元接地端连接。

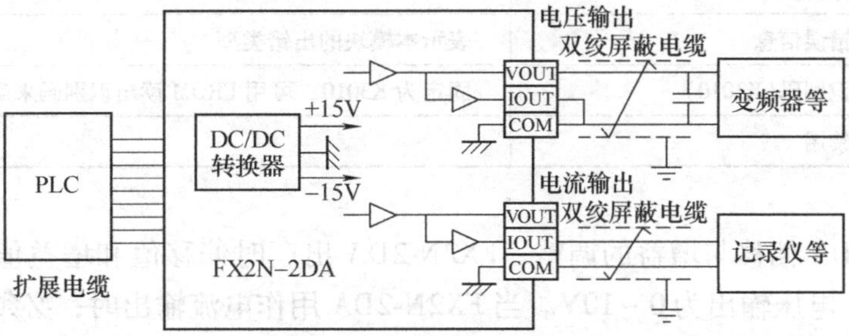

图 7-16　FX2N-2DA 的接线图

（3）FX2N-2DA 的缓冲寄存器(BFM)分配　FX2N-2DA 内部有一个数据缓冲寄存器区，它也由 32 个 16 位的寄存器组成，编号为 BFM#0 ~ BFM#31，其内容与作用见表 7-10。数据缓冲寄存器区内容可以通过 PLC 的 FROM 和 TO 指令来读、写。

表 7-10　FX2N-2DA 缓冲寄存器(BFM)的分配

BFM 编号	内　容		备　注
#0	通道初始化，用两位十六进制数字 H□□表示，两位数字从右至左分别控制 CH1、CH2 两个通道		每位数字取值范围为 0、1，其含义如下： 0 表示输出范围为 −10 ~ +10V 1 表示输入范围为 +4 ~ +20mA
#1	通道 1	存放输出数据	
#2	通道 2		
#3 ~ #4	保留		
#5	输出保持与复位 默认值为 H00		H00 表示 CH2 保持、CH1 保持 H01 表示 CH2 保持、CH1 复位 H10 表示 CH2 复位、CH1 保持 H11 表示 CH2 复位、CH1 复位
#6 ~ #15	保留		

（续）

BFM 编号	内　　容	备　　注
#16	输出数据的当前值	8 位数据存于 b7 ~ b0
#17	转换通道设置	将 b0 由 1 变成 0，CH2 的 D-A 转换开始 将 b1 由 1 变成 0，CH1 的 D-A 转换开始 将 b2 由 1 变成 0，D-A 转换的低 8 位数据保持
#18 ~ #19	保留	
#20	复位到默认值和预设值	默认值为 0，设为 1 时，所有设置将复位默认值
#21	禁止调整偏移和增益值	b1、b0 位设为 1、0 时，禁止； b1、b0 位设为 0、1 时，允许（默认值）
#22	偏移、增益调整通道设置	b3 与 b2、b1 与 b0 分别表示调整 CH2、CH1 的增益与偏移值
#23	偏移值设置	默认值为 0，单位为 mV 或 μA
#24	增益值设置	默认值为 5000，单位为 mV 或 μA
#25 ~ #28	保留	
#29	错误信息	表示本模块的出错类型
#30	识别码（K3010）	固定为 K3010，可用 FROM 读出识别码来确认此模块
#31	禁用	

（4）FX2N-2DA 偏移与增益的调整　FX2N-2DA 出厂时偏移值和增益值已经设置成，数字值为 0 ~ 4000，电压输出为 0 ~ 10V。当 FX2N-2DA 用作电流输出时，必须重新调整偏移值和增益值。偏移值和增益值的调节是对数字值的实际输出进行预先设计，可通过 FX2N-2DA 的容量调节器，并使用电压和电流表来完成。

增益值可设置为 0 ~ 4000 的任意数字值。但是，为了得到 12 位的最大分辨率，电压输出时，对于 10V 的模拟输出值，数字值调整到 4000；电流输出时，对于 20mA 的模拟输出值，数字值调整到 4000。

偏移值也可根据需要进行调整。但一般情况下，电压输入时，偏移值设为 0V；电流输入时，偏移值设为 4mA。

调整偏移与增益时应该注意以下几个问题：

1）对通道 1 和通道 2 分别进行偏移调整和增益调整。

2）反复交替调整偏移值和增益值，直到获得稳定的数值。

3）当调整偏移、增益时，按照增益调整和偏移调整的顺序进行。

（5）FX2N-2DA 的编程举例

FX2N-2DA 模块在 1 号位置，其通道 CH1 和 CH2 作为电压输出，将数据存储器 D100 和 D101 的数据的低 12 位 D-A 转换后通过 CH1、CH2 输出，程序如图 7-17 所示，X000 接通时，CH1 执行数字量到模拟量的转换；X001 接通时，CH2 执行数字量到模拟量的转换。

4. 模拟量输入/输出模块 FX0N-3A

FX0N-3A 有 2 个模拟量输入通道和 1 个模拟量输出通道，输入通道将现场的模拟信号转化为数字量传送给 PLC 处理，输出通道将 PLC 中的数字量转化为模拟信号输出给现场设备。

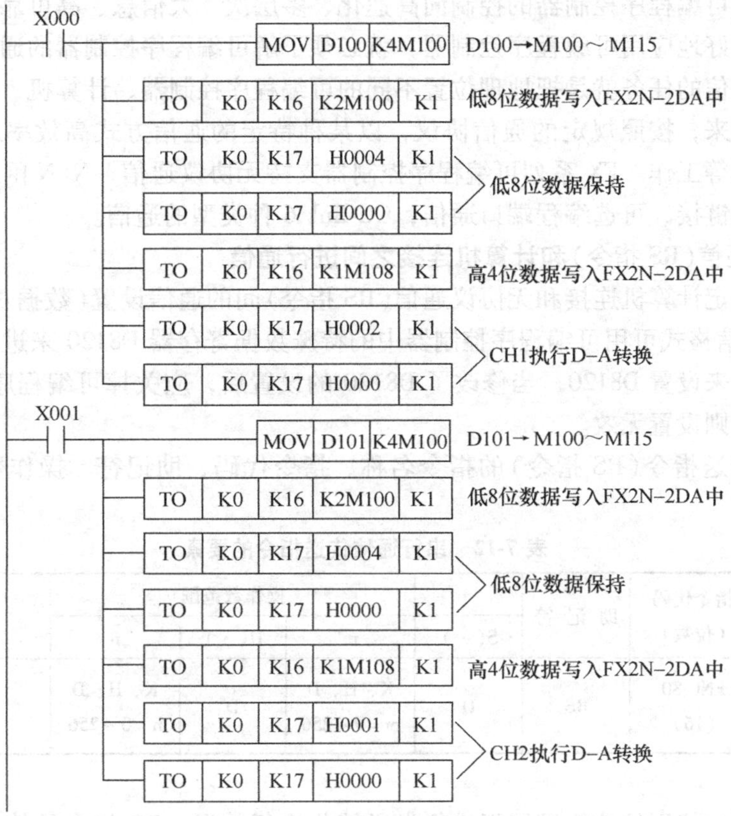

图 7-17　FX2N-2DA 的编程举例

FX0N-3A 的 BFM 分配见表 7-11。

表 7-11　FX0N-3A BFM 分配

BFM	b15～b8	b7	b6	b5	b4	b3	b2	b1	b0
#0	保留	存放 A-D 通道的当前值输入数据（8 位）							
#16		存放 D-A 通道的当前值输出数据（8 位）							
#17		保留					D-A 起动	A-D 起动	A-D 通道
#1～5，#18～31		保留							

注：BFM #17：b0＝0 选择通道 1，b0＝1 选择通道 2；b1 由 0 变为 1 起动 A-D 转换，b2 由 1 变为 0 起动 D-A 转换。

7.1.4　PLC 的通信

可编程序控制器的通信指的是可编程序控制器之间、可编程序控制器与计算机、可编程序控制器与现场设备之间的信息交换。在信息化、自动化、智能化的今天，可编程序控制器通信是实现工厂自动化的重要途径，为了适应多层次工厂自动化系统的控制要求，现在的可编程序控制器生产厂家，都不同程度地为自己的产品增加了通信功能，开发自己的通信接口和通信模块，使可编程序控制器的控制向高速化、多层次、大信息、高可靠性和开放性的方向发展。要想更好地应用可编程序控制器，就必须了解可编程序控制器的通信实现方法。可编程序控制器通信的任务就是把地理位置不同的可编程序控制器、计算机、各种现场设备用通信介质连接起来，按照规定的通信协议，以某种特定的通信方式高效率地完成数据的传送、交换和处理等工作。FX 系列可编程序控制器支持无协议通信、N: N 网络通信、并行链接通信、计算机链接、可选编程端口通信，CC-link 6 种类型的通信。

1. 无协议通信（RS 指令）和计算机连接之间进行通信

通信格式决定计算机连接和无协议通信（RS 指令）间的通信设置（数据长度、奇偶校验和波特率等）。通信格式可用可编程序控制器中的特殊数据寄存器 D8120 来进行设置，根据所使用的外部设备来设置 D8120，当修改了 D8120 的设置后，应关掉可编程序控制器的电源，然后再打开，否则设置无效。

串行通信传送指令（RS 指令）的指令名称、指令代码、助记符、操作数和程序步见表 7-12。

表 7-12　串行通信传送指令的要素

指令名称	指令代码（位数）	助记符	操作数范围				程序步
			S(·)	m	D(·)	n	
串行通信传送	FNC 80（16）	RS	D	K、H、D m = 0 ~ 256	D	K、H、D n = 0 ~ 256	RS 指令为 9 步

该指令可以与使用的功能扩展板进行发送接收串行数据。RS 指令的使用说明如图 7-18 所示，图中，S(·)指定发送数据的首地址；m 指定发送数据的长度（也称点数）；D(·)指定接收数据的首地址；n 指定接收数据的长度。

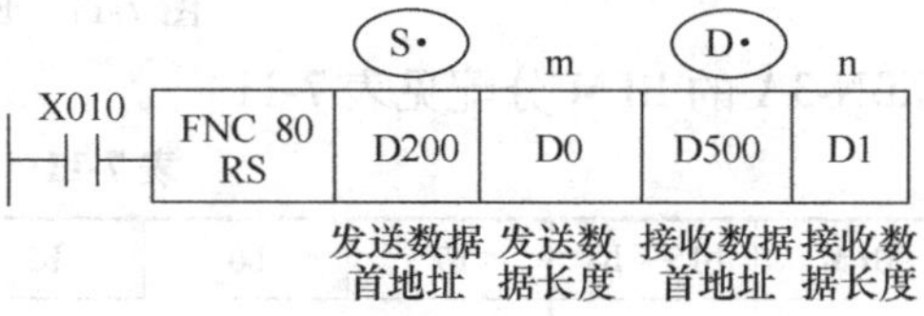

图 7-18　串行通信指令使用说明

（1）RS 指令传送数据格式的设定　RS 指令传送数据的格式是通过特殊数据寄存器 D8120 来设定的。D8120 中存放着两个串行通信设备的数据传送的波特率、停止位和奇偶校验等参数，通过 D8120 中位组合来设定数据传送格式。D8120 通信格式见表 7-13。

表 7-13　D8120 通信格式

位号	名称	描述	
		0（位 = OFF）	1（位 = ON）
b0	数据长度	7 位	8 位
b1、b2	奇偶	（b2，b1） （0，0）：无 （0，1）：奇 （1，1）：偶	
b3	停止位	1 位	2 位

（续）

位号	名　称	描　述 0（位 = OFF）	 1（位 = ON）
b4 b5 b6 b7	波 特 率（bit/s）	(b7,b6,b5 ,b4)　(b7, b6, b5 , b4) (0,0,1,1)：300　(0, 1, 1, 1)：4, 800 (0,1,0,0)：600　(1, 0, 0, 0)：9, 600 (0,1,0,1)：1, 200　(1, 0, 0, 1)：19, 200 (0,1,1,0)：2, 400	
b8	标题	无	有效（D8124）默认：STX（02H）
b9	终结符	无	有效（D8125）默认：ETX（03H）
b10 b11 b12	控制线	无协议： (b12,b11,b10) (0,0,0)：无作用 <RS232C 接口> (0,0,1)：端子模式 <RS232C 接口> (0,1,0)：互连模式 <RS232C 接口> (0,1,1)：普通模式 1 <RS232C 接口> <RS485(422)接口> (1,0,1)：普通模式 2 <RS232C 接口>	
		计算机链接： (b12,b11,b10) (0,0,0)：RS485(422)接口 (0,1,0)：RS232C 接口	
b13	和校验	没有添加和校验码	自动添加和校验码
b14	协　议	无协议	专用协议
b15	传输控制协议	协议格式 1	协议格式 4

图 7-19 为无协议通信 D8120 中通信格式的设定，格式含义见表 7-14。

表 7-14　通信格式含义

数 据 长 度	7 位	数 据 长 度	7 位
奇偶	偶	标题	未使用
停止位	2 位	终结符	未使用
波特率	9600bit/s	控制线	普通模式 1
协议	无协议		

（2）RS 指令自动定义的软元件　串行通信传送指令执行时，会自动定义一些特殊辅助继电器和特殊数据寄存器，根据它们中的内容来控制数据的传送。其指令定义的特殊辅助继电器功能见表 7-15 。表 7-16 是特殊数据寄存器功能。

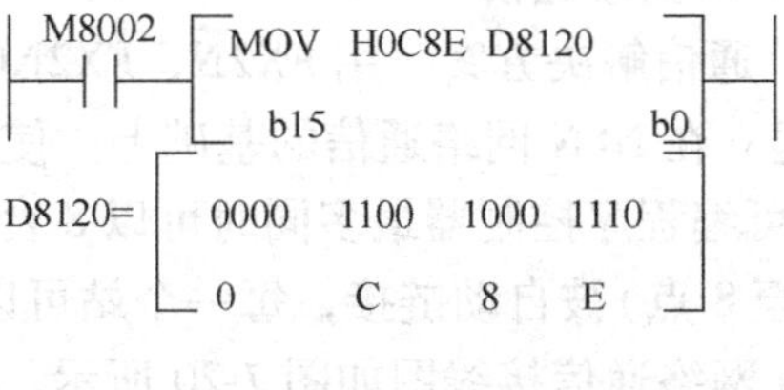

图 7-19　无协议通信 D8120 中通信格式的设定

表 7-15　特殊辅助继电器

特殊辅助继电器	描　　述
M8121	数据传输延时(RS 指令)
M8122	数据传输标志(RS 指令)
M8123	接收结束标志(RS 指令)
M8124	载波检测标志(RS 指令)
M8126	全局标志(计算机链接)
M8127	接通要求握手标志(计算机链接)
M8128	接通要求错误标志(计算机链接)
M8129	接通要求字/字节转换(计算机链接)
	超时评估标志(RS 指令)
M8161	8 位/16 位转换标志(RS 指令)

表 7-16　特殊数据寄存器

特殊数据寄存器	描　　述
D8120	通信格式(RS 指令,计算机链接)
D8121	站点号设定(计算机链接)
D8122	剩余待传输数据数(RS 指令)
D8123	接收数据数(RS 指令)
D8124	数据标题〈初始值：STX〉(RS 指令)
D8125	数据结束符〈初始值：ETX〉(RS 指令)
D8127	接通要求首元件寄存器(计算机链接)
D8128	接通要求数据长度寄存器(计算机链接)
D8129	数据网络超时计时器值(RS 指令,计算机链接)

2. N:N 网络通信

(1) 通信解决方案　用 FX2N、FX2NC、FX1N、FX0N 系列可编程序控制器进行的数据传输可建立在 N:N 网络通信的基础上。使用此网络通信，能链接一个小规模系统中的数据。FX 系列可编程序控制器最多同时可以 8 台联网，在被链接的站点中位元件(0 至 64 点)和字元件(4 至 8 点)被自动链接，每一个站可以监控其他站的共享数据的数字状态。

N:N 网络通信接线图如图 7-20 所示。

(2) 相关辅助继电器和数据寄存器介绍

1) 辅助继电器功能见表 7-17。

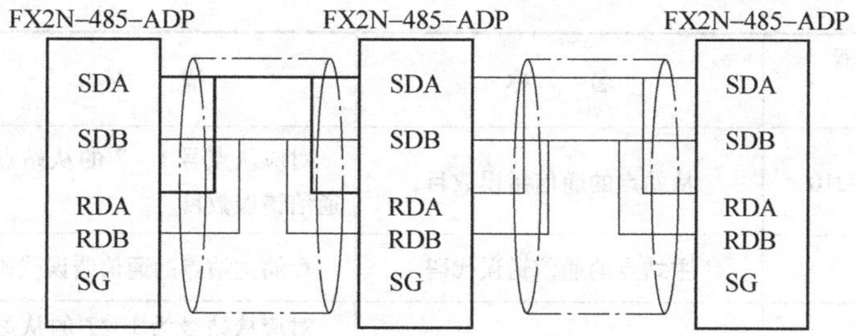

图 7-20　N: N 网络通信接线图

表 7-17　辅助继电器功能

特　　性	辅助继电器(FX2N 系列)	名　　称	描　　述	响应类型
只读	M8038	N: N 网络参数设置	用来设置 N: N 网络参数	主站点，从站点
只读	M8183	主站点的通信错误	当主站点产生通信错误时它是 ON	从站点
只读	从 M8184 到 M8190	从站点的通信错误	当从站点产生通信错误时它是 ON	主站点，从站点
只读	M8191	数据通信	当与其他站点通信时它是 ON	主站点，从站点

2）数据寄存器功能见表 7-18。

表 7-18　数据寄存器功能

特性	数据寄存器（FX2N）	名　　称	描　　述	响应类型
只读	D8173	站点号	存储它自己的站点号	主站，从站
只读	D8174	从站点总数	存储从站点总数	主站，从站
只读	D8175	刷新范围	存储刷新范围	主站，从站
只写	D8176	站点号设置	设置它自己的站点号	主站，从站
只写	D8177	总从站点数设置	设置从站点总数	主站
只写	D8178	刷新范围设置	设置刷新范围	主站
读写	D8179	重试次数设置	设置重试次数	主站
读写	D8180	通信超时设置	设置通信超时时间	主站
只读	D8201	当前网络扫描时间	存储当前网络扫描时间	主站，从站
只读	D8202	最大网络扫描时间	存储最大网络扫描时间	主站，从站
只读	D8203	主站点的通信错误数目	主站点的通信错误数目	从站

（续）

特性	数据寄存器（FX2N）	名　称	描　述	响应类型
只读	D8204 到 D8210	从站点的通信错误数目	对应从点号 1 ~ 7 的从站点的通信错误数目	主站，从站
只读	D8211	主站点的通信错误代码	存储主站点的通信错误代码	从站
只读	D8212 到 D8218	从站点的通信错误代码	对应从站号为 1 ~ 7 的从站点的通信错误代码	主站，从站

3）数据寄存器的设置

当程序运行或可编程序控制器电源打开时，N: N 网络的每一个设置都变为有效。

① 设定站点号（D8176）。设定 0 到 7 的值到数据寄存器 D8176 中，功能见表 7-19。

表 7-19　数据寄存器 D8176 功能

设定值	描　述	设定值	描　述
0	主站点	1 ~ 7	从站点号

例如，设定主站 0：　MOV　K0　D8176；

　　　设定从站 1：　MOV　K1　D8176；

② 设定从站点的总数（D8177）。设定 0 ~ 7 到数据寄存器中。默认值为 7，对于从站点此设定不需要。

③ 设置刷新范围（D8178）。设定 0 ~ 2 到数据寄存器 D8178 中。默认值为 0，对于从站此设置不需要。在 N: N 网络下的各种模式所使用的通信元件范围见表 7-20 。

表 7-20　通信元件范围

通讯设备	刷新范围		
	模式 0	模式 1	模式 2
位软元件（M）	0 点	32 点	64 点
字软元件（D）	4 点	4 点	8 点

a）在模式 0 的情况下（FX1S、FX0N、FX1N、FX2N、FX2NC 系列），各站点中的公用软元件号见表 7-21。

表 7-21　模式 0 软元件号

站点号	软元件号	
	位软元件（M）	字软元件（D）
	0 点	4 点
第 0 号	—	D0 ~ D3
第 1 号	—	D10 ~ D13
第 2 号	—	D20 ~ D23
第 3 号	—	D30 ~ D33
第 4 号	—	D40 ~ D43

（续）

站点号	软元件号	
	位软元件(M)	字软元件(D)
	0点	4点
第5号	—	D50～D53
第6号	—	D60～D63
第7号	—	D70～D73

b）在模式1的情况下(FX1N、FX2N、FX2NC系列)，各站点中的公用软元件号见表7-22。

表7-22 模式1软元件号

站点号	软元件号	
	位软元件(M)	字软元件(D)
	32点	4点
第0号	M1000～M1031	D0～D3
第1号	M1064～M1095	D10～D13
第2号	M1128～M1159	D20～D23
第3号	M1192～M1223	D30～D33
第4号	M1256～M1287	D40～D43
第5号	M1320～M1351	D50～D53
第6号	M1384～M1415	D60～D63
第7号	M1448～M1479	D70～D73

c）在模式2的情况下(FX1N、FX2N、FX2NC系列)，各站点中的公用软元件号见表7-23。

表7-23 模式2软元件号

站点号	软元件号	
	位软元件(M)	字软元件(D)
	64点	8点
第0号	M1000～M1063	D0～D7
第1号	M1064～M1127	D10～D17
第2号	M1128～M1191	D20～D27
第3号	M1192～M1255	D30～D37
第4号	M1256～M1319	D40～D47
第5号	M1320～M1383	D50～D57
第6号	M1384～M1447	D60～D67
第7号	M1448～M1511	D70～D77

④ 设定重试次数(D8179)。设定0～10到数据寄存器D8179中。默认值为3，从站点不需要此设置。

⑤ 设置通信超时(D8180)。设定5～255到数据寄存器D8180中。默认值为5，此值乘

以 10ms 就是通信超时的持续时间。通信超时是主站与从站间的通信驻留时间。

（3）通信实例　了解了相关标志位的设定和各站点的软元件的编号后，N: N 网络中的程序编制就很容易实现了。图 7-21 所示为 3: 3 通信示意图。

该系统有 3 个站点，其中一个主站点，两个从站点，每个站点的可编程序控制器都连接一个 FX2N-485-BD 通信板，通信板之间用单根双绞线连接。刷新范围选择模式 1，重试次数选择 3，通信超时选择 50ms。系统要求：主站点的输入点 X000 ~ X003 输出到从站点 1 和 2 的输出点 Y010 ~ Y013；从站点 1 的输入点 X000 ~ X003 输出到主站点和从站点 2 的输出点 Y014 ~ Y017；从站点 2 的输入点 X000 ~ X003 输出到主站点和从站点 1 的输出点 Y020 ~ Y023。根据系统要求，主站点的梯形图如图 7-22 所示，从站点梯形图如图 7-23、图 7-24 所示。

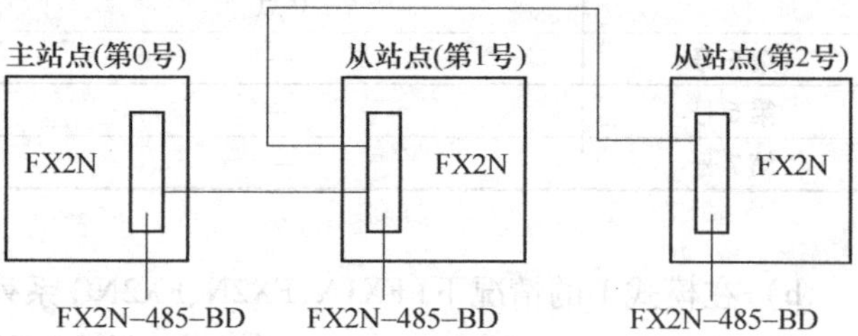

图 7-21　3: 3 通信示意图

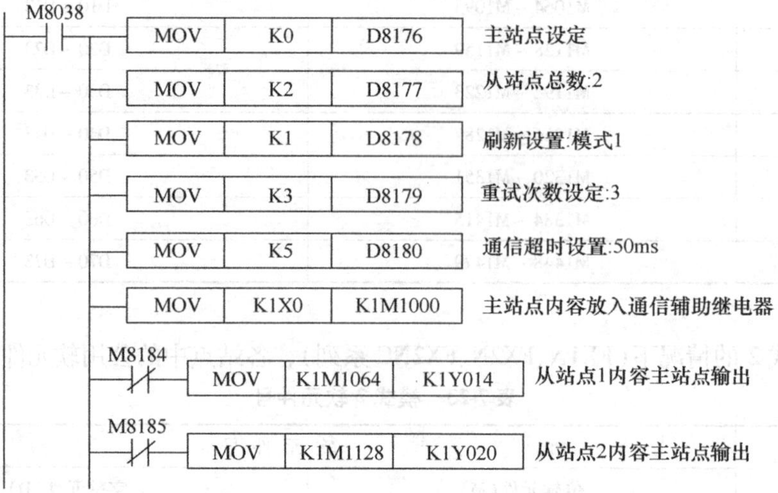

图 7-22　3: 3 通信主站点的梯形图

图 7-23　3: 3 通信从站点 1 的梯形图

3. 并行链接通信

（1）并行通信解决方案　用 FX2N、FX2NC、FX1N 和 FX2C 系列可编程序控制器进行数据传输时，是采用 100 个辅助继电器和 10 个数据寄存器在站点和站点的链接模式为 1 对

图 7-24　3∶3 通信从站点 2 的梯形图

1(1∶1)的基础上来完成。FX1S 和 FX0N 系列可编程序控制器的数据传输是采用 50 个辅助继电器和 10 个数据寄存器进行的，见表 7-24。

表 7-24　并行通信解决方案

项　　目		规　　格
传输标准		与 RS-485 以及 RS-422 相一致
最大扩展传输距离		每一个网络单元都使用 FX0N-485-ADP 时：500m 当使用功能扩展板(FX1N-485-BD,FX2N485-BD)时：50m 合并时：50m
通信方式		半双工
波特率		19 200bit/s
可链接站点数		1∶1
刷新范围	FX1S 系列 PLC	[主站点到从站点]位元件：50 点，字元件：10 点① [从站点到主站点]位元件：50 点，字元件：10 点①
	FX1N、FX2N、FX2NC 系列	[主站点到从站点]位元件：100 点，字元件：10 点① [从站点到主站点]位元件：100 点，字元件：10 点①
通信时间		正常模式：70ms，包括交换数据 + 主站点运行周期 + 从站点运行周期 高速模式：20ms，包括交换数据 + 主站点运行周期 + 从站点运行周期
连接设备	FX1S 系列	FX1N-485-BD 或者 FX1N-CNV-BD 和 FX0N-485-ADP
	FX1N 系列	
	FX2N 系列	FX1N-485-BD 或者 FX1N-CNV-BD 和 FX0N-485-ADP
	FX2NC 系列	FX0N485-ADP 专用适配器

① 在高速模式中，字元件为 2 点。

（2）使用方法　当两个 FX 系列的可编程序控制器的主单元分别安装一块通信模块后，用单根双绞线连接即可，编程时设定主站点和从站点，应用特殊继电器在两台可编程序控制器间进行自动的数据传送，很容易实现数据通信链接。主站点和从站点的设定由 M8070 和 M8071 设定，另外并行链接有一般和高速两

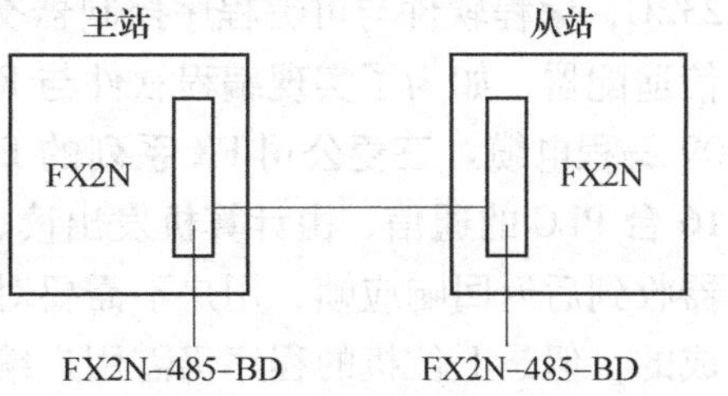

图 7-25　并行链接通信

种模式，由 M8162 的通断判别。图 7-25 为两台 FX2N 系列可编程序控制器的主单元用两块 FX2N-485-BD 连接模块通信的配置图。

该配置选用一般模式（特殊辅助继电器 M8162：OFF）时，主、从站的设定和通信用辅助继电器和数据寄存器如图 7-26 所示。

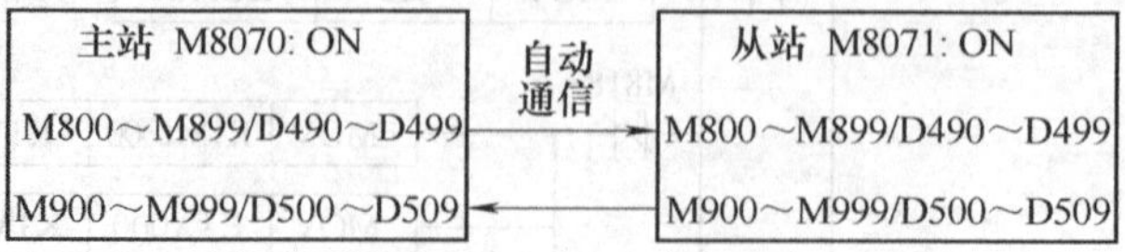

图 7-26　一般模式辅助继电器和数据寄存器

高速模式（特殊辅助继电器 M8162：ON）仅有两个数据字读写，主、从站的设定和通信用辅助继电器和数据寄存器如图 7-27 所示。

（3）通信实例　在并行通信系统中，控制要求如下：主站点输入 X000 ~ X007 的 ON/OFF 状态，输出到从站点的 Y000 ~ Y007。当主站点的计算结果（D0 + D2）大于 100 时，从站的 Y010 接通。从站点的 M0 ~ M7 的 ON/OFF 状态输出到主站点的 Y000 ~ Y007。从站点中 D10 的值被用来设置主站点中的定时器。根据控制要求，主站点梯形图如图 7-28 所示。

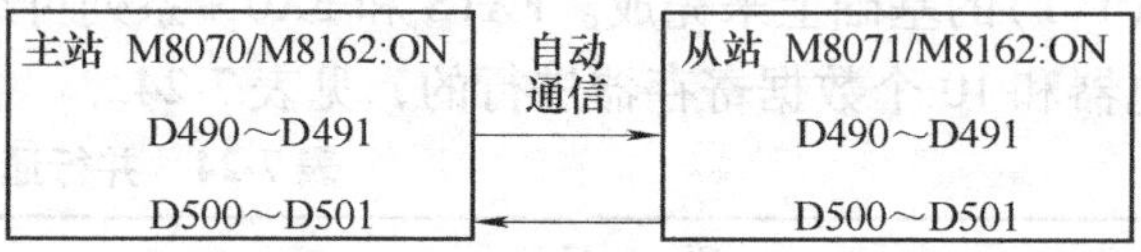

图 7-27　高速模式辅助继电器和数据寄存器

从站点梯形图如图 7-29 所示。

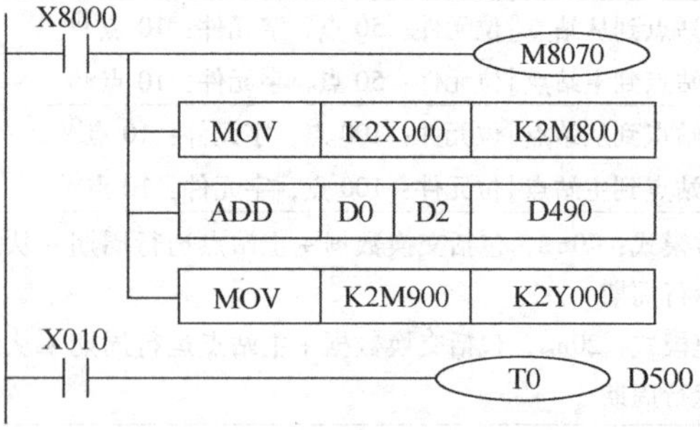

图 7-28　并行通信主站点梯形图

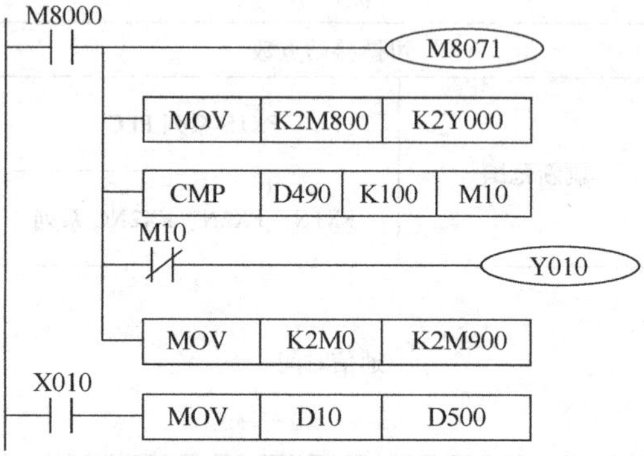

图 7-29　并行通信从站点梯形图

4. 计算机链接

小型控制系统中的可编程序控制器除了使用编程软件外，一般不需要与别的设备通信。可编程序控制器的编程器接口一般都是 RS-422 或 RS-485，而计算机的串行通信接口是 RS-232C，编程软件与可编程序控制器交换信息时需要配接专用的带转接电路的编程电缆或通信适配器，如为了实现编程软件与 FX 系列可编程序控制器之间的程序传送，需要使用 SC-09 编程电缆。三菱公司 FX 系列的 PLC 的计算机链接通信可用于一台计算机与一台或最多 16 台 PLC 的通信，由计算机发出读、写可编程序控制器中的数据的命令帧，可编程序控制器收到后返回响应帧，用户不需要对可编程序控制器编程，响应帧是可编程序控制器自动生成的，但是上位机的程序仍需用户编写，如果上位计算机使用组态软件，组态软件可提供常见可编程序控制器的通信驱动程序，用户只需在组态软件中作一些简单的设置，可编程序控制器侧和计算机侧都不需要用户设计。

5. 可选编程端口通信

现在的可编程终端产品（如三菱的GOT-900系列图形操作终端）一般都能用于多个厂家的可编程序控制器。与组态软件一样，可编程终端与可编程序控制器的通信程序也不需要由用户来编写，在为编程终端的画面组态时，只需要指定画面中的元素（如按钮、指示灯）对应的可编程序控制器编程元件的编号就可以了，二者之间的数据交换是自动完成的。对于FX2N、FX2NC、FX1N、FX1S系列的可编程序控制器，当该端口连接在FX2N-232-BD、FX0N-32ADP、FX1N-232-BD、FX2N-422-BD上时，可支持一个编程协议。

6. CC-link 网络

（1）CC-link系统简介 “CC-link”是“Control&Communication-link”的简称，它是一个通过通信电缆将分散的I/O模块、特殊功能模块等连接起来，并且通过PLC的CPU来控制这些相应模块的系统。

它主要有以下特点：

1）通过将每个模块分散到系统前沿的类似的设备中去，能够实现整个系统的省配线。

2）通过使用处理类似I/O或者数字数据的ON/OFF数据的模块，能够实现简单的高速的通信。

3）可以和其他厂商生产的各种不同的设备进行链接，使系统更具灵活性。

（2）CC-link网络链接系统框图 本实验系统采用一台FX2N系列的PLC作为主站，链接8台FX2N系列的PLC作为从站（每一个从站均占一个站点），来构成CC-link网络。系统框图如图7-30所示。

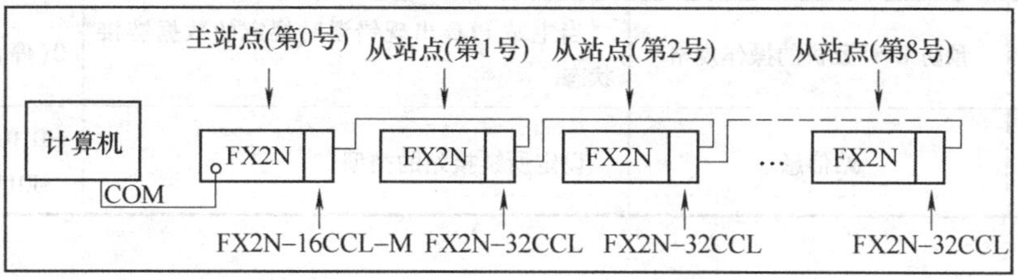

图7-30 CC-link网络系统框图

（3）主、从站模块介绍

1）主站模块（FX2N-16CCL-M）。CC-link主站模块FX2N-16CCL-M是特殊功能扩展模块，它将FX系列PLC分配为CC-link系统中的主站。当一个FX系列PLC（加配FX2N-16CCL-M特殊功能扩展模块）作为主站时，最多可以链接7个远程I/O站和8个远程设备站。FX2N-16CCL-M缓冲寄存器见表7-25，网络参数信息区域具体功能见表7-26。

注意：主站是控制数据链接系统的站；远程I/O站是仅仅处理位信息的远程站；远程设备站是处理包括位信息和字信息的远程站。

表7-25 FX2N-16CCL-M缓冲寄存器表

BFM编号	内　容	描　述	可否读/写
#0H～#9H	参数信息区域	存储信息（参数）	可读/写
#AH～#BH	I/O信号	控制主站的I/O信号	可读/写

（续）

BFM 编号	内　　容	描　　述	可否读/写
#CH ~ #1BH	参数信息区域	存储信息（参数）	可读/写
#1CH ~ #1EH	主站模块控制信号	控制主站模块的信号	可读/写
#20H ~ #2FH	参数信息区域	存储信息（参数）	可读/写
#E0H ~ #FDH	远程输入（RX）	存储来自远程站的输入状态	只读
#160H ~ #17DH	远程输出（RY）	将输出状态存储到远程站中	只写
#1E0H ~ #21BH	远程寄存器（RWw）	将传送的数据存储到远程站中	只写
#2E0H ~ #31BH	远程寄存器（RWr）	存储来自远程站的数据	只读
#5E0H ~ #5FFH	链接特殊继电器（SB）	存储数据链接状态	可读/写
#600H ~ #7FFH	链接特殊继电器（SW）	存储数据链接状态	可读/写

注意：其他未列出的缓冲寄存器均为禁止使用区。如果对这些区域进行写操作，将会导致错误发生，所以请勿对这些区域进行写操作。

表 7-26　网络参数信息区域具体功能列表

BFM	内　　容	描　　述	默认值	设定范围
#01H	链接模块的数量	设定所链接的远程站模块的数量	8	1 ~ 15
#02H	重试的次数	对排除故障的重试次数的设定	3	1 ~ 7
#03H	自动返回模块的数量	设定在一次链接扫描过程中可以返回到系统中的远程模块的数量	1	1 ~ 10
#06H	预防 CPU 死机的操作规格	当主站 PLC 出现错误时规定的数据链接状态	0（停止）	0（停止） 1（继续）
#20H ~ #2EH	站信息	设定所链接站的类型	H0101 ~ H0115	*1

设定符合所链接的远程站的类型，具体设置方法如图 7-31 所示。

所设定的模块号与 BFM 号码（起始地址为#20H）是一一对应的。如当设定第七个模块时，写到缓冲寄存器的地址为“BMF#26H”。

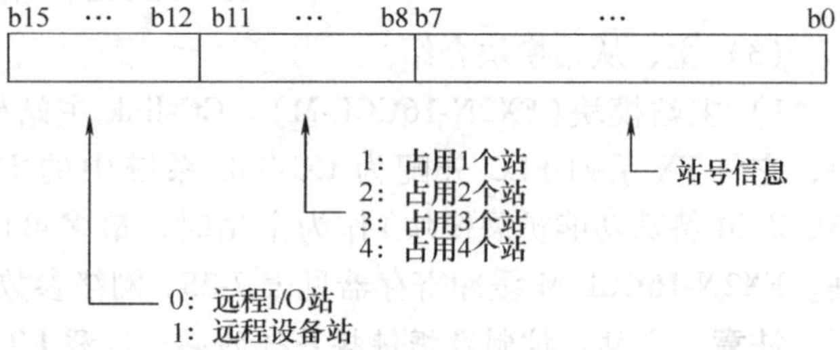

图 7-31　远程站设置图

2）从站接口模块（FX2N-32CCL）。CC-link 接口模块 FX2N-32CCL 是用来将 FX2N、FX0N、FX2NC 系列 PLC 链接到 CC-link 的接口模块。对它的读写操作是通过 FROM 和 TO 指令来实现的。

① 读专用 BFM。

a）BFM#0 ~ BFM#7（远程输出 RY00 ~ RY7F）。

16 个远程输出点 RY□F ~ RY□0 被分配给由 16 位组成的每个缓冲寄存器的 b0 ~ b15 位。每位指示的 ON/OFF 状态信息表示主单元写给 FX2N-32CCL 的远程输出的内容。

b）BFM#8 ~ BFM#23（远程寄存器 RWw0 ~ RWwF）。

为每个缓冲寄存器 BFM#8 ~ BFM#23 分配了一个编号为 RWw0 ~ RWwF 的远程寄存器。这里缓冲寄存器里存放的信息是主单元写给 FX2N-32CCL 有关远程寄存器的内容。

② 写专用 BFM。

a）BFM#0 ~ BFM#7（远程输入 RX00 ~ RX7F）。

16 个远程输入点 RX□F ~ RX□0 被分配给每个 16 位缓冲寄存器的 b0 ~ b15 位。要从 PLC 写到主单元的信息首先要传送到这些缓冲寄存器。

b）BFM#8 ~ BFM#23（远程寄存器 RWr0 ~ RWrF）。

为每个缓冲寄存器 BFM#8 ~ BFM#23 分配相对应的编号为 RWr0 ~ RWrF 的远程寄存器。从 PLC 写到主单元的信息首先要从 PLC 传到这些缓冲寄存器。

（4）通信介绍　在整个系统的通信过程中，远程输入（RX）、远程输出（RY）和远程寄存器（RWw 和 RWr）被分配到 FX2N-16CCL-M 中的缓冲寄存器（BFM）中，具体如图 7-32 所示。

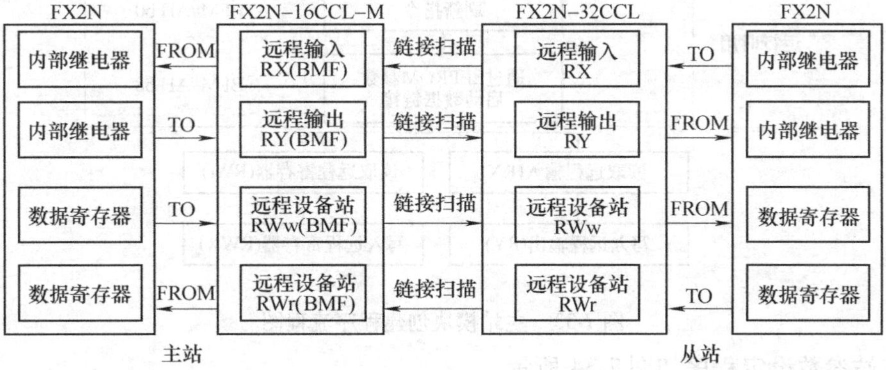

图 7-32　系统的通信图

（5）通信设备站的设定和程序的创建　下面通过一个系统配置的实例描述系统的模块设置、程序设计和运行过程。假设该系统中链接了一个主站模块 FX2N-16CCL-M 和两个远程设备站 FX2N-32CCL。

1）通信设备站的设定。

① 主站设定。

a）站号设定：0（×10），0（×1）确定主站设置为 0；

b）模式设定开关：0（在线）；

c）传输速度设定开关：2（2.5Mbit/s）；

d）条件设定开关：1 ~ 8 均设为 OFF。

② 从站设定。

从站一：

a）站号设定：0（×10），1（×1）确定该从站设置为 1 号从站；

b）占用站数：0（1 个）；

c）传输速度设定开关：2(2.5Mbit/s)。

从站二：

a）站号设定：0(×10)，2(×1)确定从站设置为 2 号从站；

b）占用站数：0(1 个)；

c）传输速度设定开关：2(2.5Mbit/s)。

2）创建程序。

① 在创建程序时，应遵循如图 7-33 所示流程(针对于主站模块)。

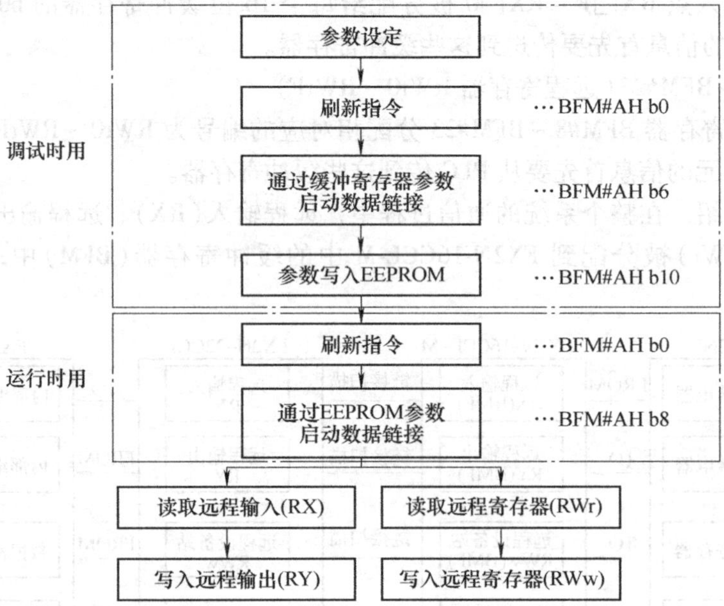

图 7-33　主站模块创建程序流程图

② 主站参数设定程序如图 7-34 所示。

③ 主站参数写入 EEPROM 程序，如图 7-35 所示。

④ 主站通信程序如图 7-36 所示。

⑤ 从站程序如图 7-37 所示。

图 7-34～图 7-37 所示程序中对“远程输出”、“远程输入”和“远程寄存器”的读、写操作所使用的地址数据均是示例所用，在实际的程序编写中可根据需要加以修改。

⑥ 系统接线图如图 7-38 所示。

7.1.5　变频器的使用

工业用电中 60%～70% 的电量被电动机所消耗，其中又有约 90% 被三相交流异步电动机所消耗，可见电动机用电量之大。变频器的出现，使得交流电动机调速困难、交变速设备结构复杂且效率和可靠性不尽人意的缺点得以改善。在我国，变频器已在各行各业得到推广应用，基于变频器的交流电动机变频调速系统具有调速方便、体积小、噪声小、能耗低、保护功能完善、组态灵活、可靠性强、智能化、数字化、网络化及易维护等特点，变频器每年以 20% 的增长率在增长，因此，合理的使用和维护变频器对自动化技术人员来说至关重要。

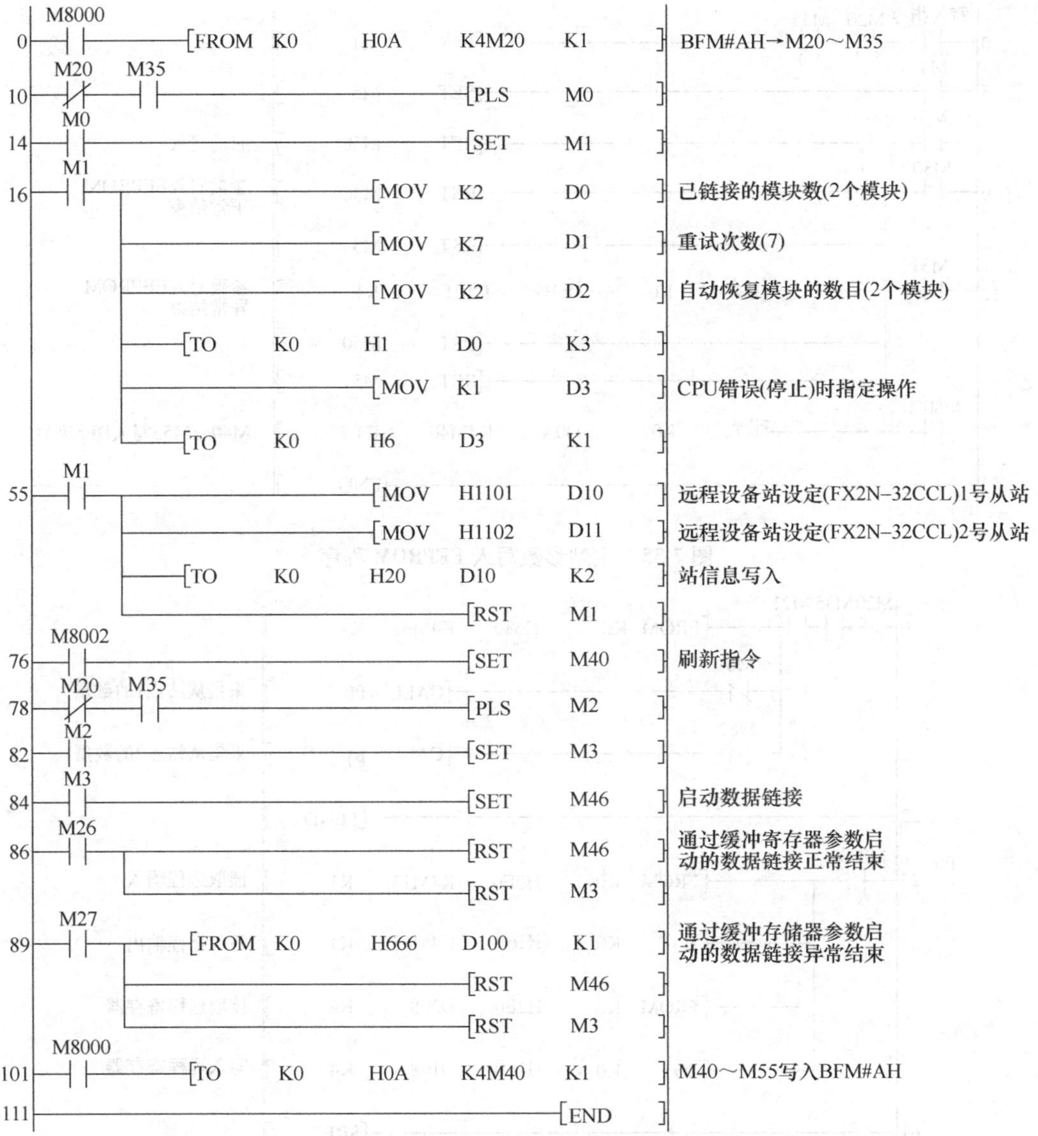

图7-34 主站参数设定程序

1. 变频器的选择

（1）品牌的选择 目前，国内市场上的变频器品牌多达上百种，选择时应根据项目的预算，项目要求和个人熟悉程度等多种因素综合考虑品牌和型号。目前，日本的东芝、三菱、富士、松下等是重要的变频器生产厂家，在我国有较大的市场份额；ABB、西门子、施耐德等欧美品牌也相继进入中国市场；LG、三星、现代重工等韩国的后起之秀也在争夺中国市场；国内的台达、台安、时代、康沃等也占有一席之地。总体而言，欧美国家的产品以性能先进、环境适应能力强而著称；日本产品以外形小巧、功能丰富而闻名；国内产品则以价格低廉，功能专用、简单而广泛应用。

（2）类型的选择 工业中使用的变频器可以分为通用变频器和专用变频器两大类，主要技术指标有：控制方式、起动转矩、转矩和转速控制精度、控制信号种类、速度控制方式

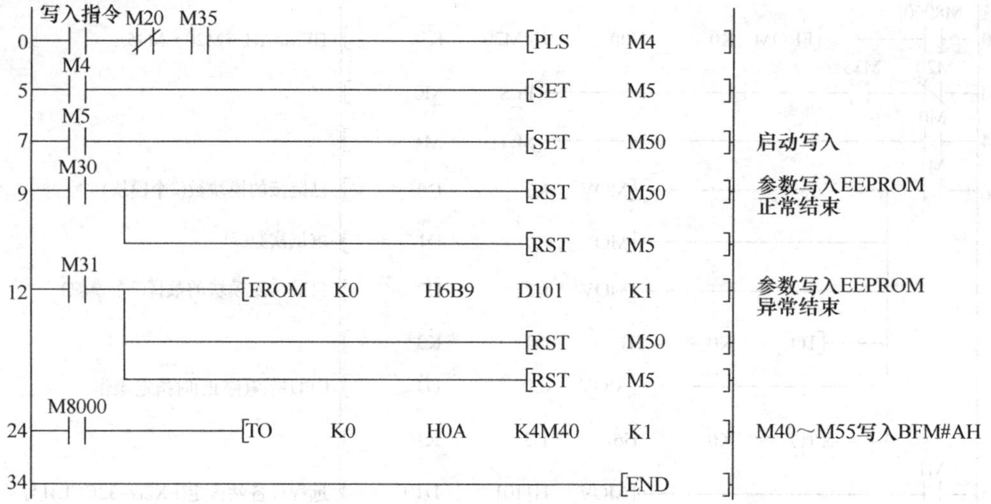

图 7-35 主站参数写入 EEPROM 程序

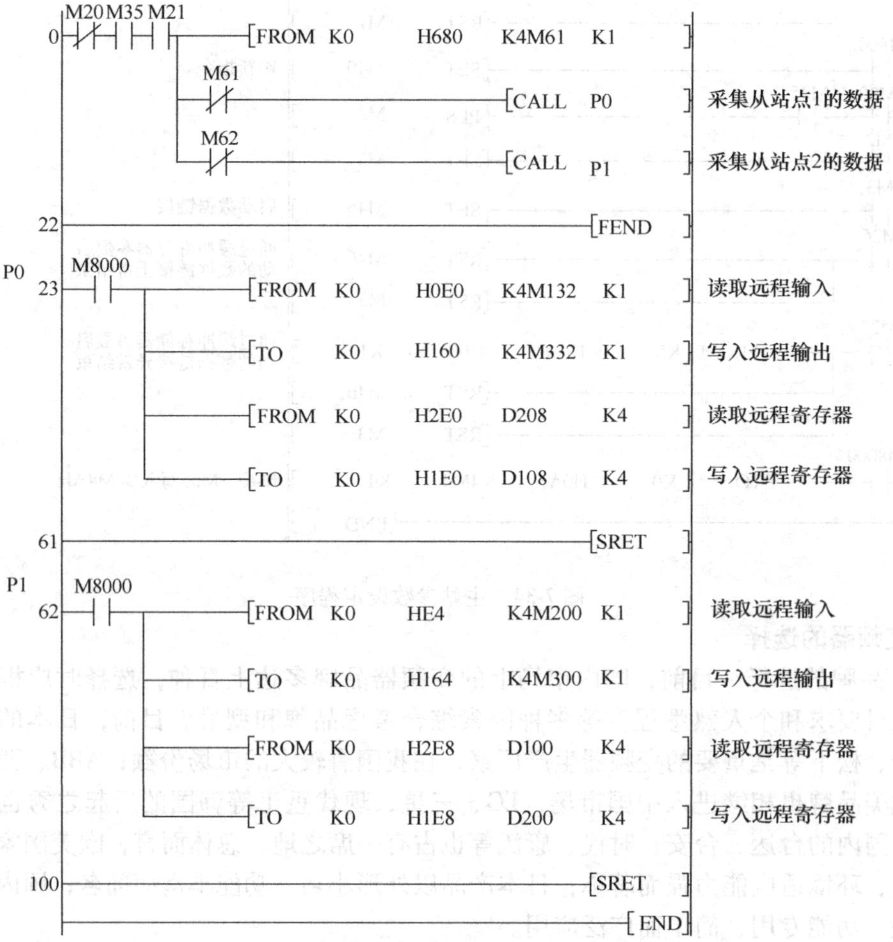

图 7-36 主站通信程序

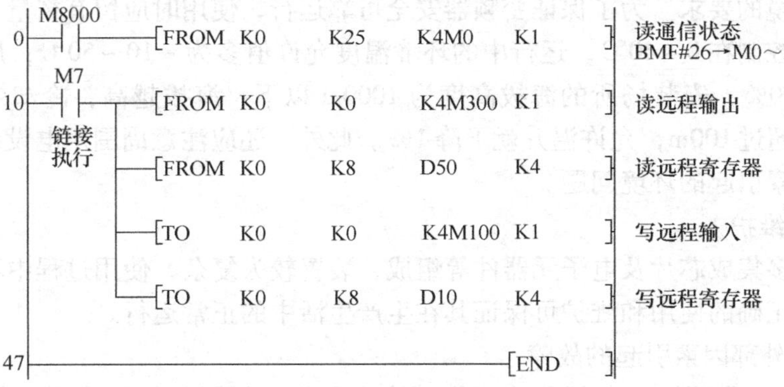

图7-37　从站程序

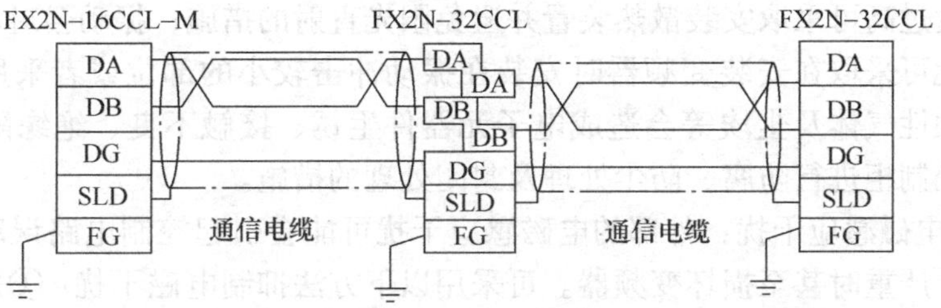

图7-38　系统接线图

及通信接口等。变频器的操作方式灵活，接口易和上位机通信，从实际应用角度看，中小型容量的变频器以 *U/f* 控制方式为主，属于通用类的高端控制方式。

（3）选择时还应考虑的问题

1）选择合适的容量：应以电动机的额定电流和负载性质为依据，变频器的额定电流要等于或大于总的负载电流，频繁工作或重载时还可增大容量。

2）考虑负载的类型：实际负载有恒功率负载、恒转矩负载、降转矩负载三种类型。风机类及泵类负载属于降转矩负载，一般宜采用具有 *U/f* 恒压频比控制的变频器；提升机、注塑机、运输机、传送带及搅拌机等摩擦类负载和位能负载基本属于恒转矩负载，采用具有转矩控制功能的高功能型变频器是比较理想的；金属切削机床的主轴电动机、造纸机及薄膜生产线中的卷取机、开卷机等都属于恒功率负载，可采用变极电动机与变频器相结合或者机械变速与变频器相结合的方法实现。

3）专用变频器：在注塑机、抽油机、纺织机械、电梯、风机、水泵、空调、矿山机械等的应用领域，可选择在本行业有应用特长的专用变频器，往往会取得较好的效果。

2. 变频器的安装

（1）壁挂式安装　变频器与周围物体之间的距离应满足两个条件：两侧大于等于100mm，上下大于等于150mm。

（2）柜式安装　单台变频器安装应尽量采用柜外冷却方式（环境比较洁净，尘埃少时），单台变频器采用柜内冷却方式时，应在柜顶安装抽风式冷却风扇，并尽量安装在变频器的正上方；多台变频器安装应尽量并列安装，如必须采用纵向方式安装，应在两台变频器间加装隔板，不论哪种方式，变频器均应垂直安装。

（3）工作环境的要求　为了保证变频器安全可靠运行，使用时应留有裕量。一般，变频器的工作温度应控制在 0～40℃，运行中的环境温度允许值多为 -10～50℃；周围环境的湿度推荐为 40%～90%；安装场所的海拔高度为 1000m 以下，海拔越高，冷却效果越差，由 1500m 开始，每超过 100m，允许温升就下降 1%。此外，还应注意周围用电设备的电磁干扰和雷击等自然因素引起的环境问题。

3. 变频器的维护

变频器由许多集成芯片及电子元器件等组成，装置较为复杂，使用过程中不可避免地会出现各种故障，正确的使用和维护可保证其在生产生活中的正常运行。

（1）变频器外部因素引起的故障

1）变频器的工作环境：变频器的工作环境会影响变频器的使用寿命，其中主要有温度、振动、潮湿、腐蚀性气体和尘埃及电磁干扰的影响。温度会影响电子元器件的寿命及可靠性，防止温度过高可采取安装散热装置并避免阳光直射的措施；振动会对电子元器件造成机械损伤，因此可采取在安装变频器时安装在振动冲击较小的部位或者采用橡胶等避振措施；潮湿、腐蚀性气体及尘埃等会造成电子元器件生锈、接触不良、绝缘降低从而形成短路，可采取对控制柜进行防腐、防尘处理及封闭处理的措施。

2）外部的电磁感应干扰：外部的电磁感应干扰可能会引起控制电路误动作，造成工作不正常或停机，严重时甚至损坏变频器。可采用以下方法抑制电磁干扰：①采用电磁屏蔽措施；②接地端子单独使用；③缩短控制电路的配线距离；④周围的继电器、接触器线圈上加装 *RC* 吸收器；⑤输入端安装噪声滤波器。

3）电源异常：为保证设备正常运行，对变频器供电电源也有相应的要求。如果附近有直接起动的电动机和电磁炉等设备，应和变频器供电系统分离，减小相互影响；对于要求瞬时停电后仍能继续运行的场合，除选择合适的变频器外，还应预先考虑负载电动机的降速比例，变频器和外部控制电路应采用瞬停补偿方式，当电压回复后，通过速度追踪和测速电机的检测来防止设备在加速起动中的过电流；对于要求不能停止运行的设备，要对变频器加装自动切换的不停电电源装置。

4）冲击电压：雷击或感应雷击形成的冲击电压有时也能造成变频器的损坏。此外，当电源系统一次侧带有真空断路器时，断路器开闭也能产生较高的冲击电压。变压器一次侧真空断路器断开时，通过耦合在二次侧形成很高的电压冲击尖峰。为防止因冲击电压造成过电压损坏，通常需要在变频器的输入端加装压敏电阻等吸收器件，保证输入电压不高于变频器主电路器件所允许的最大电压。如变压器一次侧有真空断路器，在控制顺序上应在真空断路器动作前先将变频器断开。

（2）变频器内部因素引起的故障

1）参数设置引起的故障：应多注意电动机参数、变频器控制方式和起动方式的设定等，若发生参数设置故障，可根据故障代码或产品说明书进行参数修改，必要时可恢复出厂值，重新设置。

2）过电流和过载：如果变频器一通电就出现过电流故障，可能是整流桥或逆变管损坏，需进行更换；若与电动机断开连接后不再报警，可能是变频器和电动机间存在断路；若在运行中出现机械卡死、重载、加速时间设置过短或负载突变，也有可能引起过电流，应从上述可能性逐一排查。

（3）过电压和欠电压 过电压主要体现为电动机拖动大惯性负载或多电动机拖动同一负载时由于负载分配不均引起；欠电压主要由于电源电压过低或断相、一个直流母线上的电压过低或欠电压检测元件出现问题引起，可检查供电电压是否正常，或更换故障元件以及维修相应检测电路。

4. 三菱变频器的使用介绍

变频器经过近20年的发展，产品质量和功能都已不断稳定与完善，特别是随着功率器件以及IC芯片的不断改进，变频器产品也在不断地推陈出新。三菱变频器以其稳定的性能，强大的功能，以及较高的性价比等特点，在变频器市场中占据着重要的地位。三菱变频器，从应用来说，主要分为以下几大类：①通用型的A系列，有较早的A200系列，以及经济型的A024、A044系列；②风机水泵专用型的F系列，包括早期的F400系列，以及现在广泛使用的F500系列；③经济型的E系列和简易型的S系列。为了满足市场的需要，三菱变频器还开发了应用于多种场合的选件卡，主要包括要求精确转速的PG反馈卡，用于精确定位的定位控制卡，用于压力控制的PI控制卡，以及用于扩展输出点的继电器和晶体管输出卡。对变频器功能的不断强化，和对选件卡的不断开发，使得三菱变频器更好地满足了不同用户的需要，也成为三菱变频器能够迅速壮大的原因之一。

目前市场上正在使用的有A500系列、E500系列、F500系列及S120系列。下面以E500系列为例进行介绍。

（1）变频器输出频率的含义

1）最大频率f_{max}、基准频率f_N和基准电压U_N的关系如图7-39所示。

2）上限频率f_H和下限频率f_L。变频器的输出频率被限定在上、下限频率之间，以防止误操作。

3）起动频率。起动信号为ON的开始频率，通常出厂设定值为0.5Hz。

4）点动频率。点动操作时的频率，通常出厂设定值为几赫兹。

5）跳跃频率。跳跃频率是指运行时避开某个频率。如果电动机在某个频率下运行时生产设备发生机械谐振，则要避开这个频率。通常变频器可设置3个以上的跳跃频率和跳跃频率的范围。

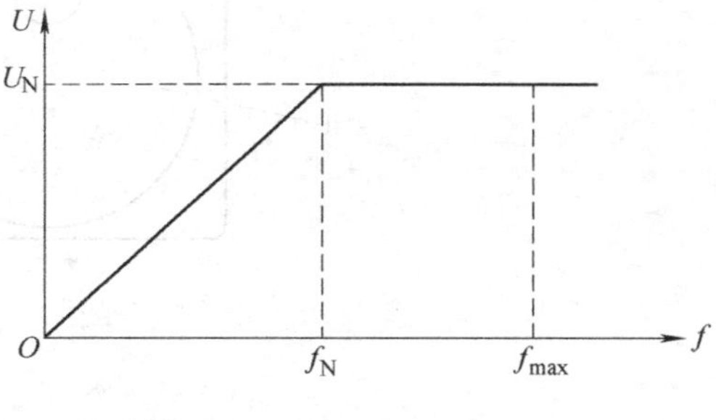

图7-39 变频器基准频率、输出电压及最大频率的关系

6）多段速频率。在调速过程中，有时需要几个不同速度的阶段，通常可设置为3～15段不同的输出频率。

7）制动频率。当变频器停止输出时，频率下降到进行直流制动的频率。在生产工艺需要准确定位停机时，需要设置制动频率、制动时间和制动电压。如三菱变频器FR-E540-0.75K-CHT的出厂设定值分别为3Hz、0.5s和电源电压的6%。

8）输入最大模拟量时的频率。指输入模拟电压5V(10V)或模拟电流20mA时的频率值，通常出厂设定值为50Hz。

9）载波频率。载波频率偏低，电动机运行时会产生噪声；载波频率偏高，工作损耗增大。变频器出厂时已设置了较好的载波频率，一般不需要重新设定。

(2) FR-E500 的面板设置及参数设定　变频器 FR-E500 的外形和端子板如图 7-40 所示。

1）面板功能键。按面板上增、减键设置或修改输出频率值。变频器 FR-E500 的面板图如图 7-41 所示。其基本功能见表 7-27。

2）面板电位器。旋动面板电位器旋钮，可以设置或修改连续变化的输出频率值。

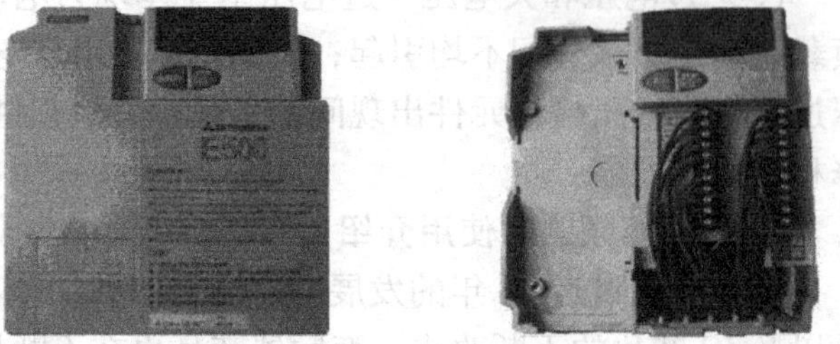

图 7-40　变频器 FR-E500 的外形与端子板

3）外部接点端子。用外部高速、中速、低速或多段速接点端子的通断来改变输出频率。

4）外部模拟信号端子。用外部模拟电压值或模拟电流值的变化设置或修改输出频率。

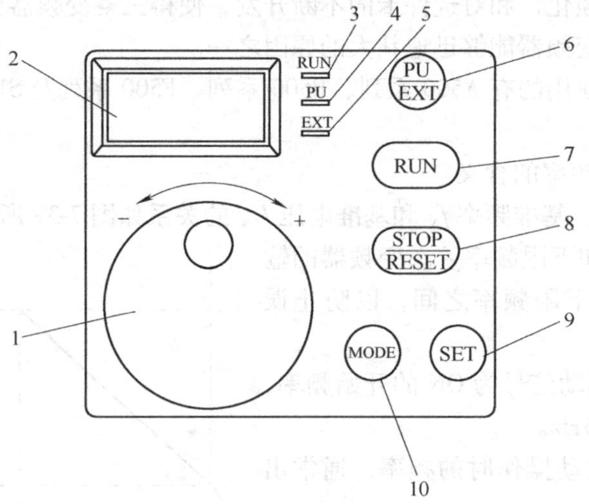

图 7-41　变频器 FR-E500 面板图

1—设定用旋钮　2—显示监视　3—RUN 指示　4—PU 指示　5—EXT 指示
6—PU/EXT 键　7—RUN 键　8—STOP/RESET 键　9—SET 键　10—MODE 键

表 7-27　基本功能表

显示/按钮	功　能	备　注
RUN 显示	运行时点亮/闪灭	点亮：正在运行中 慢闪灭(1.4s/次)：反转运行中 快闪灭(0.2s/次)：非运行中
PU 显示	PU 操作模式时点亮	计算机链接运行模式时，为慢闪亮
监视用 3 位 LED	显示频率、参数序号等	
EXT 显示	外部操作模式时点亮	计算机链接运行模式时，为慢闪亮
设定用按钮	变更频率设定、参数的设定值	不能取下

（续）

显示/按钮	功　能	备　注
PU/EXT 键	切换 PU/外部操作模式	PU：PU 操作模式 EXT：外部操作模式 使用外部操作模式（用另外连接的频率设定旋钮和起动信号运行）时，请按下此键，使 EXT 显示为点亮状态
RUN 键	运行指令正转	反转用(Pr. 17)设定
STOP/RESET 键	进行运行的停止，报警的复位	
SET 键	确定各设定	
MODE 键	切换各设定	

（3）通用变频器 FR-E500 系列的输入/输出参数和接线端子介绍

1）三菱通用变频器 FR-E540-0.75K-CHT 的容量和输入/输出参数见表 7-28。

表 7-28　通用变频器 FR-E540-0.75K-CHT 的容量和输入/输出参数

变频器的型号	额定容量/kVA	额定输出电流/A	适配电动机功率/kW	输入参数		输出参数	
				电压/V	频率/Hz	电压/V	频率/Hz
FR-E540-0.75K-CHT	2	2.6	0.75	380～480	50/60	380～480	0～400

2）变频器 FR-E500 的基本配线图如图 7-42，其端子功能说明见表 7-29。

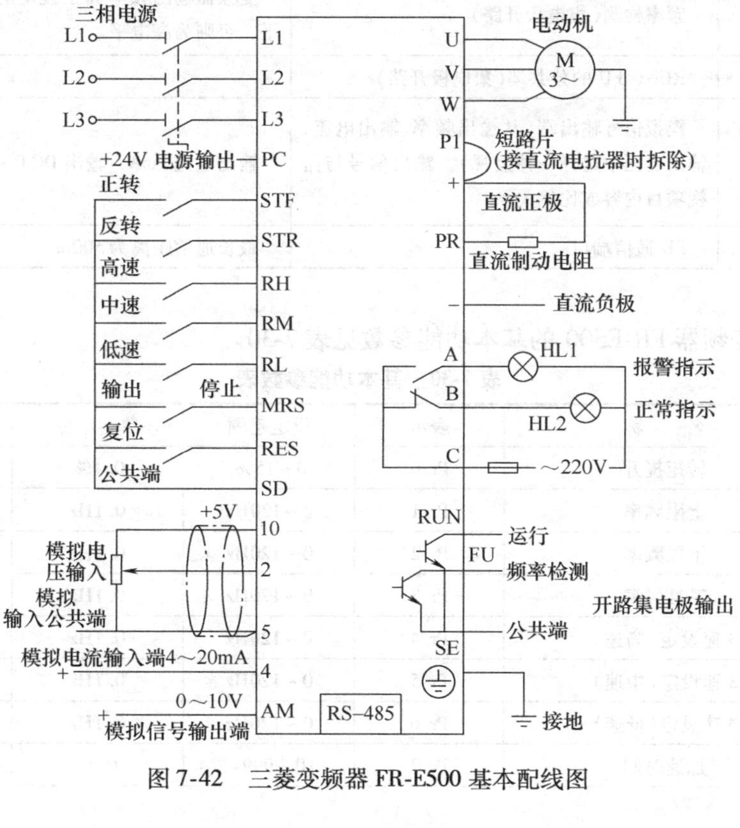

图 7-42　三菱变频器 FR-E500 基本配线图

表 7-29　端子功能说明

端子符号	端子功能说明	备　注
STF	正转控制命令端	输入信号端与 SD 端子闭合有效
STR	反转控制命令端	
RH、RM、RL	高、中、低速及多段速度选择控制端	
MRS	输出停止端	
RES	复位端	
PC	DC 24V 正极，外部晶体管公共端的接点（源型）	
SD	DC 24V、0.1A（PC 端子）电源输出的公共端，输入信号公共端（漏型）	与 PC 之间输出 DC 24V、0.1A
10	频率设定用电源、DC 5V	输入模拟电压、电流信号来设定频率，5V（10V）对应最大输出频率；20mA 对应最大输出频率
2	模拟电压输入端，可设定 0～5V、0～10V	
4	模拟电流输入端，可设定 4～20mA	
5	模拟输入公共端	
A、B、C	变频器正常：B-C 闭合，A-C 断开 变频器故障：B-C 断开，A-C 闭合	触点容量：AC 230V/0.3A DC 30V/0.3A
RUN	变频器正在运行（集电极开路）	变频器输出频率高于起动频率时为低电平，否则为高电平
FU	频率检测（集电极开路）	变频器输出频率高于设定的检测频率时为低电平，否则为高电平
SE	RUN、FU 的公共端（集电极开路）	
AM	模拟信号输出端（从输出频率、输出电流、输出电压中选择一种监视），输出信号与监视项目内容成比例关系	输出电流 1mA，输出 DC 0～10V
RS-485	PU 通信端口	最长通信距离为 500m

（4）通用变频器 FR-E500 的基本功能参数见表 7-30。

表 7-30　基本功能参数表

参数	名　称	表示	设定范围	单　位	出厂设定值
0	转矩提升	Pr. 0	0～15%	0.1%	6%、5%、4%
1	上限频率	Pr. 1	0～120Hz	0.1Hz	50Hz
2	下限频率	Pr. 2	0～120Hz	0.1Hz	0Hz
3	基准频率	Pr. 3	0～120Hz	0.1Hz	50Hz
4	3 速设定（高速）	Pr. 4	0～120Hz	0.1Hz	50Hz
5	3 速设定（中速）	Pr. 5	0～120Hz	0.1Hz	30Hz
6	3 速设定（低速）	Pr. 6	0～120Hz	0.1Hz	10Hz
7	加速时间	Pr. 7	0～999s	0.1s	5s

（续）

参数	名　称	表示	设定范围	单　位	出厂设定值
8	减速时间	Pr. 8	0～999s	0.1s	5s
9	电子过电流保护	Pr. 9	0～50A	0.1A	额定输出电流
30	扩展功能显示选择	Pr. 30	0、1	1	0
79	操作模式选择	Pr. 79	0～4、7、8	1	0

注意：只有当Pr. 30“扩展功能显示选择”的设定值设定为“1”时，变频器的扩展功能参数才有效。

（5）FR-E500的操作说明

1）设定频率运行（在50Hz状态下运行）。操作步骤如下：

① 接通电源，显示监视显示画面。

② 按(PU/EXT)键设定PU操作模式。

③ 旋转设定用旋钮，直至监视用3位LED显示框显示出希望设定的频率，约5s闪灭。

④ 在数值闪灭之前按[SET]键设定频率数。此时若不按[SET]键，闪烁5s后，显示回到0.0。需重复操作③，重新设定频率。

⑤ 约闪烁3s后，显示回到0.0状态，按(RUN)键运行。

⑥ 变更设定时，请进行上述的③、④的操作。

⑦ 按[STOP/RESET]键，停止运行。

2）参数设定（如把Pr. 7的设定值从5s改为10s）。操作步骤如下：

① 接通电源，显示监视显示画面。

② 按(PU/EXT)键选中PU操作模式，此时PU指示灯亮。

③ 按(MODE)键进入参数设置模式。

④ 拨动设定用按钮，选择参数号码，直至监视用三位LED显示Pr. 7。

⑤ 按[SET]键读出现在设定的值（出厂时默认设定值为5）。

⑥ 拨动设定用按钮，把当前值增加到10。

⑦ 按[SET]键完成设置。

（6）变频器面板操作模式举例　操作内容为：恢复出厂设定值，由面板旋转设定用旋钮设定输出频率；由面板按键完成正转、反转、停止控制。变频器外部控制电路基本接线图如图7-43所示，操作步骤如下。

1）按图7-43接线，检查无误后接通电源。

2）恢复变频器出厂设定值。有关出厂设定值如下：参数Pr. 1 = 120，上限频率为120Hz；参数Pr. 2 = 0，下限频率为0Hz；参数Pr. 3 = 50，基准频率为50Hz；参数

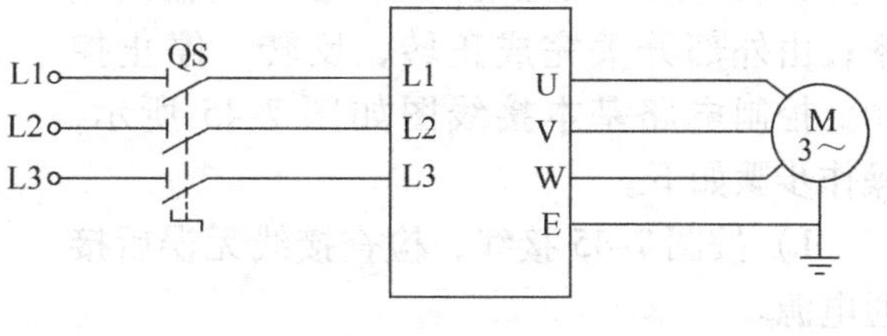

图7-43　变频器外部控制电路基本接线图

Pr. 7 =5，起动加速时间为5s；参数 Pr. 8 =5，停止减速时间为5s；参数 Pr. 79 =0，外部操作模式，【EXT】指示灯亮。

3）修改不符合控制要求的出厂设定值。修改参数 Pr. 79 =1，选择面板操作模式，【PU】指示灯亮。

4）设定输出频率。用【MODE】键选择【频率设定模式】，旋转设定用旋钮设定频率值为50Hz，用【SET】键写入。

5）正转。修改参数 Pr. 17 =0 按【RUN】键，电动机加速起动正转，显示输出频率。

6）反转。修改参数 Pr. 17 =1 按【RUN】键，电动机加速起动反转，电动机加速起动，显示输出频率。

7）停止。按【STOP/RESET】键，电动机减速停止，【RUN】指示灯灭。

8）切断电源。

（7）变频器外部操作模式举例　操作内容为：恢复出厂设定值；由外部模拟电压信号端设定输出频率；由外部开关完成正转、反转、停止控制。控制电路基本接线图如图 7-44 所示操作步骤如下。

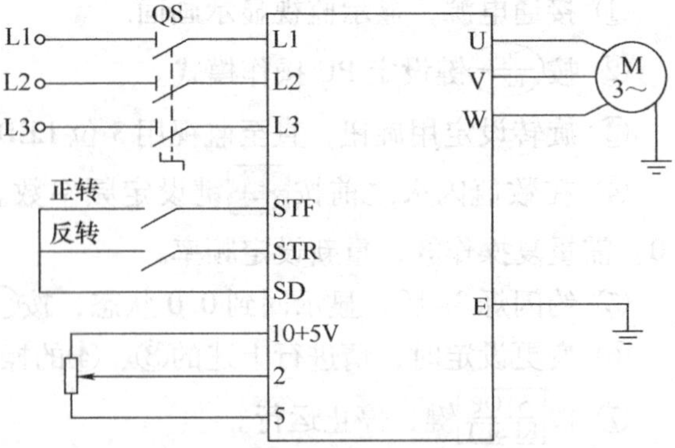

图 7-44　变频器外部控制电路基本接线图

1）按图 7-44 接线，检查接线无误后接通电源。

2）恢复变频器出厂设定值。有关出厂设定值如下：参数 Pr. 1 =120，上限频率为120Hz；参数 Pr. 2 =0，下限频率为 0Hz；参数 Pr. 3 =50，基准频率为 50Hz；参数 Pr. 7 =5，起动加速时间为 5s；参数 Pr. 8 =5，停止减速时间为 5s；参数 Pr. 38 =50，5V（10V）输入时频率为50Hz；参数 Pr. 73 =0，选择5V 的输入电压；参数 Pr. 79 =0，外部操作模式，【EXT】指示灯亮。

3）把外接电位器逆时针旋转到底，输出频率设定为 0。把外接电位器慢慢顺时针旋转到底，输出频率逐步增大到 50Hz。

4）正转。接通 STF-SD，【RUN】指示灯亮，输出频率逐步增大到 50Hz。

5）反转。接通 STR-SD，【RUN】指示灯闪烁，输出频率逐步增大到 50Hz。

6）停止。断开 STF、STR。

7）切断电源。

（8）变频器组合操作模式举例　操作内容为：恢复出厂设定值；由面板设定输出频率；由外部开关完成正转、反转、停止控制。控制电路基本接线图如图 7-45 所示，操作步骤如下。

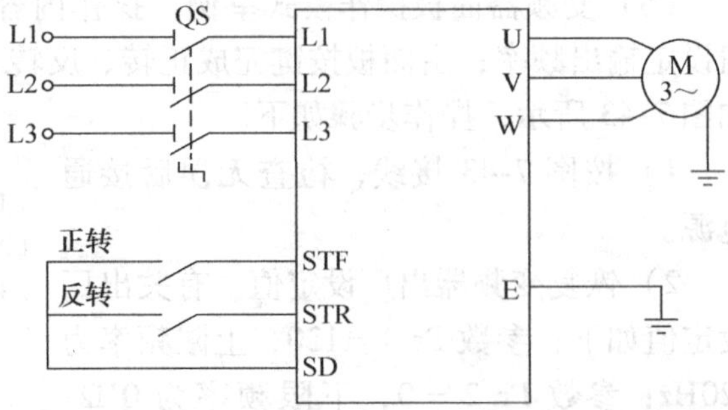

图 7-45　变频器组合操作控制电路基本接线图

1）按图 7-45 接线，检查接线无误后接通电源。

2）恢复变频器出厂设定值。有关出厂

设定值如下：参数 Pr. 1 = 120，上限频率为 120Hz；参数 Pr. 2 = 0，下限频率为 0Hz；参数 Pr. 3 = 50，基准频率为 50Hz；参数 Pr. 7 = 5，起动加速时间为 5s；参数 Pr. 8 = 5，停止减速时间为 5s；参数 Pr. 79 = 0，外部操作模式，【EXT】指示灯亮。

3）修改不符合控制要求的出厂设定值。修改参数 Pr. 79 = 3，为外部与面板组合操作模式，【PU】和【EXT】两指示灯亮。

4）设定输出频率。用【MODE】键选择【频率设定模式】，旋转设定用旋钮改变设定值为 50Hz，用【SET】键写入。

5）正转。接通 STF-SD，【RUN】指示灯亮，输出频率逐步增大到 50Hz。

6）反转。接通 STR-SD，【RUN】指示灯闪烁，输出频率逐步增大到 50Hz。

7）停止。断开 STF、STR。

8）切断电源。

（9）继电器控制的变频器调速电路举例　控制要求：用继电器控制电动机低速起动，中、高速运行，控制原理图如图 7-46 所示。

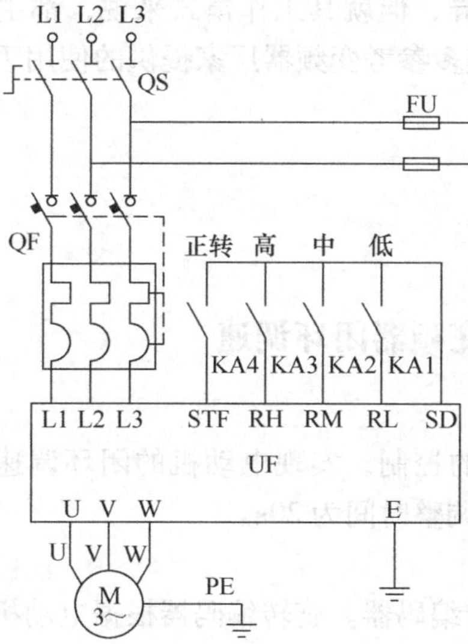

图 7-46　继电器控制的变频器调速电路原理图

各按钮名称及动作如下：SB1：低速起动按钮，按下 SB1 电动机以 10Hz 频率低速起动；SB2：中速运行按钮，按下 SB2 电动机以 30Hz 频率中速运行；SB3：高速运行按钮，按下 SB3 电动机以 50Hz 频率高速运行；SB4：停止按钮，按下 SB4 电动机减速停止。

注意：各速运行频率（参数 4、5、6）可以修改。3 速设定的场合，2 速以上同时被选中时，低速设定的频率优先。

低速起动，中、高速运行曲线如图 7-47 所示。操作步骤如下。

1）按图 7-46 接线，检查接线无误后接通电源。

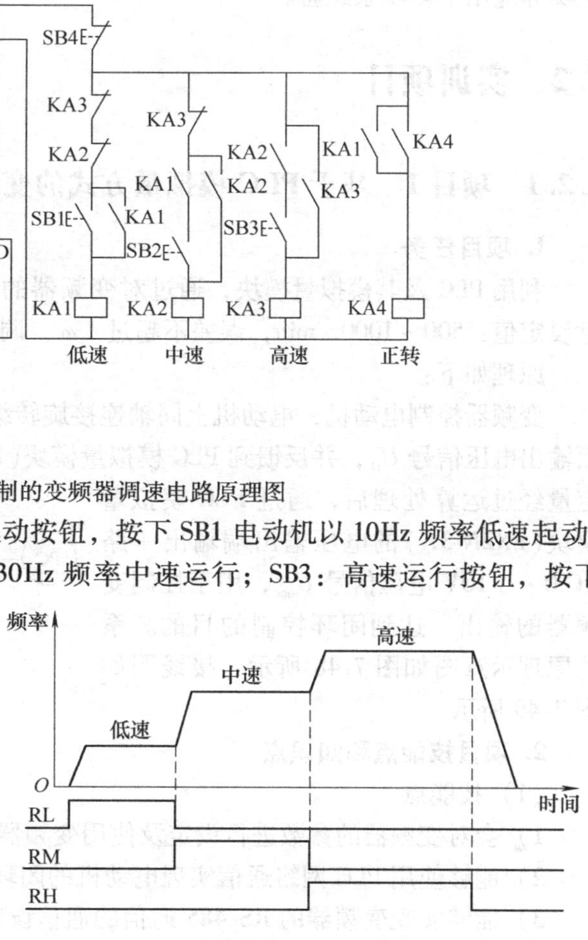

图 7-47　低速起动，中、高速运行曲线

2）恢复变频器出厂设定值。有关出厂设定值如下：参数 Pr. 1 = 120，上限频率为120Hz；参数 Pr. 2 =0，下限频率为0Hz；参数 Pr. 3 =50，基准频率为50Hz；参数 Pr. 4 =50，高速频率为50Hz；参数 Pr. 5 =30，中速频率为30Hz；参数 Pr. 6 =10，低速频率为10Hz；参数 Pr. 7 =5，起动加速时间为5s；参数 Pr. 8 =5，停止减速时间为5s；参数 Pr. 79 =0，外部操作模式，【EXT】指示灯亮。

3）低速起动。按下低速起动按钮 SB1，中间继电器 KA1 通电自锁，RL-SD 接通。KA4 通电自锁，STF-SD 接通，电动机以 10Hz 频率低速运行。

4）中速运行。按下中速运行按钮 SB2，中间继电器 KA2 通电自锁，RM-SD 接通，电动机以 30Hz 频率中速运行。KA1 断电。

5）高速运行。按下高速运行按钮 SB3，中间继电器 KA3 通电自锁，RH-SD 接通，电动机以 50Hz 频率高速运行。KA2 断电。

6）停止。按下停止按钮 SB4，KA1 ~ KA4 断电，电动机减速停止。

7）切断电源。

不同厂家对变频器的操作方法设定略有差异，但就其工作模式来说，都主要有面板操作模式和外部操作模式。合理使用变频器，除应多参考变频器厂家提供的使用手册外，还要在实际应用中多积累经验。

7.2 实训项目

7.2.1 项目1 基于 PLC 模拟量方式的变频器闭环调速

1. 项目任务

利用 PLC 及其模拟量模块，通过对变频器的控制，实现电动机的闭环调速，转速为任意设定值：500 ~ 1000r/min，误差不超过 1%，调整时间为 20s。

原理如下：

变频器控制电动机，电动机上同轴连接旋转编码器。旋转编码器根据电动机的转速变化而输出电压信号 U_{i1}，并反馈到 PLC 模拟量模块（FX2N-3A）的电压输入端，在 PLC 内部与给定量经过运算处理后，通过 PLC 模拟量模块（FX2N-3A）的电压输出端输出一路 DC 0 ~ +10V 电压信号 U_{out}，用于控制变频器的输出，达到闭环控制的目的。系统原理示意图如图 7-48 所示，接线图如图 7-49 所示。

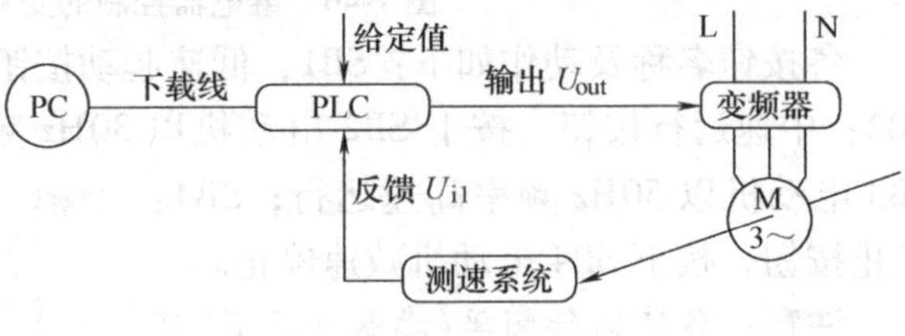

图 7-48 系统原理示意图

2. 项目技能点和知识点

（1）技能点

1）会对变频器的参数进行设定及使用变频器。

2）能够使用 PLC 网络通信实现电动机的闭环定位控制。

3）能够实现变频器的 RS-485 通信的通信设置。

4）能合理分配 I/O 地址，绘制 PLC 控制接线图，能够完成 PLC 控制电路的接线。

5）能对 PLC 控制系统实现离线调试和在线监控调试。

（2）知识点

1）掌握模拟量的读写。

2）掌握 PID 参数的设定和根据控制要求实现整定的方法。

3）掌握模拟量 A-D、D-A 转换。

4）掌握变频器参数的设定和不同工作方式的使用。

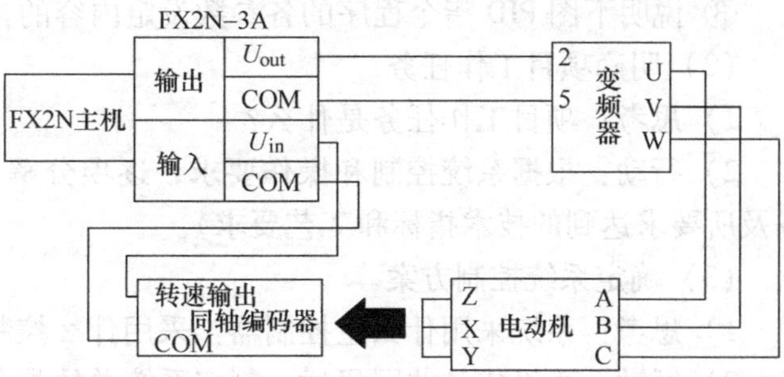

图 7-49　系统接线图

3. 项目实施

（1）知识点、技能点的学习和训练

1）思考：

① 变频器的多种工作方式的参数如何设定？

② PID 如何编程？PID 参数如何设定？

2）行动：试试看，能完成以下任务吗？

① 编写模拟量输入程序段。将 FX0N-3A 模块与 PLC 的基本单元连接，其占用的特殊功能模块号为 NO. 0，当 X010 为 ON 时，开通模拟输入通道 1，启动 A-D 转换，读取的数据存入 D2；当 X011 为 ON 时，开通模拟输入通道 2，启动 A-D 转换，读取的数据存入 D3。

② 编写模拟量输出程序段。将 FX0N-3A 模块与 PLC 的基本单元连接，其占用的特殊功能模块号为 NO. 0，当 X012 为 ON 时，执行 D-A 转换处理，将存储在 D4 中的数据写入到缓冲寄存器 BFM#16 中，并转换为模拟信号输出。PID 指令程序如图 7-50 所示。

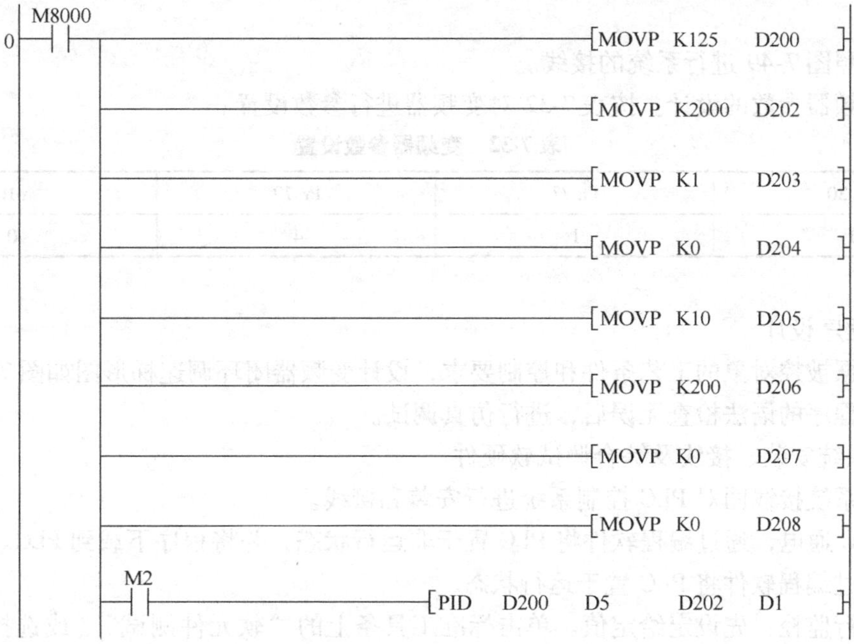

图 7-50　PID 指令程序

③ 说明下图 PID 指令程序的各参数设定内容的含义。

(2) 明确项目工作任务

1) 思考：项目工作任务是什么?

2) 行动：根据系统控制和操作要求，逐项分解工作任务，完成项目任务分析(分析任务及所要求达到的技术指标和工艺要求)。

(3) 确定系统控制方案

1) 思考：系统采用什么主控制器？采用什么控制策略？完成项目需要哪些设备？

2) 行动：小组成员共同研讨，制定系统总体控制方案，绘制系统工作流程图及系统结构框图。

(4) PLC 控制系统硬件的设计

1) 收集相关 PLC 控制器、开关、按钮等设备资料，完善项目设备表，见表 7-31。

表 7-31　项目设备表

序　号	名　称	型　号	数　量	备　注
1	可编程序控制器			
2	DC 24V 开关电源			
3	旋转编码器			
4	变频器			
5	模拟量模块			
6	熔断器			
7	接线端子排			

2) 参照图 7-49 进行系统的接线。

3) 变频器参数的设计。按表 7-32 对变频器进行参数设置。

表 7-32　变频器参数设置

Pr. 30	Pr. 73	Pr. 79	n10
1	1	4	0

(5) 程序设计

1) 根据被控对象的工艺条件和控制要求，设计变频器闭环调速梯形图如图 7-51 所示。

2) 对程序的语法检查无误后，进行仿真调试。

(6) 系统安装、接线及综合调试软硬件

1) 按系统接线图对 PLC 控制系统进行安装和接线。

2) PLC 通电，通过编程软件将 PLC 置于非运行状态，并将程序下载到 PLC。

3) 通过编程软件将 PLC 置于运行状态。

4) 运行监控：先设定给定值。单击标准工具条上的“软元件测试”（或选择“在线”菜单下“调试”项中的“软元件测试”项)，进入软元件测试对话框。在“字软元件/缓冲存储区”栏中的“软元件”项中键入 D0，设置 D0 的值，确定电动机的转速。输入设定值 N，N

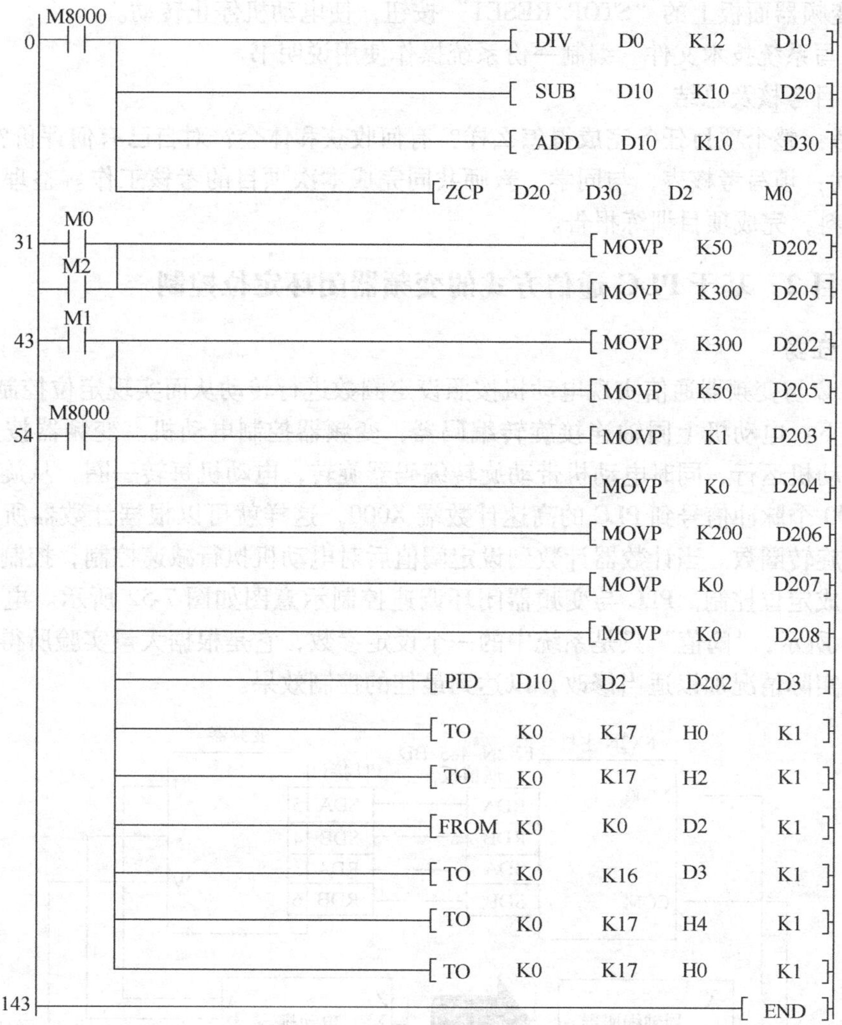

图7-51　变频器闭环调速梯形图

为十进制数，如N=1000，则电动机的转速目标值就为1000r/min。

5）按变频器面板上的“RUN”，起动电动机。电动机转动平稳后，记录给定目标转速、电动机实际转速、和它们之间的偏差，再改变给定值，观察电动机转速的变化并记录数据。如果控制效果不够好，对PID参数进行调整，直到系统完善。**注意：由于闭环调节本身的特性，所以电动机要过一段时间才能达到目标值。**

观察并将数据记录在表7-33中。

表7-33　转速调试记录

给定目标转速/(r/min)	电动机实际转速/(r/min)	变频器输出频率/Hz	最大振荡偏差

6）按变频器面板上的“STOP/RESET”按钮，使电动机停止转动。

（7）编写系统技术文件　编制一份系统操作使用说明书。

（8）项目考核及总结

1）思考：整个项目任务完成得怎么样？有何收获和体会？对自己有何评价？

2）行动：填写考核表，与同学、教师共同完成本次项目的考核工作。整理上述步骤中所编写的材料，完成项目训练报告。

7.2.2　项目 2　基于 PLC 通信方式的变频器闭环定位控制

1. 项目任务

通过 PLC 与变频器通信实现电动机按照设定圈数进行转动从而实现定位控制。

原理如下：电动机上同轴连接旋转编码器，变频器控制电动机。变频器按照设定值工作，带动电动机运行，同时电动机带动旋转编码器旋转，电动机每转一圈，从旋转编码器脉冲端输出 500 个脉冲信号到 PLC 的高速计数端 X000，这样就可以根据计数器所计脉冲数计算出电动机旋转圈数。当计数器计数到设定阈值后对电动机执行减速控制，控制电动机减速至停止，完成定位控制。PLC 与变频器闭环调速控制示意图如图 7-52 所示。电动机转速曲线如图 7-53 所示，“阈值”只是系统中的一个设定参数，它是根据大量实验所得到的一个数据，可根据实际情况加以适当修改，以达到最佳的控制效果。

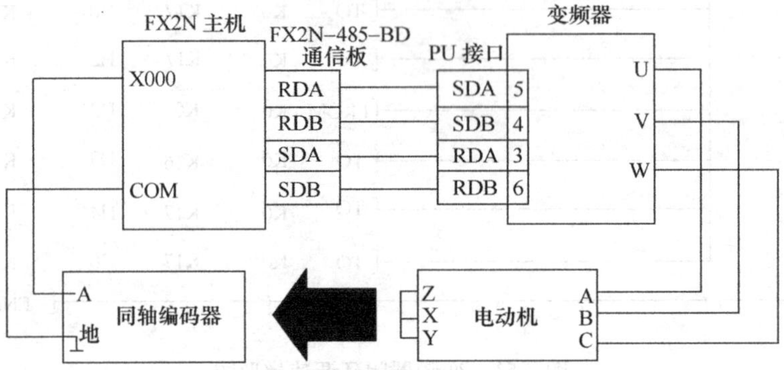

图 7-52　PLC 与变频器闭环调速控制示意图

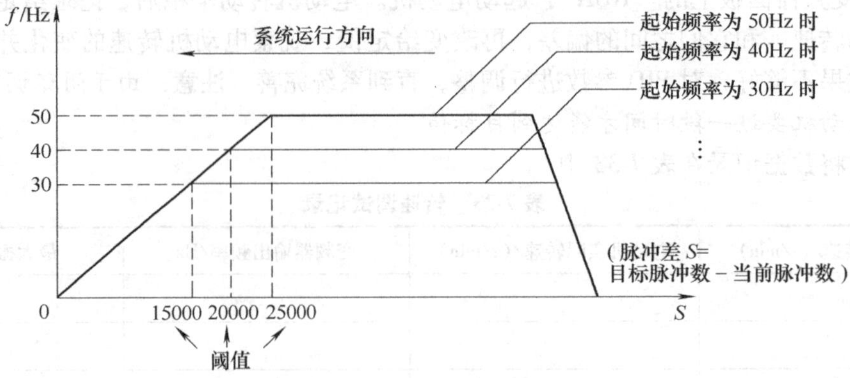

图 7-53　电动机转速曲线

2. 项目技能点和知识点

（1）技能点

1）会对变频器的参数进行设定及使用变频器。

2）能够使用串行通信模式构建 PLC 网络控制系统。

3）能够实现变频器的 RS-485 通信的通信设置。

4）绘制 PLC 控制接线图，能够完成 PLC 控制电路的接线。

5）能对 PLC 控制系统实现离线调试和在线监控调试。

（2）知识点

1）熟悉无协议通信 PLC 通信模式。

2）熟悉 PLC N: N 网络通信。

3）熟悉 PLC 并行链接通信。

4）能对变频器的参数进行设定及使用变频器。

3. 项目实施

（1）知识点、技能点的学习和训练

1）思考：

① 同轴编码器是如何工作的?

② PLC 与变频器通信如何实现？变频器的参数如何设定？

③ RS 功能指令的基本格式如何？相应的辅助继电器的功能、使用注意事项有哪些？

2）行动：试试看，能完成以下任务吗？

① 进行变频器功能参数的设置操作，并参照变频器用户手册理解各参数含义。工作要点：

a）按接线图正确将线连接好后，合上电源，准备设置变频器各参数。

b）按(PU/EXT)键设定 PU 操作模式

c）按(MODE)键进入参数设置模式。

d）拨动设定按钮，选择参数号码，直至监视用三位 LED 显示“Pr. 30”。

e）按 SET 键读出现在设定的值(出厂时默认设定值为 0)。

f）拨动设定按钮，把当前值增加到 1。

g）按 SET 键完成设定值。

h）重复步骤 d)、e)、f)、g)，按表 7-34 设置各参数。

表 7-34　变频器参数

Pr. 8	Pr. 30	Pr. 79	n1	n2	n3	n4	n5	n6	n7	n8	n9	n10	n11
0	1	0	1	48	10	0	—	—	—	0	0	1	0

i）连续按两次(MODE)按钮，退出参数设置模式。

② 使用 PLC 的 RS-485 通信控制变频器实现电动机正转、反转、停止。工作要点：

a）了解变频器数据代码表中各代码的含义，见表 7-35。

表 7-35　变频器数据代码表

操作指令	指令代码	数据内容
正转	HFA	H02
反转	HFA	H04
停止	HFA	H00
运行频率写入	HED	H0000 ~ H2EE0

b）理解图 7-54 所示变频器运行程序的含义。

③ 使用 PLC 的 RS-485 通信直接修改变频器的运行频率。

软件设计的数据传输格式：一般按照通信请求→站号→指令代码→数据内容→校验码的格式进行传输，其中数据内容可多可少，也可以没有；校验码是求站号、指令代码、数据内容的 ASCⅡ码的总和，然后取其低 2 位的 ASCⅡ码。试设计 PLC 控制程序。

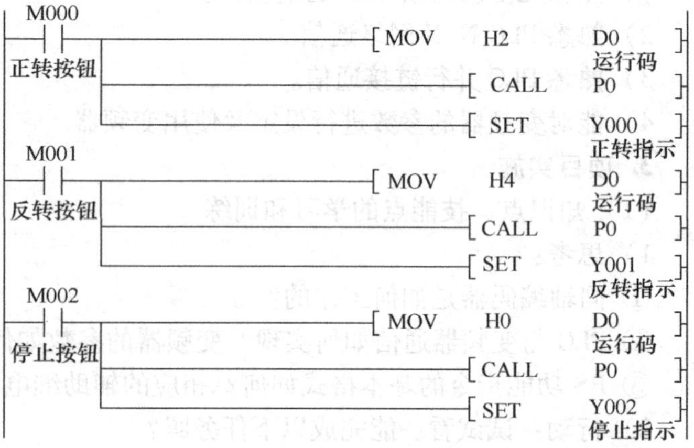

图 7-54　变频器运行程序

（2）明确项目工作任务

1）思考：项目工作任务是什么？

2）行动：根据系统控制和操作要求，逐项分解工作任务，完成项目任务分析（分析任务及所要求达到的技术指标和工艺要求）。

（3）确定系统控制方案

1）思考：系统采用什么主控制器？采用什么控制策略？完成项目需要哪些设备？

2）行动：小组成员共同研讨，制定系统总体控制方案，绘制系统工作流程图及系统结构框图。

（4）PLC 控制系统硬件的设计

1）收集相关 PLC 控制器、开关、按钮等设备资料，完善项目设备表，见表 7-36。

表 7-36　项目设备表

序号	名称	型号	数量	备注
1	可编程序控制器			
2	DC 24V 开关电源			
3	按钮			
4	通信模块			
5	熔断器			
6	电动机			
7	变频器			
8	同轴编码器			

2）参照图7-52进行系统的接线。

3）变频器参数的设计。按照表7-34对变频器进行参数设置。

（5）程序设计

1）根据被控对象的工艺条件和控制要求，设计梯形图，参照梯形图如图7-55所示。

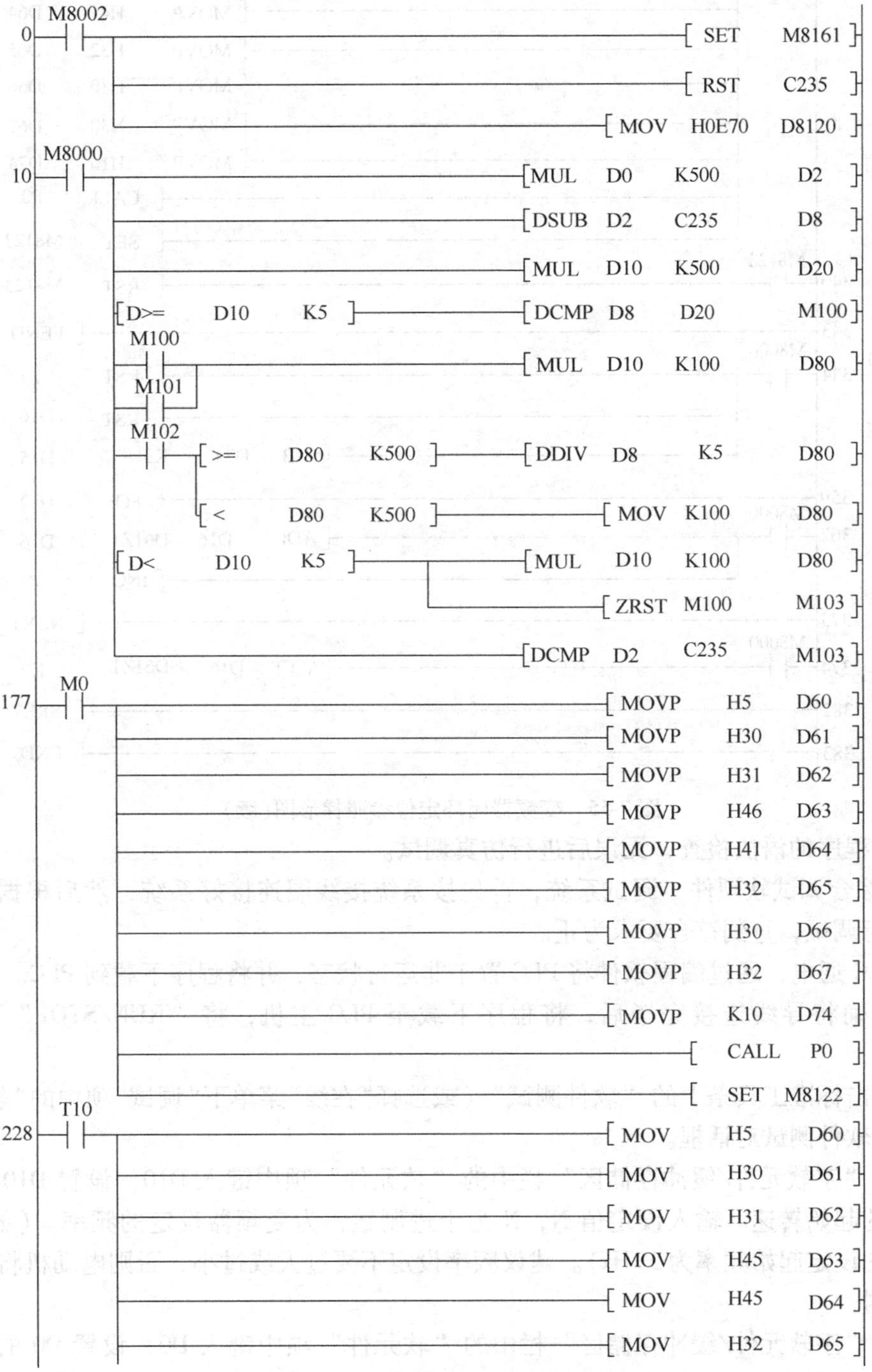

图7-55　变频器闭环定位参照梯形图

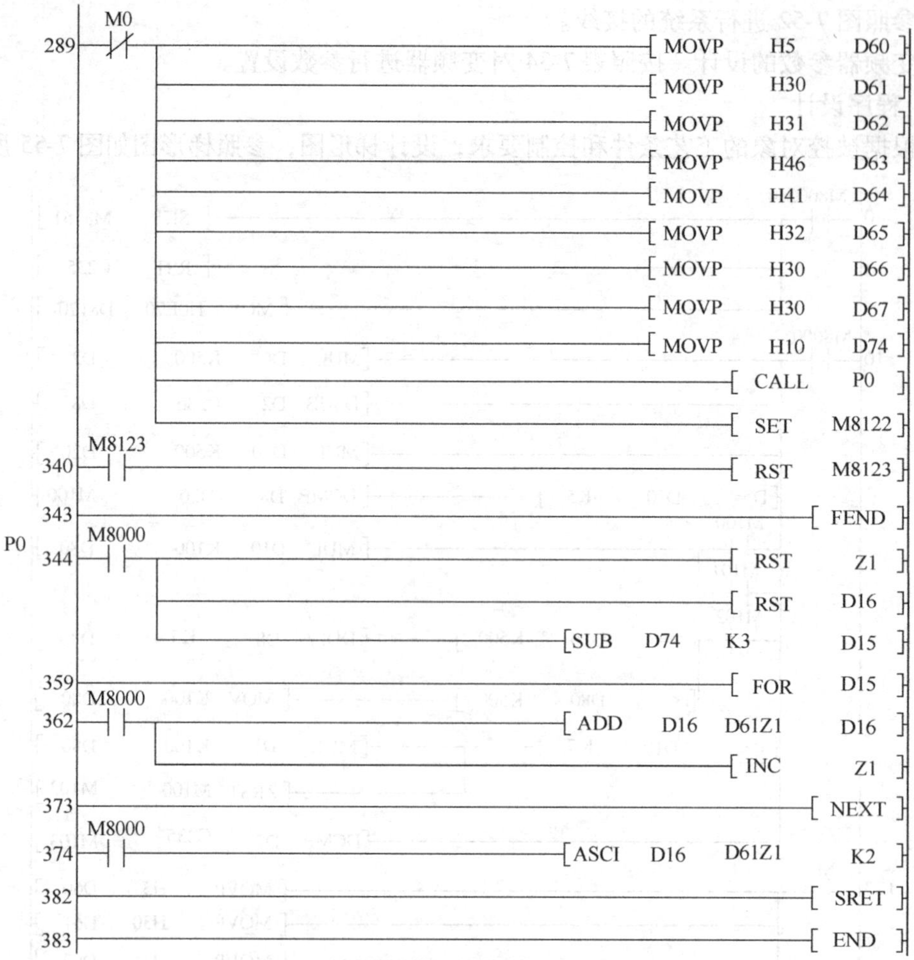

图 7-55　变频器闭环定位参照梯形图(续)

2）对程序的语法检查，无误后进行仿真调试。

(6) 综合调试软硬件　调试系统，首先按系统接线图连接好系统，然后根据控制要求对系统进行调试，直到符合要求为止。

1）PLC 通电，通过编程软件将 PLC 置于非运行状态，并将程序下载到 PLC。

2）正确将导线连接完毕后，将程序下载至 PLC 主机，将“RUN/STOP”开关拨到“RUN”。

3）单击标准工具条上的“软件测试”（或选择“在线”菜单下“调试”项中的“软件测试”项），进入软件测试对话框。

4）在“字软元件/缓冲存储区”栏中的“软元件”项中键入 D10，设置 D10 的值，确定电动机的起始转速。输入设定值 N，N 为十进制数，为变频器设定的频率。(如:N = 30，则变频器的设定起始频率为 30Hz)。建议频率设定不要过大或过小，否则电动机将不易受到 PLC 的控制。

5）在“字软元件/缓冲存储区”栏中的“软元件”项中键入 D0，设置 D0 的值，确定电动机的旋转圈数。(如:输入十进制数“100”,则电动机将在起动的条件下转动 100 圈后停止运行)。由于电动机本身的性能以及变频器的特性，定位会略有偏差。

6）在“位软元件”菜单中的“软元件”栏键入M0，由M0强制ON控制电动机转动，电动机将在转动设定圈数后停止运行，如想在此过程中让其停止，则单击“强制OFF”便可。

（7）编写系统技术文件 编制一份系统操作使用说明书。

（8）项目考核及总结

1）思考：整个项目任务完成得怎么样？有何收获和体会？项目有没有创新的地方？有没有需要完善和改进的地方？对自己有何评价？

2）行动：按照任务书的要求，填写考核表，与同学、教师共同完成本次项目的考核工作。整理上述步骤中所编写的材料，完成项目训练报告。

思考练习题

1. 简述RS指令如何使用？如要求以8位数据长度、偶校验、1位停止位、通信速率为19 200bit/s，不使用起始符和终止符的格式通信，D8120应如何设定？

2. PID指令如何使用？主要设定哪些参数？PID指令有什么优点？

3. FROM、TO指令如何使用？以FX2N-4AD、FX2N-2DA模块为例，简述如何启动A-D、D-A转换？

4. 简述PID参数如何整定？有哪些常规的整定办法？

附　录

附录A　电气图形符号表

名　称	新符号		旧符号	
	图形符号	文字符号	图形符号	文字符号
直流电	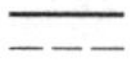			
交流电				
导线的T型连接	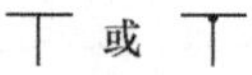			
导线的双T连接	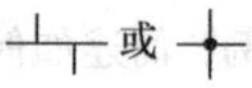		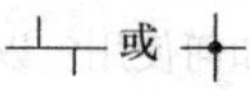	
导线的不连接				
接地一般符号				
单相自耦变压器		T		B
星形联结的三相自耦变压器	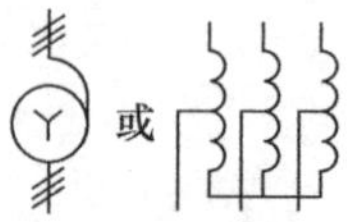	T	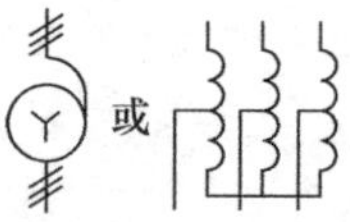	B
电流互感器	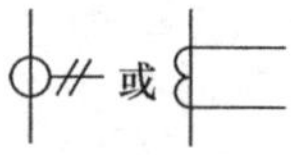	TA	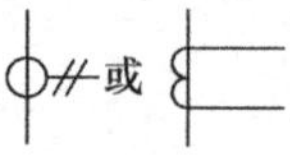	LH
三相笼型异步电动机		M		D
三相绕线转子异步电动机		M		D
直流并励电动机	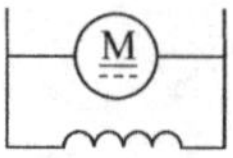	M	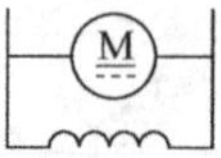	D
熔断器	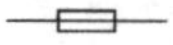	FU	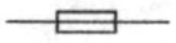	RD
插头		XP		CT
插座	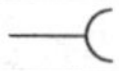	XS	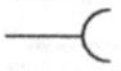	CZ

（续）

名　称	新符号		旧符号	
	图形符号	文字符号	图形符号	文字符号
单极刀开关				
无自动复位的手动旋转开关	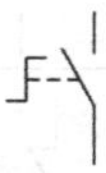		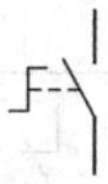	
三相断路器	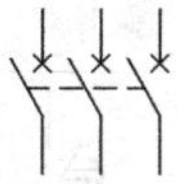	QF	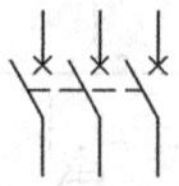	ZK
手动三极开关一般符号	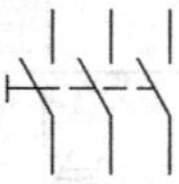		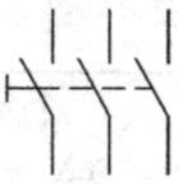	
常开（动合）触点				
常闭（动断）触点				
先断后合的转换触点				
按钮开关常开触点（起动按钮）		SB	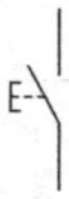	AN
限位开关				
常开触点		SQ		XK
常闭触点	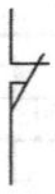	SQ		XK
接触器				
线圈	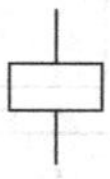	KM	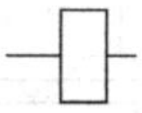	C
主常开（动合）触点		KM		C
主常闭（动断）触点	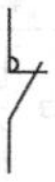	KM		C

（续）

名　称	新　符　号		旧　符　号	
	图形符号	文字符号	图形符号	文字符号
继电器				
主常开(动合)触点	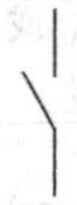	KT		SJ
主常闭(动断)触点	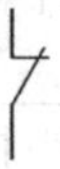			
延时闭合的常开触点				
延时断开的常开触点	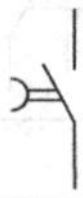		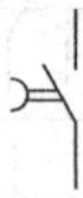	
延时闭合的常闭触点				
延时断开的常闭触点				
延时常开触点	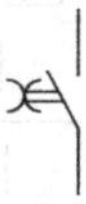		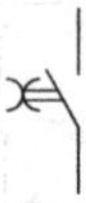	
时间继电器线圈(一般符号)	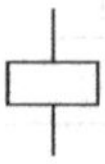 或 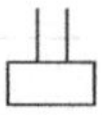	KT	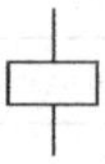 或 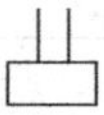	SJ
中间继电器线圈				
缓慢释放(断电延时型)时间继电器线圈	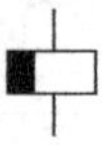	KT	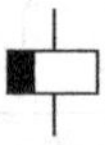	SJ
缓慢吸合(通电延时型)时间继电器线圈	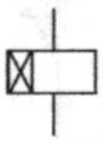	KT	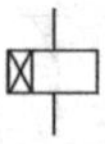	SJ
欠电压继电器	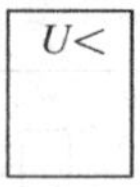			
电流继电器线圈	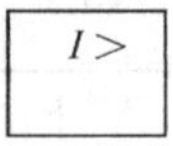		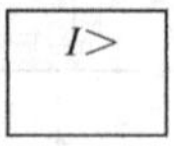	
热继电器热元件	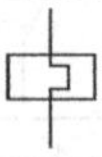	FR	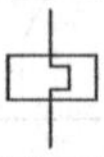	
热继电器的常闭触点		FR		

（续）

<table>
<tr><th rowspan="2">名　称</th><th colspan="2">新 符 号</th><th colspan="2">旧 符 号</th></tr>
<tr><th>图形符号</th><th>文字符号</th><th>图形符号</th><th>文字符号</th></tr>
<tr><td colspan="5">继电器</td></tr>
<tr><td>电磁制动器</td><td>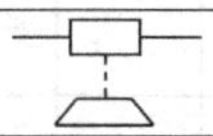</td><td>YB</td><td>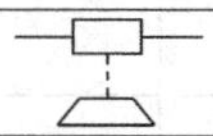</td><td>ZDT</td></tr>
<tr><td>电铃</td><td></td><td>HA</td><td></td><td></td></tr>
<tr><td>扬声器</td><td>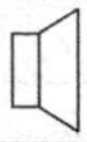</td><td>HA</td><td>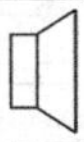</td><td>LB</td></tr>
<tr><td>灯，一般符号</td><td></td><td>EL</td><td></td><td>ZD</td></tr>
<tr><td>信号灯</td><td>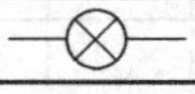</td><td>HL</td><td></td><td>XD</td></tr>
</table>

注：1. 表中新符号中的图形符号摘自 GB/T 4728. 2 ~. 3—2005 及 GB/T 4728. 6 ~. 9—2008。
2. 表中新符号中的文字符号摘自 GB/T 7159—1987。
3. 表中旧符号中的图形符号摘自 GB/T 4728. 2 ~. 3—1998，GB/T 4728. 6 ~. 8—2000，GB/T 4728. 9—1999。
4. 表中旧符号中的文字符号摘自 GB/T 315—1964。

附录 B　FX 系列 PLC 功能指令汇总表

<table>
<tr><th rowspan="2">分类</th><th rowspan="2">FNC NO.</th><th rowspan="2">指令助记符</th><th rowspan="2">功 能 说 明</th><th colspan="5">对应不同型号的 PLC</th></tr>
<tr><th>FX0S</th><th>FX0N</th><th>FX1S</th><th>FX1N</th><th>FX2N
FX2NC</th></tr>
<tr><td rowspan="10">程序流程</td><td>00</td><td>CJ</td><td>条件跳转</td><td>✓</td><td>✓</td><td>✓</td><td>✓</td><td>✓</td></tr>
<tr><td>01</td><td>CALL</td><td>子程序调用</td><td>×</td><td>×</td><td>✓</td><td>✓</td><td>✓</td></tr>
<tr><td>02</td><td>SRET</td><td>子程序返回</td><td>×</td><td>×</td><td>✓</td><td>✓</td><td>✓</td></tr>
<tr><td>03</td><td>IRET</td><td>中断返回</td><td>✓</td><td>✓</td><td>✓</td><td>✓</td><td>✓</td></tr>
<tr><td>04</td><td>EI</td><td>开中断</td><td>✓</td><td>✓</td><td>✓</td><td>✓</td><td>✓</td></tr>
<tr><td>05</td><td>DI</td><td>关中断</td><td>✓</td><td>✓</td><td>✓</td><td>✓</td><td>✓</td></tr>
<tr><td>06</td><td>FEND</td><td>主程序结束</td><td>✓</td><td>✓</td><td>✓</td><td>✓</td><td>✓</td></tr>
<tr><td>07</td><td>WDT</td><td>监视定时器刷新</td><td>✓</td><td>✓</td><td>✓</td><td>✓</td><td>✓</td></tr>
<tr><td>08</td><td>FOR</td><td>循环的起点与次数</td><td>✓</td><td>✓</td><td>✓</td><td>✓</td><td>✓</td></tr>
<tr><td>09</td><td>NEXT</td><td>循环的终点</td><td>✓</td><td>✓</td><td>✓</td><td>✓</td><td>✓</td></tr>
<tr><td rowspan="10">传送与比较</td><td>10</td><td>CMP</td><td>比较</td><td>✓</td><td>✓</td><td>✓</td><td>✓</td><td>✓</td></tr>
<tr><td>11</td><td>ZCP</td><td>区间比较</td><td>✓</td><td>✓</td><td>✓</td><td>✓</td><td>✓</td></tr>
<tr><td>12</td><td>MOV</td><td>传送</td><td>✓</td><td>✓</td><td>✓</td><td>✓</td><td>✓</td></tr>
<tr><td>13</td><td>SMOV</td><td>位传送</td><td>×</td><td>×</td><td>×</td><td>×</td><td>✓</td></tr>
<tr><td>14</td><td>CML</td><td>取反传送</td><td>×</td><td>×</td><td>×</td><td>×</td><td>✓</td></tr>
<tr><td>15</td><td>BMOV</td><td>成批传送</td><td>×</td><td>✓</td><td>✓</td><td>✓</td><td>✓</td></tr>
<tr><td>16</td><td>FMOV</td><td>多点传送</td><td>×</td><td>×</td><td>×</td><td>×</td><td>✓</td></tr>
<tr><td>17</td><td>XCH</td><td>交换</td><td>×</td><td>×</td><td>×</td><td>×</td><td>✓</td></tr>
<tr><td>18</td><td>BCD</td><td>二进制转换成 BCD 码</td><td>✓</td><td>✓</td><td>✓</td><td>✓</td><td>✓</td></tr>
<tr><td>19</td><td>BIN</td><td>BCD 码转换成二进制</td><td>✓</td><td>✓</td><td>✓</td><td>✓</td><td>✓</td></tr>
</table>

（续）

分类	FNC NO.	指令助记符	功能说明	对应不同型号的 PLC				
				FX0S	FX0N	FX1S	FX1N	FX2N FX2NC
算术与逻辑运算	20	ADD	二进制加法运算	✓	✓	✓	✓	✓
	21	SUB	二进制减法运算	✓	✓	✓	✓	✓
	22	MUL	二进制乘法运算	✓	✓	✓	✓	✓
	23	DIV	二进制除法运算	✓	✓	✓	✓	✓
	24	INC	二进制加 1 运算	✓	✓	✓	✓	✓
	25	DEC	二进制减 1 运算	✓	✓	✓	✓	✓
	26	WAND	字逻辑与	✓	✓	✓	✓	✓
	27	WOR	字逻辑或	✓	✓	✓	✓	✓
	28	WXOR	字逻辑异或	✓	✓	✓	✓	✓
	29	NEG	求二进制补码	×	×	×	×	✓
循环与移位	30	ROR	循环右移	×	×	×	×	✓
	31	ROL	循环左移	×	×	×	×	✓
	32	RCR	带进位右移	×	×	×	×	✓
	33	RCL	带进位左移	×	×	×	×	✓
	34	SFTR	位右移	✓	✓	✓	✓	✓
	35	SFTL	位左移	✓	✓	✓	✓	✓
	36	WSFR	字右移	×	×	×	×	✓
	37	WSFL	字左移	×	×	×	×	✓
	38	SFWR	FIFO（先入先出）写入	×	×	✓	✓	✓
	39	SFRD	FIFO（先入先出）读出	×	×	✓	✓	✓
数据处理	40	ZRST	区间复位	✓	✓	✓	✓	✓
	41	DECO	解码	✓	✓	✓	✓	✓
	42	ENCO	编码	✓	✓	✓	✓	✓
	43	SUM	统计 ON 位数	×	×	×	×	✓
	44	BON	查询位某状态	×	×	×	×	✓
	45	MEAN	求平均值	×	×	×	×	✓
	46	ANS	报警器置位	×	×	×	×	✓
	47	ANR	报警器复位	×	×	×	×	✓
	48	SQR	求方均根	×	×	×	×	✓
	49	FLT	整数与浮点数转换	×	×	×	×	✓
高速处理	50	REF	输入输出刷新	✓	✓	✓	✓	✓
	51	REFF	输入滤波时间调整	×	×	×	×	✓
	52	MTR	矩阵输入	×	×	✓	✓	✓
	53	HSCS	比较置位（高速计数用）	×	✓	✓	✓	✓

（续）

分类	FNC NO.	指令助记符	功能说明	对应不同型号的 PLC				
				FX0S	FX0N	FX1S	FX1N	FX2N FX2NC
高速处理	54	HSCR	比较复位(高速计数用)	×	✓	✓	✓	✓
	55	HSZ	区间比较(高速计数用)	×	×	×	×	✓
	56	SPD	脉冲密度	×	×	✓	✓	✓
	57	PLSY	指定频率脉冲输出	✓	✓	✓	✓	✓
	58	PWM	脉宽调制输出	✓	✓	✓	✓	✓
	59	PLSR	带加减速脉冲输出	×	×	✓	✓	✓
方便指令	60	IST	状态初始化	✓	✓	✓	✓	✓
	61	SER	数据查找	×	×	×	×	✓
	62	ABSD	凸轮控制(绝对式)	×	×	✓	✓	✓
	63	INCD	凸轮控制(增量式)	×	×	✓	✓	✓
	64	TTMR	示教定时器	×	×	×	×	✓
	65	STMR	特殊定时器	×	×	×	×	✓
	66	ALT	交替输出	✓	✓	✓	✓	✓
	67	RAMP	斜波信号	✓	✓	✓	✓	✓
	68	ROTC	旋转工作台控制	×	×	×	×	✓
	69	SORT	列表数据排序	×	×	×	×	✓
外部I/O设备	70	TKY	10 键输入	×	×	×	×	✓
	71	HKY	16 键输入	×	×	×	×	✓
	72	DSW	BCD 数字开关输入	×	×	✓	✓	✓
	73	SEGD	七段码译码	×	×	×	×	✓
	74	SEGL	七段码分时显示	×	×	✓	✓	✓
	75	ARWS	方向开关	×	×	×	×	✓
	76	ASC	ASCII 码转换	×	×	×	×	✓
	77	PR	ASCII 码打印输出	×	×	×	×	✓
	78	FROM	BFM 读出	×	✓	×	✓	✓
	79	TO	BFM 写入	×	✓	×	✓	✓
外围设备	80	RS	串行数据传送	×	✓	✓	✓	✓
	81	PRUN	八进制位传送(#)	×	×	✓	✓	✓
	82	ASCII	16 进制数转换成 ASCII 码	×	✓	✓	✓	✓
	83	HEX	ASCII 码转换成 16 进制数	×	✓	✓	✓	✓
	84	CCD	校验	×	✓	✓	✓	✓
	85	VRRD	电位器值读出	×	×	✓	✓	✓
	86	VRSC	电位器刻度值读出	×	×	✓	✓	✓
	87	—	—					
	88	PID	PID 运算	×	×	✓	✓	✓
	89	—	—					

（续）

分类	FNC NO.	指令助记符	功能说明	对应不同型号的 PLC				
				FX0S	FX0N	FX1S	FX1N	FX2N FX2NC
浮点数运算	110	ECMP	二进制浮点数比较	×	×	×	×	✓
	111	EZCP	二进制浮点数区间比较	×	×	×	×	✓
	118	EBCD	二进制浮点数→十进制浮点数	×	×	×	×	✓
	119	EBIN	十进制浮点数→二进制浮点数	×	×	×	×	✓
	120	EADD	二进制浮点数加法	×	×	×	×	✓
	121	EUSB	二进制浮点数减法	×	×	×	×	✓
	122	EMUL	二进制浮点数乘法	×	×	×	×	✓
	123	EDIV	二进制浮点数除法	×	×	×	×	✓
	127	ESQR	二进制浮点数开二次方	×	×	×	×	✓
	129	INT	二进制浮点数→二进制整数	×	×	×	×	✓
	130	SIN	二进制浮点数 sin 运算	×	×	×	×	✓
	131	COS	二进制浮点数 cos 运算	×	×	×	×	✓
	132	TAN	二进制浮点数 tan 运算	×	×	×	×	✓
	147	SWAP	高低字节交换	×	×	×	×	✓
定位	155	ABS	ABS 当前值读取	×	×	✓	✓	×
	156	ZRN	原点回归	×	×	✓	✓	×
	157	PLSY	可变速的脉冲输出	×	×	✓	✓	×
	158	DRVI	相对位置控制	×	×	✓	✓	×
	159	DRVA	绝对位置控制	×	×	✓	✓	×
时钟运算	160	TCMP	时钟数据比较	×	×	✓	✓	✓
	161	TZCP	时钟数据区间比较	×	×	✓	✓	✓
	162	TADD	时钟数据加法	×	×	✓	✓	✓
	163	TSUB	时钟数据减法	×	×	✓	✓	✓
	166	TRD	时钟数据读出	×	×	✓	✓	✓
	167	TWR	时钟数据写入	×	×	✓	✓	✓
	169	HOUR	计时表	×	×	✓	✓	
外围设备	170	GRY	二进制数→格雷码	×	×	×	×	✓
	171	GBIN	格雷码→二进制数	×	×	×	×	✓
	176	RD3A	模拟量模块（FX0N-3A）读出	×	✓	×	✓	×
	177	WR3A	模拟量模块（FX0N-3A）写入	×	✓	×	✓	×
触点比较	224	LD =	（S1.）=（S2.）时起始触点接通	×	×	✓	✓	✓
	225	LD >	（S1.）>（S2.）时起始触点接通	×	×	✓	✓	✓
	226	LD <	（S1.）<（S2.）时起始触点接通	×	×	✓	✓	✓
	228	LD <>	（S1.）<>（S2.）时起始触点接通	×	×	✓	✓	✓

（续）

分类	FNC NO.	指令助记符	功 能 说 明	对应不同型号的 PLC				
				FX0S	FX0N	FX1S	FX1N	FX2N FX2NC
触点比较	229	LD≤	（S1.）≤（S2.）时起始触点接通	×	×	✓	✓	✓
	230	LD≥	（S1.）≥（S2.）时起始触点接通	×	×	✓	✓	✓
	232	AND =	（S1.）=（S2.）时串联触点接通	×	×	✓	✓	✓
	233	AND >	（S1.）>（S2.）时串联触点接通	×	×	✓	✓	✓
	234	AND <	（S1.）<（S2.）时串联触点接通	×	×	✓	✓	✓
	236	AND <>	（S1.）<>（S2.）时串联触点接通	×	×	✓	✓	✓
	237	AND≤	（S1.）≤（S2.）时串联触点接通	×	×	✓	✓	✓
	238	AND≥	（S1.）≥（S2.）时串联触点接通	×	×	✓	✓	✓
	240	OR =	（S1.）=（S2.）时并联触点接通	×	×	✓	✓	✓
	241	OR >	（S1.）>（S2.）时并联触点接通	×	×	✓	✓	✓
	242	OR <	（S1.）<（S2.）时并联触点接通	×	×	✓	✓	✓
	244	OR <>	（S1.）<>（S2.）时并联触点接通	×	×	✓	✓	✓
	245	OR≤	（S1.）≤（S2.）时并联触点接通	×	×	✓	✓	✓
	246	OR≥	（S1.）≥（S2.）时并联触点接通	×	×	✓	✓	✓

参考文献

[1] 金彦平．可编程序控制器及应用[M]．北京：机械工业出版社，2010.

[2] 罗文，周欢喜，易江义．电器控制与 PLC 技术[M]．西安：西安电子科技大学出版社，2008.

[3] 廖常初．可编程序控制器的编程方法与工程应用[M]．北京：国防工业出版社，2007.

[4] 阮友德．电气控制与 PLC 实训教程[M]．北京：人民邮电出版社，2006.

[5] 王兆明．电气控制与 PLC 技术[M]．北京：清华大学出版社，2005.

[6] 陈在平，赵相宾．可编程序控制器技术与应用系统设计[M]．北京：机械工业出版社，2002.

[7] 宫淑贞，徐世许．可编程控制器原理及应用[M]．北京：人民邮电出版社，2002.